"十二五"普通高等教育本科国家级规划教材

大学文科高等数学

（第3版）

姚孟臣　编著

高等教育出版社·北京

内容简介

本书是“十二五”普通高等教育本科国家级规划教材，是作者结合为北京大学等院校讲授文科高等数学课程数十年的教学实践编写而成的。全书以微积分、线性代数、概率论与数理统计为主要内容，采用“模块式”结构分上、下两篇。上、下篇的内容既相互独立，又相互衔接、逐层递进，以便不同专业根据各自的需要和学时数灵活地选取或组合。书中每章都配置了适量习题，书末附有部分习题答案与提示。

本次再版在保持上一版内容体系的基础上进行了必要的修改和勘误，并配备了自测题，读者可扫描二维码进行自测。

本书可作为一般院校文科类各专业的数学基础课教材，又可作为自学考试高等数学课程的教学参考书使用。

图书在版编目(CIP)数据

大学文科高等数学/姚孟臣编著. --3版. --北京：高等教育出版社，2019.10（2022.11重印）

ISBN 978-7-04-052155-9

Ⅰ.①大… Ⅱ.①姚… Ⅲ.①高等数学-高等学校-教材 Ⅳ.①O13

中国版本图书馆CIP数据核字(2019)第129994号

策划编辑 贾翠萍 于丽娜　责任编辑 贾翠萍　封面设计 王 鹏
版式设计 王艳红　插图绘制 于 博　责任校对 马鑫蕊
责任印制 刁 毅

出版发行 高等教育出版社
社 址 北京市西城区德外大街4号
邮政编码 100120
印 刷 山东韵杰文化科技有限公司
开 本 850mm×1168mm 1/32
印 张 12.5
字 数 310千字
购书热线 010-58581118
咨询电话 400-810-0598
网 址 http://www.hep.edu.cn
http://www.hep.com.cn
网上订购 http://www.hepmall.com.cn
http://www.hepmall.com
http://www.hepmall.cn
版 次 1997年7月第1版
2019年10月第3版
印 次 2022年11月第4次印刷
定 价 28.40元

物 料 号 52155-00

第一版序

半个世纪以来,数学在社会生活中的作用发生了革命性的变化,计算机的发展,使数学的潜在威力得以越来越快地转化为现实的生产力和认识能力,使人类走向信息社会。到处都在用数学,不但是自然科学和工程技术,在社会科学中也越来越明显。人们开始谈论数学技术和数学文化。

20世纪80年代常常听到出国留学的人说,工科学生在国外听课,拦路虎是数学。到了90年代,文科的,如经济、政治、社会学科的留学生也有了这样的反映。以前我国大学文科不学数学,已不能适应时代的需要。

文科数学教学是个新事物,有许多新的特点。既要学习有用的数学知识,又要领略理性思维的挑战,而学时无多;学生的基础不同(中学分文、理科班),各系科的需求不同,矛盾很多。单单把理工科教材删繁就简不能解决问题,需要新的探索。

北京大学得风气之先,文科学生学习数学的要求比较早,热情比较高,文科数学课程建设发展很快。姚孟臣同志十几年来一直从事这个课程的建设,积累了丰富的经验,这本教材就是他的教学经验的结晶。它及时地满足当前的需要,相信会对我国文科数学教育的推广和发展起到很好的作用。

姜伯驹

1997年3月

第三版前言

20 世纪 70 年代以来,我为北京大学等院校文科各系各专业讲授“高等数学”课程期间,在课程内容体系上进行了多次改革,先后编写了《大学文科基础数学》《文科高等数学教程》和《大学文科高等数学》等多部教材,深受广大师生的好评。

我认为,文科高等数学(包括微积分、线性代数和概率统计)作为文科类各专业的一门基础课的教学目标是:介绍最有用的基本数学概念与方法,在一定程度上提高学生的数学素养,主要指抽象思维与逻辑推理能力、运算能力以及分析问题与解决问题的综合能力。针对目前全国各高校的不同专业方向对基础数学要求有一定差异的现状,在总学时不多的情况下,编写一本能够科学地阐述高等数学的基本内容、全面系统地介绍有关基本原理和基本方法的简明易懂的教材尤为重要。

全书采用“模块式”结构,分上、下两篇。上篇(基础篇)共十章,包括初等微积分、线性代数简介、概率统计初步等三部分内容;下篇(提高篇)共九章,包括一元微积分、线性代数、初等概率论和一元统计分析初步等四部分内容。对于开设该课程一学年的专业需要讲授上、下篇全部内容,可以安排两个学期,按每个学期 17 周、每周 3 个学时计算,总共需要 102 个学时。根据需要也可以将内容按“微积分”“线性代数”“概率统计”三部分重新组合讲授。对于开设该课程一学期的专业可以只讲授上篇内容或者包括上、下篇中的“微积分”内容,仅需要 51 个学时。

本教材特色是

1. 选材合理,难易程度适当,能够满足文科多个专业数学基础课的不同需要,而又不显得庞杂和艰深;

2. 能以文科学生易于理解和接受的方式,确切地描述数学定义、概念,讲解理论和方法,而又不失数学的严谨性与系统性;

3. 内容安排层次分明、条理性强,讲解通俗易懂、深入浅出,不仅利于课堂教学,也便于学生自学;

4. 例题、习题的选配照顾到了理论、方法的练习和实际应用的练习,从整体上看数学的训练是充分的;

5. 采用"模块式"方式组合全书,使该书在很宽的范围内适应不同专业的教学要求和不同程度的学生要求。

本书2007年出版第二版,将第一版的两册合为一册,删除历史注记、常微分方程和级数的一些相关内容,保留文科学生必需的数学知识,使教材内容更精简,适用面更广。本次修订在保持第二版内容体系的基础上,进行了必要的修改和勘误,并配备了自测题,读者可扫描相应二维码进行自测,以便更好地理解和巩固所学知识。

本书的出版得到了高等教育出版社编辑于丽娜、贾翠萍的热诚帮助,她们提出了许多建设性的修改意见,在此表示衷心的感谢!

本书定有许多不妥之处,敬请批评指正!

编　者

2018年9月于小汤山

第一版前言

目前,国内许多高等院校都在文科各专业开设了高等数学课。以北京大学为例,自1979年以来先后为哲学、社会学、法律学、政治学、图书馆、中文、历史、考古、国政等系的本科生及部分研究生开设了高等数学课,1997年还将为外语类(包括东语、西语、俄语、英语)各专业开设此课。届时,北京大学所有专业都将设有高等数学课。通过近几年来的实践,各院校结合实际情况对不同专业高等数学课程的教学内容、结构、方法、目的和要求进行了积极的探讨。越来越多的人已经清楚地认识到,对于现在和未来的社会科学工作者来说,数学既是一种强有力的研究工具,也是一种不可缺少的思维方式。为了适应文科类专业对这类课程日益增长的需求,我们根据国家教委和北京市教委关于"开展面向21世纪教学内容和教学体系的研究"的精神,借鉴国内外一些文科高等数学教科书的经验教训,以多年来在北京大学等院校文科各专业授课所用讲义的基础上编写了本书。

由于数学自身的特点和人类社会的进步,数学在现代文化中已经在扮演着中心角色。当代文化发展的重要特征之一就是数学化,数学的方法、思想与精神不仅在自然科学和工程技术领域中起着重要的作用,而且正在以越来越快的速度渗透到社会科学的各个领域,显示出巨大的推动作用和启发作用。在许多场合,它已经不单纯是一种辅助性的工具,而是解决许多重大问题的关键性的思想与方法。1971年2月,美国学者卡尔·多伊奇(K. Deutsch)等人在《科学》杂志上发表了一项研究报告,列举了1900—1965年在世界范围内社会科学方面的62项重大成就,其中数学化的定量研究占2/3,而这些定量研究中的5/6又是在1930年以后做出的。100多年前,马克思曾经指出,一门科学只有在成功地运用数学时,才算达到了真正完善的地步。看来当代社会科学的发展已经开始进入这个阶段了。正因为如此,美国著名社会学家和未来学家丹尼尔·贝尔(Daneil Bell)在他的论著《第二次世界大战以来的社会科学》中认为,社会科学的"理论不再仅仅停留在观念或咬文嚼字上,而成了可以用经验的、可验证的形式表述的命题。社会科学正在变成像自然科学那样的'硬'科学。"1992年,美国数学家基姆(K. H. Kim)等人在《数学社会科学概观》一文中指出:"当今,数学社会科学已很完美地建立起来了。数理经济学、语言学、社会选择与对策论均涉及很精致的数学体系……数学社会科学既有宏伟的目标,也有适中的目标;宏伟的目标是通过结构设计来预测并控制大范围社会系统,以消除诸如经济萧条等灾难;比较适中的目标是制订数学指数,如权力指数,以及建立一些非常特殊的社会过程的模型。"数学方法的运用正在极大地影响着社会科学工作者观察问题的角度、思考问题的方式以及运用文献资料的方法,影响着他们对原始资料的收集和整理,以及分析这些资料的方向、内容和着眼点。数学方法的运用不仅使研究课题、基本论点、论证过程以及研究结果的表述更加清晰、准确、严谨,对于研究结果的检验也有重要意义,而更为重要的是运用数学方法有可能解决使用习惯的、传统的研究方法所无法解决的某些难题。

目前,在传统的社会科学领域中,经济学是最成功地实现数学化的学科,成就令人瞩目。正如现代计算机之父、数学家、数理经济学家冯·诺伊曼(Von Neumann)所料,经济现象最复杂,它要用的数学理论也最高深,因为越是抽象的数学工具越适于分析实际上十分复杂的事物。数学在经济学中的应用,产生了包括数理经济学、计量经济学、经济控制论、经济预测、经济信息等分支的数量经济学科群,以至一些西方学者认为:当代的经济学实际上已成为应用数学的一个分支。自1969年诺贝尔奖中设立经济学奖以来，因成功地将数学方法运用于经济学研究领域而获奖的工作占了2/3。

1983年，著名的施普林格出版社纽约分社出版了一套4卷本的《应用数学中的模块》丛书，其第2卷《政治模型及其他有关模型》包括14篇专题介绍文章，除第一篇是概述应用数学的过程和构建数学模型的特点外，其余13篇均是关于数学在政治学及相关领域中应用研究的综述，例如数学在选举体制、社会抉择、民意测验、议员名额分配等方面的应用。

在当代管理科学中，正越来越多地使用着各种数学方法，其中运筹学方法的广泛而深入的应用尤为突出。运筹学是在第二次世界大战中为进行作战研究而发展起来的一门应用学科，其中的理论和方法在战后被广泛应用于各种民用领域，成为一门主要运用数学和计算机等方法为决策优化提供理论和方法的学科。

由于计算机的问世及迅速发展，数学理论与方法在军事理论中的作用越来越明显，军事理论中数量化、精密化的程度也越来越高。例如，军事运筹学应用各种数学方法来描述与分析军事作战及有关行动，寻求最优决策，主要研究军队日常管理、作战指挥运筹、武器装备发展、国防战略决策等问题；数理战术学运用数学方法对作战过程中最本质的规律作抽象的描述与处理，建立起公理化的数学模型，用数学方法演绎出一套战术理论和原则；计算机作战模拟可以在很短时间内模拟一个很长的战斗过程，显示各种可能的结果，使军事指挥员可以从中选择对自己一方最有利又最稳妥的作战方案。现在人们已经越来越清楚地认识到，在某种意义上，未来战争就是敌我双方运用数学理论、方法结合现代计算技术进行的战争。

早在19世纪中叶，一些历史学著作中已开始使用简单的数学（主要是统计学）。20世纪50年代以来，系统地应用复杂的数学方法研究历史的计量史学蓬勃兴起，在许多方面突破了传统历史研究的局限,被称为历史研究中的计量革命。现在国际史学界所争论的问题已不是“是否有必要运用数学”,而是“应该在什么方面以及怎样更好地运用数学”。

语言学和数学都有着悠久的历史,前者历来被看作典型的人文科学,后者直到20世纪以前一直被认为是最重要的自然科学。出人意料的是,这两门代表着人类知识两极的学科之间竟有着深刻的内在联系。从19世纪中叶开始,许多数学家和语言学家进行了用数学方法研究语言学问题的实践,获得了许多重要结果。20世纪中叶以来,由于计算机的出现和发展,数学渗透到了形态学、句法学、词汇学、语音学、文字学、语义学等语言学的各个分支,促进了语言学的数学化,进而形成了“数理语言学”这一新兴学科,用数学方法研究语言现象并加以定量化和形式化的描述,使用了概率论与数理统计、数理逻辑、集合论、图论、信息论方法、公理化方法、数学模型方法、模糊数学方法等一系列数学理论与方法,取得了许多出人意料而又令人叹服的研究结果。

从希腊时代开始,数学与哲学就结下了不解之缘。西方近代最杰出的哲学家如笛卡儿、斯宾诺莎、莱布尼茨、洛克、贝克莱、康德,或者本人就是数学家,或者具有相当高的数学素养,他们的哲学也深深地打上了数学的印记。19世纪后期至20世纪,一些重要哲学进展也与数学发展密切相关,例如庞加莱的约定论、分析哲学、结构主义、系统哲学。正如20世纪初德国哲学家斯宾格勒(O. Spengler)在其名著《西方的没落》(1918)中所说:“最终来说,数学是最高境界的形上思考,就如同柏拉图,尤其是莱布尼茨所表现的一样。迄今为止,每一种哲学皆伴随有一种属于此哲学的数学而共同发展。”英国哲学家怀特海(A. N. Whitehead)也在《科学与近代世界》(1932)中指出:“假如有人说,编著一部思想史而不深刻研究每一个时代的数学概念,就等于是在《哈姆雷特》这一剧本中去掉了哈姆雷特这一角色。这种说法也许太过分了,我不愿说得这样过火。但这样做却肯定地等于是把奥菲利娅这一角色去掉了。”

人们早已习惯于把数学看作科学的工具和语言，却往往忘记了数学也是一种十分重要的思维方式和文化精神。对于一个合格的文科专业大学毕业生，这种思维方式不仅是十分基本的，而且是无法通过其他途径获得的。1989年，美国国家研究委员会发表了一份题为《人人关心数学教育的未来》的研究报告，其中指出：“除了定理和理论外，数学提供了有特色的思考方式，包括建立模型、抽象化、最优化、逻辑分析、从数据进行推断，以及运用符号等，它们是普遍适用并且强有力的思考方式。应用这些数学思考方式的经验构成了数学能力——在当今这个技术时代日益重要的一种智力，它使人们能批判地阅读，能识别谬误，能探察偏见，能估计风险，能提出变通办法。数学能使我们更好地了解我们生活在其中的充满信息的世界。”数学追求一种完全确定的、完全可靠的知识。数学对象必须有明确无误的概念，数学推理必须由明确无误的命题开始，并服从明确无误的推理规则，借以达到正确的结论。贯穿其中的，是一种无与伦比的理性精神。“正是这种精神，使得人类的思维得以运用到最完善的程度，亦正是这种精神，试图决定性地影响人类的物质、道德和社会生活；试图回答有关人类自身存在提出的问题；努力去理解和控制自然；尽力去探求和确立已经获得的知识的最深刻和最完美的内涵。”（M.克莱因：《数学与文化——是与非的观念》）与其他科学相比，数学最突出的特点是它使用了逻辑的方法，即公理方法，而它也以这种方法为人类文化的其他部门的建立与发展提供了典范。从某种意义上说，数学实际上已经成为现代人类思维过程的基础。实际上，数学的抽象性使它获得了其他人类思维活动所不具有的通用性。人类文化的许多方面都涉及对各种模式的运用、理解和研究，而数学正是关于模式与秩序的科学。正如怀特海在《数学与善》一文中所说：“每一种艺术都奠基于模式的研究。社会组织的结合力也依赖于行为模式的保持；文明的进步也侥幸地依赖于这种模式的变更。因而，把模式灌输进自然发生的事物，这些模式的稳定性，以及这些模式的变更，对于善的实现都是必要条件。”“数学对于理解模式和分析模式之间的关系，是最强有力的技术。”

针对文科学生的实际需要、知识结构和思维特点，本教材在内容选取和结构设计上都作了较为周密的考虑。本书打破了各类高等数学教材的格局，采用“模块式”结构，分两册出版。第一册包括初等微积分、线性代数简介、概率统计初步等三部分内容；第二册包括一元微积分、线性代数、初等概率论和一元统计分析初步等四部分内容。此外，每章的最后一节是历史注记，介绍一些与该章内容有关的数学史知识；章末有习题。

如前所述，数学不仅是一种重要的工具，也是一种基本的思维方式。我在编写过程中努力兼顾了这两个方面，即在介绍数学知识的同时，强调培养学生的数学思维方式。教材中不仅渗透了一些数学的思想方法，介绍了许多在社会科学中十分重要的数学模型，而且融会了数学发展史、数学方法论以及数学在现代社会中的应用，力图使学生对数学的基本特点、方法、思想、历史及其在社会与文化中的应用与地位有大致的认识，获得合理的、适应未来发展需要的知识结构，进而增强对科学的文化内涵与社会价值的理解，为他们将来对数学的进一步了解与实际应用提供背景材料与基本能力，为信息化社会培养具有新型知识结构与文化观念的人才。

中国人民大学信息学院副院长胡显佑先生仔细审阅了全部书稿，清华大学俞正光先生、中央民族大学魏凤荣先生分别审阅了部分书稿，并提出了很多宝贵的意见。在本书的编写过程中，得到了北京大学数学科学学院院长姜伯驹先生、副院长彭立中先生的关心与帮助；作为本书的责任编辑，高等教育出版社文小西先生逐字逐句地审阅了全部书稿，提出了中肯的修改意见和建议。北京大学教务处和数学系、中国人民大学信息学院、清华大学应用数学系、北京师范大学数学系、首都师范大学数学系、中央民族大学数学系、首都经贸大学信息系、中国政法大学自然科学教研室、海淀走读大学经管学院等十余所院校的领导与专家多次参加有关的研讨会和审稿会，提出了很多好的建议，为本书的出版做出了很大的贡献，在此一并致谢。

由于作者水平有限，又时间仓促，书中的不妥之处在所难免，敬请读者不吝指正。

编　者

1996年12月10日

目　录

预备知识 …………………………………………… (1)

上篇　基　础　篇

第一部分　初等微积分 …………………………………… (13)

第一章　初等函数 …………………………………… (13)

§1　函数的概念 …………………………………… (13)

§2　函数的性质 …………………………………… (18)

§3　反函数与复合函数 …………………………………… (20)

§4　初等函数 …………………………………… (22)

习题 1.1 …………………………………… (27)

第二章　极限的计算 …………………………………… (29)

§1　极限的概念 …………………………………… (29)

§2　极限的运算法则 …………………………………… (38)

§3　两个重要极限 …………………………………… (41)

§4　函数的连续性 …………………………………… (45)

习题 1.2 …………………………………… (52)

第三章　导数与微分 …………………………………… (55)

§1　导数的概念 …………………………………… (55)

§2　导数的基本公式与运算法则 …………………………………… (62)

§3　高阶导数与导数的简单应用 …………………………………… (68)

§4　微分 …………………………………… (72)

习题1.3 …………………………………………………………… (77)

第四章 积分 ……………………………………………………… (79)

§1 原函数与不定积分的概念 ………………………………… (79)

§2 不定积分的性质 ………………………………………… (83)

§3 不定积分的第一换元法 …………………………………… (86)

§4 定积分的概念 …………………………………………… (91)

§5 定积分的计算(1) ……………………………………… (100)

习题1.4 …………………………………………………………… (105)

第二部分 线性代数简介 ………………………………… (108)

第一章 矩阵 …………………………………………………… (108)

§1 矩阵的概念 ……………………………………………… (108)

§2 矩阵的代数运算和转置 ………………………………… (112)

§3 矩阵的简单应用 ………………………………………… (119)

习题2.1 …………………………………………………………… (121)

第二章 行列式简介 …………………………………………… (123)

§1 二、三阶行列式的定义 ………………………………… (123)

§2 行列式的几个简单性质 ………………………………… (128)

§3 四阶行列式的计算 ……………………………………… (131)

§4 克拉默法则 ……………………………………………… (134)

习题2.2 …………………………………………………………… (137)

第三章 线性方程组的消元解法 …………………………… (140)

§1 消元解法 ………………………………………………… (140)

习题2.3 …………………………………………………………… (148)

第三部分 概率统计初步 ………………………………… (150)

第一章 随机事件的概率 …………………………………… (150)

§1 概率的统计定义 ………………………………………… (150)

§2 古典概型、几何概型 …………………………………… (159)

§3 概率的基本性质 …………………………………… (165)
§4 概率的乘法公式 …………………………………… (168)
§5 伯努利概型 ………………………………………… (170)
习题 3.1 ………………………………………………… (175)

第二章 一元正态分布 …………………………………… (177)
§1 分布密度函数 ……………………………………… (177)
§2 一元正态分布的计算与应用 ……………………… (183)
习题 3.2 ………………………………………………… (187)

第三章 数理统计基础 …………………………………… (188)
§1 总体与样本 ………………………………………… (188)
§2 样本均值与样本方差 ……………………………… (190)
§3 众数与中位数 ……………………………………… (192)
§4 直方图与概率密度函数 …………………………… (193)
§5 经验分布函数 ……………………………………… (196)
习题 3.3 ………………………………………………… (197)

下篇 提 高 篇

第四部分 一元微积分 …………………………………… (201)
第一章 一元微分学 ……………………………………… (201)
§1 反函数、隐函数求导 ……………………………… (201)
§2 中值定理 …………………………………………… (208)
§3 洛必达法则 ………………………………………… (212)
§4 函数的极值 ………………………………………… (218)
习题 4.1 ………………………………………………… (226)

第二章 一元积分学 ……………………………………… (228)
§1 不定积分的计算 …………………………………… (228)
§2 定积分的计算(2) ………………………………… (237)

§3 定积分的应用 …………………………………………… (241)
§4 无穷积分…………………………………………………… (246)
习题 4.2 ……………………………………………………… (249)

第五部分 线性代数 ……………………………………… (252)
第一章 n 阶行列式 ……………………………………… (252)
§1 n 阶行列式的定义 ……………………………………… (252)
§2 n 阶行列式的性质和计算 ……………………………… (258)
习题 5.1 ……………………………………………………… (263)
第二章 矩阵及其运算 ……………………………………… (265)
§1 矩阵的逆…………………………………………………… (265)
§2 分块矩阵…………………………………………………… (271)
§3 矩阵的初等变换 ………………………………………… (280)
§4 矩阵的秩…………………………………………………… (287)
习题 5.2 ……………………………………………………… (289)
第三章 线性方程组………………………………………… (291)
§1 有解的判别定理 ………………………………………… (291)
§2 解的公式…………………………………………………… (294)
§3 初等变换解法 …………………………………………… (296)
习题 5.3 ……………………………………………………… (302)

第六部分 初等概率论 ……………………………………… (305)
第一章 随机变量及其分布 ………………………………… (305)
§1 随机变量…………………………………………………… (305)
§2 离散型随机变量 ………………………………………… (307)
§3 连续型随机变量 ………………………………………… (310)
§4 有关概率的计算 ………………………………………… (313)
习题 6.1 ……………………………………………………… (315)
第二章 随机变量的数字特征 ……………………………… (316)
§1 数学期望…………………………………………………… (316)

§2　随机变量函数的数学期望 …………………… (320)
§3　方差 …………………………………… (322)
习题 6.2 …………………………………… (329)
第七部分　一元统计分析初步 ………………… (331)
第一章　参数估计 ………………………… (331)
§1　点估计 …………………………………… (331)
§2　区间估计 ………………………………… (339)
习题 7.1 …………………………………… (347)
第二章　假设检验 ………………………… (348)
§1　基本概念 ………………………………… (348)
§2　期望的假设检验 ………………………… (351)
§3　方差的假设检验 ………………………… (355)
习题 7.2 …………………………………… (358)
部分习题答案 ……………………………… (359)
附表 1　正态分布数值表 …………………… (374)
附表 2　t 分布临界值表 ………………… (376)
附表 3　χ^2 分布临界值表 …………… (377)

预备知识

本书要用到集合论中的一些基本概念与组合分析中的一些基本定理,作为预备知识,在这里我们作一简单介绍.

一、集合初步

粗略地说,所谓**集合**就是按照某些规定能够识别的一些具体对象或事物的全体.构成集合的每一个对象或事物叫做集合的**元素**.例如:

(1) 北京大学在校生的全体为一集合;

(2) 方程 $x^2-3x+2=0$ 的根的全体为一集合;

(3) 所有自然数为一集合;

(4) 直线 $y-2x-1=0$ 上的所有点为一集合.

在上述前两个例子中,每个集合只有有限多个元素,这种集合叫做**有限集**.后两个例子中所给出的集合不是由有限个元素组成,这种集合叫做**无限集**.

通常集合用大写字母 A,B,C 等表示,其元素用小写字母 a,b,c 等表示.

设 A 是一个集合,如果 a 是 A 的元素,记作

$$a\in A;$$

如果 a 不是 A 的元素,记作

$$a\notin A\quad(\text{或 } a\,\bar{\in}\,A).$$

例如,变量 x 的取值范围构成的集合 X 叫做**变化域**,有 $x\in X$.

集合一般有两种表示法:**列举法**和**示性法**.所谓列举法就是把集合的元素都列举出来.例如,A 是由 1,3,5,7,9 这五个数组成的集合,记作

$$A=\{1,3,5,7,9\}.$$

也就是说$\{\quad\}$中将A的元素都一一列举出来了. 所谓示性法就是给出集合元素的特性. 一般用

$$A=\{a \mid a\text{具有的性质}\}$$

来表示具有某种性质的全体元素a构成的集合. 如上述的集合A也可以记作

$$A=\{2n+1 \mid n<5, n\in\mathbf{N}\}.$$

由此可见,同一个集合可以有不同的表示法,也就是说,一个集合的表示法不是唯一的.

只含有一个元素a的集合叫做**单元集合**,记为$\{a\}$. 例如常数c的变化域就是单元集合$\{c\}$.

不含有任何元素的集合叫做**空集**,记为$\varnothing$. 例如方程$x^2+1=0$的实数解的解集合就是空集. 把空集也视为集合,正如我们把0也看作数一样,在数学上是方便的. 但要注意空集$\varnothing$与单元集合$\{0\}$不是一回事.

由所研究对象的全体构成的集合称为**全集**,记作Ω. 例如当讨论一元线性方程

$$ax+b=0 \quad (a\neq 0\text{ 且 }a\in\mathbf{N}, b\in\mathbf{Q})$$

的有理解集合时,有理数集$\mathbf{Q}$是一个全集. 需要指出的是全集是相对的,在一种条件下是全集的集合,在另一种条件下可能就不是全集. 前例中,如果在实数范围内讨论一元线性方程$ax+b=0(a\neq 0)$的解集合时,那么$\mathbf{Q}$就不是全集了.

设A,B是两个集合,如果集合A的元素都是集合B的元素,即若$a\in A$必有$a\in B$,那么称A为B的**子集合**,记作

$$A\subset B\text{ 或 }B\supset A,$$

读作A包含于B或B包含A. 如果$A\subset B, B\subset C$,那么$A\subset C$,这说明了包含具有传递性. 例如$\mathbf{N}\subset\mathbf{Q}, \mathbf{Q}\subset\mathbf{R}$,于是有$\mathbf{N}\subset\mathbf{R}$. 容易看出,对于任意的集合$A$,总有$A\subset A, \varnothing\subset A, A\subset\Omega$成立.

例 1 设$A=\{2,4,8\}$,则集合A的所有子集是$\varnothing$, $\{2\}$, $\{4\}$,

$\{8\},\{2,4\},\{2,8\},\{4,8\},\{2,4,8\}$. 注意,在考虑集合 A 的所有子集时,不要把空集$\varnothing$和它本身忘掉.

设 A,B 是两个集合,如果 $A\subset B,B\subset A$,那么称集合 A 与 B **相等**,记作

$$A=B.$$

很明显,含有相同元素的两个集合相等.

例 2 设 $A=\{0,2,3\}$,$B=\{x\mid x$ 为方程 $x^3-5x^2+6x=0$ 的解$\}$,则 $A=B$.

设 A,B 是两个集合,称集合$\{x\mid x\in A$ 或 $x\in B\}$为 A 与 B 的**并集**,即由 A 与 B 的全体元素构成的集合,记作 $A\cup B$.

例 3 $\{1,2,3,4,5\}\cup\{1,3,5,7,9\}=\{1,2,3,4,5,7,9\}$.

并集具有以下的简单性质:

(1) $(A\cup B)\supset A$;

(2) $(A\cup B)\supset B$.

设 A,B 是两个集合,称集合$\{x\mid x\in A$ 且 $x\in B\}$为 A 与 B 的**交集**,即由 A 与 B 的公共元素构成的集合,记作 $A\cap B$. 若 $A\cap B=\varnothing$,则称 A 与 B **互不相交**.

例 4 $\{1,2,3,4,5\}\cap\{1,3,5,7,9\}=\{1,3,5\}$;$\{1,3,5\}\cap\{2,4,6\}=\varnothing$.

交集具有以下的简单性质:

(1) $(A\cap B)\subset A$;

(2) $(A\cap B)\subset B$.

在上述各例中,各集合所含的元素均为有限个,称这样的集合为有限集. 今后我们还将涉及另一种称为可列集的无限集合,即:如果一个集合中的元素,可以与自然数集建立一一对应的关系,则称这样的集合为可列集.

例如,由所有奇数组成的集合 A 就是一个可列集,即

$$A=\{a\mid a=2n+1,n\in\mathbf{Z}\};$$

又如:等比数列$\{aq^n\}$中的元素也组成一个可列集 B,即

$$B=\{a,aq,aq^2,aq^3,\cdots,aq^n,\cdots\}.$$

今后,我们将有限个和可列个统称为至多可列个(或至多可数个).

二、实数集

高等数学主要是在实数范围内讨论问题的,因此在这里我们有必要简单地回顾一下实数的一些属性.

人们对数的认识是逐步发展的.首先是自然数 $0,1,2,3,\cdots$,全体自然数的集合叫做自然数集,记为 $\mathbf{N}$.在 $\mathbf{N}$ 中我们可以定义加法和乘法运算.其后发展到有理数,它包括一切整数(整数的集合用 $\mathbf{Z}$ 表示)与分数,每一个有理数都可以表示成 $\frac{p}{q}$(其中 $p,q\in\mathbf{Z}$ 且 $q\neq0$).我们把全体有理数的集合叫做有理数集,记为 $\mathbf{Q}$.在 $\mathbf{Q}$ 中我们可以定义四则运算.下面我们先来介绍有理数的两个性质.

在数轴上,每一个有理数都可以找到一个点表示它,例如,图 0.1 中的点 A_1,A_2,A_3,A_4,A_5 等就可以分别代表有理数 -4,$-\frac{3}{2},\frac{1}{2},3,5$ 等.我们把代表有理数 x 的点叫做有理点 x.由图可见,有理数集 $\mathbf{Q}$ 除了可以在其中定义四则运算外,还具有**有序性**(即在数轴上有理点是从左向右按大小次序排列的)和**稠密性**(即在任意两个有理点之间有无穷多个有理点).

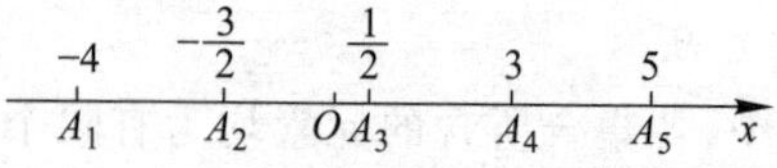

-4 $-\frac{3}{2}$ $\frac{1}{2}$ 3 5

A_1 A_2 O A_3 A_4 A_5 x

图 0.1

虽然有理点在数轴上是处处稠密的,但是它并没有充满整个数轴.例如边长为 1 的正方形,其对角线长为 x(见图 0.2),由勾股定理可知 $x^2=2$.设在数轴上的点 x 代表的数为 $\sqrt{2}$,可以证明它不能表示成 $\frac{p}{q}$($p,q\in\mathbf{Z},q\neq0$)的形式,因此它不是有理数.这说明在数轴上除了有理点以外还有许多空隙. 这些空隙处的点我们称之为**无理点**,无理点代表的数称为**无理数**. 无理数是无限不循环的小数,如$\sqrt{2}$,$-\sqrt{3}$,π 等. 我们把有理数与无理数统称为**实数**. 全体实数构成的集合叫做实数集,记为 $\mathbf{R}$. 与有理数集 $\mathbf{Q}$ 一样,实数集 $\mathbf{R}$ 也具有在其中可以定义四则运算,有序的以及处处稠密的等性质,而且还具有一个与 $\mathbf{Q}$ 不同的特性,这就是实数的连续性(即实数点充满了整个数轴).

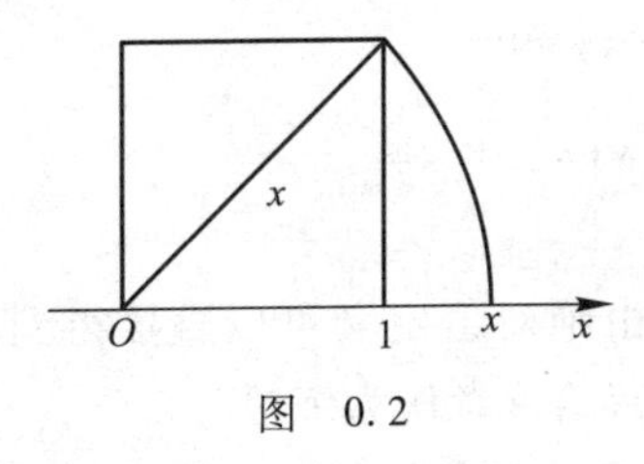

图 0.2

由于任给一个实数,数轴上就有唯一的点与它对应;反之,数轴上的任意一个点也对应着唯一的实数. 因此在以后的讨论中,我们可以把点与实数不加区分.

在 $\mathbf{R}$ 的子集中,我们今后经常遇到的是各种各样的区间. 常见的区间有:设 $a\in\mathbf{R}$,$b\in\mathbf{R}$ 且 $a<b$,我们把集合 $\{x\mid a<x<b\}$ 称为**开区间**,记作 (a,b);把集合 $\{x\mid a\leqslant x\leqslant b\}$ 称为**闭区间**,记作 $[a,b]$;把集合 $\{x\mid a<x\leqslant b\}$ 和 $\{x\mid a\leqslant x<b\}$ 称为**半开半闭区间**,分别记作 $(a,b]$ 和 $[a,b)$. 以上各种区间为**有限区间**,在数轴上都可以用一条线段来表示它们. 还有几种为**无限区间**,例如 $\{x\mid x>a\}$,记作 $(a,+\infty)$;$\{x\mid x<a\}$,记作 $(-\infty,a)$;$\{a\mid a\in\mathbf{R}\}$,记作 $(-\infty,+\infty)$. 类似地,还有 $[a,+\infty)$ 和 $(-\infty,a]$. (注意,这里的 $+\infty$,$-\infty$ 以及 ∞ 只是一种符号,既不能把它们视为实数,也不能对它们进行运算).

设 $x\in\mathbf{R}$,x 的绝对值是一个非负实数,记为 $|x|$,其定义为

$$|x| \xlongequal{\text{def}} \begin{cases} x, & x\geqslant 0; \\ -x, & x<0. \end{cases}$$

例如，$|4|=4$，$|0|=0$，$|-3.2|=-(-3.2)=3.2$.

根据绝对值的定义，可知

$$-|x|\leqslant x\leqslant |x|,$$

因此，当 $|x|\leqslant r(r>0)$ 时，又可以把它写成

$$-r\leqslant x\leqslant r,$$

或用闭区间 $[-r,r]$ 来表示. 下面给出绝对值的几个性质：

(1) $|x\cdot y|=|x|\cdot|y|$；

(2) $\left|\dfrac{x}{y}\right|=\dfrac{|x|}{|y|},y\neq 0$；

(3) $|x+y|\leqslant|x|+|y|$；

(4) $|x-y|\geqslant|x|-|y|$.

性质(1)、(2)由绝对值定义可以直接得到，这里我们只证明性质(3)，性质(4)留给读者作为练习.

证明 (3) 由绝对值定义，有

$$-|x|\leqslant x\leqslant|x|,\quad -|y|\leqslant y\leqslant|y|,$$

将上述两式逐项相加，得到

$$-(|x|+|y|)\leqslant x+y\leqslant|x|+|y|,$$

故有

$$|x+y|\leqslant|x|+|y|.$$

下面我们介绍邻域的概念.

设 $a\in\mathbf{R}$，$h\in\mathbf{R}$ 且 $h>0$. 称集合

$$\{x\mid |x-a|<h\}$$

为 a 的一个**邻域**，记作 $N_h(a)$，其中 h 为邻域半径，称集合

$$\{x\mid 0<|x-a|<h\}$$

为 a 的一个空心邻域，记作 $N_h(\bar{a})$. 当不必指明邻域半径时，我们用 $N(a)$，$N(\bar{a})$ 表示 a 的邻域和 a 的空心邻域. 称集合

$$\{x\mid a\leqslant x<a+h\}\text{ 和 }\{x\mid a-h<x\leqslant a\}$$

为 a 的右邻域和左邻域，记作 $N_h^+(a)$ 和 $N_h^-(a)$. 若上述集合除去 a 点，就称为 a 的空心右邻域和空心左邻域，记作 $N_h^+(\bar{a})$ 和 $N_h^-(\bar{a})$.

不必指明邻域半径时,记号中可省略 h.

三、组合分析中的几个定理

1. 加法原理

定理 1 设完成一件事有 n 类方法,只要选择任何一类中的一种方法,这件事就可以完成. 若第一类方法有 m_1 种,第二类方法有 m_2 种……第 n 类方法有 m_n 种,并且这 $m_1+m_2+\cdots+m_n$ 种方法里,任何两种方法都不相同,则完成这件事就有 $m_1+m_2+\cdots+m_n$ 种方法.

例 1 由甲地到乙地,有飞机、火车、汽车三种交通工具. 已知飞机每天一班,火车每天两次,汽车每天三趟,问一天中由甲地赴乙地有几种走法?

解 一天中由甲地赴乙地有三种方式:乘飞机、乘火车、乘汽车. 其中乘飞机有一种方法,乘火车有两种方法,乘汽车有三种方法. 由加法原理可知一天中由甲地赴乙地共有

$$1+2+3=6$$

种方法.

2. 乘法原理

定理 2 设完成一件事有 n 个步骤,第一步有 m_1 种方法,第二步有 m_2 种方法……第 n 步有 m_n 种方法,并且完成这件事必须经过每一步,则完成这件事共有 $m_1\times m_2\times\cdots\times m_n$ 种方法.

例 2 由甲地到乙地有 A,B 两条路线,由乙地到丙地有 C,D,E 三条路线,问由甲地经乙地赴丙地有几种不同的路线?

解 由甲地经乙地赴丙地可分两步完成,第一步由甲地到乙地,第二步再由乙地到丙地. 因为第一步从甲地至乙地有两条路线可供选择,无论走哪一条路线到乙地后第二步又有三条路线去丙地,由乘法原理可知由甲地经乙地赴丙地的不同的路线共有

$$2\times3=6(\text{种}).$$

3. 排列

定义 从 n 个不同元素中,每次取出 m 个元素,按照一定顺序排成一列,称为从 n 个元素中每次取出 m 个元素的**排列**.

例如,从 A,B 两个字母中,每次取出两个的排列有两种:AB,BA;从 7,8,9 这三个数码中每次取出两个的排列有六种:78,87,79,97,89,98.

定理 3 从 n 个不同元素中,有放回地逐一取出 m 个元素进行排列(简称为可重复排列),共有 n^m 种不同的排列.

定理 3 可由乘法原理得出. 由于长为 m 的排列的第一个元素允许从 n 种元素中选择,因而有 n 种可能;又由于允许重复,因而第二个元素仍有 n 种可能……第 m 个元素也有 n 种可能,由乘法原理可知可重复排列共有

$$\underbrace{n \cdot n \cdot \cdots \cdot n}_{m\text{个}}=n^m(\text{种}).$$

例 3 由 1,2,3 三个数码可以组成多少个不同的两位数?

解 显然这是一个可重复的排列问题. 由定理 3 可知 $n=3$, $m=2$,所以三个数码可以组成 $n^m=3^2=9$ 个两位数. 事实上,我们知道由 1,2,3 组成的两位数是 11,12,13,21,22,23,31,32,33. 这就是说,十位数字有 3 种选法,个位数字也有 3 种选法,根据乘法原理,1,2,3 可以组成 $3\times3=9$ 个两位数.

定理 4 从 n 个不同元素中,无放回地取出 m 个($m\leqslant n$)元素进行排列(简称为选排列),共有

$$n(n-1)\cdots(n-m+1)=\frac{n!}{(n-m)!}$$

种不同的排列. 选排列的种数用 A_n^m(或 P_n^m)表示,即

$$\mathrm{A}_n^m=\frac{n!}{(n-m)!}.$$

特别地,当 $m=n$ 时的排列(简称为全排列)共有

$$n(n-1)(n-2)\cdots3\cdot2\cdot1=n!$$

种不同排列. 全排列的种数用 P_n(或 A_n^n)表示,即

$$P_n = n!.$$

并规定 $0! = 1$.

例 4 在北京—武汉—广州的民用航空线上需要几种不同的飞机票?

解 由于从每一站到其他两个站都是不同的飞机票,而且往返两站之间的票也不相同,所以这是一个 $n=3, m=2$ 的选排列问题. 因此共有 $A_3^2 = 3\times2 = 6$ 种飞机票.

事实上,我们知道需要准备的票有下面六种:

起点站	北京	武汉	武汉	广州	广州	北京
终点站	武汉	北京	广州	武汉	北京	广州

例 5 在旗杆上有红、绿、黄三面旗子,旗子的不同次序表示不同的信号,问它们一共可以组成多少种不同的信号?

解 显然这是一个 $n=3$ 的全排列问题,红、绿、黄三面旗子共可以组成 $P_3 = 3! = 6$ 种不同信号.

事实上,我们可以把所有可能的排法列举出来,这就是:

红黄绿,红绿黄,黄红绿,

黄绿红,绿黄红,绿红黄.

4. 组合

定义 从 n 个不同元素中,每次取出 m 个元素不考虑其先后顺序作为一组,称为从 n 个元素中每次取出 m 个元素的**组合**.

例如,从 A,B 两个字母中,每次取出两个字母的组合只有一种:AB;而从 7,8,9 这三个数码中每次取出两个的组合共有三种:78,79,89.

定理 5 从 n 个不同元素中取出 m 个元素的组合(简称为一般组合)共有

$$\frac{n(n-1)\cdots(n-m+1)}{m!} = \frac{n!}{m!\,(n-m)!}$$

种不同的组合. 一般组合的组合种数用 C_n^m $\left(\text{或}\binom{n}{m}\right)$ 表示，即

$$C_n^m=\frac{n!}{m!(n-m)!},$$

并且规定 $C_n^0=1$. 不难看出

$$C_n^m=\frac{A_n^m}{P_m}.$$

这是因为从 n 个元素中取出 m 个元素的选排列的排列种数是 A_n^m，其中 m 个元素的全排列的种数是 $m!$. 当考虑组合时，这 $m!$ 个排列是同一个组合. 因此

$$C_n^m=\frac{A_n^m}{P_m}=\frac{n!}{m!(n-m)!}.$$

例 6 在北京—武汉—广州这条民用航空线上，头等舱座位有几种不同的票价？

解 因为在每两站之间只有一种票价，所以这是一个 $n=3$，$m=2$ 的组合问题. 因此有

$$C_3^2=\frac{3\times2}{2\times1}=3$$

种票价.

组合数的两个性质：

$$C_n^m=C_n^{n-m},\quad C_n^m=C_{n-1}^m+C_{n-1}^{m-1}.$$

上篇

基础篇

第一部分　初等微积分

第一章　初 等 函 数

在中学我们已经学习过函数的概念，而函数是微积分学研究的对象，函数概念是高等数学重要的基本概念之一. 因此在这一章，我们将对函数的有关概念进行较系统的学习，为以后各章的学习作好准备.

§1　函数的概念

1.1　函数的概念

历史上，“函数”一词是由著名的德国数学家莱布尼茨（Leibniz）首先引入数学的. 他是针对某种类型的数学公式来使用这一术语的，尽管当时他已经考虑到变量 x 以及和 x 同时变化的变量 y 之间的依赖关系，但还是没有能够给出一个明确的函数定义. 其后经欧拉（Euler）等人不断修正、扩充才逐步形成一个较为完整的函数概念.

在初等数学中，我们通过讨论变量之间的依赖关系，给出了函数概念的一个直观的描述：

设在某变化过程中有两个变量 x 和 y，变量 y 依赖于 x. 如果对于 x 的每一个确定的值，按照某个对应关系，y 都有唯一的值和它对应，y 就叫做 x 的函数，x 叫做自变量. x 的取值范围叫做函数的定义域. 和 x 的值相对应的 y 的值叫做函数值，函数值的集合叫做函数的值域.

例1 在真空中,物体在重力的作用下,从高度为 h 处自由下落,下落的路程 s 是下落时间 t 的函数.这个函数可以通过关系式:

$$s=\frac{1}{2}gt^2,\quad t\in\left[0,\sqrt{\frac{2h}{g}}\right]$$

给出,其中 g 为重力加速度,它是一个常量.

从本质上讲,函数是从一个集合到另一个集合的映射.即给定两个集合 A 和 B,若对于 A 中的每个元素 a,按照某一对应关系 f,在 B 中都有唯一确定的一个元素 b 与它对应,则称 f 为 A 上的一个函数,记作

$$f:A\to B.$$

集合 A 称为函数的定义域,与 A 中元素 a 对应的 B 中元素 b 构成的集合称为函数的值域.

在函数定义中对定义域 A 和集合 B 中的元素的性质没有加以限制,但在微积分中我们感兴趣的是一些定义域和值域均为实数集的函数,这类函数称为实变数的实值函数,简称为实函数.下面给出它的定义:

设 X 是一个给定的数集且 $X\subset\mathbf{R}$,f 是一个确定的对应关系.如果对于 X 中的每一个元素 x,通过 f 都有 $\mathbf{R}$ 内的唯一确定的一个元素 y 与之对应,那么这个对应关系 f 就叫做从 X 到 $\mathbf{R}$ 的**函数关系**,简称为**函数**,记为

$$f:X\to\mathbf{R} \text{ 或 } f(x)=y.$$

我们把按照函数 f 与 $x\in X$ 所对应的 $y\in\mathbf{R}$ 叫做 f 在 x 处的**函数值**,记作 $y=f(x)$.并把 X 叫做函数 f 的**定义域**,而 f 的全体函数值的集合

$$\{f(x)\mid x\in X\}$$

叫做函数 f 的**值域**,通常用 Y 来表示,即

$$Y=\{f(x)\mid x\in X\}.$$

今后我们把函数用

$$y=f(x),\quad x\in X$$

来表示.并说 y 是 x 的函数,其中 x 叫做**自变量**,y 叫做**因变量**.由于在我们讨论的范围内,函数 f 和函数值 $f(x)$(即 y)没有区分的必要,因此通常把 y 叫做 x 的函数.

在例 1 中对应关系 f 为

$$f(\quad)=\frac{1}{2}g(\quad)^2,$$

即先对自变量作平方运算,然后再乘 $\frac{1}{2}g$;其定义域为

$$\left[0,\sqrt{\frac{2h}{g}}\right].$$

例 1 中的函数我们也可以用

$$y=\frac{1}{2}gx^2,\quad x\in\left[0,\sqrt{\frac{2h}{g}}\right]$$

表示.

通过上面的讨论可以看出,一个函数主要是由函数关系和其定义域 X 所确定的,而与其自变量和因变量所选用的符号没有关系.

例 2 圆的面积 S 是半径 r 的函数.用

$$S=\pi r^2,\quad r\in[0,+\infty)$$

来表示,其中

$$X=\{r\mid 0\leqslant r<+\infty\}$$

是 f 的定义域.如果不考虑这个问题的具体内容,则函数 $S=\pi r^2$ 的定义域为

$$X=\{r\mid -\infty<r<+\infty\}.$$

一般地,当$f(x)$是用x的表达式给出时,如果不特别声明,那么函数的定义域就是使$f(x)$有意义的全体x的集合,通常称它为**自然定义域**.

例如函数$y=\frac{1}{2}gx^2$的自然定义域为$(-\infty,+\infty)$,而函数$y=\sqrt{1-x^2}$的自然定义域为$[-1,1]$.

例 3 已知函数$y=f(x)=x^3$,求$f(-1)$,$f(1)$,$f\left(\frac{1}{x}\right)$,$f(x+1)$.

解

$$f(-1)=(-1)^3=-1,$$
$$f(1)=1^3=1,$$
$$f\left(\frac{1}{x}\right)=\left(\frac{1}{x}\right)^3=\frac{1}{x^3},$$
$$f(x+1)=(x+1)^3.$$

常见的函数表示法有三种,上面几例均为函数的**解析表示法**,也叫**公式法**,其特点是便于计算和分析研究,所以用得最多. 除此之外,还有**图示法**和**表格法**. 表格法易于求函数值,而图示法直观清晰地反映函数的变化状况及某些特性. 因此三种表示法各有长处.

除了用字母"f"表示函数以外,当然也可以用其他的字母,例如,用"F""φ"等来表示函数,甚至可以用$y=y(x)$来表示一个函数. 但在同一个问题中不同的函数一定要用不同的符号来表示.

在定义中,我们用"唯一确定"来表明所讨论的函数都是单值的. 所谓**单值函数**就是对于X中的每一个值x,都有一个而且只有一个y的值与之对应的函数. 对于X中的某个x值有多于一个y的值与之对应的函数,叫做**多值函数**. 本书我们只讨论单值函数.

下面再举两个常用函数的例子.

例 4 绝对值函数

$$y=|x| \xlongequal{\text{def}} \begin{cases} x, & x \geqslant 0, \\ -x, & x<0. \end{cases}$$

这个函数在 $x \geqslant 0$ 时解析表达式为 $y=x$，在 $x<0$ 时 $y=-x$；这种由两个或两个以上的解析表达式表示的函数，称为分段函数.

例 5 符号函数

$$y=\operatorname{sgn} x \xlongequal{\text{def}} \begin{cases} -1, & x<0, \\ 0, & x=0, \\ 1, & x>0 \end{cases}$$

也是一个分段函数.

图 1.1.1 与图 1.1.2 分别是绝对值函数与符号函数的图形，从图形上我们可以看出对应函数的某些特性.

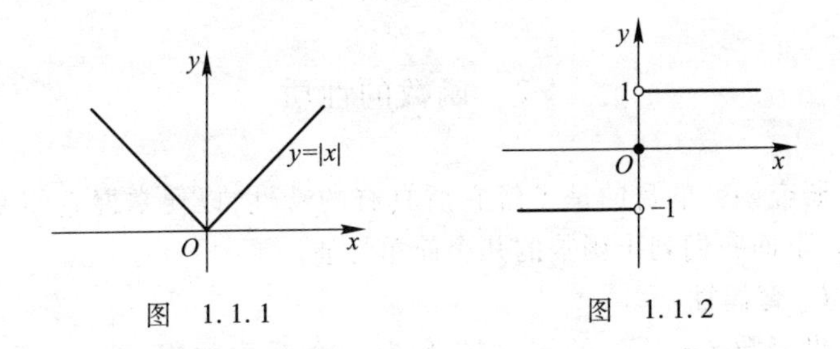

图 1.1.1　　图 1.1.2

1.2 建立函数关系

为了解决实际问题，需要先确定问题中的自变量和因变量以及相互间的依赖关系（即函数关系），并将这种关系表示出来，再利用适当的数学方法加以分析和解决.

例 6 要造一个底面为正方形，容积为 500 m^3 的长方体无盖蓄水池，设水池四壁和底面每平方米造价均为 a 元，试将蓄水池的造价 y（单位：元）表示为底边长 x（单位：m）的函数.

解 由题意可知，长方体水池的高 $h=\dfrac{500}{x^2}$ m. 故

$$y=ax^2+4axh=ax^2+\frac{2\,000}{x}a$$
$$=a\left(x^2+\frac{2\,000}{x}\right),\quad x\in(0,+\infty).$$

例 7 一个快餐联营公司在某地区开设了 40 个营业点,每个营业点每天的平均营业额达 10 000 元. 对在该地区是否开设新营业点的研究表明,每开设一个新营业点会使每个营业点的平均营业额减少 200 元. 现在求该公司所有营业点的每日总收入和新开设营业点数目之间的函数关系.

解 设 x 表示新开设的营业点的数目,R 表示该公司每日的总收入. 那么现有营业点数目为 $40+x$,而每个营业点的平均日收入为 $10\,000-200x$. 故该公司每日总收入

$$R=(10\,000-200x)(40+x).$$

§2 函数的性质

研究函数的目的是了解它所具有的特性,以便掌握它的变化规律. 下面我们列出函数的几个简单性质.

1. 奇偶性

设函数 $y=f(x)$ 的定义域 X 为一个对称数集,即 $x\in X$ 时,有 $-x\in X$,若对于任意给定的 $x\in X$,函数满足

$$f(-x)=-f(x),$$

则称 $f(x)$ 为**奇函数**;若对于任意给定的 $x\in X$,函数满足

$$f(-x)=f(x),$$

则称 $f(x)$ 为**偶函数**.

例如,函数 $y=x^3$, $y=\sin x$ 都是奇函数;$y=x^2$, $y=|x|$ 和 $y=\cos x$ 都是偶函数,而 $y=x^3+x^2$ 是一个非奇非偶函数. 不难看出,奇函数的图形关于原点是对称的,偶函数的图形关于 y 轴是对称的.

2. 单调性

设函数 $y=f(x)$ 在区间 I 上有定义,对于任意给定的 $x_1,x_2\in I$,

若 $x_1<x_2$ 时,有

$$f(x_1)<f(x_2) \quad (f(x_1)>f(x_2)),$$

则称 $f(x)$ 在 I 上是**递增**(**递减**)的;又若 $x_1<x_2$ 时,有

$$f(x_1)\leqslant f(x_2) \quad (f(x_1)\geqslant f(x_2)),$$

则称 $f(x)$ 在 I 上是**不减**(**不增**)的.

递增函数或递减函数统称为**单调函数**. 同样我们可以定义在无限区间上的单调函数.

例如,函数 $y=x^2$ 在 $(-\infty,0)$ 内是递减的,而在 $(0,+\infty)$ 内是递增的. 常数函数 $y=C(-\infty<x<+\infty)$ 既是一个不增函数又是一个不减函数.

3. 有界性

设函数 $y=f(x)$ 在 X 上有定义,若存在 $M_0>0$,对于任意给定的 $x\in X$ 使得 $|f(x)|\leqslant M_0$,则称 $f(x)$ 在 X 上是**有界的**;否则称 $f(x)$ 在 X 上是**无界的**.

例如,$y=\sin x$ 在 $(-\infty,+\infty)$ 内是有界的,因为 $|\sin x|\leqslant 1$;而 $y=1/x$ 在 $(0,1]$ 上是无界的,但在 $[1,+\infty)$ 上是有界的. 有界函数的界不是唯一的. 例如,对于 $y=\sin x$,不仅 1 是它的界,而且任何一个大于 1 的数都是它的界. 不难看出,有界函数的图形总是位于平行于 x 轴的直线 $y=-M_0$ 与 $y=M_0$ 之间.

4. 周期性

设函数 $y=f(x)$,$x\in\mathbf{R}$,若存在 $T_0>0$,对于任意给定的 $x\in\mathbf{R}$ 使得 $f(x+T_0)=f(x)$,则称 $f(x)$ 是**周期函数**,T_0 为其周期.

由定义可知,$kT_0(k\in\mathbf{N}_+)$ 都是它的周期,可见一个周期函数有无穷多个周期. 若在无穷多个周期中,存在最小的正数 T,则称 T 为 $f(x)$ 的最小周期,简称周期.

例如,$y=\sin x$,$y=\sin 2x$ 和 $y=\sin \pi x$ 等都是周期函数,它们的周期分别是 2π,π 和 2;而 $y=\sin x^2$ 和 $y=\sin 2x+\sin \pi x$ 就不是周期函数了. 对于常数函数 $y=C$ 来说,任何正实数都是它的周期,由于最小的正数是不存在的,所以它不是周期函数.

不在整个实轴上定义的函数,也可以讨论它的周期性. 例如 $y=\tan x\left(x\in\mathbf{R},x\neq k\pi+\dfrac{\pi}{2},k\in\mathbf{Z}\right)$,由于

$$\tan(x+\pi)=\tan x,$$

所以它是一个周期为 π 的周期函数.

§3　反函数与复合函数

3.1　反函数

在初等数学中,我们已经知道对数函数 $y=\log_a x(x>0,a>0$ 且 $a\neq1)$ 与指数函数 $y=a^x(a>0$ 且 $a\neq1)$ 互为反函数. 一般来说,在函数关系中,自变量与因变量都是相对而言. 例如我们可以把圆的面积 S 表示为半径 r 的函数:$S=\pi r^2(r\geqslant0)$,也可以把半径 r 表示为面积的函数:$r=\sqrt{S/\pi}(S\geqslant0)$. 就这两个函数来说,我们可以把后一个函数看作是前一个函数的反函数,也可以把前一个函数看作是后一个函数的反函数. 下面我们给出反函数的定义:

定义　给定函数 $y=f(x)(x\in X,y\in Y)$,如果对于 Y 中的每一个值 $y=y_0$ 都有 X 中唯一的一个值 $x=x_0$,使得 $f(x_0)=y_0$,那么我们就说在 Y 上确定了 $y=f(x)$ 的**反函数**,记作

$$x=f^{-1}(y)\quad(y\in Y).$$

此时,也称 $y=f(x)(x\in X,y\in Y)$ 在 X 上是一一对应的. 通常我们称函数 $y=f(x)$ 为直接函数,而用符号"f^{-1}"表示新的函数关系. 例如,若直接函数为 $S=f(r)=\pi r^2(0\leqslant r<+\infty)$,则其反函数为 $r=f^{-1}(S)=\sqrt{S/\pi}(0\leqslant S<+\infty)$. 一般地,直接函数与反函数的对应关系、定义域与值域是不相同的,反函数的定义域和值域恰好是直接函数的值域和定义域,即若

$$f:X\to Y,$$

则

$$f^{-1}:Y \to X.$$

习惯上我们用 x 表示自变量,用 y 表示因变量,因而常把函数 $y=f(x)$ 的反函数写成 $y=f^{-1}(x)$ 的形式. 从而 $y=f(x)$ 与 $y=f^{-1}(x)$ 的图形是关于直线 $y=x$ 对称的,这是因为这两个函数的因变量与自变量互换的缘故.

对于一个给定的函数 $y=f(x)$, $x \in X$, $y \in Y$ 来说,它在 X 上存在反函数的充要条件是 $f(x)$ 在 X 上是一一对应的. 因为单调函数是一一对应的,所以单调函数一定有反函数存在. 例如, $y=2x+1$ 是一个递增函数,它的反函数 $y=\frac{x}{2}-\frac{1}{2}$ 也是一个递增函数;而 $y=x^2$ 在 $\mathbf{R}$ 上不是一一对应的,所以它没有反函数,但是当 $y=x^2$ 定义在 $(-\infty,0)$ 或 $(0,+\infty)$ 上时,其反函数分别为 $y=-\sqrt{x}$ 和 $y=\sqrt{x}$.

同样,正弦函数 $y=\sin x$ 在 $\mathbf{R}$ 上不是一一对应的,所以它也没有反函数. 但是如果限制 x 的取值区间为 $\left[-\frac{\pi}{2},\frac{\pi}{2}\right]$,可知 $y=\sin x$ 在该区间上是递增函数,因此它有反函数,我们将 $\left[-\frac{\pi}{2},\frac{\pi}{2}\right]$ 上 $y=\sin x$ 的反函数定义为反正弦函数,记作 $y=\arcsin x$,其定义域 $X=[-1,1]$,值域 $Y=\left[-\frac{\pi}{2},\frac{\pi}{2}\right]$. 同理,正切函数 $y=\tan x$ 在 $\left(-\frac{\pi}{2},\frac{\pi}{2}\right)$ 内单调增加,故有反函数,将其定义为反正切函数,记作 $y=\arctan x$,其定义域 $X=(-\infty,+\infty)$,值域 $Y=\left(-\frac{\pi}{2},\frac{\pi}{2}\right)$.

$y=\arcsin x$, $y=\arctan x$ 的图形见表 1.1.1.

3.2 复合函数

对于一些函数,例如 $y=\lg(x^2+1)$,我们可以把它看成是将 $u=x^2+1$ 代入到 $y=\lg u$ 之中而得到的. 像这样在一定条件下,将一个

函数“代入”到另一个函数中的运算称为函数的复合运算,而得到的函数称为复合函数.一般有下面的定义:

定义 设$y=f(u)(u\in U)$,$u=g(x)(x\in X,u\in U_1)$,若$U_1\subset U$,则称$y=f[g(x)](x\in X)$为$y=f(u)$和$u=g(x)$的**复合函数**,称u为**中间变量**.

例如,由函数$y=f(u)=\sqrt{u}$,$u=g(x)=1-x^2(-1\leqslant x\leqslant 1)$可复合成函数$y=f[g(x)]=\sqrt{1-x^2}$.在这里,$y$是$u$的函数,$u$又是$x$的函数;为了使函数$y=\sqrt{u}$有意义,必须要求$u\geqslant 0$;为了使函数$u=1-x^2\geqslant 0$,必须要求$-1\leqslant x\leqslant 1$.注意,仅对函数$u=g(x)=1-x^2$来说,$x$可取任意实数,但是对复合函数$y=\sqrt{1-x^2}$来说,必须要求$-1\leqslant x\leqslant 1$.因此,复合函数$y=\sqrt{1-x^2}$的定义域$X=[-1,1]$.

复合函数的概念可推广到有限多个函数复合的情形.例如,函数$y=\mathrm{e}^{\sqrt{x-1}}$可以看成是由

$$y=\mathrm{e}^u,\quad u=\sqrt{v},\quad v=x-1\quad (x\geqslant 1)$$

三个函数复合而成的.其中u,v为中间变量,x为自变量,y为因变量.显然复合函数$y=\mathrm{e}^{\sqrt{x-1}}$的定义域为$[1,+\infty)$.

§4 初等函数

4.1 基本初等函数

我们所研究的各种函数,特别是一些常见的函数都是由几种最简单的函数构成的,这些最简单的函数就是在初等数学中学过的基本初等函数:常数函数、幂函数、指数函数、对数函数、三角函数和反三角函数.为了今后学习和查阅方便,现将它们的表达式、图形和简单性质列表如表1.1.1所示:

表 1.1.1

名称	表达式	图形	简单性质
常数函数	$y=C$	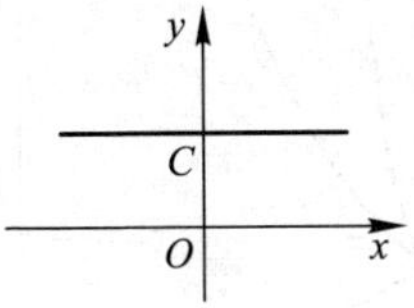	定义域为 $-\infty<x<+\infty$
幂函数	$y=x^{\alpha}$	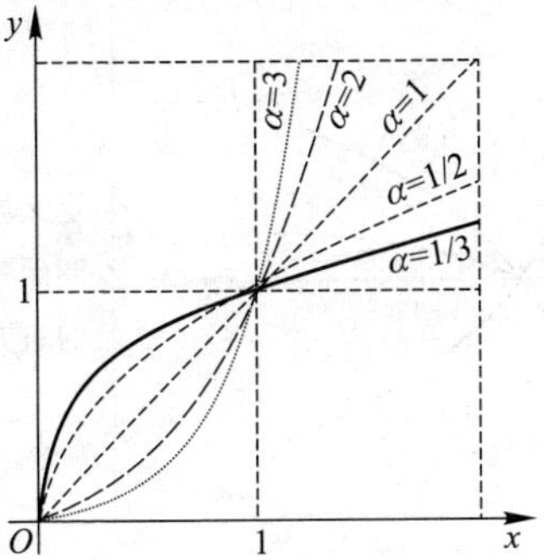 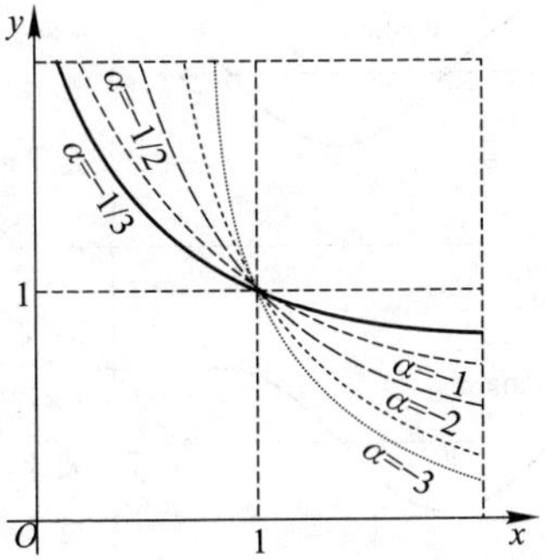	α 为任意实数时,其定义域视 α 不同而异,但其公共部分为 $0<x<+\infty$,其性质在 $\alpha>0$ 时与 $\alpha<0$ 时根本不同,前者的图形叫做 α 次抛物线,后者的图形叫做 $\beta(\beta=-\alpha)$ 次双曲线.

续表

名称	表达式	图形	简单性质
指数函数	$y=a^x$ ($a>0$, $a\neq 1$)	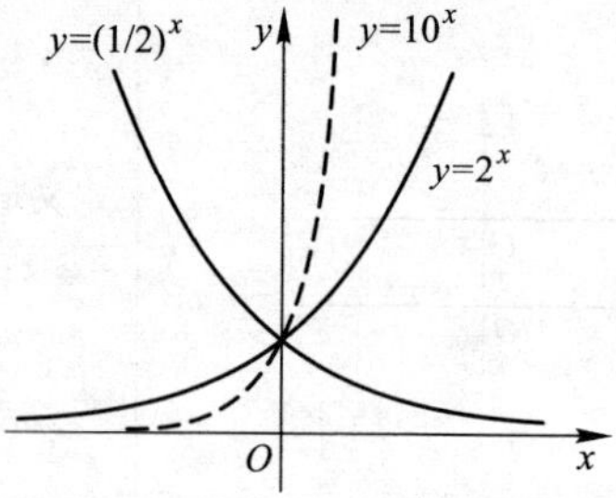 $y=(1/2)^x$, $y=10^x$, $y=2^x$, O, x, y	定义域为 $-\infty<x<+\infty$，单调函数，其图形在 x 轴的上方，过 $(0,1)$ 点.
对数函数	$y=\log_a x$ ($a>0$, $a\neq 1$)	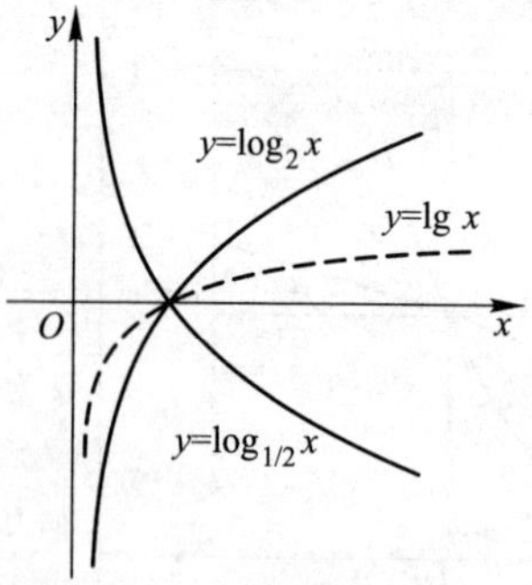 $y=\log_2 x$, $y=\lg x$, $y=\log_{1/2} x$, O, x, y	定义域为 $0<x<+\infty$，单调函数，其图形在 y 轴的右方，过 $(1,0)$ 点.
三角函数	$y=\sin x$	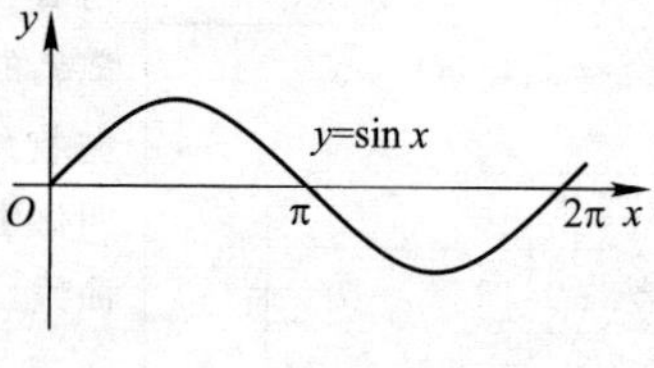 $y=\sin x$, O, π, 2π, x, y	定义域为 $-\infty<x<+\infty$，奇函数，其图形关于原点对称；周期是 2π.
	$y=\cos x$	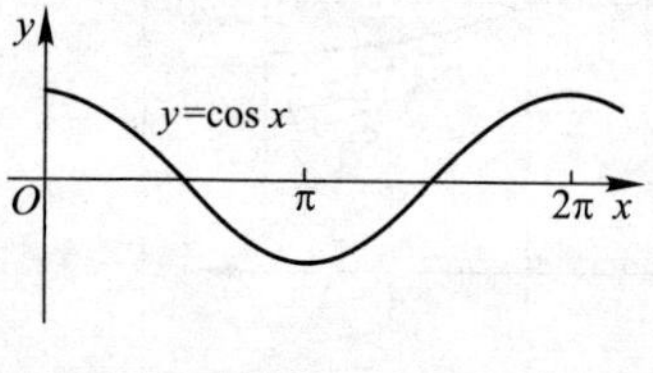 $y=\cos x$, O, π, 2π, x, y	定义域为 $-\infty<x<+\infty$，偶函数，其图形关于 y 轴对称；周期是 2π.

续表

名称	表达式	图形	简单性质
三角函数	$y=\tan x$	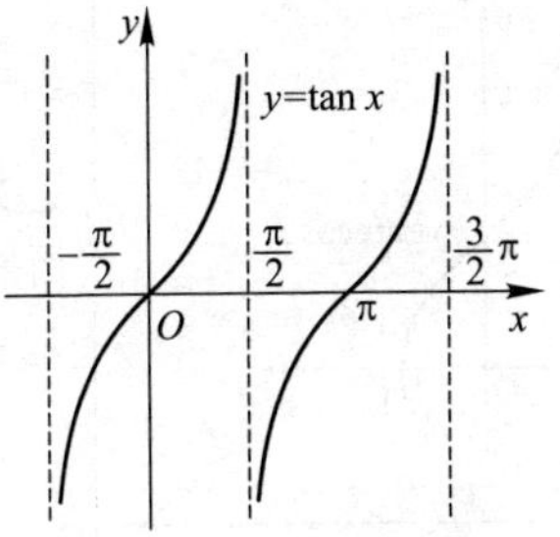	定义域为 $x\neq(2k+1)\frac{\pi}{2}$ $(k=0,\pm1,\pm2,\cdots)$，奇函数，其图形关于原点对称；周期是 π.
	$y=\cot x$	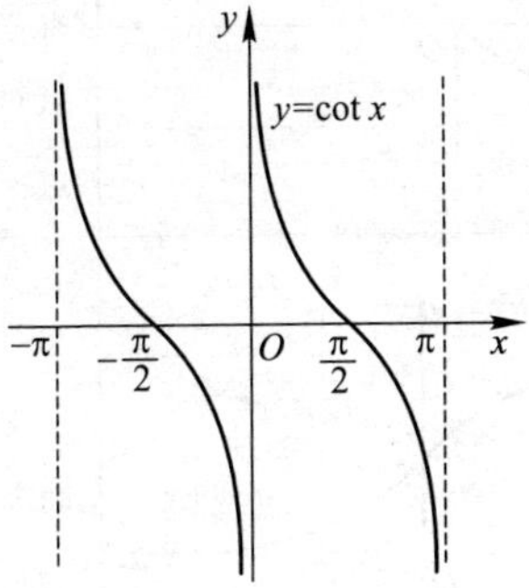	定义域为 $x\neq k\pi$ $(k=0,\pm1,\pm2,\cdots)$，奇函数，其图形关于原点对称；周期是 π.
反三角函数	$y=\arcsin x$	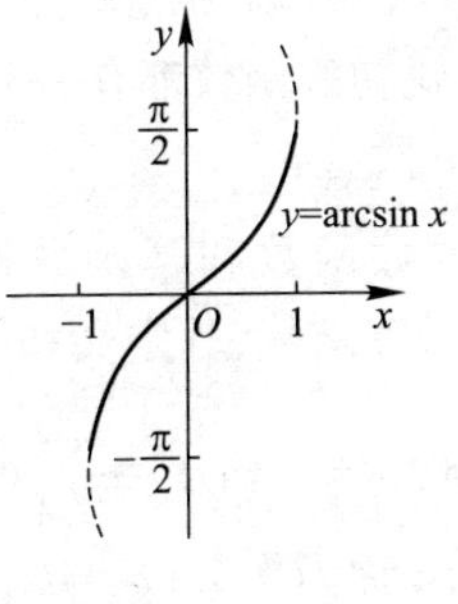	定义域为 $-1\leqslant x\leqslant1$，奇函数，图形关于原点对称.

续表

名称	表达式	图形	简单性质
	$y=$ arccos x	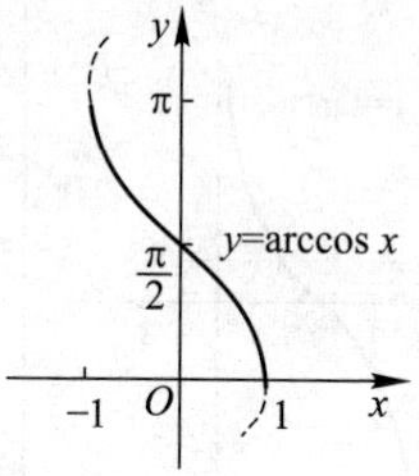 $y=\arccos x$	定义域为 $-1\leqslant x\leqslant 1$，图形在 x 轴上方.
反三角函数	$y=$ arctan x	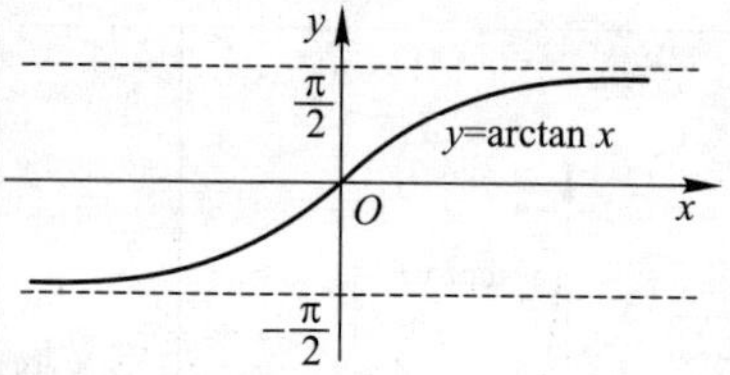 $y=\arctan x$	定义域为 $-\infty<x<+\infty$，奇函数，图形关于原点对称.
	$y=$ arccot x	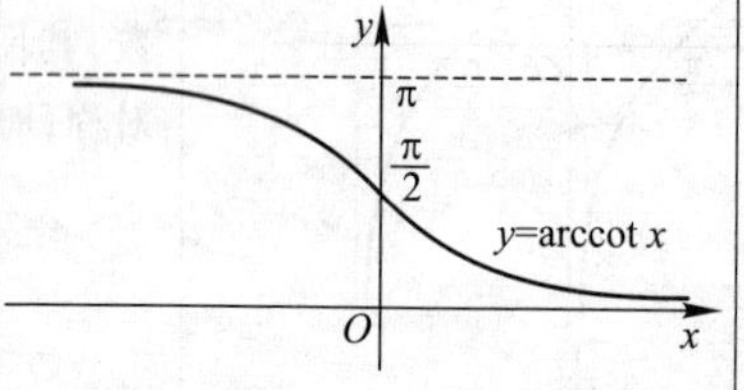 $y=\operatorname{arccot} x$	定义域为 $-\infty<x<+\infty$，图形在 x 轴上方.

基本初等函数经过有限次加、减、乘、除、复合运算后所得到的函数，称为**初等函数**. 一般来说初等函数都有一个解析表达式. 例如

$$y=\mathrm{e}^{-x^2},\quad y=\lg(x^2+1),\quad y=\sqrt{\cos x-1}$$

等都是初等函数. 又如由常数函数和幂函数构成的多项式函数 $P(x)$、有理函数 $R(x)$ 也是初等函数，其定义如下：

$$P(x)\xlongequal{\text{def}}a_0+a_1x+\cdots+a_nx^n=\sum_{k=0}^{n}a_kx^k,$$

其中 a_k 称为多项式的系数，n 称为次数($a_n\neq 0$)；

$$R(x) \xlongequal{\text{def}} \frac{P(x)}{Q(x)},$$

其中 $P(x)$,$Q(x)$ 为多项式函数,并且 $Q(x)$ 不恒为 0.

本章自测题

习题 1.1

1. 叙述函数的定义,并指出下列各题中的两个函数是否相同,为什么?

(1) $y=\frac{x^2}{x}$ 与 $y=x$;

(2) $y=\lg x^2$ 与 $y=2\lg x$;

(3) $y=|x|$ 与 $y=\sqrt{x^2}$;

(4) $y=\frac{x^2-4}{x+2}$ 与 $y=x-2$.

2. 求下列函数的定义域:

(1) $y=\frac{1}{x^2-2x}$; (2) $y=\lg(x^2-4)$;

(3) $y=\sqrt{\frac{1+x}{1-x}}$; (4) $y=\arccos\frac{x-3}{2}$;

(5) $y=\sqrt{\lg\frac{x-3}{2}}$; (6) $y=\frac{1}{\sin x-\cos x}$.

3. 设 $f(x)=x^2-3x+2$,求 $f(0)$,$f(1)$,$f(-2)$,$f(-x)$,$f\left(\frac{1}{x}\right)$.

4. 设 $f(t)=t^3+1$,求 $f(t^2)$,$[f(t)]^2$,$f(x+1)$,$f(x)+1$.

5. 指出下列函数中哪些是奇函数,哪些是偶函数:

(1) $y=\lg(x^2+1)$; (2) $y=x^2\sin x$;

(3) $y=x^2+\sin x$; (4) $y=|x+1|$;

(5) $y=\sin(x^2+1)$; (6) $y=\lg(x+\sqrt{1+x^2})$.

6. 指出下列函数在指定的区间内的单调性:

(1) $y=\sin x\left(\frac{\pi}{2}\leqslant x\leqslant\pi\right)$;

(2) $y=x^3(-\infty<x<+\infty)$;

(3) $y=|x+1|(-5\leqslant x\leqslant -1)$;

(4) $y=\lg x(0<x<+\infty)$.

7. 指出下列函数中哪些是周期函数,并求出它们的周期:

(1) $y=\sin \lambda x(\lambda>0)$; (2) $y=2$;

(3) $y=\sin 2x+\sin \pi x$; (4) $y=\sin x+\cos x$.

8. 设$f(x)=x^2, g(x)=2^x$,求$f[f(x)], g[g(x)], f[g(x)], g[f(x)]$.

9. 设$f(x)=\frac{1}{1-x}$,求$f[f(x)], f\{f[f(x)]\}$.

10. 求下列函数的反函数:

(1) $y=ax+b(a\neq 0)$;

(2) $y=\sqrt[3]{x^2+4}\ (x>0)$;

(3) $y=2\sin 3x(0<x<\pi/6)$;

(4) $y=\lg(x+4)$.

11. 设一个无盖的圆柱形容器的容积为V,试将其表面积表示为底半径的函数.

12. 设1~14岁儿童的平均身高y(cm)与年龄x成线性函数关系.已知1岁儿童的平均身高为85 cm,10岁儿童的平均身高为130 cm,写出y与x的函数关系.

第二章　极限的计算

极限是在研究变量的变化趋势时所引出的一个非常重要的概念.微积分学中的许多基本概念,例如连续、导数、定积分、无穷级数等都是建立在极限的基础上,而极限方法又是我们研究函数的一种最基本的方法.

§1　极限的概念

1.1　数列极限

按照一定顺序排列的可列个数:

$$x_1,x_2,\cdots,x_n,\cdots$$

称为**数列**,记为$\{x_n\}$,其中x_n称为第n项或通项,n称为x_n的序号.例如

$$1,\frac{1}{2},\frac{1}{3},\cdots,\frac{1}{n},\cdots;$$

$$1,2,3,\cdots,n,\cdots;$$

$$0,1,0,2,\cdots,0,n,\cdots$$

都是数列.为了研究当n无限增大(用符号$n\to\infty$表示,读作n趋于无穷)过程中数列$\{x_n\}$的变化趋势,先来看两个例子.

例1　在我国春秋战国时期的《庄子·天下》中载有这样一段话"一尺之棰,日取其半,万世不竭."这就是说,一尺长的木棍,每天取下它的一半,永远也取不完.这里我们可以看出,每天取下的长度

$$\frac{1}{2},\frac{1}{4},\frac{1}{8},\cdots,\frac{1}{2^n},\cdots$$

是一个数列,通项为

$$x_n=\frac{1}{2^n}\quad(n\in\mathbf{N}_+).$$

当 n 无限增大时,$\frac{1}{2^n}$就会无限地变小,并且无限地接近常数 0.$\left(\text{用符号}\frac{1}{2^n}\to 0\text{ 表示,读作}\frac{1}{2^n}\text{趋于 0.}\right)$

需要指出的是"万世不竭"表示:虽然$\frac{1}{2^n}$趋于 0,但永远不等于 0. 这说明在我国古代就已经具有无限细分的思想,并对极限过程有了初步的描述.

例 2 计算由抛物线 $y=x^2$,直线 $x=1$ 以及 x 轴所围成的曲边三角形的面积 S(见图 1.2.1).

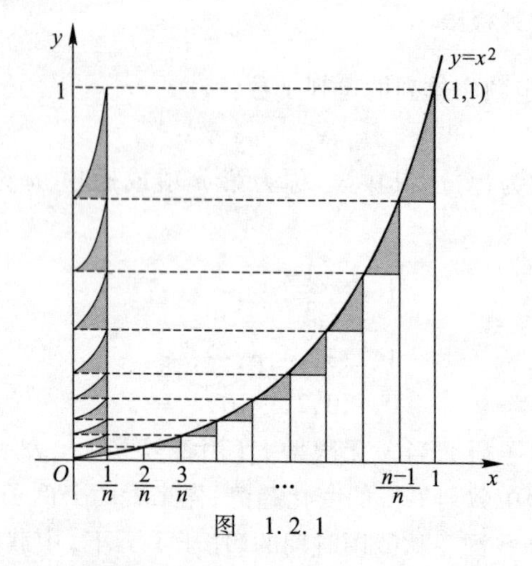

图 1.2.1

我们用分点

$$x_0=0,x_1=\frac{1}{n},x_2=\frac{2}{n},\cdots,x_n=1$$

把区间[0,1]分成 n 个等长的小区间$[x_{i-1},x_i]$$(i=1,2,\cdots,n)$,过每个分点 $x_i(i=1,2,\cdots,n)$作 y 轴的平行线,便把这个曲边三角形

分成了n个小的曲边梯形①,并用ΔS_i表示第i个小曲边梯形及其面积.对于每个ΔS_i,我们用相应的小矩形面积来近似代替.为了方便起见,取每个小区间$[x_{i-1},x_i]$的左端点所对应的值x_{i-1}^2为相应小矩形的高,因此n个小矩形的高分别为

$$0,\left(\frac{1}{n}\right)^2,\left(\frac{2}{n}\right)^2,\cdots,\left(\frac{n-1}{n}\right)^2.$$

每个小矩形的底边都是$\Delta x_i=x_i-x_{i-1}=\dfrac{1}{n}$,所以

$$\Delta S_i\approx x_{i-1}^2\cdot\Delta x_i=\left(\frac{i-1}{n}\right)^2\cdot\frac{1}{n}\quad(i=1,2,\cdots,n).$$

把这n个小矩形面积加起来就得到S的一个近似值:

$$\begin{aligned}S_n&=\sum_{i=1}^{n}\left(\frac{i-1}{n}\right)^2\cdot\frac{1}{n}=\frac{1}{n^3}\sum_{i=1}^{n}(i-1)^2\\&=\frac{1}{n^3}\frac{(n-1)n(2n-1)}{6}=\frac{1}{3}-\left(\frac{1}{2n}-\frac{1}{6n^2}\right),\end{aligned}$$

而且,随着n的增大,这个近似值的精度也不断提高.从图1.2.1中可以看出:S_n与S之差$|S_n-S|<\dfrac{1}{n}$(图中左侧把每个小块之差集中起来,它们面积之和小于一个长条的面积).当n无限地变大时,$\dfrac{1}{n}$就无限地变小,因此$|S_n-S|$也无限地变小.这就是说,当n无限变大时,S_n和S是无限接近的.

从上面的式子也可以看出:对于每一个固定的n,不论它是多么大,S_n都是S的一个近似值,但是当$n\to\infty$时,有$\dfrac{1}{n}\to 0$,考虑到

$$\frac{1}{2n}-\frac{1}{6n^2}<\frac{1}{n},$$

---

① 所谓曲边梯形,是指这样的图形,它有三条边是直线,其中两条互相平行,第三条与前两条互相垂直,第四条边是一段曲线弧,它与任意一条平行于其邻边的直线至多交于一点.曲边三角形是曲边梯形的特例,即两条平行的边中,有一条缩成了一点.

所以有$\frac{1}{2n}-\frac{1}{6n^2}\to 0$，因此$S_n\to\frac{1}{3}(n\to\infty)$. 于是我们就可以把 S 定为$\frac{1}{3}$，并把$\frac{1}{3}$称为 S_n 的极限.

一般来说，给定数列$\{x_n\}$，如果当 n 无限增大时，x_n 无限地趋于某一个常数 A，那么我们就称 A 为 n 趋于无穷时数列$\{x_n\}$的极限，记作

$$\lim_{n\to\infty}x_n=A \text{ 或 } x_n\to A(n\to\infty)$$

(这里的 lim 是 limit 的缩写).

1.2 函数极限

数列$\{x_n\}$可以看作是定义在正整数集上的函数，它的极限只是一种特殊函数的极限. 下面我们来讨论定义在实数集上自变量连续取值的函数 $y=f(x)$ 的极限. 首先讨论当 x 无限增大(记作 $x\to+\infty$)时函数 $f(x)$ 的变化趋势.

例如 $f(x)=\frac{1}{x}$，当 $x\to+\infty$ 时$\frac{1}{x}$就会无限地变小，并且无限地接近于常数 0，这时我们就把 0 称为函数 $f(x)=\frac{1}{x}$ 当 $x\to+\infty$ 时的极限. 同样地，我们可以把 1 称为函数 $f(x)=1+\frac{1}{x}$ 当 $x\to+\infty$ 时的极限.

一般来说，给定函数 $f(x)$，如果当 x 无限增大时，$f(x)$ 无限地趋于某一个常数 A，那么我们就称 A 为 x 趋于正无穷时函数 $f(x)$ 的极限，记作

$$\lim_{x\to+\infty}f(x)=A \text{ 或 } f(x)\to A(x\to+\infty).$$

对于自变量 x 无限减小(记作 $x\to-\infty$)时或 x 的绝对值无限增大(记作 $x\to\infty$)时函数 $f(x)$ 的变化趋势，也可以作类似的讨论：

一般地，对给定函数 $f(x)$，如果当 x 无限减小时，$f(x)$ 无限地趋于某一个常数 A，那么我们就称 A 为 x 趋于负无穷时函数 $f(x)$

的极限,记作

$$\lim_{x\to-\infty} f(x)=A \quad 或 \quad f(x)\to A(x\to-\infty).$$

例如 $\lim\limits_{x\to-\infty}\dfrac{1}{x}=0$, $\lim\limits_{x\to-\infty}e^x=0$.

对给定函数 $f(x)$,如果当 x 的绝对值无限增大时,$f(x)$ 无限地趋于某一个常数 A,那么我们就称 A 为 x 趋于无穷时函数 $f(x)$ 的极限,记作

$$\lim_{x\to\infty} f(x)=A \quad 或 \quad f(x)\to A(x\to\infty).$$

对于函数 $f(x)=\dfrac{1}{x}(x\neq0)$,显然有 $\lim\limits_{x\to\infty}\dfrac{1}{x}=0$.

最后我们来讨论当 x 无限趋于某个常数 a(记作 $x\to a$)时函数的变化趋势. 先考察一实例.

求抛物线 $y=2x^2$ 在点 $(a,2a^2)$ 处的切线的斜率.

在抛物线 $y=y(x)=2x^2$ 上点 $P_0(a,2a^2)$ 附近任取一点 $P(x,2x^2)$,联结 P_0P. 当点 P 沿着抛物线趋于 P_0 时,割线 P_0P 就无限地趋于一个位置 P_0T. 我们把 P_0T 称为抛物线 $y=2x^2$ 在点 P_0 处的切线(见图 1.2.2). 为了求出切线 P_0T 的斜率 k_{P_0T},我们先来找出割线 P_0P 的斜率 k_{P_0P}. 为此,

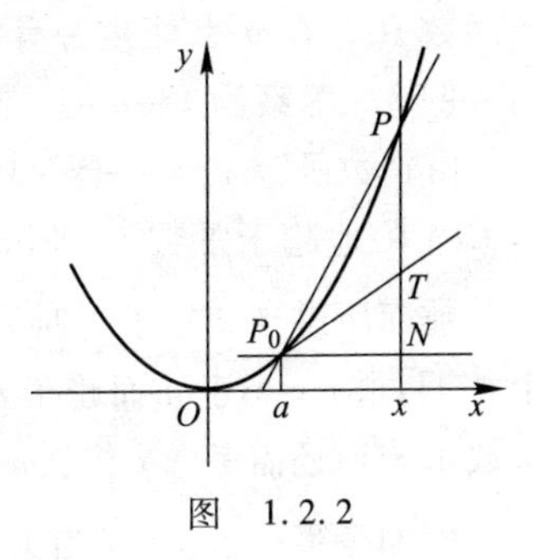

图 1.2.2

过点 P_0 作平行于 x 轴的直线 P_0N,交直线 PT 于点 N. 由图可见:

$$k_{P_0P}=\tan\angle PP_0N=\frac{y(x)-y(a)}{x-a}$$

$$=\frac{2x^2-2a^2}{x-a}=2(x+a).$$

于是,当点 P 沿抛物线趋于 P_0 时,割线 P_0P 就趋于 P_0T 的位置. 相应地,当 x 沿 x 轴趋于 a 时,k_{P_0P} 趋于 k_{P_0T}. 从 k_{P_0P} 的表达式容易看

出：当 $x\to a$ 时，$k_{P_0P}\to 4a$，我们就说割线 P_0P 的斜率（当$x\to a$时）以 $4a$ 为极限，并把切线斜率 k_{P_0T}定为 $4a$.

一般来说，设函数 $f(x)$ 在 $N(\bar{a})$ 上有定义，如果当 x 无限地趋于 a 时，$f(x)$ 无限地趋于某一个常数 A，那么我们就称 A 为 x 趋于 a 时（或在 a 点处）函数 $f(x)$ 的极限，记作

$$\lim_{x\to a} f(x)=A \text{ 或 } f(x)\to A(x\to a).$$

由此可见，上述问题的答案就是函数

$$f(x)=\frac{2x^2-2a^2}{x-a}$$

当 $x\to a$ 时，以 $4a$ 为极限，即

$$\lim_{x\to a} f(x)=4a.$$

需要强调一下，我们是在 $N(\bar{a})$ 中讨论当 $x\to a$ 时函数 $f(x)$ 的极限问题. 也就是说，我们只关心函数 $f(x)$ 在 a 点附近的变化趋势，而与函数 $f(x)$ 在 a 点处是否有定义无关.

例 3 考察当 $x\to a$ 时，常数函数 $y=C$ 的变化趋势.

由常数函数 $y=C(-\infty<x<+\infty)$ 的图形观察可知，当 $x\to a$ 时，$y=C$ 无限地趋于常数 C. 即$\lim\limits_{x\to a}C=C$.

前面所讲当 x 趋于 a 时 $f(x)$ 的极限为 A，是指当 x 大于 a 而趋于 a，且同时 x 小于 a 而趋于 $a(x\neq a)$ 时，$f(x)$ 都无限地趋于某一个常数 A. 有时还需考虑 x 仅从 a 的一侧趋于 a 时函数 $f(x)$ 的极限情形.

例如考察函数 $y=\sqrt{x}$ 当 x 趋于 0 时的极限. 由于函数 $y=\sqrt{x}$ 的定义域为$[0,+\infty)$，这时 x 只能从 0 的右侧（即 $x>0$）趋于 0. 此时 $y=\sqrt{x}$ 趋于 0. 这时我们就称 0 为函数 $y=\sqrt{x}$ 当 x 趋于 0 时的右极限.

一般地，设函数 $f(x)$ 在 $N^+(\bar{a})$ 上有定义，如果当 x 从 a 的右侧（$x>a$）无限地趋于 a 时，$f(x)$ 无限地趋于某一个常数 A，那么我们就称 A 为函数 $f(x)$ 当 x 趋于 a 时的右极限，记作

$$\lim_{x\to a+0} f(x)=A, \quad \text{或 } f(x)\to A(x\to a+0).$$

右极限也可简记为 $f(a+0)$.

同样可定义函数 $f(x)$ 当 x 趋于 a 时的左极限 $f(a-0)$：

$$\lim_{x\to a-0} f(x)=A,\quad f(x)\to A(x\to a-0).$$

可以证明：

$$\lim_{x\to a} f(x)=A \Leftrightarrow f(a-0)=A=f(a+0).$$

例如

$$\lim_{x\to 0+0} \operatorname{sgn} x=1,\quad \lim_{x\to 0-0} \operatorname{sgn} x=-1,$$

所以 $f(x)=\operatorname{sgn} x$ 在 $x=0$ 点的极限不存在.

又如

$$函数 f(x)=\begin{cases}1, & x\neq 0,\\ 0, & x=0,\end{cases}$$

由图 1.2.3 容易看出,

$$\lim_{x\to 0+0} f(x)=1,\quad \lim_{x\to 0-0} f(x)=1,$$

所以 $\lim\limits_{x\to 0} f(x)=1$.

关于函数极限不存在的另外两种情况下面举例说明.

例 4 讨论当 $x\to 1$ 时函数 $f(x)=\dfrac{1}{x-1}$ 的变化趋势.

由图 1.2.4 容易看出,当 x 无限趋于 1 时, $\left|\dfrac{1}{x-1}\right|$ 不仅不趋于某个常数,而且还可以任意地增大. 所以当 $x\to 1$ 时,函数 $f(x)=\dfrac{1}{x-1}$ 没有极限.

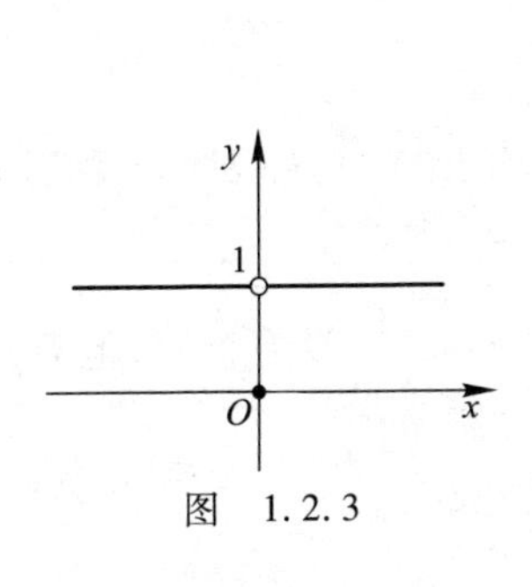

图 1.2.3

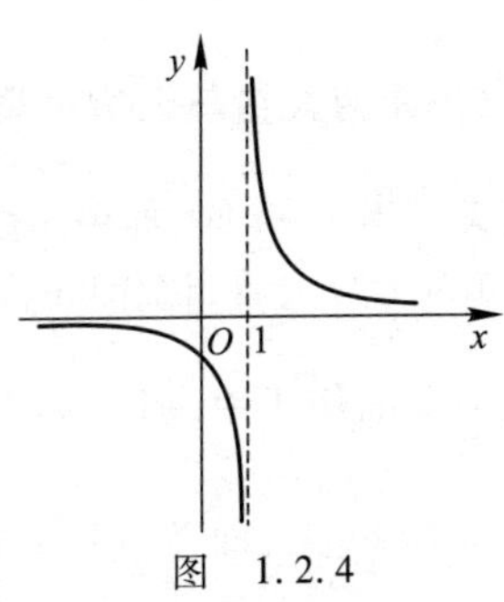

图 1.2.4

例 5 讨论当 $x\to 0$ 时函数 $f(x)=\sin\dfrac{1}{x}$ 的变化趋势.

将函数 $f(x)=\sin\dfrac{1}{x}$ 的值列表如下:

x	$\dfrac{2}{\pi}$	$\dfrac{1}{\pi}$	$\dfrac{2}{3\pi}$	$\dfrac{1}{2\pi}$	$\dfrac{2}{5\pi}$	…
$\sin\dfrac{1}{x}$	1	0	-1	0	1	…
x	$-\dfrac{2}{\pi}$	$-\dfrac{1}{\pi}$	$-\dfrac{2}{3\pi}$	$-\dfrac{1}{2\pi}$	$-\dfrac{2}{5\pi}$	…
$\sin\dfrac{1}{x}$	-1	0	1	0	-1	…

因为当 x 无限趋于 0 时,$y=\sin\dfrac{1}{x}$ 的图形在 -1 与 1 之间无限次地摆动,即 $f(x)$ 不趋于某一个常数. 所以当 $x\to 0$ 时,$f(x)=\sin\dfrac{1}{x}$ 没有极限(见图 1.2.5).

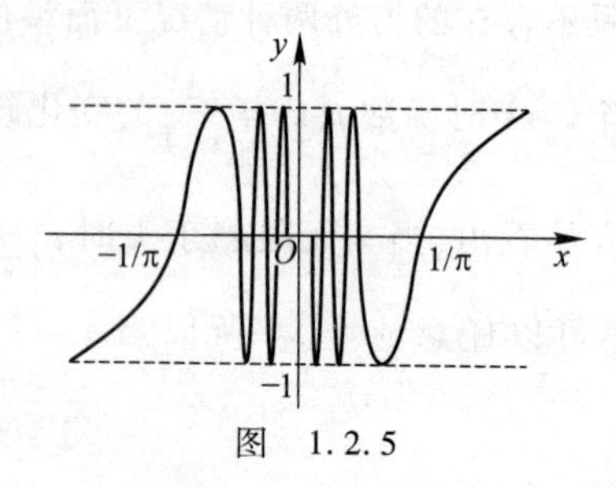

图 1.2.5

1.3 无穷大量与无穷小量

定义 当 $x\to a$ 时,如果函数 $f(x)$ 的绝对值无限增大,称当 $x\to a$ 时,$f(x)$ 为无穷大量,记作 $\lim\limits_{x\to a}f(x)=\infty$.

在 1.2 的例 4 中,当 $x\to 1$ 时,$f(x)=\dfrac{1}{x-1}$ 没有极限,但 $f(x)$ 的绝对值无限增大,故当 $x\to 1$ 时,$f(x)=\dfrac{1}{x-1}$ 为无穷大量,记作

$\lim\limits_{x\to 1}\frac{1}{x-1}=\infty$.

在定义中,将 $x\to a$ 换成 $x\to+\infty$,$x\to-\infty$,$x\to\infty$ 以及 $n\to\infty$,可定义不同变化过程中的无穷大量.

例如,当 $x\to\infty$ 时,x^2、x^3 都是无穷大量.

类似地,可定义

$$\lim_{x\to a}f(x)=+\infty, \quad \lim_{x\to a}f(x)=-\infty,$$

$$\lim_{x\to\infty}f(x)=+\infty, \quad \lim_{x\to\infty}f(x)=-\infty,$$

$$\lim_{n\to\infty}x_n=+\infty, \quad \lim_{n\to\infty}x_n=-\infty$$

等.

例如,$\lim\limits_{x\to+\infty}e^x=+\infty$,$\lim\limits_{x\to-\infty}x^3=-\infty$,$\lim\limits_{n\to\infty}\ln n=+\infty$.

定义　如果$\lim\limits_{x\to a}f(x)=0$,称当 $x\to a$ 时 $f(x)$ 为无穷小量.

在定义中,将 $x\to a$ 换成 $x\to+\infty$,$x\to-\infty$,$x\to\infty$ 以及 $n\to\infty$,可定义不同变化过程中的无穷小量.

例如,当 $x\to 0$ 时,函数 x^2、x^3 均为无穷小量;

当 $x\to\infty$ 时,函数$\frac{1}{x^2}$、$\frac{1}{x^3}$均为无穷小量;

当 $x\to-\infty$ 时,函数 e^x 为无穷小量;

当 $n\to\infty$ 时,数列$\left\{\frac{1}{n}\right\}$、$\left\{\frac{1}{2^n}\right\}$均为无穷小量.

注意,无穷小量不是一个很小的常量,而是一个趋于零的变量.

特殊地,零可以看成任何一个变化过程中的无穷小量.

定理　当 $x\to a$ 时,

(1) 若 $f(x)$ 是无穷大量,则$\frac{1}{f(x)}$为无穷小量;

(2) 若 $f(x)$ 是无穷小量($f(x)\neq 0$),则$\frac{1}{f(x)}$为无穷大量.

定理中,将 $x\to a$ 换成 $x\to+\infty$,$x\to-\infty$,$x\to\infty$ 以及 $n\to\infty$,结论仍成立.

例如，当 $x\to0$ 时，x^2 为无穷小量，$\frac{1}{x^2}$为无穷大量.

当 $x\to+\infty$ 时，e^x 为无穷大量，$\frac{1}{e^x}$为无穷小量.

§2　极限的运算法则

这一节，我们将介绍极限的四则运算法则，并通过例子说明如何利用运算法则来计算极限.

为简单起见，仅给出当 $x\to a$ 时函数极限的运算法则.

定理　若$\lim\limits_{x\to a}f(x)$与$\lim\limits_{x\to a}g(x)$都存在，且

$$\lim_{x\to a}f(x)=A,\quad \lim_{x\to a}g(x)=B,$$

则　(1) 函数 $f(x)\pm g(x)$ 在 a 点也存在极限，且

$$\lim_{x\to a}[f(x)\pm g(x)]=A\pm B=\lim_{x\to a}f(x)\pm\lim_{x\to a}g(x);$$

(2) 函数 $f(x)\cdot g(x)$ 在 a 点也存在极限，且

$$\lim_{x\to a}(f(x)\cdot g(x))=A\cdot B=\lim_{x\to a}f(x)\cdot\lim_{x\to a}g(x);$$

(3) 当$\lim\limits_{x\to a}g(x)\neq0$ 时，函数$\frac{f(x)}{g(x)}$在 a 点也存在极限，且

$$\lim_{x\to a}\frac{f(x)}{g(x)}=\frac{A}{B}=\frac{\lim\limits_{x\to a}f(x)}{\lim\limits_{x\to a}g(x)}.$$

定理中(1)、(2)两结论对于有限多个函数相加减、相乘的情形也成立. 由(2)可知$\lim\limits_{x\to a}cf(x)=c\lim\limits_{x\to a}f(x)$(其中 c 为常数).

定理中，将 $x\to a$ 换成 $x\to+\infty$，$x\to-\infty$，$x\to\infty$ 以及数列当 $n\to\infty$ 时的极限，上述运算均成立.

例 1　求$\lim\limits_{x\to2}(8x^2-3x+7)$.

解

$$\lim_{x\to2}(8x^2-3x+7)$$
$$=\lim_{x\to2}8x^2-\lim_{x\to2}3x+\lim_{x\to2}7$$

$$=8\lim_{x\to 2}x^2-3\lim_{x\to 2}x+\lim_{x\to 2}7$$
$$=8\times 2^2-3\times 2+7=33.$$

不难证明,对于任意有限次多项式

$$P(x)=a_kx^k+a_{k-1}x^{k-1}+\cdots+a_1x+a_0,$$

有

$$\lim_{x\to a}P(x)=\lim_{x\to a}a_kx^k+\lim_{x\to a}a_{k-1}x^{k-1}+\cdots+\lim_{x\to a}a_1x+\lim_{x\to a}a_0$$
$$=P(a).$$

例 2 求$\lim\limits_{x\to 3}\dfrac{x^2+2x-3}{2x^2-3x}$.

解 $$\lim_{x\to 3}\frac{x^2+2x-3}{2x^2-3x}=\frac{\lim\limits_{x\to 3}(x^2+2x-3)}{\lim\limits_{x\to 3}(2x^2-3x)}=\frac{3^2+2\times 3-3}{2\times 3^2-3\times 3}$$
$$=\frac{12}{9}=\frac{4}{3}.$$

不难证明,对于任意有理函数 $R(x)=\dfrac{P(x)}{Q(x)}$(其中 $P(x)$,$Q(x)$ 为多项式),只要 $Q(a)\neq 0$,就有

$$\lim_{x\to a}R(x)=\frac{\lim\limits_{x\to a}P(x)}{\lim\limits_{x\to a}Q(x)}=\frac{P(a)}{Q(a)}=R(a).$$

当分子和分母都是无穷大量时,不能直接利用极限的除法法则,而只能将函数的形式改写后,再利用以上的运算法则.

例 3 求$\lim\limits_{n\to\infty}\dfrac{n}{n+1}$.

解 $$\lim_{n\to\infty}\frac{n}{n+1}=\lim_{n\to\infty}\frac{n+1-1}{n+1}=\lim_{n\to\infty}\left(1-\frac{1}{n+1}\right)$$
$$=\lim_{n\to\infty}1-\lim_{n\to\infty}\frac{1}{n+1}=1.$$

此题还可以把分子分母同除以 n,再利用除法法则.

$$\lim_{n\to\infty}\frac{n}{n+1}=\lim_{n\to\infty}\frac{1}{1+\frac{1}{n}}=\frac{\lim\limits_{n\to\infty}1}{\lim\limits_{n\to\infty}\left(1+\frac{1}{n}\right)}=1.$$

例 4 求$\lim\limits_{x\to\infty}\dfrac{8x^2+6x+3}{2x^2-4x+7}$.

解

$$\lim_{x\to\infty}\frac{8x^2+6x+3}{2x^2-4x+7}=\lim_{x\to\infty}\frac{8+\dfrac{6}{x}+\dfrac{3}{x^2}}{2-\dfrac{4}{x}+\dfrac{7}{x^2}}$$

$$=\frac{\lim\limits_{x\to\infty}8+\lim\limits_{x\to\infty}\dfrac{6}{x}+\lim\limits_{x\to\infty}\dfrac{3}{x^2}}{\lim\limits_{x\to\infty}2-\lim\limits_{x\to\infty}\dfrac{4}{x}+\lim\limits_{x\to\infty}\dfrac{7}{x^2}}$$

$$=\frac{8+0+0}{2-0+0}=4.$$

由例3、例4可以得到这样一个结论,在某一个变化过程中,变量P与Q都是无穷大量,并且当P与Q的最高次幂相同时,$\lim\dfrac{P}{Q}$一定存在,其值为它们最高次幂的系数之比. 例如

$$\lim_{x\to\infty}\frac{x^3+1}{2x^3-x}=\frac{1}{2},$$

$$\lim_{n\to\infty}\frac{(1-\sqrt{n})^2}{2n+1}=\frac{1}{2}.$$

例 5 求$\lim\limits_{x\to1}\dfrac{x-1}{x^2-1}$.

解 因为当$x\to1$时,分母$x^2-1\to0$,所以不能直接利用除法法则进行运算. 由极限定义可知,在$x\to1$的过程中$x\neq1$. 因而我们可以先化简,约去分子分母不为0的公因子,然后再计算极限. 从而有

$$\lim_{x\to1}\frac{x-1}{x^2-1}=\lim_{x\to1}\frac{x-1}{(x-1)(x+1)}=\lim_{x\to1}\frac{1}{x+1}$$

$$=\frac{1}{\lim\limits_{x\to1}(x+1)}=\frac{1}{2}.$$

例 6 求 $\lim\limits_{x\to+\infty}(\sqrt{x+1}-\sqrt{x})$.

因为当 $x\to+\infty$ 时，$\sqrt{x+1}$ 与 $\sqrt{x}$ 都无限增大，所以这类题目一般也不能直接利用四则运算法则. 为此我们先将分子有理化.

解

$$\begin{aligned}&\lim_{x\to+\infty}(\sqrt{x+1}-\sqrt{x})\\=&\lim_{x\to+\infty}\frac{(\sqrt{x+1}-\sqrt{x})(\sqrt{x+1}+\sqrt{x})}{\sqrt{x+1}+\sqrt{x}}\\=&\lim_{x\to+\infty}\frac{x+1-x}{\sqrt{x+1}+\sqrt{x}}\\=&\lim_{x\to+\infty}\frac{1}{\sqrt{x+1}+\sqrt{x}}=0.\end{aligned}$$

§3 两个重要极限

利用极限的概念和极限的运算法则可以求得一些简单变量的极限. 下面我们给出两个重要极限. 利用这两个重要极限，还可计算一些特殊类型的极限.

1. $\lim\limits_{x\to 0}\dfrac{\sin x}{x}=1$

我们观察一下当 $x\to 0(x>0)$ 时，$\sin x$ 取值的变化情况：

x	1	0.5	0.1	0.05	0.01	0.005	0.001	…
$\sin x$	0.841 5	0.479 4	0.099 8	0.049 98	0.009 999 8	0.004 999 9	0.001 000 0	…

我们看到，随着 x 不断接近于 0，$\sin x$ 与 x 的值越来越接近. 事实上可以证明：当 $x\to 0$ 时 $\dfrac{\sin x}{x}\to 1$，即 $\lim\limits_{x\to 0}\dfrac{\sin x}{x}=1$.

例 1 求 $\lim\limits_{x\to 0}\dfrac{\tan x}{x}$.

解 $\lim\limits_{x\to 0}\dfrac{\tan x}{x}=\lim\limits_{x\to 0}\left(\dfrac{\sin x}{x}\cdot\dfrac{1}{\cos x}\right)$

$$=\lim_{x\to 0}\frac{\sin x}{x}\cdot\lim_{x\to 0}\frac{1}{\cos x}=1.$$

例 2 求$\lim\limits_{x\to 0}\dfrac{\tan ax}{x}$($a$ 为非零常数).

解 令 $t=ax$,则当 $x\to 0$ 时,$t\to 0$. 于是有

$$\lim_{x\to 0}\frac{\tan ax}{x}=\lim_{x\to 0}a\cdot\frac{\tan ax}{ax}=a\lim_{t\to 0}\frac{\tan t}{t}=a.$$

例 3 求$\lim\limits_{x\to 0}\dfrac{\sin 5x}{\tan 3x}$.

解 $$\lim_{x\to 0}\frac{\sin 5x}{\tan 3x}=\lim_{x\to 0}\frac{5}{3}\cdot\frac{\sin 5x}{5x}\cdot\frac{3x}{\tan 3x}$$

$$=\frac{5}{3}\lim_{x\to 0}\frac{\sin 5x}{5x}\cdot\lim_{x\to 0}\frac{3x}{\tan 3x}=\frac{5}{3}.$$

例 4 求$\lim\limits_{x\to 0}\dfrac{1-\cos x}{x^2}$.

解 $$\lim_{x\to 0}\frac{1-\cos x}{x^2}=\lim_{x\to 0}\frac{2\sin^2\frac{x}{2}}{x^2}=\frac{1}{2}\lim_{x\to 0}\frac{\left(\sin\frac{x}{2}\right)^2}{\left(\frac{x}{2}\right)^2}$$

$$=\frac{1}{2}\lim_{x\to 0}\left(\frac{\sin\frac{x}{2}}{\frac{x}{2}}\right)^2=\frac{1}{2}\left(\lim_{x\to 0}\frac{\sin\frac{x}{2}}{\frac{x}{2}}\right)^2=\frac{1}{2}.$$

例 5 求$\lim\limits_{n\to\infty}n\cdot\sin\dfrac{1}{n}$.

解 $$\lim_{n\to\infty}n\cdot\sin\frac{1}{n}=\lim_{n\to\infty}\frac{\sin\frac{1}{n}}{\frac{1}{n}}=\lim_{\frac{1}{n}\to 0}\frac{\sin\frac{1}{n}}{\frac{1}{n}}=1.$$

2. $\lim\limits_{n\to\infty}\left(1+\dfrac{1}{n}\right)^n=\mathrm{e}$

考察数列$\{x_n\}$,$x_n=\left(1+\dfrac{1}{n}\right)^n$,当 n 不断增大时$\{x_n\}$的变化趋

势. 为直观起见,将 n 与 x_n 的部分取值列成下表(其中 x_n 的值保留小数点后三位有效数字):

n	1	2	3	4	5	10	100	1 000	10 000	…
$\left(1+\frac{1}{n}\right)^n$	2.000	2.250	2.370	2.441	2.488	2.594	2.705	2.717	2.718	…

由此看出:当 n 无限增大时,$x_n=\left(1+\dfrac{1}{n}\right)^n$ 的变化趋势是稳定的.

事实上,可以证明:$n\to\infty$ 时,$x_n=\left(1+\dfrac{1}{n}\right)^n\to e$,其中 e 表示一个无理常数,其近似值为

$$e\approx 2.718\,281\,828\,459\,045.$$

可以证明:对函数 $f(x)=\left(1+\dfrac{1}{x}\right)^x$,也有

$$\lim_{x\to\infty}f(x)=\lim_{x\to\infty}\left(1+\frac{1}{x}\right)^x=e.$$

例 6 求 $\lim\limits_{n\to\infty}\left(1+\dfrac{1}{2n}\right)^n$.

解 令 $m=2n$,故 $n=\dfrac{m}{2}$;且当 $n\to\infty$ 时,$m\to\infty$. 从而

$$原式=\lim_{m\to\infty}\left(1+\frac{1}{m}\right)^{\frac{m}{2}}=\lim_{m\to\infty}\left[\left(1+\frac{1}{m}\right)^m\right]^{\frac{1}{2}}=e^{\frac{1}{2}}.$$

例 7 求 $\lim\limits_{x\to\infty}\left(\dfrac{x}{x+1}\right)^x$.

解 $$\lim_{x\to\infty}\left(\frac{x}{x+1}\right)^x=\lim_{x\to\infty}\left(\frac{1}{1+\frac{1}{x}}\right)^x=\lim_{x\to\infty}\frac{1}{\left(1+\frac{1}{x}\right)^x}=\frac{1}{e}.$$

第二个重要极限的另一形式:$\lim\limits_{t\to 0}(1+t)^{\frac{1}{t}}=e$.

对于 $\lim\limits_{x\to\infty}\left(1+\dfrac{1}{x}\right)^x=e$,令 $t=\dfrac{1}{x}$,则 $x=\dfrac{1}{t}$. 且当 $x\to\infty$ 时,$t\to 0$,从

而有$\lim\limits_{x\to\infty}\left(1+\dfrac{1}{x}\right)^{x}=\lim\limits_{t\to 0}(1+t)^{\frac{1}{t}}=\mathrm{e}.$

例 8 求$\lim\limits_{x\to 0}(1+5x)^{\frac{1}{x}}$.

解 令 $t=5x$,当 $x\to 0$ 时,$t\to 0$,则

$$\lim_{x\to 0}(1+5x)^{\frac{1}{x}}=\lim_{t\to 0}(1+t)^{\frac{5}{t}}=\lim_{t\to 0}\left[(1+t)^{\frac{1}{t}}\right]^{5}$$

$$=\left[\lim_{t\to 0}(1+t)^{\frac{1}{t}}\right]^{5}=\mathrm{e}^{5}.$$

例 9 求$\lim\limits_{x\to\infty}\left(\dfrac{x+1}{x-2}\right)^{x}$.

解 $\lim\limits_{x\to\infty}\left(\dfrac{x+1}{x-2}\right)^{x}=\lim\limits_{x\to\infty}\left(1+\dfrac{3}{x-2}\right)^{x}$.

令 $t=\dfrac{3}{x-2}$,当 $x\to\infty$ 时,$t\to 0$. 则

$$\text{上式}=\lim_{t\to 0}(1+t)^{\frac{3}{t}+2}=\lim_{t\to 0}(1+t)^{\frac{3}{t}}\cdot(1+t)^{2}$$

$$=\left[\lim_{t\to 0}(1+t)^{\frac{1}{t}}\right]^{3}\cdot\left[\lim_{t\to 0}(1+t)\right]^{2}=\mathrm{e}^{3}.$$

或

$$\lim_{x\to\infty}\left(\frac{x+1}{x-2}\right)^{x}=\lim_{x\to\infty}\frac{\left(1+\dfrac{1}{x}\right)^{x}}{\left(1-\dfrac{2}{x}\right)^{x}}=\frac{\lim\limits_{x\to\infty}\left(1+\dfrac{1}{x}\right)^{x}}{\lim\limits_{x\to\infty}\left(1-\dfrac{2}{x}\right)^{x}}.$$

令 $t=-\dfrac{2}{x}$,当 $x\to\infty$ 时,$t\to 0$. 于是

$$\lim_{x\to\infty}\left(1-\frac{2}{x}\right)^{x}=\lim_{t\to 0}(1+t)^{-\frac{2}{t}}=\left[\lim_{t\to 0}(1+t)^{\frac{1}{t}}\right]^{-2}=\mathrm{e}^{-2}.$$

故原式$=\dfrac{\mathrm{e}}{\mathrm{e}^{-2}}=\mathrm{e}^{3}$.

例 10 连续复利问题

设有本金 P_0,计息期的利率为 r,计息期数为 t,如果每期结算一次,则 t 期后的本利和为

$$A_t=P_0(1+r)^t.$$

如果每期结算 m 次，那么每期的利率为$\frac{r}{m}$，原 t 期后的本利和为

$$A_m=P_0\left(1+\frac{r}{m}\right)^{mt}.$$

如果 $m\to\infty$，则表示利息随时计入本金，意味着立即存入，立即结算. 这样的复利称为连续复利. 于是 t 期后的本利和为

$$\lim_{m\to\infty}P_0\left(1+\frac{r}{m}\right)^{mt}=P_0\lim_{m\to\infty}\left[\left(1+\frac{r}{m}\right)^{\frac{m}{r}}\right]^{rt}.$$

令 $n=\frac{m}{r}$，当 $m\to\infty$ 时，$n\to\infty$. 于是

$$\begin{aligned}\lim_{m\to\infty}P_0\left(1+\frac{r}{m}\right)^{mt}&=P_0\lim_{n\to\infty}\left[\left(1+\frac{1}{n}\right)^{n}\right]^{rt}\\&=P_0\left[\lim_{n\to\infty}\left(1+\frac{1}{n}\right)^{n}\right]^{rt}=P_0\mathrm{e}^{rt}.\end{aligned}$$

§4　函数的连续性

在微积分中我们所研究的主要对象是连续函数和分段连续函数. 有了极限概念以后，我们便可以讨论函数的连续性问题了. 下面先给出函数连续与间断的定义，然后讨论连续函数的性质.

4.1　连续与间断

当我们把一个函数用它的图形表示出来时，就会发现它在很多地方是连着的，而在某些地方却是断开的. 例如函数

$$g(x)=\frac{1}{x}\text{与 }\varphi(x)=\begin{cases}1, & x\neq0,\\0, & x=0,\end{cases}$$

在 $x=0$ 处是断开的，在其他地方是连着的（见图 1.2.6，图 1.2.7）.

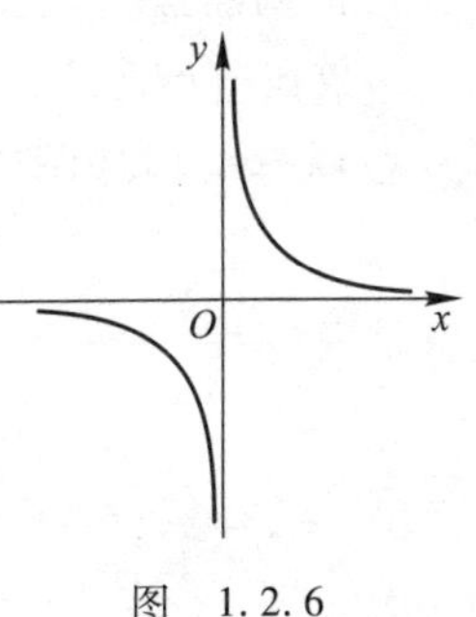

图　1.2.6

而 $f(x)=x^2$ 在定义域 $(-\infty,+\infty)$ 内始终是连着的，直观上看是一条连绵不断的曲线（见图 1.2.8）.

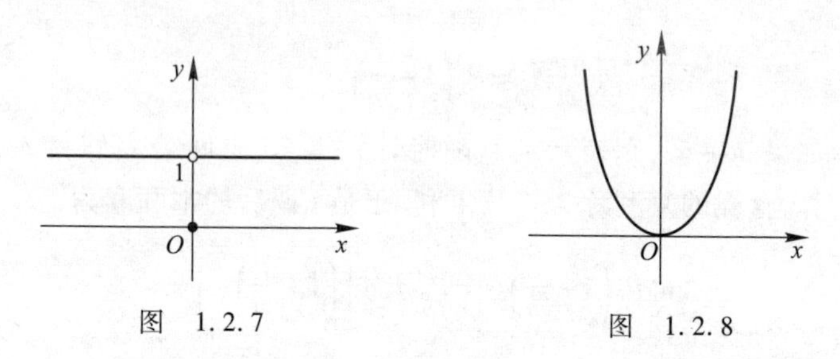

图 1.2.7　　　　图 1.2.8

我们知道，$g(x)=\dfrac{1}{x}$ 在 $x=0$ 处无定义，$\varphi(x)$ 在 $x=0$ 处有定义，$\varphi(0)=0$，且 $\lim\limits_{x\to 0}\varphi(x)=1$，但 $\lim\limits_{x\to 0}\varphi(x)\neq\varphi(0)$，而 $f(x)=x^2$ 在任意点 $x_0(x_0\in(-\infty,+\infty))$ 处，都有 $\lim\limits_{x\to x_0}x^2=x_0^2$，即有 $\lim\limits_{x\to x_0}f(x)=f(x_0)$.

于是我们有下面的定义.

定义　称函数 $f(x)$ 在点 x_0 处是**连续**的，如果它满足：

(1) $f(x)$ 在 x_0 处有定义；

(2) $f(x)$ 在 x_0 处极限存在，即 $\lim\limits_{x\to x_0}f(x)=A$；

(3) $f(x)$ 在 x_0 处的极限值等于函数值，即

$$A=f(x_0),$$

则称 x_0 为 $f(x)$ 的**连续点**. 否则就说函数在 x_0 处是**间断的**，并称 x_0 为 $f(x)$ 的**间断点**.

函数在一点连续也可以用极限形式给出：当 x 趋于 x_0 时，函数 $f(x)$ 以 $f(x_0)$ 为极限，即

$$\lim_{x\to x_0}f(x)=f(x_0).$$

也就是说

$$\lim_{x\to x_0}[f(x)-f(x_0)]=0. \tag{1}$$

设 $x=x_0+\Delta x$，即 $\Delta x=x-x_0$（Δx 可正可负），那么当 $x\to x_0$ 时，有 $\Delta x\to 0$.

令

$$\Delta y=f(x_0+\Delta x)-f(x_0)=f(x)-f(x_0),$$

称 Δx 为自变量(在点 x_0)的改变量,Δy 为函数 $f(x)$(在点 x_0)的改变量,于是(1)式又可以写成

$$\lim_{\Delta x\to 0}\Delta y=0.$$

这就是说,当函数 $f(x)$ 在点 x_0 处连续时,只要 x 无限地趋于 x_0,即只要 $\Delta x\to 0$,$f(x)$ 就无限地趋于 $f(x_0)$,即函数的改变量 $\Delta y\to 0$.

最后,我们指出,若函数 $f(x)$ 在开区间 (a,b) 内的每一点处都连续,则称 $f(x)$ 在开区间 (a,b) 内是连续的;若函数 $f(x)$ 在开区间 (a,b) 内连续,并且在区间的左端点 a 处是右连续的(所谓右连续,指的是函数在区间左端点 a 处的右极限 $f(a+0)$ 等于它的函数值 $f(a)$,即 $f(a+0)=f(a)$),在区间的右端点 b 处是左连续的(即 $f(b-0)=f(b)$),则称 $f(x)$ 在闭区间 $[a,b]$ 上是连续的. 若一个函数 $f(x)$ 在它的定义域上的每一点都是连续的,则称它是连续函数.

例如,在§2 中我们讨论了多项式函数 $P(x)$ 与有理函数 $R(x)$ 在其定义域中任意一点 x_0 处的极限的存在性,即

$$\lim_{x\to x_0}P(x)=P(x_0),\quad \lim_{x\to x_0}R(x)=R(x_0).$$

由连续函数的定义,可知多项式函数 $P(x)$ 与有理函数 $R(x)$ 是连续的.

观察基本初等函数的图形可知,基本初等函数在其定义域内连续.

4.2 连续函数的运算法则

定理 1 若函数 $f(x)$ 与 $g(x)$ 在同一点 $x=x_0$ 处是连续的,则 $f(x)\pm g(x)$,$f(x)\cdot g(x)$,$f(x)/g(x)\,(g(x_0)\neq 0)$ 在点 x_0 处也是连续的.

我们只证明 $f(x)+g(x)$ 在点 x_0 处是连续的,其他情形可以类似地证明.

证明 因为$f(x)$与$g(x)$在点x_0处连续,所以根据极限的运算法则,有

$$\begin{aligned}\lim_{x\to x_0}[f(x)+g(x)]&=\lim_{x\to x_0}f(x)+\lim_{x\to x_0}g(x)\\&=f(x_0)+g(x_0).\end{aligned}$$

这就证明了$f(x)+g(x)$在点x_0处是连续的.

例 1 已知$f(x)=x$,$g(x)=\sin x$都是$(-\infty,+\infty)$上的连续函数,则由定理1,

$$x\pm\sin x \text{ 与 } x\cdot\sin x$$

也都是$(-\infty,+\infty)$上的连续函数.

例 2 已知$f(x)=\cos x$,$g(x)=1+x^2$都是$(-\infty,+\infty)$上的连续函数,则由定理1,

$$\frac{f(x)}{g(x)}=\frac{\cos x}{1+x^2}$$

也是$(-\infty,+\infty)$上的连续函数.

定理1可以推广到有限多个函数的情况:在点$x=x_0$处有限多个连续函数的和、差、积、商(在商的情况下,要求分母不为0)在点$x=x_0$处也都是连续的.

定理 2 设有两个函数$y=f(u)$与$u=\varphi(x)$,若函数$u=\varphi(x)$在点$x=x_0$处连续,函数$y=f(u)$在点$u_0=\varphi(x_0)$处连续,则复合函数

$$y=f[\varphi(x)]$$

在点$x=x_0$处也连续.

事实上,由于$\varphi(x)$在点$x=x_0$处连续,所以

$$\lim_{x\to x_0}\varphi(x)=\varphi(x_0).$$

又由于$f(u)$在点$u_0=\varphi(x_0)$处连续,所以

$$\lim_{u\to u_0}f(u)=f(u_0).$$

因此

$$\lim_{\varphi(x)\to\varphi(x_0)}f[\varphi(x)]=f[\varphi(x_0)].$$

综上所述

$$\lim_{x \to x_0} f[\varphi(x)] = f[\varphi(x_0)].$$

上式说明函数 $f[\varphi(x)]$ 在点 x_0 处是连续的.

例 3 因为函数 $y=f(u)=u^2$ 在 $(-\infty, +\infty)$ 上是连续的,函数 $u=u(x)=\cos x$ 在 $(-\infty, +\infty)$ 上是连续的,所以根据定理 2 可知,复合函数 $y=\cos^2 x$ 在 $(-\infty, +\infty)$ 上也是连续的.

定理 3 单调连续函数的反函数也是单调连续的.

例如,$y=\sin x$ 在 $[-\pi/2, \pi/2]$ 上是单调的连续函数,它的反函数 $y=\arcsin x$ 在 $[-1, 1]$ 上也是单调的连续函数.

由于基本初等函数在其定义区间内都是连续的,所以由基本初等函数经过四则运算或复合运算而成的初等函数在其定义区间内也都是连续的.

根据初等函数的连续性,我们可以来计算初等函数的极限.

例 4 求 $\lim\limits_{x \to \frac{\pi}{4}} a^{\tan x}$.

解 $\lim\limits_{x \to \frac{\pi}{4}} a^{\tan x} = a^{\lim\limits_{x \to \pi/4} \tan x}$ (初等函数的连续性)

$$= a^{\tan \frac{\pi}{4}} = a^1 = a.$$

例 5 求 $\lim\limits_{x \to 2} \dfrac{3e^x}{\lg(x+8)+\sqrt{x+2}}$.

解 $\lim\limits_{x \to 2} \dfrac{3e^x}{\lg(x+8)+\sqrt{x+2}}$

$$= \frac{3\lim\limits_{x \to 2} e^x}{\lim\limits_{x \to 2} \lg(x+8) + \lim\limits_{x \to 2} \sqrt{x+2}} \quad \text{(极限的四则运算)}$$

$$= \frac{3e^{\lim\limits_{x \to 2} x}}{\lg \lim\limits_{x \to 2}(x+8) + \sqrt{\lim\limits_{x \to 2}(x+2)}} \quad \text{(初等函数的连续性)}$$

$$= \frac{3e^2}{\lg 10 + \sqrt{4}} = \frac{3e^2}{1+2} = \frac{3e^2}{3} = e^2.$$

例 6 求 $\lim\limits_{x \to 0} \dfrac{\ln(1+x)}{x}$.

解 $\frac{\ln(1+x)}{x}=\ln(1+x)^{\frac{1}{x}}$在 $x=0$ 处不连续.

令 $u=(1+x)^{\frac{1}{x}}$，当 $x\to 0$ 时，$u\to \mathrm{e}$，则

$$\begin{aligned}\lim_{x\to 0}\frac{\ln(1+x)}{x}&=\lim_{x\to 0}\ln(1+x)^{\frac{1}{x}}\\&=\lim_{u\to \mathrm{e}}\ln u \quad \text{（初等函数的连续性）}\\&=\ln \mathrm{e}=1.\end{aligned}$$

例 7 求函数 $y=\frac{x}{\ln(1+2x)}$的连续区间.

解 所给函数为初等函数，其定义区间即连续区间. 因此有

$$1+2x>0 \quad 且 \quad 1+2x\neq 1.$$

即

$$x>-\frac{1}{2} \quad 且 \quad x\neq 0.$$

函数 $y=\frac{x}{\ln(1+2x)}$的连续区间为$\left(-\frac{1}{2},0\right)\cup(0,+\infty)$.

4.3 闭区间上连续函数的两个重要性质

下面我们不加证明地给出在闭区间上连续的函数所具有的两个重要性质，这些性质常常用来作为分析问题的理论依据.

定理 4（最大最小值定理） 若函数 $f(x)$ 在 $[a,b]$ 上连续，则 $f(x)$一定有最大值与最小值. 即存在 $x_1,x_2\in[a,b]$，对于任意给定的$x\in[a,b]$，有

$$f(x)\leqslant f(x_1)=\max_{a\leqslant x\leqslant b}\{f(x)\},$$
$$f(x)\geqslant f(x_2)=\min_{a\leqslant x\leqslant b}\{f(x)\}.$$

x_1,x_2 分别称为函数的最大值点与最小值点.

这个性质从几何上看是明显的. 设函数 $y=f(x)$ 在 $[a,b]$ 上连续，从图 1.2.9 不难看出，从 $A(a,f(a))$ 点到 $B(b,f(b))$ 点的连续曲线 $y=f(x)$ 一定有最高点 $C(c_1,f(c_1))$ 和最低点 $D(c_2,f(c_2))$.

需要指出的是,函数的最大值与最小值都是唯一的,而最大值点与最小值点却不一定是唯一的(图 1.2.9 中 c_2 与 c_3 之间的任意一个点都是函数的最小值点).

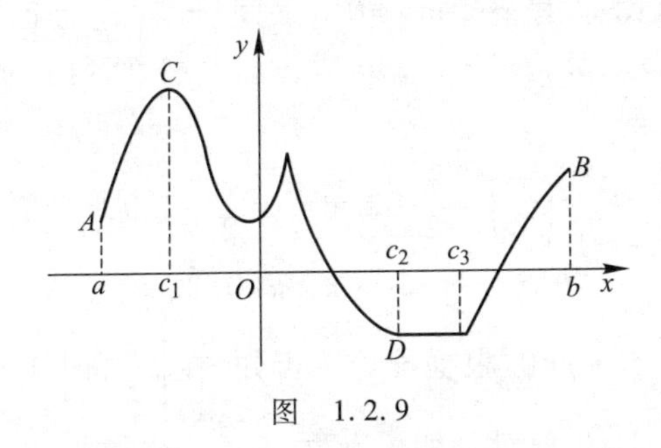

图 1.2.9

注意,在开区间上的连续函数不一定有最大值和最小值. 例如函数 $f(x)=1/x$ 在 $(0,1)$ 上是连续的,但在这个区间上它没有最大值与最小值.

定理 5(中间值定理) 若函数 $f(x)$ 在 $[a,b]$ 上连续,且 $f(a)\neq f(b)$, η 为 $f(a)$ 与 $f(b)$ 之间的任意一个值,则至少存在一点 $c\in[a,b]$,使得

$$f(c)=\eta.$$

这个性质的几何意义是,设 $y=f(x)$ 是从 $A(a,f(a))$ 点到 $B(b,f(b))$ 点的连续曲线,在 $f(a)$ 与 $f(b)$ 之间任取一点 η,作直线 $y=\eta$,则这条直线一定与曲线 $y=f(x)$ 相交(见图 1.2.10).

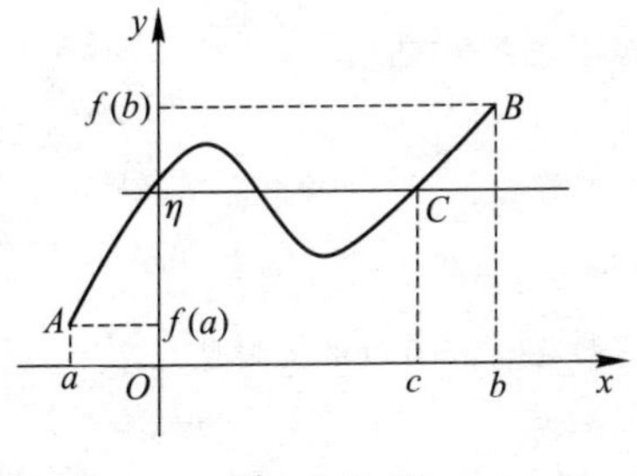

图 1.2.10

推论 1 若函数 $f(x)$ 在 $[a,b]$ 上连续，且 $f(a)$ 与 $f(b)$ 异号，则至少存在一点 $c\in(a,b)$，使得

$$f(c)=0.$$

例 8 证明：方程 $x-2\sin x=0$ 在区间 $[\pi/2,\pi]$ 上至少有一个根.

证明 设函数 $f(x)=x-2\sin x$，显然 $f(x)$ 在区间 $[\pi/2,\pi]$ 上是连续的. 考虑到

$$f\left(\frac{\pi}{2}\right)=\frac{\pi}{2}-2\sin\frac{\pi}{2}=\frac{\pi}{2}-2<0,$$

$$f(\pi)=\pi-2\sin\pi=\pi-0>0,$$

可见 $f\left(\frac{\pi}{2}\right)\cdot f(\pi)<0$. 根据推论 1 可知，在 $\left[\frac{\pi}{2},\pi\right]$ 上至少存在一点 c，使得 $f(c)=0$. 这就证明了方程

$$x-2\sin x=0$$

在 $\left[\frac{\pi}{2},\pi\right]$ 上至少有一个根.

设函数 $f(x)$ 在 $[a,b]$ 上的最大值为 M，最小值为 m，$M\neq m$，且 $f(x_1)=m$，$f(x_2)=M$，$x_1<x_2$. 在闭区间 $[x_1,x_2]$ 上应用中间值定理，于是我们有

推论 2 在闭区间上连续的函数一定可以取得最大值与最小值之间的一切值.

本章自测题

习题 1.2

1. 讨论下列各极限是否存在：

(1) $\lim\limits_{x\to 0}\frac{|x|}{x}$；　　(2) $\lim\limits_{n\to\infty}\left(1+\frac{(-1)^n}{n}\right)$；

(3) $\lim\limits_{x\to\infty}\frac{x(x+2)}{x^2}$；　　(4) $\lim\limits_{x\to 2}\frac{1}{\sin(x-2)}$.

2. 讨论下列各函数在点 $x=0$ 处的极限是否存在：

(1) $f(x)=\begin{cases}0, & x=0,\\ 1, & x\neq 0;\end{cases}$

(2) $f(x)=\begin{cases}x+1, & -1\leqslant x\leqslant 0,\\ x, & 0<x\leqslant 1;\end{cases}$

(3) $f(x)=\dfrac{1}{x}$;

(4) $f(x)=\begin{cases}1-x, & x>0,\\ 0, & x\leqslant 0.\end{cases}$

3. 设$\{x_n\}$和$\{y_n\}$的极限都不存在,能否断定$\{x_n+y_n\}$和$\{x_ny_n\}$的极限一定不存在?

4. 设$\{x_n\}$的极限不存在,而$\{y_n\}$的极限存在,问$\{x_n+y_n\}$的极限是否存在,为什么?

5. 试求下列各极限:

(1) $\lim\limits_{n\to\infty}\dfrac{4n^2+2}{3n^2+1}$;

(2) $\lim\limits_{n\to\infty}(\sqrt{n+1}-\sqrt{n})$;

(3) $\lim\limits_{x\to 2}\dfrac{4x+7}{x^2+1}$;

(4) $\lim\limits_{x\to 0}\dfrac{x^3-4}{4x^2+x-2}$;

(5) $\lim\limits_{x\to\infty}\dfrac{x^2-2}{4x^2+x+6}$;

(6) $\lim\limits_{x\to+\infty}\dfrac{\sqrt{x+1}-\sqrt{x-1}}{x}$;

(7) $\lim\limits_{n\to\infty}\dfrac{(-2)^n+5^n}{(-2)^{n+1}+5^{n+1}}$;

(8) $\lim\limits_{x\to 1}\dfrac{\sqrt{x}-1}{x-1}$;

(9) $\lim\limits_{\Delta x\to 0}\dfrac{\sqrt{x+\Delta x}-\sqrt{x}}{\Delta x}$;

(10) $\lim\limits_{n\to\infty}\dfrac{1+2+\cdots+n}{n^2}$;

(11) $\lim\limits_{n\to\infty}\dfrac{1+\dfrac{1}{2}+\dfrac{1}{4}+\cdots+\dfrac{1}{2^n}}{1+\dfrac{1}{3}+\dfrac{1}{9}+\cdots+\dfrac{1}{3^n}}$;

(12) $\lim\limits_{x\to 1}\dfrac{x^n-1}{x-1}$;

(13) $\lim\limits_{x\to -1}\left(\dfrac{1}{x+1}-\dfrac{3}{x^3+1}\right)$;

(14) $\lim\limits_{x\to 2}\dfrac{x-2}{x+1}$;

(15) $\lim\limits_{x\to 0}\dfrac{\sqrt{4+x^2}-2}{x}$;

(16) $\lim\limits_{x\to\infty}\left(4+\dfrac{1}{x}-\dfrac{1}{x^2}\right)$;

(17) $\lim\limits_{x\to 0}\dfrac{\dfrac{x}{2}}{\sin 2x}$;

(18) $\lim\limits_{x\to 0+0}\dfrac{\sqrt{1-\cos x}}{\sin x}$;

(19) $\lim\limits_{n\to\infty}\left(1+\dfrac{4}{n}\right)^n$;

(20) $\lim\limits_{x\to\infty}\left(1-\dfrac{1}{x}\right)^x$;

(21) $\lim\limits_{n\to\infty}\left(1+\dfrac{1}{n}\right)^{n+m}$ $(m\in\mathbf{N})$;

(22) $\lim\limits_{x\to1}\dfrac{1}{1-x}$;

(23) $\lim\limits_{x\to-\infty}2^{x}$;

(24) $\lim\limits_{x\to+\infty}2^{x}$;

(25) $\lim\limits_{x\to a}\dfrac{\sin x-\sin a}{x-a}$;

(26) $\lim\limits_{x\to0}\dfrac{\sin x^{2}}{2x}$;

(27) $\lim\limits_{x\to0}\dfrac{e^{2x}-1}{x}$;

(28) $\lim\limits_{x\to\pi}\dfrac{\sin x}{\pi-x}$;

(29) $\lim\limits_{x\to0}\dfrac{2\sin 4x}{3\arctan 2x}$;

(30) $\lim\limits_{x\to0}\dfrac{\ln(1+2x)}{\tan 4x}$.

6. 求出下列函数的连续区间:

(1) $y=\dfrac{x^{3}}{1+x}$;

(2) $y=\sqrt{x-1}$;

(3) $y=\dfrac{1}{2^{x}}$;

(4) $y=\lg(x^{2}-9)$;

(5) $y=\dfrac{|x|}{x}$;

(6) $y=\begin{cases}2, & x=1,\\ \dfrac{1}{1-x}, & x\neq1;\end{cases}$

(7) $y=x\sin\dfrac{1}{x}$;

(8) $y=\dfrac{x^{2}-1}{x^{2}-3x+2}$.

7. 利用函数的连续性求下列极限:

(1) $\lim\limits_{x\to+\infty}\cos\dfrac{1-x}{1+x}$;

(2) $\lim\limits_{x\to1}\left(\dfrac{x}{2+x}\right)^{\frac{1-\sqrt{x}}{1-x}}$.

第三章　导数与微分

本章将用极限的方法来研究函数的变化率，由此给出导数与微分的定义，并着重讨论导数的基本公式与计算方法.

§1　导数的概念

1.1　函数的变化率

在第二章，我们求出了抛物线 $y=2x^2$ 在点 $(a,2a^2)$ 处的切线的斜率，其方法是：在点 $P_0(a,2a^2)$ 附近任取一点 $P(x,2x^2)$，这样割线 P_0P 的斜率为

$$\frac{y(x)-y(a)}{x-a}.$$

如果令 $x=a+\Delta x$，则 $y(x)=y(a+\Delta x)$，这样一来上式可以写成

$$\frac{y(a+\Delta x)-y(a)}{\Delta x}.$$

它表示函数 $y=y(x)$ 在区间 $[a,a+\Delta x]$（或 $[a-\Delta x,a]$）上的平均变化率. 而当 $\Delta x\to 0$ 时，如果平均变化率的极限

$$\lim_{\Delta x\to 0}\frac{y(a+\Delta x)-y(a)}{\Delta x}$$

存在，则此极限值称为函数在点 a 处的**变化率**. 根据定义，曲线在点 P_0 处切线的斜率也就是函数 $y=y(x)$ 在点 a 处的变化率.

例 1　求物体沿直线运动的瞬时速度.

在初等数学中，我们已经会求匀速运动的速度，但在实际问题中，物体的运动大都是非匀速运动. 如何求非匀速运动的瞬时速度呢？

设物体在$[0,t]$这段时间内所经过的路程为s,则s是时刻t的函数$s=s(t)$. 下面讨论物体在时刻$t_0\in[0,t]$的瞬时速度$v(t_0)$.

首先考虑物体在t_0时刻附近很短一段时间内运动. 设物体从t_0到$t_0+\Delta t$这段时间间隔内路程从$s(t_0)$变到$s(t_0+\Delta t)$,其改变量为

$$\Delta s=s(t_0+\Delta t)-s(t_0).$$

在这段时间内的平均速度是

$$\bar{v}=\frac{\Delta s}{\Delta t}=\frac{s(t_0+\Delta t)-s(t_0)}{\Delta t}.$$

我们可以用这段时间内的平均速度$\bar{v}$去近似代替t_0时刻的瞬时速度,这种代替称为"**以不变代变**"或"**以匀代不匀**".

然后我们把时间间隔不断地减少,显然时间间隔越小,这种近似代替的精确度就越高. 当时间间隔$\Delta t\to 0$时,我们把平均速度$\bar{v}$的极限称为t_0时刻的**瞬时速度**,即

$$v(t_0)=\lim_{\Delta t\to 0}\frac{\Delta s}{\Delta t}=\lim_{\Delta t\to 0}\frac{s(t_0+\Delta t)-s(t_0)}{\Delta t}.$$

可见$v(t_0)$就是路程函数$s=s(t)$在$t=t_0$的变化率.

在上面的讨论中,我们把t_0看作常数,求完极限以后,又可以把t_0看作变量,这就是说,我们求出了每一时刻的瞬时速度.

1.2 导数的定义

定义 设函数$y=f(x)$在$N(x_0)$内有定义,给x_0一个改变量Δx,使得$x_0+\Delta x\in N(x_0)$,函数$y=f(x)$相应地有改变量$\Delta y=f(x_0+\Delta x)-f(x_0)$. 如果极限

$$\lim_{\Delta x\to 0}\frac{\Delta y}{\Delta x}=\lim_{\Delta x\to 0}\frac{f(x_0+\Delta x)-f(x_0)}{\Delta x}$$

存在,那么就称此极限为函数$f(x)$在x_0点的**导数**(或**微商**),记作

$$f'(x_0)\text{或}y'\Big|_{x=x_0}\text{或}\frac{\mathrm{d}y}{\mathrm{d}x}\Big|_{x=x_0},$$

并称函数$y=f(x)$在点x_0处是**可导的**.

例 2 求函数 $y=x^2$ 在点 $x=3$ 处的导数.

解 按照导数定义给 $x_0=3$ 一个改变量 Δx. 首先计算函数的改变量

$$\begin{aligned}\Delta y&=f(3+\Delta x)-f(3)=(3+\Delta x)^2-3^2\\&=6\Delta x+(\Delta x)^2;\end{aligned}$$

作这两个改变量的比

$$\frac{\Delta y}{\Delta x}=\frac{6\Delta x+(\Delta x)^2}{\Delta x}=6+\Delta x;$$

求$\dfrac{\Delta y}{\Delta x}$的极限

$$\lim_{\Delta x\to 0}\frac{\Delta y}{\Delta x}=\lim_{\Delta x\to 0}(6+\Delta x)=6,$$

所以

$$(x^2)'\Big|_{x=3}=6.$$

类似左、右极限的定义,在这里我们定义

$$\lim_{\Delta x\to 0-0}\frac{\Delta y}{\Delta x}$$

为函数 $f(x)$ 在点 x_0 处的**左导数**,记为 $f'_-(x_0)$;定义

$$\lim_{\Delta x\to 0+0}\frac{\Delta y}{\Delta x}$$

为函数 $f(x)$ 在点 x_0 处的**右导数**,记作 $f'_+(x_0)$.

左导数与右导数统称为**单侧导数**. 如果函数 $y=f(x)$ 在区间 (a,b) 内的每一点处都可导,则称函数 $f(x)$ 在区间 (a,b) 内**可导**. 对于区间 $[a,b]$ 的左端点 a 来说,函数 $f(x)$ 只能有右导数,而对右端点 b 来说,它只能有左导数. 但对于区间内某一点 c 来说,只有当它的左导数存在,右导数也存在,并且两者相等的情况下,我们才称函数在 c 点可导.

如果 $f(x)$ 在 (a,b) 内可导,那么对于 (a,b) 内任意一点 x 都有一个导数 $f'(x)$ 与它对应. 也就是说 $f'(x)$ 仍为 x 的函数,我们称之为 $f(x)$ 的**导函数**. 为了方便起见,也称导函数为**导数**,记作 $f'(x)$ 或 y'. 例如,对于函数 $y=x^2$ 在 $(-\infty,+\infty)$ 内的每一点 x 处都可以按照定义

求出它的导数值为 $2x$,因而有 $y'=2x$. 我们称 $2x$ 为 $y=x^2$ 的导数.

由导数的定义可知,例 1 中的变速直线运动的瞬时速度就是路程对时间的导数,即 $v=\frac{\mathrm{d}s}{\mathrm{d}t}$;而曲线 $y=f(x)$ 在点 (x,y) 处的切线斜率就是曲线的纵坐标 y 对横坐标 x 的导数,即 $\tan\alpha=\frac{\mathrm{d}y}{\mathrm{d}x}$. 总而言之,函数的导数就是函数对自变量的变化率.

下面我们来讨论几个基本初等函数的导数.

(1) 常数函数

$$(C)'=0.$$

证明 计算函数的改变量 $\Delta y=C-C=0$;

作差商 $\frac{\Delta y}{\Delta x}=\frac{0}{\Delta x}=0$;

取极限 $\lim\limits_{\Delta x\to 0}\frac{\Delta y}{\Delta x}=0$,即

$$(C)'=0.$$

(2) 正弦函数

$$(\sin x)'=\cos x.$$

证明 计算函数的改变量

$$\Delta y=\sin(x+\Delta x)-\sin x=2\cos\left(x+\frac{\Delta x}{2}\right)\sin\frac{\Delta x}{2};$$

作差商 $$\frac{\Delta y}{\Delta x}=\frac{2\cos\left(x+\frac{\Delta x}{2}\right)\sin\frac{\Delta x}{2}}{\Delta x}=\cos\left(x+\frac{\Delta x}{2}\right)\frac{\sin\frac{\Delta x}{2}}{\frac{\Delta x}{2}};$$

取极限 由 $\cos x$ 的连续性,有 $\lim\limits_{\Delta x\to 0}\cos\left(x+\frac{\Delta x}{2}\right)=\cos x$,并且有

$$\lim_{\Delta x\to 0}\frac{\sin\frac{\Delta x}{2}}{\frac{\Delta x}{2}}=1,$$

因此

$$\lim_{\Delta x\to 0}\frac{\Delta y}{\Delta x}=\lim_{\Delta x\to 0}\cos\left(x+\frac{\Delta x}{2}\right)\lim_{\Delta x\to 0}\frac{\sin\frac{\Delta x}{2}}{\frac{\Delta x}{2}}=\cos x,$$

即

$$(\sin x)'=\cos x.$$

用同样方法,可以求出

$$(\cos x)'=-\sin x.$$

(3) 自然对数函数

$$(\ln x)'=\frac{1}{x}.$$

证明 计算函数的改变量

$$\Delta y=\ln(x+\Delta x)-\ln x=\ln\left(1+\frac{\Delta x}{x}\right);$$

作差商
$$\frac{\Delta y}{\Delta x}=\frac{\ln\left(1+\frac{\Delta x}{x}\right)}{\Delta x}=\frac{1}{\Delta x}\ln\left(1+\frac{\Delta x}{x}\right)$$

$$=\frac{1}{x}\cdot\frac{x}{\Delta x}\ln\left(1+\frac{\Delta x}{x}\right)$$

$$=\frac{1}{x}\ln\left(1+\frac{\Delta x}{x}\right)^{\frac{x}{\Delta x}};$$

取极限 由 $\ln x$ 的连续性,有

$$\lim_{\Delta x\to 0}\ln\left(1+\frac{\Delta x}{x}\right)^{\frac{x}{\Delta x}}=\ln\lim_{\Delta x\to 0}\left(1+\frac{\Delta x}{x}\right)^{\frac{x}{\Delta x}},$$

并且当 $\Delta x\to 0$ 时,$\frac{\Delta x}{x}\to 0$,因此

$$\lim_{\Delta x\to 0}\frac{\Delta y}{\Delta x}=\lim_{\Delta x\to 0}\frac{1}{x}\ln\left(1+\frac{\Delta x}{x}\right)^{\frac{x}{\Delta x}}$$

$$=\frac{1}{x}\ln\lim_{\frac{\Delta x}{x}\to 0}\left(1+\frac{\Delta x}{x}\right)^{\frac{x}{\Delta x}}$$

$$=\frac{1}{x}\ln e=\frac{1}{x},$$

即

$$(\ln x)'=\frac{1}{x}.$$

(4) 幂函数

$$(x^{\alpha})'=\alpha x^{\alpha-1}.$$

该导数将在 2.2 例 10 中给以证明.

例如,对于 $y=x^3$,有 $(x^3)'=3x^{3-1}=3x^2$;

对于 $y=\sqrt{x}$,有 $(\sqrt{x})'=(x^{\frac{1}{2}})'=\frac{1}{2}x^{\frac{1}{2}-1}=\frac{1}{2}x^{-\frac{1}{2}}$.

(5) 指数函数

$$(a^x)'=a^x\ln a \quad (a>0,a\neq 1).$$

证明 计算函数的改变量

$$\Delta y=a^{x+\Delta x}-a^x=a^x(a^{\Delta x}-1);$$

作差商
$$\frac{\Delta y}{\Delta x}=a^x\cdot\frac{a^{\Delta x}-1}{\Delta x};$$

取极限 令 $u=a^{\Delta x}-1$,即 $\Delta x=\log_a(1+u)$,当 $\Delta x\to 0$ 时,有 $u\to 0$,则

$$\begin{aligned}\lim_{\Delta x\to 0}\frac{\Delta y}{\Delta x}&=a^x\lim_{u\to 0}\frac{u}{\log_a(1+u)}\\&=a^x\lim_{u\to 0}\frac{1}{\frac{1}{u}\log_a(1+u)}\\&=a^x\lim_{u\to 0}\frac{1}{\log_a(1+u)^{\frac{1}{u}}}\\&=a^x\frac{1}{\log_a \mathrm{e}}=a^x\frac{1}{\frac{\ln \mathrm{e}}{\ln a}}=a^x\ln a,\end{aligned}$$

即 $(a^x)'=a^x\ln a$.

当 $a=\mathrm{e}$ 时,有 $(\mathrm{e}^x)'=\mathrm{e}^x$.

1.3 导数的几何意义

在第二章中我们用极限方法求出了抛物线 $y=2x^2$ 在点

$P_0(a,2a^2)$处的切线的斜率. 一般地,函数 $y=f(x)$ 所表示的曲线在点$(x_0,f(x_0))$处的切线的斜率为

$$\tan\alpha=\lim_{\Delta x\to 0}\frac{\Delta y}{\Delta x}=f'(x_0),$$

即函数 $y=f(x)$ 在一点 x_0 处的导数 $f'(x_0)$ 在几何上表示曲线 $y=f(x)$ 在 x_0 点的切线的斜率. 从而可知,当 $f'(x_0)\neq 0$ 时,曲线 $y=f(x)$ 在点$(x_0,f(x_0))$处的切线方程为

$$y-y_0=f'(x_0)(x-x_0);$$

法线方程为

$$y-y_0=-\frac{1}{f'(x_0)}(x-x_0).$$

例 3 求曲线 $y=4x^3$ 在点$(1,4)$处的切线方程和法线方程.

解 函数 $y=4x^3$ 的导数 $y'=12x^2$,在 $x=1$ 处的导数 $y'\big|_{x=1}=12$. 根据导数的几何意义,曲线 $y=4x^3$ 在点$(1,4)$处的切线斜率为 12. 故切线方程为

$$y-4=12(x-1),\quad 即\ 12x-y-8=0.$$

法线方程为

$$y-4=-\frac{1}{12}(x-1),\quad 即\ x+12y-49=0.$$

1.4 可导与连续

下面我们根据导数的定义来讨论函数在一点处可导与在该点连续之间的关系.

定理 如果函数 $y=f(x)$ 在点 x_0 处是可导的,那么 $y=f(x)$ 在点 x_0 处是连续的. 反之不真.

证明 因为函数 $f(x)$ 在点 x_0 处可导,所以由导数定义,有

$$\lim_{\Delta x\to 0}\Delta y=\lim_{\Delta x\to 0}\left(\frac{\Delta y}{\Delta x}\cdot\Delta x\right)=\lim_{\Delta x\to 0}\frac{\Delta y}{\Delta x}\cdot\lim_{\Delta x\to 0}\Delta x$$
$$=f'(x_0)\cdot 0=0.$$

上式表明当 $\Delta x\to 0$ 时 $\Delta y\to 0$. 由连续定义可知,$y=f(x)$ 在点 x_0 处是连续的.

下面举例说明“反之不真”. 例如函数

$$y=|x|=\begin{cases}x, & x\geqslant 0,\\ -x, & x<0\end{cases}$$

(见图 1.3.1). 显然 $y=|x|$ 在任何点(包括原点)处都是连续的. 考虑函数 $y=|x|$ 在原点处的左导数:

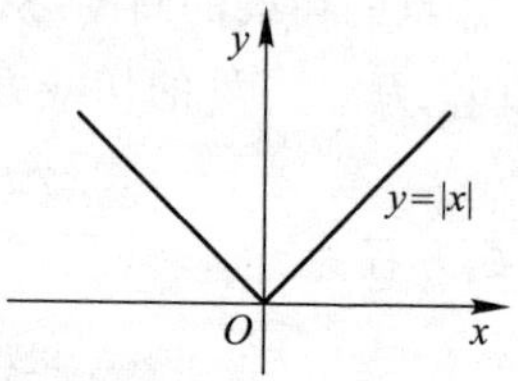

图 1.3.1

$$\begin{aligned}f'_-(0)&=\lim_{\Delta x\to 0-0}\frac{f(0+\Delta x)-f(0)}{\Delta x}\\&=\lim_{\Delta x\to 0-0}\frac{|\Delta x|-0}{\Delta x}\\&=\lim_{\Delta x\to 0-0}\frac{-\Delta x}{\Delta x}=-1;\end{aligned}$$

而 $y=|x|$ 在原点处的右导数为

$$\begin{aligned}f'_+(0)&=\lim_{\Delta x\to 0+0}\frac{f(0+\Delta x)-f(0)}{\Delta x}\\&=\lim_{\Delta x\to 0+0}\frac{|\Delta x|-0}{\Delta x}\\&=\lim_{\Delta x\to 0+0}\frac{\Delta x}{\Delta x}=1.\end{aligned}$$

由此可见 $f'_-(0)\neq f'_+(0)$,所以 $y=|x|$ 在点 $x=0$ 处不可导.

该定理说明函数在某点连续是函数在该点可导的必要条件,但不是充分条件.

§2 导数的基本公式与运算法则

2.1 导数的四则运算法则

在上一节中,我们按照定义求出了一些函数的导数,但这并不意味着,任何函数的导数都要按照定义来计算,且显然按定义求导数很烦琐. 下面我们给出导数的四则运算法则,利用这个法则和已经求出的基本初等函数的导数公式，就可以计算比较复杂的函数的导数了.

定理 当函数 $u(x)$，$v(x)$ 在点 x 处可导，则函数 $u(x)\pm v(x)$，$u(x)\cdot v(x)$，$\frac{u(x)}{v(x)}(v(x)\neq 0)$ 分别在该点处也可导，并且有

(1) $[u(x)\pm v(x)]'=u'(x)\pm v'(x)$；

(2) $[u(x)\cdot v(x)]'=u'(x)v(x)+u(x)v'(x)$；

(3) $[Cu(x)]'=Cu'(x)$；

(4) $\left[\frac{u(x)}{v(x)}\right]'=\frac{u'(x)v(x)-u(x)v'(x)}{[v(x)]^2}$.

在这里我们仅证明(1).

令 $y=u(x)+v(x)$，则函数的改变量

$$\begin{aligned}\Delta y&=[u(x+\Delta x)+v(x+\Delta x)]-[u(x)+v(x)]\\&=[u(x+\Delta x)-u(x)]+[v(x+\Delta x)-v(x)]\\&=\Delta u+\Delta v;\end{aligned}$$

作差商

$$\frac{\Delta y}{\Delta x}=\frac{\Delta u}{\Delta x}+\frac{\Delta v}{\Delta x};$$

因为 $u(x)$，$v(x)$ 可导，所以

$$\lim_{\Delta x\to 0}\frac{\Delta u}{\Delta x}=u'(x),\quad \lim_{\Delta x\to 0}\frac{\Delta v}{\Delta x}=v'(x),$$

故

$$\begin{aligned}\lim_{\Delta x\to 0}\frac{\Delta y}{\Delta x}&=\lim_{\Delta x\to 0}\frac{\Delta u}{\Delta x}+\lim_{\Delta x\to 0}\frac{\Delta v}{\Delta x}\\&=u'(x)+v'(x),\end{aligned}$$

即
$$[u(x)+v(x)]'=u'(x)+v'(x).$$

同样可证明

$$[u(x)-v(x)]'=u'(x)-v'(x).$$

由(1)、(3)两式可知，求有限多个函数的线性组合的导数，可以先求每个函数的导数，然后再线性组合，即

$$\left(\sum_{i=1}^{n}a_i f_i(x)\right)'=\sum_{i=1}^{n}a_i f_i'(x).$$

例 1 求函数 $y=x^4+\frac{4}{x}-\sqrt{x}+2$ 的导数.

解
$$\begin{aligned}y'&=\left(x^4+\frac{4}{x}-\sqrt{x}+2\right)'\\&=(x^4)'+\left(\frac{4}{x}\right)'-(\sqrt{x})'+(2)'\\&=4x^3-\frac{4}{x^2}-\frac{1}{2\sqrt{x}}.\end{aligned}$$

例 2 求函数 $y=x^2\sin x$ 的导数.

解
$$\begin{aligned}y'&=(x^2\sin x)'=(x^2)'\sin x+x^2(\sin x)'\\&=2x\sin x+x^2\cos x.\end{aligned}$$

例 3 求函数 $y=\tan x$ 的导数.

解
$$\begin{aligned}y'&=(\tan x)'=\left(\frac{\sin x}{\cos x}\right)'\\&=\frac{(\sin x)'\cos x-\sin x(\cos x)'}{(\cos x)^2}\\&=\frac{\cos x\cdot\cos x-\sin x(-\sin x)}{\cos^2 x}\\&=\frac{1}{\cos^2 x}=\sec^2 x.\end{aligned}$$

同样可以求出

$$(\cot x)'=-\csc^2 x.$$

例 4 求函数 $y=\log_a x(a>0$ 且 $a\neq 1)$ 的导数.

解
$$y'=(\log_a x)'=\left(\frac{\ln x}{\ln a}\right)'=\frac{1}{\ln a}(\ln x)'=\frac{1}{x\ln a}.$$

2.2 复合函数的导数

上面我们给出了一些简单的函数的导数和导数的基本运算法则,为了进一步讨论初等函数的求导问题,还需要给出复合函数的求导法则.

定理 设函数 $u=\varphi(x)$ 在一点 x 处有导数 $u'_x=\varphi'(x)$，又函数 $y=f(u)$ 在对应点 u 处有导数 $y'_u=f'(u)$，则复合函数 $y=f[\varphi(x)]$ 在点 x 处也有导数，并且

$$y'_x=y'_u\cdot u'_x \quad \text{或} \quad \frac{\mathrm{d}y}{\mathrm{d}x}=\frac{\mathrm{d}y}{\mathrm{d}u}\cdot\frac{\mathrm{d}u}{\mathrm{d}x}.$$

这就是说，函数 y 对自变量 x 的导数，等于 y 对中间变量 u 的导数乘中间变量 u 对自变量 x 的导数.

定理证明略.

例 5 求函数 $y=\sin x^2$ 的导数.

解 把函数 $y=\sin x^2$ 看成是由基本初等函数 $y=\sin u$ 与 $u=x^2$ 复合而成的. 所以

$$\begin{aligned}y'_x&=y'_u\cdot u'_x=(\sin u)'_u(x^2)'_x\\&=\cos u\cdot 2x=2x\cos x^2.\end{aligned}$$

例 6 求函数 $y=\ln\cos x$ 的导数.

解 把函数 $y=\ln\cos x$ 看成是由基本初等函数 $y=\ln u$ 与 $u=\cos x$ 复合而成的. 所以

$$\begin{aligned}y'_x&=y'_u\cdot u'_x=(\ln u)'_u(\cos x)'_x\\&=\frac{1}{u}(-\sin x)=-\frac{\sin x}{\cos x}\\&=-\tan x.\end{aligned}$$

利用复合函数的求导公式计算导数的关键是，适当地选取中间变量，将所给的函数拆成两个或几个基本初等函数的复合，然后用一次或几次复合函数求导公式，求出所给函数的导数. 需要指出的是，以后在利用复合函数求导公式解题时，不要求写出中间变量 u，只要在心中默记就可以了.

例 7 求函数 $y=\sin(\cos x^3)$ 的导数.

解

$$\begin{aligned}y'&=\cos(\cos x^3)\cdot(\cos x^3)'\\&=\cos(\cos x^3)\cdot(-\sin x^3)\cdot(x^3)'\\&=-\cos(\cos x^3)\sin x^3\cdot 3x^2\\&=-3x^2\sin x^3\cdot\cos(\cos x^3).\end{aligned}$$

例 8 求函数 $y=\ln(x+\sqrt{1+x^2})$ 的导数.

解

$$
\begin{aligned}
y' &= \frac{1}{x+\sqrt{1+x^2}}(x+\sqrt{1+x^2})' \\
&= \frac{1}{x+\sqrt{1+x^2}}\left(1+\frac{1}{2\sqrt{1+x^2}}(1+x^2)'\right) \\
&= \frac{1}{x+\sqrt{1+x^2}}\left(1+\frac{2x}{2\sqrt{1+x^2}}\right) \\
&= \frac{1}{x+\sqrt{1+x^2}} \cdot \frac{\sqrt{1+x^2}+x}{\sqrt{1+x^2}} \\
&= \frac{1}{\sqrt{1+x^2}}.
\end{aligned}
$$

例 9 求函数 $y=\ln|x|$ 的导数.

解 当 $x>0$ 时,

$$y'=(\ln|x|)'=(\ln x)'=\frac{1}{x};$$

当 $x<0$ 时,

$$
\begin{aligned}
y' &= [\ln(-x)]' = \frac{1}{(-x)}(-x)' \\
&= \frac{1}{-x}\cdot(-1)=\frac{1}{x}.
\end{aligned}
$$

所以只要 $x\neq 0$,总有

$$(\ln|x|)'=\frac{1}{x}.$$

例 10 利用复合函数求导法则证明

$$(x^{\alpha})'=\alpha x^{\alpha-1} \quad (x>0,\alpha \text{ 为任意实数}).$$

证明 因为 $x^{\alpha}=\mathrm{e}^{\ln x^{\alpha}}=\mathrm{e}^{\alpha\ln x}$,所以

$$
\begin{aligned}
(x^{\alpha})' &= (\mathrm{e}^{\alpha\ln x})' = \mathrm{e}^{\alpha\ln x}(\alpha\ln x)' \\
&= \mathrm{e}^{\alpha\ln x}\frac{\alpha}{x} = x^{\alpha}\cdot\frac{\alpha}{x} = \alpha x^{\alpha-1}.
\end{aligned}
$$

对于反三角函数,我们不加证明给出以下导数公式:

$$(\arcsin x)'=\frac{1}{\sqrt{1-x^2}},$$

$$(\arccos x)'=-\frac{1}{\sqrt{1-x^2}},$$

$$(\arctan x)'=\frac{1}{1+x^2},$$

$$(\operatorname{arccot} x)'=-\frac{1}{1+x^2}.$$

例 11 求函数 $y=\arctan\frac{1+x}{1-x}$的导数.

解

$$y'=\frac{1}{1+\left(\frac{1+x}{1-x}\right)^2}\left(\frac{1+x}{1-x}\right)'$$

$$=\frac{(1-x)^2}{(1-x)^2+(1+x)^2}\cdot\frac{2}{(1-x)^2}$$

$$=\frac{1}{x^2+1}.$$

例 12 求函数 $y=\frac{1}{e^x}+\left(\frac{2}{3}\right)^x+x^{\frac{2}{3}}$的导数.

解 由

$$\left(\frac{1}{e^x}\right)'=(e^{-x})'=e^{-x}(-x)'=-e^{-x},$$

$$\left[\left(\frac{2}{3}\right)^x\right]'=\left(\frac{2}{3}\right)^x\ln\frac{2}{3},$$

$$(x^{\frac{2}{3}})'=\frac{2}{3}x^{\frac{2}{3}-1}=\frac{2}{3}x^{-\frac{1}{3}},$$

有

$$y'=-e^{-x}+\left(\frac{2}{3}\right)^x\ln\frac{2}{3}+\frac{2}{3}x^{-\frac{1}{3}}.$$

为了便于查阅,现将基本初等函数的求导公式列表如下:

1. $(C)'=0$.

2. $(x^{\alpha})'=\alpha x^{\alpha-1}$.

3. $(a^{x})'=a^{x}\ln a(a>0$ 且 $a\neq1)$, $(e^{x})'=e^{x}$.

4. $(\log_{a}x)'=\dfrac{1}{x\ln a}(a>0$ 且 $a\neq1)$, $(\ln x)'=\dfrac{1}{x}$.

5. $(\sin x)'=\cos x$.

6. $(\cos x)'=-\sin x$.

7. $(\tan x)'=\sec^{2}x$.

8. $(\cot x)'=-\csc^{2}x$.

9. $(\arcsin x)'=\dfrac{1}{\sqrt{1-x^{2}}}$.

10. $(\arccos x)'=-\dfrac{1}{\sqrt{1-x^{2}}}$.

11. $(\arctan x)'=\dfrac{1}{1+x^{2}}$.

12. $(\operatorname{arccot} x)'=-\dfrac{1}{1+x^{2}}$.

有了这些公式,再利用四则运算及复合函数的求导法则就可以把初等函数的导数求出来.求导的关键是要准确地、熟练地和灵活地运用这些公式和法则.

§3 高阶导数与导数的简单应用

3.1 高阶导数

在§1中已经知道,函数 $f(x)$ 的导数 $f'(x)$ 仍是 x 的函数,因此我们又可以讨论 $f'(x)$ 的导数.

设函数 $y=f(x)$ 在 $N(x)$ 内是可导的,如果其导函数 $f'(x)$ 在点 x 处又有导数

$$[f'(x)]'=\lim_{\Delta x\to 0}\frac{f'(x+\Delta x)-f'(x)}{\Delta x},$$

则称它为函数 $f(x)$ 在点 x 处的**二阶导数**,记作

$$f''(x),\quad y'',\quad \frac{\mathrm{d}^2y}{\mathrm{d}x^2}\quad 或\quad \frac{\mathrm{d}^2f}{\mathrm{d}x^2},$$

并称函数在点 x 处是**二阶可导的**.

如果函数 $y=f(x)$ 在区间 (a,b) 内的每一点处都是二阶可导的,那么称 $f(x)$ 在 (a,b) 内二阶可导.

例 1 求函数 $y=x^2$ 的二阶导数.

解 $(x^2)'=2x,\quad (x^2)''=2.$

例 2 设函数 $y=\ln(1+x^2)$,求 $y''(0)$.

解

$$y'=\frac{2x}{1+x^2},$$

$$y''=\frac{2(1+x^2)-4x^2}{(1+x^2)^2}=\frac{2-2x^2}{(1+x^2)^2},$$

$$y''(0)=2.$$

例 3 求自由落体运动中路程函数 $s=s(t)=\frac{1}{2}gt^2$ 对时间 t 的二阶导数.

解 $s'(t)=\frac{1}{2}g(2t)=gt,\quad s''(t)=(gt)'=g.$

由这个例子可以看出,自由落体的重力加速度 g 等于速度函数的导数,而速度函数是路程函数 $s(t)$ 的导数 $s'(t)$,因此重力加速度 g 是 $s'(t)$ 的导数,也就是 $s(t)$ 的二阶导数,即 $g=s''(t)$. 一般地,在力学上称速度对时间的变化率为加速度,用 $a(t)$ 来表示,即

$$a(t)=v'(t)=[s'(t)]',$$

加速度可以是正的也可以是负的. 加速度是正的,表示速度是增加的;加速度是负的,表示速度是减少的. 而它的值表示速度变化的快慢.

类似二阶导数,我们可以定义 n 阶导数:

设函数 $y=f(x)$ 在 $N(x)$ 内有直到 $n-1$ 阶的导数,如果它的 $n-1$ 阶导数 $f^{(n-1)}(x)$ 在点 x 处可导,那么就称 $f^{(n-1)}(x)$ 在点 x 的导数为函数 $f(x)$ 在点 x 处的 **n 阶导数**,记作

$$f^{(n)}(x)\text{或}\frac{\mathrm{d}^n y}{\mathrm{d}x^n}\quad(n=1,2,\cdots).$$

为了方便起见,我们把函数本身称为零阶导数,记作

$$f(x)=f^{(0)}(x).$$

同样地,如果函数 $y=f(x)$ 在区间 (a,b) 内的每一点处都是 n 阶可导的,那么就称 $f(x)$ 在 (a,b) 内 **n 阶可导**.

例 4 求幂函数 $y=x^\alpha$ 的 n 阶导数.

解

$$(x^\alpha)'=\alpha x^{\alpha-1},$$

$$(x^\alpha)''=\alpha(\alpha-1)x^{\alpha-2},$$

$$\cdots\cdots\cdots\cdots$$

$$(x^\alpha)^{(n)}=\alpha(\alpha-1)\cdots(\alpha-n+1)x^{\alpha-n}\quad(n\geqslant 1).$$

若 $\alpha\in\mathbf{N}_+$,当 $n=\alpha$ 时,$y^{(n)}=(x^\alpha)^{(n)}=(x^\alpha)^{(\alpha)}=\alpha!$;当 $n>\alpha$ 时,$y^{(n)}=(x^\alpha)^{(n)}=0$.

设 $P(x)$ 为 m 次多项式函数,则当 $n>m$ 时,有

$$P^{(n)}(x)=0.$$

例 5 求指数函数 $y=\mathrm{e}^{ax}$ 的 n 阶导数.

解

$$y'=a\mathrm{e}^{ax},$$

$$y''=a^2\mathrm{e}^{ax},$$

$$\cdots\cdots\cdots\cdots$$

$$y^{(n)}=a^n\mathrm{e}^{ax}\quad(n\geqslant 1).$$

用同样的方法,可以求出

$$(a^x)^{(n)}=(\ln a)^n a^x\quad(a>0,a\neq 1).$$

例 6 求对数函数 $y=\ln x$ 的 n 阶导数.

解 $$y'=\frac{1}{x},$$

$$y''=-\frac{1}{x^2},$$

$$y'''=(-1)^2\frac{1\cdot 2}{x^3},$$

…………

$$y^{(n)}=(-1)^{n-1}\frac{(n-1)!}{x^n}\quad (n\geqslant 1).$$

例 7 求正弦函数 $y=\sin x$ 的 n 阶导数.

解 $$y'=\cos x,\quad y''=-\sin x,$$

$$y'''=-\cos x,\quad y^{(4)}=\sin x;$$

如果继续求下去,我们就会发现这四个函数值会依次循环出现,为了找出它们的规律,我们把上面各式右端的函数都化成正弦函数.于是有

$$y'=\cos x=\sin\left(x+\frac{\pi}{2}\right),$$

$$y''=\left[\sin\left(x+\frac{\pi}{2}\right)\right]'=\cos\left(x+\frac{\pi}{2}\right)$$

$$=\sin\left(x+\frac{\pi}{2}+\frac{\pi}{2}\right)=\sin\left(x+\frac{2\pi}{2}\right),$$

$$y'''=[\sin(x+\pi)]'=\cos(x+\pi)$$

$$=\sin\left(x+\frac{3\pi}{2}\right),$$

$$y^{(4)}=\cos\left(x+\frac{3\pi}{2}\right)=\sin\left(x+\frac{4\pi}{2}\right).$$

不难看出,每求一次导数,自变量就增加一个$\frac{\pi}{2}$,因此

$$y^{(n)}=\sin\left(x+\frac{n\pi}{2}\right).$$

用同样的方法,可以求出

$$(\cos x)^{(n)}=\cos\left(x+\frac{n\pi}{2}\right).$$

例 8 气球充气时,其半径 R 以 1 cm/s 的速率增大,设充气过程中气球保持球形. 求当气球半径 $R=10$ cm 时,体积 V 增加的速率.

解 气球充气时,其体积 V 与半径 R 都是 t 的函数:

$$V=V(t), \quad R=R(t).$$

并且函数 $V(t)$ 与 $R(t)$ 满足关系式:

$$V(t)=\frac{4}{3}\pi R^3(t).$$

利用复合函数求导公式,我们有

$$V_t'=\left(\frac{4}{3}\pi R^3\right)_R' \cdot R_t'=4\pi R^2 \cdot R_t'.$$

由题设,将 $R_t'=1$ 及 $R=10$ 代入,即得

$$V_t'\Big|_{\substack{R=10\\ R_t'=1}}=400\pi.$$

这就是说,当 R 为 10 cm 时,体积 V 增加的速率为 $400\pi\ \mathrm{cm}^3/\mathrm{s}$.

§4 微　　分

4.1 微分的概念

在许多实际问题中,我们经常遇到当自变量有一个微小的改变量时,需要计算函数相应的改变量. 一般来说,直接计算函数的改变量比较困难. 但是对于可导函数来说,可以找到一个简单的近似计算公式.

例如,面积为 1 m^2 的正方形钢板加热后,它的边长增加了 0.000 2 m,问其面积相应地增加了多少(精确到小数点后面 4 位)?

首先,我们把钢板面积 S 看成是边长 x 的函数,即 $S=S(x)=x^2$,把加热后边长 x_0 增加的长度记为 Δx,相应地有

$$\Delta S=S(x_0+\Delta x)-S(x_0)=(x_0+\Delta x)^2-x_0^2$$
$$=2x_0\Delta x+(\Delta x)^2.$$

取 $x_0=1,\Delta x=0.000\,2$，则有

$$\Delta S=2\times 0.000\,2+(0.000\,2)^2.$$

由于问题中要求我们精确到小数点后 4 位，所以上式中右端的第二项可以略去不计，于是得到 $\Delta S\approx 0.000\,4\ \text{m}^2$. 可见，当 $|\Delta x|$ 很小时，我们就可以用 $2x_0\Delta x$ 来作为 ΔS 的近似值（其中 $2x_0$ 是一个与 Δx 无关的常数）.

注意到上述问题中与 Δx 无关的常数 $2x_0$ 恰好是函数 $S(x)=x^2$ 在 x_0 点的导数，于是我们给出下述定义.

定义 设函数 $y=f(x)$ 在 x_0 点可导，Δx 为自变量 x 的改变量. 则称

$$f'(x_0)\cdot\Delta x$$

为函数 $y=f(x)$ 在 x_0 点的**微分**，记作

$$\mathrm{d}f(x_0)\text{或者}\quad \mathrm{d}y\big|_{x=x_0}.$$

并称 $f(x)$ 在 x_0 点可微.

在上述微分表示式中，Δx 是自变量 x 的改变量或增量. 应当注意 Δx 不是代表某一个数值，而是一个变量.

当自变量 x 有一个改变量 Δx 时，相应地函数 $y=f(x)$ 就产生一个改变量（或增量）

$$\Delta y=f(x_0+\Delta x)-f(x_0).$$

当 $|\Delta x|$ 很小时，可以用微分的值 $\mathrm{d}y=f'(x_0)\cdot\Delta x$ 作为 Δy 的近似值.

例 1 求函数 $y=x^3$ 的微分.

解 由定义，

$$\mathrm{d}y=y'\Delta x=3x^2\Delta x.$$

为了运算方便，我们规定自变量 x 的微分 $\mathrm{d}x$ 就是 Δx，这一规定与计算函数 $y=x$ 的微分所得到的结果是一致的，即

$$dy=dx=x'\Delta x=\Delta x.$$

于是微分的定义式也可以写成 $dy\big|_{x=x_0}=f'(x_0)dx$. 由于 $dx=\Delta x\neq 0$, 从而有 $\dfrac{dy}{dx}\bigg|_{x=x_0}=f'(x_0)$. 可以看出函数的微商(导数)是函数的微分与自变量的微分之商,这就是微商这个名词的来源以及把它记为 $\dfrac{dy}{dx}$ 的原因所在.

下面我们从几何上来说明函数 $y=f(x)$ 的微分 dy 与增量 Δy 之间的关系. 为此,作函数 $y=f(x)$ 的图形(见图 1.3.2).

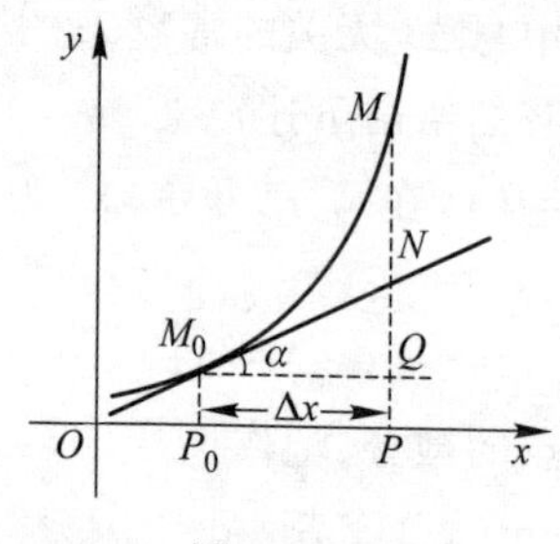

图　1.3.2

假定 $y=f(x)$ 在点 $x=x_0$ 处可微,则 $f'(x_0)$ 存在. 在 x 轴上取两点 $P_0(x_0,0)$ 和 $P(x_0+\Delta x,0)$,在曲线上对应的有两点 $M_0(x_0,f(x_0))$ 和 $M(x_0+\Delta x,f(x_0+\Delta x))$,过 M_0 作平行于 x 轴的直线,交直线 MP 于 Q;过 M_0 作曲线的切线交 MP 于点 N. 于是

$$\Delta y=f(x_0+\Delta x)-f(x_0)=PM-P_0M_0=QM.$$

根据微分的定义

$$dy=f'(x_0)\Delta x=\tan\alpha\cdot\Delta x=QN.$$

这表明:当 x 从 x_0 变到 $x_0+\Delta x$ 时,曲线 $f(x)$ 在点 $(x_0,f(x_0))$ 处的切线的纵坐标的改变量 QN 就是函数 $y=f(x)$ 在点 x_0 处的微分. 当以 dy 代替函数的增量 Δy 时,所产生的绝对误差 $|\Delta y-dy|$ 就是 MN 的长度,当 $|\Delta x|$ 减小时,它比 $|\Delta x|$ 减小得更快.

4.2 微分的计算

由微分与导数的关系式 $dy=f'(x)dx$ 可知，计算函数 $f(x)$ 的微分实际上可以归纳为计算导数 $f'(x)$，所以与导数的基本公式和运算法则相对应，可以建立微分的基本公式和运算法则. 通常我们把计算导数与计算微分的方法都叫做微分法.

1. 基本初等函数的微分公式

$dC=0$；

$dx^{\alpha}=\alpha x^{\alpha-1}dx$；

$da^{x}=a^{x}\ln a dx(a>0$ 且 $a\neq 1)$；

$de^{x}=e^{x}dx$；

$d\log_{a}x=\dfrac{1}{x\ln a}dx(a>0$ 且 $a\neq 1)$；

$d\ln x=\dfrac{1}{x}dx$；

$d\sin x=\cos x dx$；

$d\cos x=-\sin x dx$；

$d\tan x=\sec^{2}x dx$；

$d\cot x=-\csc^{2}x dx$；

$d\arcsin x=\dfrac{1}{\sqrt{1-x^{2}}}dx$；

$d\arccos x=-\dfrac{1}{\sqrt{1-x^{2}}}dx$；

$d\arctan x=\dfrac{1}{1+x^{2}}dx$；

$d\text{arccot}\, x=-\dfrac{1}{1+x^{2}}dx$.

2. 微分四则运算法则

设函数 $u(x)$，$v(x)$ 可微，则

$$d(u\pm v)=du\pm dv;$$

$$d(uv)=vdu+udv;$$

$$d(Cu)=Cdu;$$

$$d\left(\frac{u}{v}\right)=\frac{vdu-udv}{v^{2}}\quad (v(x)\neq 0).$$

例 2 求函数 $y=x^{2}+\ln x+3^{x}$ 的微分.

解

$$\begin{aligned} dy&=d(x^{2}+\ln x+3^{x})\\ &=2xdx+\frac{1}{x}dx+3^{x}\ln 3dx\\ &=\left(2x+\frac{1}{x}+3^{x}\ln 3\right)dx. \end{aligned}$$

例 3　求函数 $y=x^3e^x\sin x$ 的微分.

解

$$
\begin{aligned}
& dy \\
&= d(x^3e^x\sin x) \\
&= e^x\sin x dx^3+x^3\sin x de^x+x^3e^x d\sin x \\
&= e^x\sin x(3x^2)dx+x^3\sin x e^x dx+x^3e^x\cos x dx \\
&= x^2e^x(3\sin x+x\sin x+x\cos x)dx.
\end{aligned}
$$

例 4　求 $y=\dfrac{x^2+1}{x+1}$的微分.

解

$$
\begin{aligned}
dy &= d\left(\frac{x^2+1}{x+1}\right)=d\left(x-1+\frac{2}{x+1}\right) \\
&= dx+2d\left(\frac{1}{x+1}\right)=dx+\frac{-2}{(x+1)^2}dx \\
&= \frac{x^2+2x-1}{(x+1)^2}dx.
\end{aligned}
$$

例 5　求函数 $y=e^{\sin^2 x}$ 的微分.

解

$$
\begin{aligned}
dy &= de^{\sin^2 x}=e^{\sin^2 x}d\sin^2 x=e^{\sin^2 x}\cdot 2\sin x d\sin x \\
&= e^{\sin^2 x}\cdot 2\sin x\cos x dx=\sin 2x e^{\sin^2 x}dx.
\end{aligned}
$$

4.3　微分的简单应用

在前面的讨论中我们已经知道:以 dy 代替函数的增量 Δy 时所产生的绝对误差为 $|\Delta y-dy|$,当 $|\Delta x|$ 减小时,它比 $|\Delta x|$ 减小得更快.因此当 $|\Delta x|$ 很小时,可以用下式来计算函数增量 Δy 的近似值:

$$
f(x_0+\Delta x)-f(x_0)\approx f'(x_0)\Delta x. \tag{1}
$$

在(1)式中,令 $x=x_0+\Delta x$,即 $\Delta x=x-x_0$,于是(1)式可以改写成

$$
f(x)\approx f(x_0)+f'(x_0)(x-x_0). \tag{2}
$$

可见,当 $|\Delta x|$ 很小时,可以用(2)式来计算点 x 处的函数值 $f(x)$.

例 6　半径为 8 cm 的金属球加热以后,其半径伸长了 0.04 cm,问它的体积增大了多少?

解　设球的半径与体积分别为 r,V,则

$$V=\frac{4}{3}\pi r^3,$$

这里 $r_0=8$ cm, $\Delta r=0.04$ cm. 由于 $|\Delta r|$ 是很小的，根据公式(1)有

$$\Delta V\approx 4\pi r_0^2\cdot\Delta r=10.24\pi\ \text{cm}^3.$$

例 7 计算 $\sqrt[3]{1.03}$ 的近似值.

解 设函数 $f(x)=\sqrt[3]{x}$. 取 $x=1.03$, $x_0=1$, 根据公式(2)有

$$f(x)\approx f(x_0)+f'(x_0)(x-x_0).$$

由 $f(x_0)=1$, $f'(x_0)=\frac{1}{3}x_0^{-\frac{2}{3}}=\frac{1}{3}$, 所以

$$\sqrt[3]{1.03}\approx 1+\frac{1}{3}(1.03-1)=1.01.$$

习题 1.3

本章自测题

1. 根据导数的定义，求下列函数的导数：

(1) $y=x^2+x+1$; (2) $y=\cos(x+3)$.

2. 设函数 $y=f(x)$ 在点 x_0 处可导，求

$$\lim_{x\to x_0}\frac{f(x)-f(x_0)}{x-x_0}.$$

3. 求下列函数的导数：

(1) $y=\frac{x+1}{x-1}$; (2) $y=(5x+1)(2x^2-3)$;

(3) $y=xe^x$; (4) $y=\sec x$;

(5) $y=\frac{2}{x^2-1}$; (6) $y=(x^2-2x+1)^{10}$;

(7) $y=3\sin x+\cos^2 x$; (8) $y=\frac{\tan x}{x^2+1}$;

(9) $y=\sin 4x$; (10) $y=10^{6x}$;

(11) $y=e^{\frac{x}{2}}(x^2+1)$; (12) $y=\arcsin(2x+3)$;

(13) $y=\ln(\sin x)$; (14) $y=(\ln x)^3$;

(15) $y=\arctan\sqrt{x^2+1}$; (16) $y=\arcsin\frac{1}{x}$;

(17) $y=\ln(x+\sqrt{x^2+a^2})$；　　(18) $y=x^{\frac{1}{x}}$；

(19) $y=(\sin x)^{\cos x}$；　　(20) $y=\sqrt{x(x+3)}$.

4. 求曲线 $y=x-\dfrac{1}{x}$ 在其与 x 轴交点处的切线方程.

5. 求下列函数的二阶导数：

(1) $y=\dfrac{1}{x^3+1}$；　　(2) $y=\tan x$；

(3) $y=xe^{x^2}$；　　(4) $y=\sin(x^2+1)$；

(5) $y=e^x\cos x$；　　(6) $y=\arctan x$；

(7) $y=\ln\sin x$；　　(8) $y=x\ln x$.

6. 设 $f(x)=e^{2x-1}$，求 $f''(0)$.

7. 设 $f(x)=(x+10)^6$，求 $f''(0)$.

8. 设 $y=e^x\sin x$，证明 $y''-2y'+2y=0$.

9. 验证函数 $y=e^{-\sqrt{x}}+e^{\sqrt{x}}$ 满足关系式

$$xy''+\frac{1}{2}y'-\frac{1}{4}y=0.$$

10. 由等式

$$\sum_{k=0}^{n}x^k=\frac{1-x^{n+1}}{1-x}\quad(x\neq1)$$

计算 $\sum\limits_{k=1}^{n}kx^{k-1}$.

11. 设 $y=x^3-1$，在点 $x=2$ 处计算当 Δx 分别为 1，0.1，0.01 时，Δy 及 dy 的值.

12. 求下列各函数的微分：

(1) $y=\dfrac{1}{2x^2}$；　　(2) $y=(\sqrt{x}+1)\left(\dfrac{1}{\sqrt{x}}-1\right)$；

(3) $y=\sin^2x$；　　(4) $y=\dfrac{x}{4^x}$；

(5) $y=xe^x$；　　(6) $y=\dfrac{\ln x}{x^n}$；

(7) $y=x^{5x}$；　　(8) $y=x\sin x\ln x$.

第四章　积　　分

一元函数积分学主要包括不定积分和定积分这两部分内容．不定积分是作为函数求导数的逆运算引入的，而定积分则是一种特殊的和的极限，它们既有区别又有联系．本章将分别介绍它们的概念、性质、计算方法及内在联系，并讨论定积分的一些简单应用．

§1　原函数与不定积分的概念

1.1　原函数与不定积分的概念

在第三章我们讨论了物体沿直线运动的瞬时速度问题，并由此引入了导数的概念，即若物体的运动规律是由路程函数 $s=s(t)$ 确定，则路程函数 $s(t)$ 的导数就表示了物体在 t 时刻的瞬时速度：$s'(t)=v(t)$．在物理学中我们也会遇到相反的问题，即已知瞬时速度 $v(t)$，求物体运动的路程 $s=s(t)$．像这样一类从函数的导数（或微分）出发求原来的函数的问题是积分学的基本问题．

定义　设函数 $f(x)$ 在区间 I 上有定义，如果存在 $F(x)$，对于任意给定的 $x\in I$，都有

$$F'(x)=f(x),$$

或者

$$\mathrm{d}F(x)=f(x)\,\mathrm{d}x,$$

那么称 $F(x)$ 是 $f(x)$ 的一个**原函数**，而 $f(x)$ 的全体原函数称为 $f(x)$ 的**不定积分**，记作

$$\int f(x)\,\mathrm{d}x,$$

其中 $\int$ 称为**积分号**，x 称为**积分变量**，$f(x)$ 称为**被积函数**，$f(x)\,\mathrm{d}x$

称为**被积表达式**.

例如,由于$(\sin x)'=\cos x$,所以$\sin x$是$\cos x$的一个原函数;又由于$(x^2)'=(x^2+1)'=2x$,因而x^2和x^2+1都是$2x$的原函数. 同一个函数$2x$可以有许多个原函数,那么它的原函数究竟有多少呢? 我们知道常数的导数是零,所以x^2加上任意一个常数C,其和的导数都是$2x$,即

$$(x^2+C)'=2x.$$

这就是说,$2x$的一个原函数x^2加上一个任意常数C后,仍旧是它的原函数,即C每取一个值就得到一个原函数. 例如取$C=0$时,得到x^2是$2x$的一个原函数;取$C=1$时,得到x^2+1也是它的一个原函数;取$C=\sqrt{3}$时,得到$x^2+\sqrt{3}$还是它的一个原函数. 由此可见,$2x$有无穷多个原函数. 一般说来,如果$F(x)$是$f(x)$的一个原函数,则$F(x)+C$(C为任意常数)也都是$f(x)$的原函数.

我们要问:除了$F(x)+C$以外,$f(x)$还有没有其他形式的原函数呢? 下面的定理回答了这个问题.

定理 若$F(x)$是$f(x)$的一个原函数,则$F(x)+C$(C为任意常数)仍是$f(x)$的原函数,而且$f(x)$的任何原函数都可以表示成$F(x)+C$的形式.

证明 第一个结论是显然的. 因为

$$[F(x)+C]'=F'(x)=f(x),$$

所以$F(x)+C$(C为任意常数)是$f(x)$的原函数.

下面来证明第二个结论,令$G(x)$是$f(x)$的任意一个原函数,那么

$$G'(x)=f(x).$$

按照假设$F(x)$是$f(x)$的一个原函数,我们有

$$F'(x)=f(x),$$

因此

$$G'(x)-F'(x)=f(x)-f(x)\equiv 0,$$

即

$$[G(x)-F(x)]'=G'(x)-F'(x)\equiv 0.$$

可以证明,若一个函数的微商恒等于 0,则这个函数一定是常数,即 $G(x)-F(x)=C$,亦即

$$G(x)=F(x)+C.$$

定理证毕.

从上面的定理可以看出,求一个函数 $f(x)$ 的不定积分的问题,可以转化为求它的一个原函数的问题. 但这并不是说原函数的全体就不重要了. 恰恰相反,在解许多实际问题的过程中,往往需要先求出原函数的全体,从中再挑选出所需要的某个特定的原函数. 关于这个问题在以后的学习中我们将作详细的讨论.

由上述定理可知,如果 $F(x)$ 是 $f(x)$ 的一个原函数,那么

$$\int f(x)\,\mathrm{d}x=F(x)+C \quad (C \text{ 为任意常数})$$

就是 $f(x)$ 的全体原函数.

例 1 $\int \cos x\,\mathrm{d}x=\sin x+C.$

例 2 $\int \mathrm{e}^x\,\mathrm{d}x=\mathrm{e}^x+C.$

由上面的讨论可以看出:求原函数与求导数互为逆运算,也就是说,对一个函数先求不定积分再求微分,则两者的作用便互相抵消,即有

$$\left[\int f(x)\,\mathrm{d}x\right]'=f(x),$$

或

$$\mathrm{d}\left(\int f(x)\,\mathrm{d}x\right)=f(x)\,\mathrm{d}x.$$

反过来,若先求微分再求不定积分,则抵消后只相差一个常数. 即

$$\int F'(x)\,\mathrm{d}x=F(x)+C,$$

或

$$\int \mathrm{d}F(x)=F(x)+C.$$

不定积分的几何意义 当 $F(x)$ 是 $f(x)$ 的一个原函数时,$f(x)$ 的不定积分为 $F(x)+C$(C 为任意常数). 这样一来,对于 C 的

一个确定的值 C_0，就对应有 $f(x)$ 的一个原函数 $F(x)+C_0$. 在直角坐标系 Oxy 中，称由 $F(x)+C_0$ 所确定的一条曲线 $y=F(x)+C_0$ 为 $f(x)$ 的一条积分曲线. 因为 C 可以取一切实数值，所以积分曲线有无穷多条. 由上面的定理可知，把 $f(x)$ 的一条积分曲线沿 y 轴方向平行移动一定的距离，就可以得到它的另一条积分曲线，而且 $f(x)$ 的一切积分曲线都可以用这样的方法得到. 我们称所有的这些积分曲线的全体为 $f(x)$ 的**积分曲线族**(见图 1.4.1). 因此，不定积分 $\int f(x)\mathrm{d}x$ 在几何上表示函数 $f(x)$ 的积分曲线族 $y=F(x)+C$. 这族曲线的特点是，它在横坐标相同的点处，所有的切线都是彼此平行的.

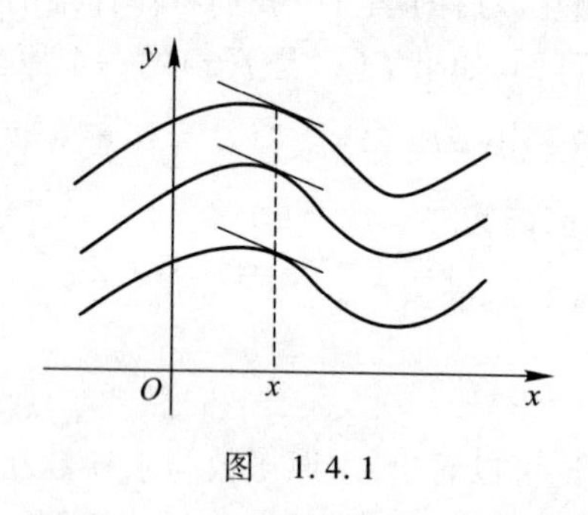

图 1.4.1

1.2 基本积分表

根据不定积分的定义和第三章基本初等函数的微分公式，即可写出对应的不定积分公式. 我们把这些公式列成下面的基本积分表(其中的 C 与 C_1 均为任意常数)：

1. $\int 0\mathrm{d}x=C.$

2. $\int x^{\alpha}\mathrm{d}x=\frac{1}{\alpha+1}x^{\alpha+1}+C \quad (\alpha\neq -1).$

3. $\int \frac{1}{x}\mathrm{d}x=\ln|x|+C.$

4. $\int \sin x\mathrm{d}x=-\cos x+C.$

5. $\int \cos x\mathrm{d}x=\sin x+C$.

6. $\int \csc^2 x\mathrm{d}x=-\cot x+C$.

7. $\int \sec^2 x\mathrm{d}x=\tan x+C$.

8. $\int \mathrm{e}^x\mathrm{d}x=\mathrm{e}^x+C$.

9. $\int a^x\mathrm{d}x=\frac{1}{\ln a}a^x+C \quad (a>0,a\neq 1)$.

10. $\int \frac{1}{1+x^2}\mathrm{d}x=\arctan x+C=-\operatorname{arccot} x+C_1$.

11. $\int \frac{1}{\sqrt{1-x^2}}\mathrm{d}x=\arcsin x+C=-\arccos x+C_1$.

以上这些公式是计算不定积分的基础. 注意,在公式 3 中,当 $x>0$ 时,公式显然成立;当 $x<0$ 时,有

$$(\ln|x|+C)'=[\ln(-x)]'=\frac{1}{-x}(-1)=\frac{1}{x},$$

所以对一切的 $x\neq 0$,都有

$$\int \frac{1}{x}\mathrm{d}x=\ln|x|+C;$$

由公式 2、3 还可以看出幂函数 x^α 的不定积分是

$$\int x^\alpha\mathrm{d}x=\begin{cases}\frac{1}{\alpha+1}x^{\alpha+1}+C, & \alpha\neq -1,\\ \ln|x|+C, & \alpha=-1.\end{cases}$$

由此可见,幂函数(除 x^{-1} 外)的原函数都是幂函数.

§2 不定积分的性质

1. 设函数 $f(x)$, $g(x)$ 的不定积分都存在,则

$$\int[f(x)\pm g(x)]\mathrm{d}x=\int f(x)\mathrm{d}x\pm\int g(x)\mathrm{d}x.$$

证明 由条件,设 $F(x),G(x)$ 分别为 $f(x),g(x)$ 的一个原函数,则有

$$\int f(x)\mathrm{d}x=F(x)+C \text{ 或 } F'(x)=f(x);$$

$$\int g(x)\mathrm{d}x=G(x)+C \text{ 或 } G'(x)=g(x).$$

所以

$$[F(x)\pm G(x)]'=F'(x)\pm G'(x)=f(x)\pm g(x).$$

即函数 $f(x)\pm g(x)$ 的不定积分存在,且

$$\int[f(x)\pm g(x)]\mathrm{d}x=F(x)\pm G(x)+C$$

$$=\int f(x)\mathrm{d}x\pm\int g(x)\mathrm{d}x.$$

2. 设函数 $f(x)$ 的不定积分存在,k 为不等于零的常数,则

$$\int kf(x)\mathrm{d}x=k\int f(x)\mathrm{d}x.$$

证明 由条件,设 $F(x)$ 为 $f(x)$ 的一个原函数,有

$$\int f(x)\mathrm{d}x=F(x)+C \text{ 或 } F'(x)=f(x).$$

所以

$$[kF(x)]'=kf(x),$$

即函数 $kf(x)$ 的不定积分存在,且

$$\int kf(x)\mathrm{d}x=kF(x)+C=k\int f(x)\mathrm{d}x.$$

由性质 1、2 容易得到:设 $f_k(x)(k=1,2,\cdots,n)$ 的不定积分存在,$a_k(k=1,2,\cdots,n)$ 为不全等于零的常数,则

$$\int\sum_{k=1}^{n}a_k f_k(x)\mathrm{d}x=\sum_{k=1}^{n}a_k\int f_k(x)\mathrm{d}x,$$

即有限多个函数线性组合的不定积分等于它们不定积分的线性组合. 积分的这种性质又称为积分运算的线性性质.

例 1 求 $\int 4\mathrm{e}^x\mathrm{d}x$.

解 $\int 4\mathrm{e}^x\mathrm{d}x=4\int \mathrm{e}^x\mathrm{d}x=4(\mathrm{e}^x+C_1)$

$=4\mathrm{e}^x+4C_1.$

令 $4C_1=C$,得到

$$\int 4\mathrm{e}^x\mathrm{d}x=4\mathrm{e}^x+C.$$

例 1 中“令 $4C_1=C$”这一步,可以省去不写.

例 2 求 $\int \frac{(x-1)^2}{x}\mathrm{d}x$.

解
$$\begin{aligned}\int \frac{(x-1)^2}{x}\mathrm{d}x&=\int \frac{x^2-2x+1}{x}\mathrm{d}x\\&=\int\left(x-2+\frac{1}{x}\right)\mathrm{d}x\\&=\int x\mathrm{d}x-2\int \mathrm{d}x+\int \frac{1}{x}\mathrm{d}x\\&=\frac{1}{2}x^2-2x+\ln|x|+C.\end{aligned}$$

例 3 求 $\int \frac{3x^2}{1+x^2}\mathrm{d}x$.

解
$$\begin{aligned}\int \frac{3x^2}{1+x^2}\mathrm{d}x&=3\int \frac{x^2+1-1}{x^2+1}\mathrm{d}x\\&=3\int\left(1-\frac{1}{x^2+1}\right)\mathrm{d}x\\&=3\left(\int \mathrm{d}x-\int \frac{1}{x^2+1}\mathrm{d}x\right)\\&=3x-3\arctan x+C.\end{aligned}$$

例 4 求 $\int \frac{1}{\sin^2x\cos^2x}\mathrm{d}x$.

解
$$\begin{aligned}\int \frac{1}{\sin^2x\cos^2x}\mathrm{d}x&=\int \frac{\sin^2x+\cos^2x}{\sin^2x\cos^2x}\mathrm{d}x\\&=\int \frac{1}{\cos^2x}\mathrm{d}x+\int \frac{1}{\sin^2x}\mathrm{d}x\\&=\tan x-\cot x+C.\end{aligned}$$

例 5 求$\int(2^x+3^x)^2\mathrm{d}x$.

解

$$\begin{aligned}\int(2^x+3^x)^2\mathrm{d}x&=\int[(2^x)^2+(3^x)^2+2\cdot2^x\cdot3^x]\mathrm{d}x\\&=\int(4^x+9^x+2\cdot6^x)\mathrm{d}x\\&=\frac{4^x}{\ln 4}+\frac{9^x}{\ln 9}+\frac{2\cdot6^x}{\ln 6}+C.\end{aligned}$$

例 6 求$\int\cos^2\frac{x}{2}\mathrm{d}x$.

解

$$\begin{aligned}\int\cos^2\frac{x}{2}\mathrm{d}x&=\frac{1}{2}\int(1+\cos x)\mathrm{d}x\\&=\frac{1}{2}(x+\sin x)+C.\end{aligned}$$

§3 不定积分的第一换元法

利用基本积分表与积分的两个运算性质,我们虽然已经会求一些函数(即积分表中的那些被积函数及其线性组合)的不定积分,但这是远远不够的.对于许多常见的、并不复杂的积分,例如

$$\int e^{2x}\mathrm{d}x,\quad\int xe^{x^2}\mathrm{d}x,\quad\int\sqrt{1+x}\,\mathrm{d}x,\quad\int\cos\frac{x}{2}\mathrm{d}x$$

等,就不会求了.因此,我们需要掌握其他的积分法则,以便求出更多的初等函数的不定积分.本节将介绍一种最常见的积分法——第一换元积分法.

定理 若 u 为自变量时,有

$$\int f(u)\mathrm{d}u=F(u)+C,$$

则 u 为 x 的可微函数 $u=\varphi(x)$ 时,也有

$$\begin{aligned}\int f[\varphi(x)]\varphi'(x)\mathrm{d}x&=\int f[\varphi(x)]\mathrm{d}\varphi(x)\\&=F[\varphi(x)]+C.\end{aligned}$$

证明 由条件$\int f(u)\mathrm{d}u=F(u)+C$,我们有

$$[F(u)+C]'=F'(u)=f(u),$$

由复合函数求导法则,有

$$\{F[\varphi(x)]+C\}'=F'[\varphi(x)]\varphi'(x)=f[\varphi(x)]\varphi'(x),$$

因此有

$$\int f[\varphi(x)]\varphi'(x)\mathrm{d}x=F[\varphi(x)]+C.$$

例 1 求$\int \mathrm{e}^{2x}\mathrm{d}x$.

我们知道,在基本积分表中有公式

$$\int \mathrm{e}^{u}\mathrm{d}u=\mathrm{e}^{u}+C.$$

根据定理 1,当 $u=2x$ 时,也有

$$\int \mathrm{e}^{2x}\mathrm{d}(2x)=\mathrm{e}^{2x}+C.$$

这样一来,比较$\int \mathrm{e}^{x}\mathrm{d}x$ 和$\int \mathrm{e}^{2x}\mathrm{d}x$,我们发现:两者的被积表达式只相差一个数 2. 因此,如果凑上一个常数 2,那么它就变成了

$$\int \mathrm{e}^{2x}\mathrm{d}x=\int \frac{\mathrm{e}^{2x}}{2}\mathrm{d}(2x)=\frac{1}{2}\int \mathrm{e}^{2x}\mathrm{d}(2x).$$

再令 $2x=u$,那么上述积分就变为

$$\int \mathrm{e}^{2x}\mathrm{d}x=\frac{1}{2}\int \mathrm{e}^{u}\mathrm{d}u=\frac{1}{2}\mathrm{e}^{u}+C.$$

再将 $u=2x$ 代入上式即可. 综上所述

$$\begin{aligned}\int \mathrm{e}^{2x}\mathrm{d}x&=\frac{1}{2}\int \mathrm{e}^{2x}\mathrm{d}(2x)\xlongequal{2x=u}\frac{1}{2}\int \mathrm{e}^{u}\mathrm{d}u\\&=\frac{1}{2}\mathrm{e}^{u}+C\xlongequal{u=2x}\frac{1}{2}\mathrm{e}^{2x}+C.\end{aligned}$$

由此可见,在例 1 中我们首先改写积分表达式;再引入中间变量 $2x=u$;然后利用公式求出积分;最后将 $u=2x$ 代回. 我们把上述的几个步骤写成下面的一般形式:

$$\int f[\varphi(x)]\varphi'(x)\,dx=\int f[\varphi(x)]\,d[\varphi(x)]$$

$$\xlongequal{\text{令 }\varphi(x)=u}\int f(u)\,du$$

$$\xlongequal{\text{由公式}}F(u)+C$$

$$\xlongequal{\text{令 }u=\varphi(x)}F[\varphi(x)]+C.$$

在这里,我们首先把被积表达式通过引入中间变量凑成某个已知函数的微分形式,然后再利用基本积分表求出积分. 因此有时也把第一换元法称为凑微分法.

例 2 求$\int\frac{1}{3x+1}dx$.

解 $\int\frac{1}{3x+1}dx=\frac{1}{3}\int\frac{1}{3x+1}(3x+1)'dx=\frac{1}{3}\int\frac{1}{3x+1}d(3x+1)$

$$\xlongequal{\text{令 }3x+1=u}\frac{1}{3}\int\frac{1}{u}du=\frac{1}{3}\ln|u|+C$$

$$\xlongequal{\text{令 }u=3x+1}\frac{1}{3}\ln|3x+1|+C.$$

一般地,若$\int f(x)\,dx=F(x)+C$,则

$$\int f(ax+b)\,dx=\frac{1}{a}F(ax+b)+C\quad(a\neq0).$$

在这种不定积分中,因为$[f(ax+b)]'=af'(ax+b)$,所以在求不定积分时,需要凑上一个常数. 例如

$$\int\cos(2x+1)\,dx=\frac{1}{2}\sin(2x+1)+C;$$

$$\int(3x+2)^4dx=\frac{1}{3}\left[\frac{1}{5}(3x+2)^5\right]+C$$

$$=\frac{1}{15}(3x+2)^5+C.$$

对于一般的被积函数,需要设法变成$f[\varphi(x)]\varphi'(x)$的形式,以便利用换元法得到

$$\int f[\varphi(x)]\varphi'(x)\,dx=\int f[\varphi(x)]\,d\varphi(x)=\int f(u)\,du,$$

再求出不定积分.

例 3 求$\int xe^{x^2}dx$.

解 $$\int xe^{x^2}dx=\frac{1}{2}\int e^{x^2}(2x)dx=\frac{1}{2}\int e^{x^2}(x^2)'dx$$

$$\xlongequal{令 x^2=u}\frac{1}{2}\int e^u du=\frac{1}{2}e^u+C$$

$$\xlongequal{令 u=x^2}\frac{1}{2}e^{x^2}+C.$$

例 4 求$\int \cos^2 x dx$.

解 $$\int \cos^2 x dx=\int\frac{1+\cos 2x}{2}dx=\frac{1}{2}\left(\int dx+\int\cos 2xdx\right)$$

$$=\frac{1}{2}\int dx+\frac{1}{4}\int\cos 2xd(2x)$$

$$=\frac{x}{2}+\frac{\sin 2x}{4}+C.$$

在中间变量比较简单的情况下,中间变量的代换符号可以不写出来.

例 5 求$\int\tan xdx$.

解 $$\int\tan xdx=\int\frac{\sin x}{\cos x}dx=-\int\frac{d\cos x}{\cos x}=-\ln|\cos x|+C.$$

例 6 求$\int\sin x\sin 3xdx$.

解 $$\int\sin x\sin 3xdx=\frac{1}{2}\int(\cos 2x-\cos 4x)dx$$

$$=\frac{1}{2}\int\cos 2xdx-\frac{1}{2}\int\cos 4xdx$$

$$=\frac{1}{4}\int\cos 2xd2x-\frac{1}{8}\int\cos 4xd(4x)$$

$$=\frac{1}{4}\sin 2x-\frac{1}{8}\sin 4x+C.$$

例 7 求$\int \frac{x^2}{1-x}dx$.

我们知道,任何一个有理函数都可以通过多项式除法将它化成一个多项式加上一个真分式的形式,例如

$$\frac{x^2}{1-x}=-x-1+\frac{1}{1-x}.$$

解
$$\begin{aligned}\int \frac{x^2}{1-x}dx &=\int \left(-x-1+\frac{1}{1-x}\right)dx\\ &=-\int xdx-\int dx+\int \frac{1}{1-x}dx\\ &=-\frac{x^2}{2}-x-\int \frac{1}{1-x}d(1-x)\\ &=-\frac{x^2}{2}-x-\ln|1-x|+C.\end{aligned}$$

例 8 求$\int \frac{1}{x^2-a^2}dx$.

解
$$\begin{aligned}\int \frac{1}{x^2-a^2}dx &=\frac{1}{2a}\int \left(\frac{1}{x-a}-\frac{1}{x+a}\right)dx\\ &=\frac{1}{2a}\int \frac{1}{x-a}dx-\frac{1}{2a}\int \frac{1}{x+a}dx\\ &=\frac{1}{2a}\ln|x-a|-\frac{1}{2a}\ln|x+a|+C\\ &=\frac{1}{2a}\ln\left|\frac{x-a}{x+a}\right|+C.\end{aligned}$$

以上介绍的是求不定积分的第一换元法. 而对于$\int \sqrt{a^2-x^2}\,dx$, $\int \frac{dx}{\sqrt{x}+\sqrt[3]{x^2}}$, $\int x\cos x dx$ 与$\int \ln x dx$ 等形式的积分,这种方法就行不通了,必须利用另外两种积分法,即第二换元法和分部积分法进行计算. 这部分内容将在本书的下篇中介绍.

§4 定积分的概念

前面我们讨论了积分学的第一个基本问题——不定积分，它是作为微分的反问题而引入的. 从本节开始我们仍使用极限方法来研究积分学的第二个基本问题——定积分. 定积分有着十分丰富的实际背景. 例如求平面图形的面积，求旋转体的体积，求物体沿直线运动的路程以及求变力对物体所做的功等. 但是这些问题往往并不明显地是求原函数或求不定积分问题，也就是说，它们与积分学的第一个问题表面上看来似乎没有什么联系. 在历史上，定积分的发展起初也是完全独立的. 直到 17 世纪，牛顿(Newton)和莱布尼茨(Leibniz)才在前人大量的研究工作的基础上先后发现了定积分与不定积分之间的联系，从而大大地推动了积分学向前发展，使之成为解决实际问题的有力工具.

与导数一样，定积分的概念也是在分析和解决实际问题的过程中逐步发展起来的. 下面我们以求曲边梯形的面积和求变速直线运动物体所经过的路程为例，引出定积分的定义，并在此基础上讨论定积分的基本性质.

4.1 定积分的定义

在第一章，我们求出了由抛物线 $y=x^2$，直线 $x=1$ 以及 x 轴所围成的曲边三角形的面积 S. 其方法是：分割区间 $[0,1]$，把曲边三角形分成 n 个小的曲边梯形，对于每一个小曲边梯形，用一个同底矩形来代替它，于是所有小矩形面积的总和就是曲边三角形面积的一个近似值. 一般来说，分得越细，近似的程度就越高，而当每个小曲边梯形的底边长度趋于零时，就得到了曲边三角形面积的精确值. 求曲边三角形的面积问题的具体解法包含了一般性的数学方法——极限方法. 下面我们用这种方法来讨论一般的曲边梯形的面积和沿直线运动物体所经路程问题.

例 1 求曲边梯形的面积.

设曲边梯形是由连续曲线 $y=f(x)$ $(f(x)>0)$，x 轴以及直线 $x=a$，$x=b$ 所围成，如图 1.4.2 所示. 求它的面积 S.

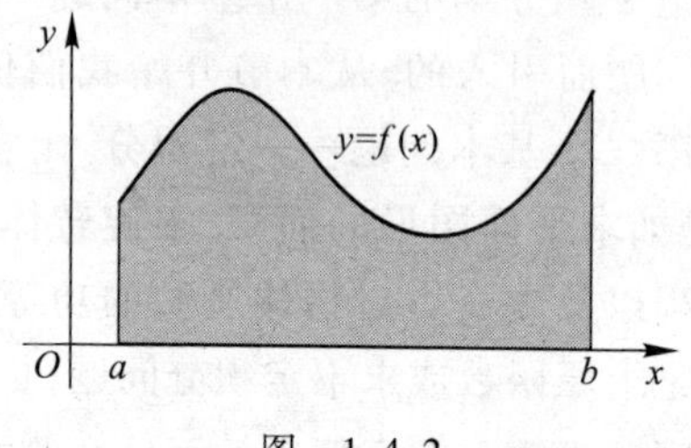

图 1.4.2

与求曲边三角形面积一样，这里所遇到的困难仍是曲边梯形的高 $f(x)$ 是随 x 而变化的，因此不能直接利用矩形的面积公式直接计算它. 从整体上看，曲边梯形的高是变化的，但从局部上可以把它近似地看作是不变的. 因此，我们把大曲边梯形分成若干个小曲边梯形(见图 1.4.3)，用极限方法求出大曲边梯形面积 S. 具体步骤如下：

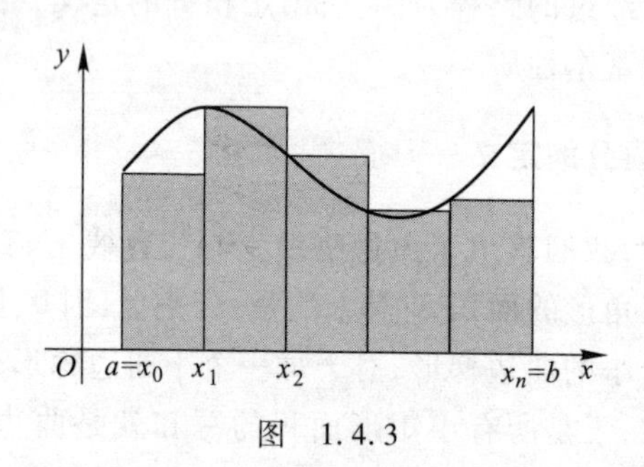

图 1.4.3

(1) 分割：把区间 $[a,b]$ 任意分成 n 个小区间，设分点为

$$a=x_0<x_1<x_2<\cdots<x_{n-1}<x_n=b.$$

每个小区间的长度为

$$\Delta x_i=x_i-x_{i-1}\quad(i=1,2,\cdots,n),$$

它们不一定相等. 这里我们把这些分点 $x_i(i=1,2,\cdots,n)$ 的全体称为区间 $[a,b]$ 的一个“分割”. 过每个分点作平行于 y 轴的直线,把原来的曲边梯形分成了 n 个小曲边梯形,并记它们的面积分别为

$$\Delta S_1,\Delta S_2,\cdots,\Delta S_n.$$

(2) 代替:由于 $y=f(x)$ 是连续函数,所以我们可以在每一个小区间 $[x_{i-1},x_i]$ 上任取一点 $c_i(x_{i-1}\leqslant c_i\leqslant x_i)$. 用以 $f(c_i)$ 为高,以 Δx_i 为底的小矩形面积来近似代替同底的小曲边梯形的面积,即

$$\Delta S_i\approx f(c_i)\Delta x_i\quad(i=1,2,\cdots,n)$$

(见图 1.4.4).

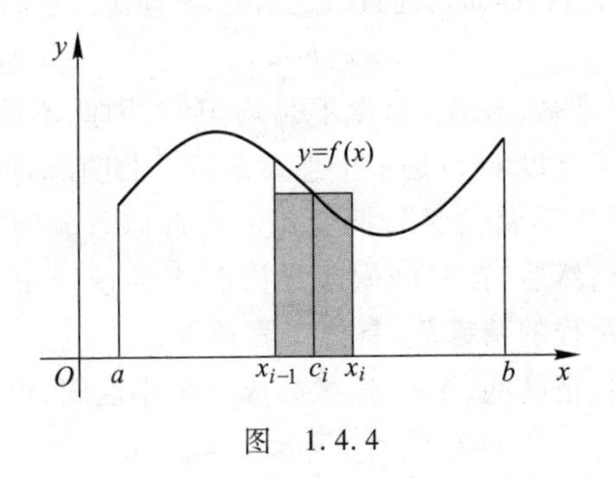

图 1.4.4

(3) 求和:将 n 个小矩形的面积加起来,就得到原来曲边梯形面积 S 的一个近似值 σ:

$$S=\sum_{i=1}^{n}\Delta S_i\approx\sum_{i=1}^{n}f(c_i)\Delta x_i\xlongequal{\text{def}}\sigma.$$

(4) 取极限:容易看出,和数 σ 是依赖于区间 $[a,b]$ 的分割以及中间点 $c_i(i=1,2,\cdots,n)$ 的选取. 但是,当我们把区间 $[a,b]$ 分得足够细时,不论中间点怎样选取,和数 σ 就可以任意地接近原曲边梯形面积 S. 因此,为了求得 S 的精确值,应当把区间 $[a,b]$ 无限地细分下去,使得每个小区间的长度 $\Delta x_i(i=1,2,\cdots,n)$ 都趋于零. 为了方便起见,令 λ 表示在一切小区间中长度的最大者,即 $\lambda\xlongequal{\text{def}}\max\limits_{1\leqslant i\leqslant n}\{\Delta x_i\}$,这样 $\lambda\to0$ 就能刻画 $\Delta x_i\to0(i=1,2,\cdots,n)$. 于

是，当$\lambda\to 0$时，和数σ的极限就是曲边梯形的面积S，即

$$S=\lim_{\lambda\to 0}\sum_{i=1}^{n}f(c_i)\Delta x_i.$$

以上四步概括起来说就是，设法先在局部上“以直代曲”，找出面积S的一个近似值；然后，通过取极限，求得S的精确值. 即用极限方法解决了求曲边梯形的面积问题.

例 2 求变速直线运动的路程.

设物体做直线运动，其速度$v(t)$是t的一个连续函数，求物体在时间间隔$[a,b]$内所经过的路程s.

我们知道，当物体做匀速直线运动时，物体所经过的路程公式为

$$s=v(b-a),$$

其中v是一个常数. 现在，速度不是均匀的，因此不能用上述公式计算路程. 由于速度$v(t)$是一个连续函数，因此在时间间隔很短的情况下，可以“以不变代变”，把变速运动近似看成匀速运动，找出路程的近似值；然后，在时间间隔无限变小的过程中，求出近似值的极限，得到路程的精确值. 具体步骤如下：

(1) 分割：把区间$[a,b]$任意分成n个小区间，设分点为

$$a=t_0<t_1<t_2<\cdots<t_{n-1}<t_n=b.$$

每个小区间的长度为

$$\Delta t_i=t_i-t_{i-1}\quad(i=1,2,\cdots,n).$$

并设物体在第i个时间间隔$[t_{i-1},t_i]$内所走过的路程为$\Delta s_i(i=1,2,\cdots,n)$.

(2) 代替：在时间间隔$[t_{i-1},t_i]$上任取一个时刻$\tau_i(t_{i-1}\leqslant\tau_i\leqslant t_i)$，以物体在时刻$\tau_i$的速度$v(\tau_i)$去近似代替变化的速度$v(t)$，得到物体在这段时间里所走过路程$\Delta s_i$的一个近似值：

$$\Delta s_i\approx v(\tau_i)\cdot\Delta t_i\quad(i=1,2,\cdots,n).$$

(3) 求和：把这些近似值加起来，就得到总路程s的一个近似值σ：

$$s=\sum_{i=1}^{n}\Delta s_i\approx\sum_{i=1}^{n}v(\tau_i)\Delta t_i\xlongequal{\text{def}}\sigma.$$

(4) 取极限：将区间$[a,b]$无限细分下去，使得每个$\Delta t_i \to 0$ $(i=1,2,\cdots,n)$，和数σ的极限就是总路程s的精确值，即

$$s=\lim_{\lambda\to 0}\sum_{i=1}^{n} v(\tau_i)\Delta t_i,$$

其中$\lambda=\max\limits_{1\leqslant i\leqslant n}\{\Delta t_i\}$，$\lambda\to 0$表示对区间$[a,b]$的无限细分.

上面的两个例子，一个是几何问题，一个是物理问题. 尽管它们的具体内容不同，但是从数量关系上看都是要求某种整体的量；在计算这些量时所遇到的困难和解决困难所用的方法都是相同的：

分割——把整体的问题分成局部的问题；

代替——在局部上"以直代曲"或"以不变代变"求出局部的近似值；

求和——得到整体的一个近似值；

取极限——得到整体量的精确值.

上述四步在数量上都归结为对某一函数$f(x)$施行结构相同的数学运算——确定一种特殊的和$\left(\sum\limits_{i=1}^{n} f(c_i)\Delta x_i\right)$的极限，并且这个极限与区间的分法和中间点的选取无关.

这里我们抽去前面所讨论问题的几何内容和物理内容，只保留其数学的结构，于是就可以得到积分学的另一重要的概念——定积分.

定义　设函数$y=f(x)$在区间$[a,b]$上有界，将区间$[a,b]$任意分成n个小区间，分点依次为

$$a=x_0<x_1<x_2<\cdots<x_{n-1}<x_n=b.$$

在每一个小区间$[x_{i-1},x_i]$上任取一点c_i，作乘积

$$f(c_i)\Delta x_i \quad (\Delta x_i=x_i-x_{i-1}, i=1,2,\cdots,n)$$

及和数

$$\sigma=\sum_{i=1}^{n} f(c_i)\Delta c_i.$$

无论区间的分法如何，c_i 在$[x_{i-1}, x_i]$上的取法如何，如果当最大区间的长度

$$\lambda = \max_{1 \leqslant i \leqslant n} \{\Delta x_i\}$$

趋于零时和数 σ 的极限存在，那么我们就说函数 $f(x)$ 在区间$[a,b]$上**可积**，并称这个极限 I 为函数 $f(x)$ 在区间$[a,b]$上的**定积分**，记为

$$I = \lim_{\lambda \to 0} \sum_{i=1}^{n} f(c_i) \Delta x_i = \int_a^b f(x) \, dx,$$

其中 $f(x)$ 称为**被积函数**，x 称为**积分变量**，$[a,b]$称为**积分区间**，a 称为**积分下限**，b 称为**积分上限**，和数 σ 称为**积分和**.

有了定积分概念以后，上面的两个例子就可以用定积分来表示了：

在第一个例子中，曲边梯形的面积 S 是曲边函数 $y=f(x)$ 在$[a,b]$上的定积分. 即

$$S = \int_a^b f(x) \, dx \quad (\text{这里的 } f(x) \geqslant 0).$$

在第二个例子中，物体运动所经过的路程 s 是速度函数 $v=v(t)$ 在$[a,b]$上的定积分. 即

$$s = \int_a^b v(t) \, dt.$$

需要注意的是：定积分与不定积分是两个完全不同的概念. 不定积分是微分的逆运算，而定积分是一种特殊的和的极限；函数 $f(x)$ 的不定积分是（无穷多个）函数，而 $f(x)$ 在$[a,b]$上的定积分是一个完全由被积函数 $f(x)$ 的形式和积分区间$[a,b]$所确定的值，它与积分变量采用什么字母表示是无关的. 于是我们可以把 $\int_a^b f(x) \, dx$ 写成 $\int_a^b f(t) \, dt$.

另外，在定积分的定义中，下限 a 总是小于上限 b 的. 为了今后使用方便，我们规定：

当 $a>b$ 时，$\int_a^b f(x) \, dx = -\int_b^a f(x) \, dx$；

当 $a=b$ 时，$\int_a^a f(x) \, dx = 0$.

由前面的讨论可知，当 $f(x)\geqslant 0$ 时，定积分 $\int_a^b f(x)\,\mathrm{d}x$ 表示以 $y=f(x)$ 为曲边的曲边梯形的面积 S(图 1.4.5)，即

$$S=\int_a^b f(x)\,\mathrm{d}x=\lim_{\lambda\to 0}\sum_{i=1}^{n} f(c_i)\,\Delta x_i.$$

显然当 $f(x)\leqslant 0$ 时，有 $-f(x)\geqslant 0$，设以 $y=f(x)$ 为曲边的曲边梯形的面积为 S(图 1.4.6)，则

$$\begin{aligned}S&=\lim_{\lambda\to 0}\sum_{i=1}^{n}\left[-f(c_i)\right]\Delta x_i\\&=-\lim_{\lambda\to 0}\sum_{i=1}^{n} f(c_i)\,\Delta x_i=-\int_a^b f(x)\,\mathrm{d}x.\end{aligned}$$

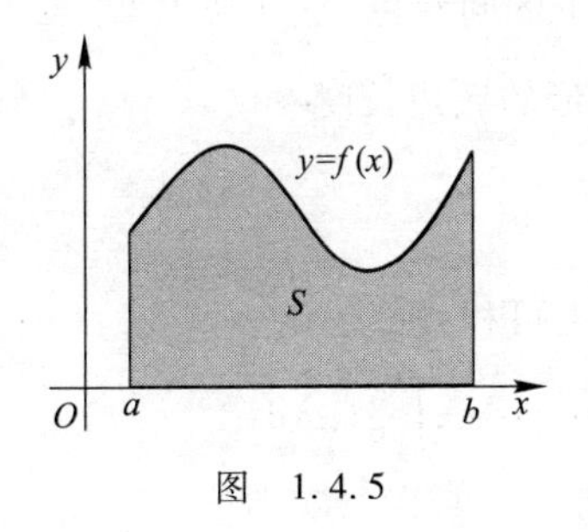

图　1.4.5

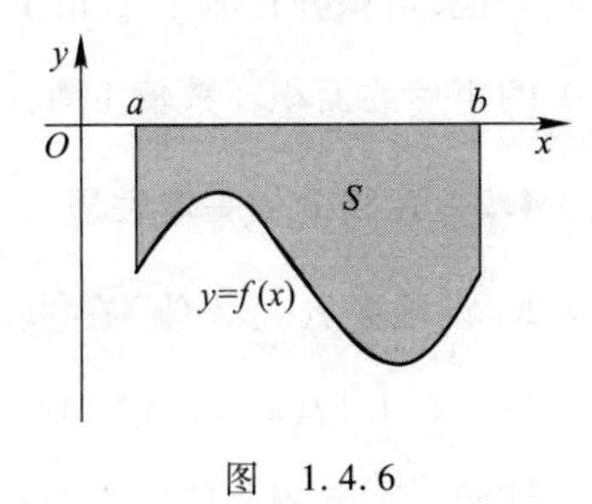

图　1.4.6

从而有

$$\int_a^b f(x)\,\mathrm{d}x=-S.$$

这就是说，当 $f(x)\leqslant 0$ 时，定积分 $\int_a^b f(x)\,\mathrm{d}x$ 是曲边梯形面积的负值.

由上面的讨论可以得出这样的结论：函数 $f(x)$ 在区间 $[a,b]$ 上的定积分在几何上表示由曲线 $y=f(x)$，直线 $x=a$，$x=b$，$y=0$ 所围成的几个曲边梯形的面积的代数和(即在 x 轴上方的面积取正号，在 x 轴下方的面积取负号). 设这几个曲边梯形的面积为 S_1，S_2，S_3(见图 1.4.7)，则有

$$\int_a^b f(x)\,\mathrm{d}x=S_1-S_2+S_3.$$

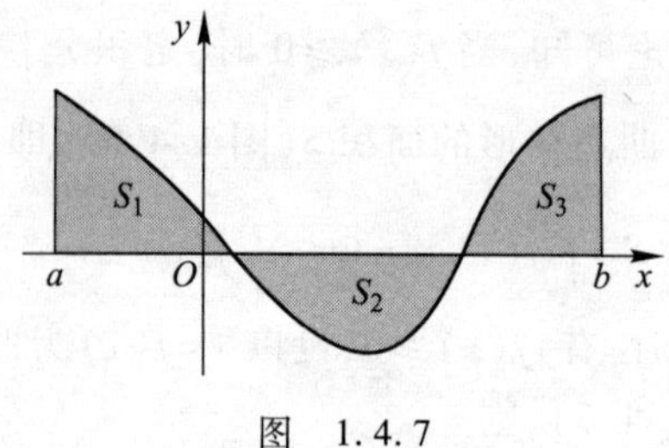

图 1.4.7

特别地,在区间$[a,b]$上$f(x)\equiv 1$时,由定积分的定义直接可得

$$\int_a^b 1\,\mathrm{d}x=\int_a^b \mathrm{d}x=b-a.$$

这就是说,定积分$\int_a^b \mathrm{d}x$在数值上等于区间长度. 从几何上看,宽度为 1 的矩形的面积在数值上等于矩形的底边长度.

4.2 定积分的基本性质

1. 设函数$f(x)$,$g(x)$在$[a,b]$上可积,则

$$\int_a^b [f(x)\pm g(x)]\,\mathrm{d}x=\int_a^b f(x)\,\mathrm{d}x\pm\int_a^b g(x)\,\mathrm{d}x.$$

证明 由定积分的定义,我们有

$$\begin{aligned}\int_a^b [f(x)\pm g(x)]\,\mathrm{d}x&=\lim_{\lambda\to 0}\sum_{i=1}^n [f(c_i)\pm g(c_i)]\Delta x_i\\&=\lim_{\lambda\to 0}\sum_{i=1}^n f(c_i)\Delta x_i\pm\lim_{\lambda\to 0}\sum_{i=1}^n g(c_i)\Delta x_i\\&=\int_a^b f(x)\,\mathrm{d}x\pm\int_a^b g(x)\,\mathrm{d}x.\end{aligned}$$

以下性质的证明均略去.

2. 设函数$f(x)$在$[a,b]$上可积,k为一任意常数,则

$$\int_a^b kf(x)\,\mathrm{d}x=k\int_a^b f(x)\,\mathrm{d}x.$$

由性质 1,2 容易得到:设$f_k(x)$ $(k=1,2,\cdots,n)$在$[a,b]$上可

积，$a_k(k=1,2,\cdots,n)$为任意常数，则

$$\int_a^b \sum_{k=1}^{n} a_k f_k(x)\,\mathrm{d}x = \sum_{k=1}^{n} a_k \int_a^b f_k(x)\,\mathrm{d}x.$$

上述性质称为定积分的线性性质.

3. 设函数 $f(x)$ 在 $[a,b]$ 上可积，c 为 $[a,b]$ 上一个分点，则

$$\int_a^b f(x)\,\mathrm{d}x = \int_a^c f(x)\,\mathrm{d}x + \int_c^b f(x)\,\mathrm{d}x.$$

这个性质称为定积分对于积分区间的可加性. 顺便指出，如果 c 在 b 的右边或 a 的左边，只要 $f(x)$ 在 $[a,c]$ 或 $[c,b]$ 上可积，这个性质仍然成立.

4. 设函数 $f(x)$，$g(x)$ 在 $[a,b]$ 上可积，且 $f(x)\leqslant g(x)$，则

$$\int_a^b f(x)\,\mathrm{d}x \leqslant \int_a^b g(x)\,\mathrm{d}x.$$

5. 设函数 $f(x)$ 在 $[a,b]$ 上可积，且对于任意的 $x\in[a,b]$，

$$m\leqslant f(x)\leqslant M,$$

其中 m,M 为常数，则

$$m(b-a)\leqslant \int_a^b f(x)\,\mathrm{d}x \leqslant M(b-a).$$

6. 设函数 $f(x)$ 在 $[a,b]$ 上可积，则

$$\left|\int_a^b f(x)\,\mathrm{d}x\right| \leqslant \int_a^b |f(x)|\,\mathrm{d}x.$$

7. **积分中值定理** 设函数 $f(x)$ 在 $[a,b]$ 上连续，则存在 $c\in[a,b]$，使得

$$\int_a^b f(x)\,\mathrm{d}x = f(c)(b-a).$$

上述公式的几何意义是，当 $f(x)\geqslant 0$ 时，$\int_a^b f(x)\,\mathrm{d}x$ 表示由曲线 $y=f(x)$，直线 $x=a$，$x=b$ 以及 $y=0$ 所围成的曲边梯形的面积；而 $f(c)(b-a)$ 表示以 $[a,b]$ 为底，以 $f(c)$ 为高的矩形的面积. 积分中值定理说明，在曲边梯形的所有变化的高度 $f(x)(a\leqslant x\leqslant b)$ 之中，至少有一个高度 $f(c)(a\leqslant c\leqslant b)$，使得以 $f(c)$ 为高的同底矩形与

此曲边梯形有相同的面积(见图 1.4.8).因此,$f(c)$称为曲边梯形的平均高度,并称

$$f(c)=\frac{1}{b-a}\int_a^b f(x)\,\mathrm{d}x$$

为函数$f(x)$在$[a,b]$上的积分平均值.

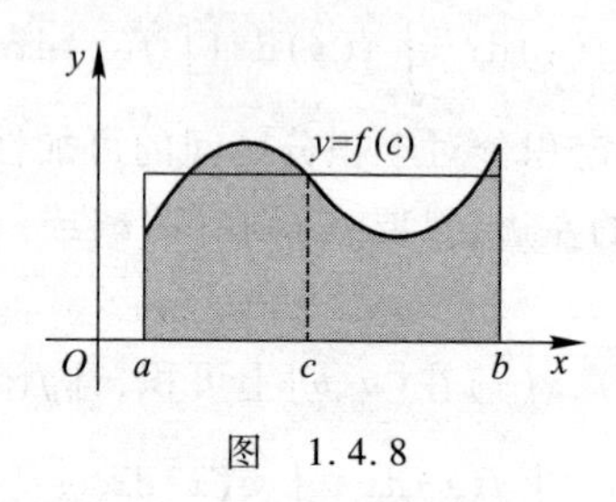

图 1.4.8

§5 定积分的计算(1)

5.1 变上限的定积分

前面我们已经讨论了定积分的由来以及定积分的基本性质,并且指出了定积分与不定积分的区别.为了进一步揭示定积分与不定积分的内在联系,这里我们介绍变上限的定积分(即上限为变数的定积分)的概念及其基本性质.

定积分作为积分和的极限,它由被积函数以及积分区间所确定,因此定积分是一个与被积函数及上、下限有关的常数.如果被积函数已经给定,则定积分作为一个数就由上、下限来确定;如果下限也已经给定,这个数就仅由上限来确定了.这样对于每一个上限,通过定积分就有唯一确定的一个数值与之对应.因此,如果我们把定积分上限看作是一个自变量x,则定积分$\int_a^x f(t)\,\mathrm{d}t$就定义了$x$的一个函数,于是我们有

定义 设函数$f(x)$在$[a,b]$上可积,则对于任意$x(a\leqslant x\leqslant b)$,

$f(x)$在$[a,x]$上也可积,称$\int_a^x f(t)\,\mathrm{d}t$为$f(x)$的变上限的定积分,记作$\Phi(x)$,即

$$\Phi(x)=\int_a^x f(t)\,\mathrm{d}t.$$

当函数$f(x)\geqslant 0$时,变上限的定积分$\Phi(x)$在几何上表示为右侧邻边可以变动的曲边梯形的面积(见图1.4.9中的阴影部分).

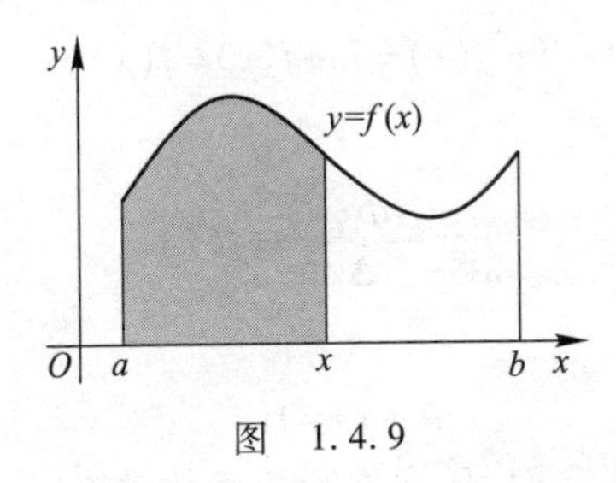

图 1.4.9

关于函数$\Phi(x)=\int_a^x f(t)\,\mathrm{d}t$,有两个基本定理,它们在整个微积分学中起着重要的作用.

定理1(连续函数的原函数存在定理) 设函数$f(x)$在区间$[a,b]$上连续,则函数

$$\Phi(x)=\int_a^x f(t)\,\mathrm{d}t \quad (a\leqslant x\leqslant b)$$

在$[a,b]$上可导,并且

$$\Phi'(x)=f(x) \quad (a\leqslant x\leqslant b).$$

即$\Phi(x)$是$f(x)$在$[a,b]$上的一个原函数.

证明 对于任意给定的$x\in[a,b]$,给x一个改变量Δx,使得$x+\Delta x\in[a,b]$.由$\Phi(x)$的定义及定积分的可加性,有

$$\Delta\Phi(x)=\Phi(x+\Delta x)-\Phi(x)=\int_a^{x+\Delta x} f(t)\,\mathrm{d}t-\int_a^x f(t)\,\mathrm{d}t$$

$$=\int_a^{x+\Delta x} f(t)\,\mathrm{d}t+\int_x^a f(t)\,\mathrm{d}t=\int_x^{x+\Delta x} f(t)\,\mathrm{d}t.$$

再由积分学中值定理,得到

$$\Delta\Phi(x)=\int_{x}^{x+\Delta x} f(t)\,\mathrm{d}t=f(c)\cdot\Delta x,$$

即

$$\frac{\Delta\Phi(x)}{\Delta x}=f(c),$$

其中 c 在 x 与 $x+\Delta x$ 之间.

令 $\Delta x\to 0$,则 $x+\Delta x\to x$,从而 $c\to x$,由函数 $f(x)$ 的连续性有

$$\lim_{\Delta x\to 0} f(c)=\lim_{c\to x} f(c)=f(x),$$

即

$$\lim_{\Delta x\to 0}\frac{\Delta\Phi(x)}{\Delta x}=f(x).$$

根据导数定义,即

$$\Phi'(x)=f(x).$$

这个定理告诉我们,任何连续的函数都有原函数存在,并且这个原函数正是 $f(x)$ 的变上限的定积分,即

$$\Phi'(x)=\frac{\mathrm{d}}{\mathrm{d}x}\left[\int_{a}^{x} f(t)\,\mathrm{d}t\right]=f(x).$$

例 1 求 $\frac{\mathrm{d}}{\mathrm{d}x}\left[\int_{0}^{x}\sin^2 t\mathrm{d}t\right]$.

解 由定理可知,上限为变数 x 的定积分其导数就是被积函数,即

$$\frac{\mathrm{d}}{\mathrm{d}x}\left[\int_{0}^{x}\sin^2 t\mathrm{d}t\right]=\sin^2 x.$$

例 2 求 $\frac{\mathrm{d}}{\mathrm{d}x}\left[\int_{0}^{x^2}\mathrm{e}^t\mathrm{d}t\right]$.

解 这里 $\int_{0}^{x^2}\mathrm{e}^t\mathrm{d}t$ 是 x^2 的函数,因而是 x 的复合函数. 令 $x^2=u$,则有

$$\Phi(u)=\int_{0}^{u}\mathrm{e}^t\mathrm{d}t,\quad u=x^2.$$

根据复合函数求导公式,有

$$\frac{\mathrm{d}}{\mathrm{d}x}\left[\int_0^{x^2} \mathrm{e}^t \mathrm{d}t\right]=\frac{\mathrm{d}}{\mathrm{d}x}[\Phi(u)]=\Phi'(u)\cdot\frac{\mathrm{d}u}{\mathrm{d}x}$$

$$=\mathrm{e}^u\cdot 2x=2x\mathrm{e}^{x^2}.$$

例 3 求$\frac{\mathrm{d}}{\mathrm{d}x}\left[\int_x^{-1}\ln(1+t^2)\mathrm{d}t\right]$.

解 因为

$$\int_x^{-1}\ln(1+t^2)\mathrm{d}t=-\int_{-1}^{x}\ln(1+t^2)\mathrm{d}t,$$

所以

$$\frac{\mathrm{d}}{\mathrm{d}x}\left[\int_x^{-1}\ln(1+t^2)\mathrm{d}t\right]=\frac{\mathrm{d}}{\mathrm{d}x}\left[-\int_{-1}^{x}\ln(1+t^2)\mathrm{d}t\right]$$

$$=-\frac{\mathrm{d}}{\mathrm{d}x}\left[\int_{-1}^{x}\ln(1+t^2)\mathrm{d}t\right]$$

$$=-\ln(1+x^2).$$

5.2 定积分的计算

定理 2(微积分学基本定理) 设函数 $f(x)$ 在 $[a,b]$ 上连续,且 $F(x)$ 是 $f(x)$ 的一个原函数,则

$$\int_a^b f(x)\mathrm{d}x=F(b)-F(a).$$

这个公式称为微积分基本公式,它常常写成下面的形式

$$\int_a^b f(x)\mathrm{d}x=F(x)\Big|_a^b.$$

证明 因 $f(x)$ 在 $[a,b]$ 上连续,由原函数存在定理,可知 $\int_a^x f(t)\mathrm{d}t$ 是 $f(x)$ 的一个原函数. 因此 $f(x)$ 的任意一个原函数 $F(x)$ 都可以写成下面的形式

$$F(x)=\int_a^x f(t)\mathrm{d}t+C\quad (C\text{ 为某一常数}).$$

在上式中令 $x=a$,则

$$F(a)=\int_a^a f(t)\mathrm{d}t+C=0+C,$$

即 $C=F(a)$. 于是有

$$F(x)=\int_a^x f(t)\,\mathrm{d}t+F(a);$$

再令 $x=b$,则上式化成

$$F(b)=\int_a^b f(t)\,\mathrm{d}t+F(a),$$

即

$$\int_a^b f(t)\,\mathrm{d}t=F(b)-F(a),$$

亦即

$$\int_a^b f(x)\,\mathrm{d}x=F(x)\Big|_a^b.$$

微积分学基本公式告诉我们,要求已知函数 $f(x)$ 在 $[a,b]$ 上的定积分,只要先求出函数 $f(x)$ 在 $[a,b]$ 上的任意一个原函数 $F(x)$,然后再计算它由 a 点到 b 点的改变量 $F(b)-F(a)$ 即可,由于这个公式是由牛顿和莱布尼茨发现的,因此也称为牛顿–莱布尼茨公式.

微积分学基本定理揭示了定积分与不定积分之间的联系,并把计算定积分的问题转化为计算不定积分的问题,为我们计算定积分提供了一种简便的方法. 需要指出的是,上述定理中的条件给得强了一些. 实际上只要 $f(x)$ 在区间 $[a,b]$ 上可积,便可由定积分的定义直接证明公式是成立的.

例 4 求定积分 $\int_0^1 x^2\mathrm{d}x$.

解 我们知道 $F(x)=\frac{1}{3}x^3$ 是 x^2 的一个原函数,根据牛顿–莱布尼茨公式,有

$$\int_0^1 x^2\mathrm{d}x=\frac{1}{3}x^3\Big|_0^1=\frac{1}{3}.$$

可见,这比用定积分定义计算它要简便得多.

例 5 求定积分 $\int_0^{\pi/2}\sin^2 x\cdot\cos x\mathrm{d}x$.

解 因为

$$\int \sin^2 x \cdot \cos x \mathrm{d}x = \int \sin^2 x \mathrm{d}(\sin x) = \frac{1}{3}\sin^3 x + C,$$

所以

$$\int_0^{\pi/2} \sin^2 x \cdot \cos x \mathrm{d}x = \frac{1}{3}\sin^3 x \Big|_0^{\pi/2} = \frac{1}{3}\left(\sin^3 \frac{\pi}{2} - 0\right) = \frac{1}{3}.$$

例 6 求定积分$\int_0^1 x\mathrm{e}^{x^2}\mathrm{d}x$.

解 因为$\int x\mathrm{e}^{x^2}\mathrm{d}x = \frac{1}{2}\int \mathrm{e}^{x^2}\mathrm{d}x^2 = \frac{1}{2}\mathrm{e}^{x^2} + C$,所以

$$\int_0^1 x\mathrm{e}^{x^2}\mathrm{d}x = \frac{1}{2}\mathrm{e}^{x^2}\Big|_0^1 = \frac{1}{2}(\mathrm{e}-1).$$

例 7 设

$$f(x) = \begin{cases} x, & 0 \leqslant x \leqslant 1, \\ \mathrm{e}^{-x}, & 1 < x \leqslant 3, \end{cases}$$

求$\int_0^3 f(x)\mathrm{d}x$.

解 由于$f(x)$是一个分段函数,因此定积分$\int_0^3 f(x)\mathrm{d}x$也要分段来求.

$$\begin{aligned} \int_0^3 f(x)\mathrm{d}x &= \int_0^1 f(x)\mathrm{d}x + \int_1^3 f(x)\mathrm{d}x \\ &= \int_0^1 x\mathrm{d}x + \int_1^3 \mathrm{e}^{-x}\mathrm{d}x \\ &= \frac{1}{2}x^2\Big|_0^1 + (-\mathrm{e}^{-x})\Big|_1^3 \\ &= \frac{1}{2} - \mathrm{e}^{-3} + \mathrm{e}^{-1} = \frac{1}{2} + \frac{\mathrm{e}^2-1}{\mathrm{e}^3}. \end{aligned}$$

习题 1.4

本章自测题

1. 试验证$y = 4 + \arctan x$与$y = \arcsin \frac{x}{\sqrt{1+x^2}}$是同一个函数

的原函数.

2. 设一曲线通过点(3,4),并且曲线上的每一点处的切线的斜率都为$5x$,求此曲线方程.

3. 求下列各不定积分:

(1) $\int x^4\mathrm{d}x$;

(2) $\int x\sqrt{x}\,\mathrm{d}x$;

(3) $\int\left(\frac{1}{x}+4^x\right)\mathrm{d}x$;

(4) $\int\frac{x^2-2\sqrt{2}\,x+2}{x-\sqrt{2}}\mathrm{d}x$;

(5) $\int\tan^2x\mathrm{d}x$;

(6) $\int\frac{2x^2+3}{x^2+1}\mathrm{d}x$;

(7) $\int\frac{\cos 2x}{\cos x-\sin x}\mathrm{d}x$;

(8) $\int(1+\cos^3x)\sec^2x\mathrm{d}x$;

(9) $\int 3^x\mathrm{e}^x\mathrm{d}x$;

(10) $\int\frac{2\cdot 3^x+5\cdot 2^x}{3^x}\mathrm{d}x$.

4. 利用换元积分法求下列各不定积分:

(1) $\int(3x-2)^{10}\mathrm{d}x$;

(2) $\int\sqrt{2+3x}\,\mathrm{d}x$;

(3) $\int\frac{4}{(1-2x)^2}\mathrm{d}x$;

(4) $\int\frac{1}{3x+5}\mathrm{d}x$;

(5) $\int x\sqrt{x^2+3}\,\mathrm{d}x$;

(6) $\int\sin 3x\mathrm{d}x$;

(7) $\int\frac{1}{\sqrt{1-25x^2}}\mathrm{d}x$;

(8) $\int\frac{1}{1+9x^2}\mathrm{d}x$;

(9) $\int\frac{x}{x^2+1}\mathrm{d}x$;

(10) $\int\frac{2x-3}{x^2-3x+8}\mathrm{d}x$;

(11) $\int\sin^2x\mathrm{d}x$;

(12) $\int\frac{\mathrm{e}^x}{2-3\mathrm{e}^x}\mathrm{d}x$;

(13) $\int\mathrm{e}^x(\mathrm{e}^x+2)^5\mathrm{d}x$;

(14) $\int\frac{1}{x^2+2x+3}\mathrm{d}x$;

(15) $\int\frac{1}{x^2-16}\mathrm{d}x$;

(16) $\int 10^{2x}\mathrm{d}x$;

(17) $\int\frac{1}{x\ln x}\mathrm{d}x$;

(18) $\int\frac{\sqrt{\ln x}}{x}\mathrm{d}x$;

(19) $\int\frac{1}{\cos^2x\sqrt{\tan x}}\mathrm{d}x$;

(20) $\int\frac{1}{(\arcsin x)^2\sqrt{1-x^2}}\mathrm{d}x$;

(21) $\int \sin 3x \cdot \sin 5x\mathrm{d}x$;　　(22) $\int \cos^3 x\mathrm{d}x$;

(23) $\int \sec^4 x\mathrm{d}x$;　　(24) $\int \tan^4 x\mathrm{d}x$.

5. 利用定积分的性质,比较下列积分值的大小:

(1) $\int_0^1 x^2\mathrm{d}x$ 和 $\int_0^1 x^3\mathrm{d}x$;　　(2) $\int_1^2 x^3\mathrm{d}x$ 和 $\int_1^2 x^2\mathrm{d}x$;

(3) $\int_1^2 \ln x\mathrm{d}x$ 和 $\int_1^2 \ln^2 x\mathrm{d}x$.

6. 求函数 $y=2x^2+3x+3$ 在区间[1,4]上的平均值.

7. 设 $y=\int_0^x \sin t\mathrm{d}t$,求$\left.\dfrac{\mathrm{d}y}{\mathrm{d}x}\right|_{x=\frac{\pi}{4}}$.

8. 设 $y=\int_x^4 \sqrt{1+t^2}\,\mathrm{d}t$,求 $\mathrm{d}y$.

9. 设 $y=\int_1^{x^2} \dfrac{1}{1+t}\mathrm{d}t$,求$\dfrac{\mathrm{d}y}{\mathrm{d}x}$.

10. 设 $y=\int_x^{x^2} \dfrac{1}{\sqrt{1-t^2}}\mathrm{d}t$,求$\dfrac{\mathrm{d}y}{\mathrm{d}x}$.

11. 计算下列各定积分:

(1) $\int_1^3 x^3\mathrm{d}x$;　　(2) $\int_1^4 \sqrt{x}\,\mathrm{d}x$;

(3) $\int_\pi^{2\pi} \sin x\mathrm{d}x$;　　(4) $\int_0^1 \dfrac{1}{4t^2-9}\mathrm{d}t$;

(5) $\int_{-1}^0 \mathrm{e}^{-x}\mathrm{d}x$;　　(6) $\int_{-1}^{-2} \dfrac{x}{x+3}\mathrm{d}x$.

12. 设

$$f(x)=\begin{cases} x^2, & -1\leqslant x\leqslant 1, \\ \mathrm{e}^{-x}, & 1<x\leqslant 2, \end{cases}$$

求$\int_0^{3/2} f(x)\mathrm{d}x$ 和 $\int_1^0 f(x)\mathrm{d}x$.

第二部分　线性代数简介

第一章　矩　　阵

矩阵是线性代数中的一个重要概念，它是研究线性关系的一种有力工具，在自然科学、工程技术以及某些社会科学中有比较广泛的应用. 本章将介绍有关矩阵的一些基本知识.

§1　矩阵的概念

例 1　设某中学高二(1)班40名学生第一学期期中考试五门主科成绩，按学号排序可列成下表(为简单起见，这里只列出了一部分)：

	语文	数学	英语	物理	化学
1	72	90	92	86	82
2	80	88	95	83	78
3	84	91	70	77	75
4	61	74	78	60	70
⋮	⋮	⋮	⋮	⋮	⋮
40	77	81	84	87	73

我们可以将这个表称为该班学生的成绩矩阵.

例 2　设某建材公司所属两个砖厂 A_1, A_2，其产品供应三个建筑工地 B_1, B_2, B_3，则公司所制定的一种调运方案和各砖厂到各工地的运价可分别用下面的两个表格表示：

调运表　单位：万块

	B_1	B_2	B_3
A_1	2	23	15
A_2	15	0	10

运价表　单位：元/万块

	B_1	B_2	B_3
A_1	150	160	130
A_2	120	140	170

我们可以称上述两个表分别为调运矩阵和运价矩阵.

一般地,称由 $m\times n$ 个数排成的一张表,两边用圆括号或方括号括起来,即

$$\begin{bmatrix} a_{11} & a_{12} & \cdots & a_{1n} \\ a_{21} & a_{22} & \cdots & a_{2n} \\ \vdots & \vdots & & \vdots \\ a_{m1} & a_{m2} & \cdots & a_{mn} \end{bmatrix}$$

为一个 m 行 n 列的**矩阵**,或 $m\times n$ 矩阵,其中 a_{ij} 称为**矩阵的元素**(这里 a_{ij} 为实数,$i=1,2,\cdots,m$, $j=1,2,\cdots,n$). 显然,例 1 中的成绩矩阵是 40×5 矩阵,而例 2 中的两个矩阵均为 2×3 矩阵.

矩阵通常用大写黑体字母 $\boldsymbol{A},\boldsymbol{B},\boldsymbol{C}$ 等表示. 上述 $m\times n$ 矩阵也可记为 $(a_{ij})_{m\times n}$,即

$$\boldsymbol{A}=(a_{ij})_{m\times n}=\begin{bmatrix} a_{11} & a_{12} & \cdots & a_{1n} \\ a_{21} & a_{22} & \cdots & a_{2n} \\ \vdots & \vdots & & \vdots \\ a_{m1} & a_{m2} & \cdots & a_{mn} \end{bmatrix}.$$

特别地,当 $m=n$ 时,称 $\boldsymbol{A}$ 为 n 阶**方阵**. 例如

$$\boldsymbol{C}=\begin{bmatrix} 2 & -1 \\ 3 & 4 \end{bmatrix}$$

是一个 2 阶方阵.

当 $n=1$ 时,称 $\boldsymbol{A}$ 为一个 m 维的**列向量**,即

$$\boldsymbol{A}=\begin{bmatrix} a_{11} \\ a_{21} \\ \vdots \\ a_{m1} \end{bmatrix},$$

其中 a_{i1} 为向量 $\boldsymbol{A}$ 的第 i 个分量($i=1,2,\cdots,m$).

当 $m=1$ 时,称 $\boldsymbol{A}$ 为一个 n 维的**行向量**,即

$$\boldsymbol{A}=(a_{11},a_{12},\cdots,a_{1n}).$$

如果把一个矩阵 $\boldsymbol{A}=(a_{ij})_{m\times n}$ 中的每一列(行)看成是一个向量(称为矩阵 $\boldsymbol{A}$ 的列(行)向量),那么 $\boldsymbol{A}$ 可以写成下面的形式

$$\boldsymbol{A}=(\boldsymbol{A}_1,\boldsymbol{A}_2,\cdots,\boldsymbol{A}_n),$$

其中

$$\boldsymbol{A}_j=\begin{bmatrix} a_{1j} \\ a_{2j} \\ \vdots \\ a_{mj} \end{bmatrix} \quad (j=1,2,\cdots,n),$$

或把 $\boldsymbol{A}$ 写成下面的形式

$$\boldsymbol{A}=\begin{bmatrix} \boldsymbol{B}_1 \\ \boldsymbol{B}_2 \\ \vdots \\ \boldsymbol{B}_m \end{bmatrix},$$

其中

$$\boldsymbol{B}_i=(a_{i1},a_{i2},\cdots,a_{in}) \quad (i=1,2,\cdots,m).$$

所有元素都是零的矩阵,称为**零矩阵**,记作 $\boldsymbol{O}$.

在矩阵 $\boldsymbol{A}=(a_{ij})$ 的所有元素的前面都加上负号所得到的矩阵,称为 $\boldsymbol{A}$ 的**负矩阵**,记作 $-\boldsymbol{A}$,即

$$-\boldsymbol{A}=(-a_{ij}).$$

从方阵的左上角到右下角的斜线位置称为主对角线.

主对角线以外的元素都是零的方阵,称为**对角矩阵**;主对角线上所有元素都是 1 的对角矩阵,称为**单位矩阵**,记作 $\boldsymbol{I}$,即

$$\boldsymbol{I}=\begin{bmatrix} 1 & 0 & \cdots & 0 \\ 0 & 1 & \cdots & 0 \\ \vdots & \vdots & & \vdots \\ 0 & 0 & \cdots & 1 \end{bmatrix}.$$

如果 n 阶方阵 $\boldsymbol{A}$ 中，$a_{ij}=a_{ji}(i,j=1,2,\cdots,n)$，即它的元素以主对角线为对称轴对应相等，则称 $\boldsymbol{A}$ 为**对称矩阵**.

设 $\boldsymbol{A}=(a_{ij})_{m\times n}$，$\boldsymbol{B}=(b_{ij})_{k\times l}$，如果 $m=k,n=l$，并且 $a_{ij}=b_{ij}$ 对 $i=1,2,\cdots,m;j=1,2,\cdots,n$ 都成立，则称 $\boldsymbol{A}$ 与 $\boldsymbol{B}$ 是**相等的**，记作 $\boldsymbol{A}=\boldsymbol{B}$. 下面，我们再看两个矩阵的例子.

例 3 有一类问题称为最短路问题，在通信，石油、天然气管线铺设，公路网设计等方面有着广泛的应用. 这里看一个简单的例子. 设点 $V_1,V_2,\cdots,V_6$ 间的交通状况如图 2.1.1 所示：

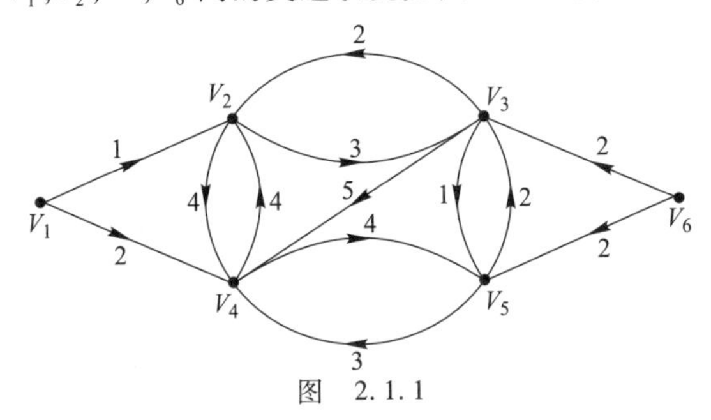

图 2.1.1

带有箭头的线表示两点间的交通方向，旁边的数字表示距离. 例如从 V_1 到 V_2 间的距离为 1（而 V_2 到 V_1 间没有通路，即认为从 V_2 到 V_1 间的距离为无穷大，此外，V_1 到 V_3 之间没有直接的通路，因此规定 V_1 到 V_3 的距离也为无穷大，依此类推. 于是这样的点之间的距离都记为 ∞. 可见，不是任意两点间均可双向通路（例如石油或天然气管线））. 于是点 $V_1,V_2,\cdots,V_6$ 间的距离可用矩阵表示为

$$
\begin{array}{c} \\ \\ \boldsymbol{W}= \end{array}
\begin{array}{c}
 \\ V_1 \\ V_2 \\ V_3 \\ V_4 \\ V_5 \\ V_6
\end{array}
\begin{array}{c}
\begin{matrix} V_1 & V_2 & V_3 & V_4 & V_5 & V_6 \end{matrix} \\
\begin{bmatrix}
0 & 1 & \infty & 2 & \infty & \infty \\
\infty & 0 & 3 & 4 & \infty & \infty \\
\infty & 2 & 0 & 5 & 1 & \infty \\
\infty & 4 & \infty & 0 & 4 & \infty \\
\infty & \infty & 2 & 3 & 0 & \infty \\
\infty & \infty & 2 & \infty & 2 & 0
\end{bmatrix}
\end{array}.
$$

称 $\boldsymbol{W}$ 为长度矩阵. 可以直接在 $\boldsymbol{W}$ 上计算出从 V_1 到其余各点的最短路的长 $d_i(i=2,3,\cdots,6)$：$d_2=1, d_3=\infty, d_4=2, d_5=\infty, d_6=\infty$. 当然,也可求出任意给定一点到其余各点间的最短路.(有兴趣的读者,可以参考称之为“图论”的运筹学分支的有关书籍).

例 4 有两个儿童 A 和 B 在一起玩“石头—剪子—布”游戏. 每个人的出法都只能在{石头,剪子,布}中选择一种. 当 A,B 各自选定一个出法(亦称为策略)时,就确定了一个“局势”,也就可以据此定出各自的输赢. 如果我们规定胜者得 1 分,负者得-1 分,平手时各得 0 分,则对应各种可能的“局势”下 A 的得分,可以用下面的矩阵表示：

$$
\begin{array}{cc}
 & \text{B 的策略} \\
 & \begin{array}{ccc} \text{石头} & \text{剪子} & \text{布} \end{array} \\
\text{A 的策略} \quad \begin{array}{r} \text{石头} \\ \text{剪子} \\ \text{布} \end{array} & \begin{bmatrix} 0 & 1 & -1 \\ -1 & 0 & 1 \\ 1 & -1 & 0 \end{bmatrix}.
\end{array}
$$

这个矩阵称为支付矩阵(或赢得矩阵). 在游戏中,A,B 都想选取适当的“策略”,以取得胜利. 将这个问题一般化,便可引出“对策论”中的一类基本模型：矩阵对策的理论和方法.

§2 矩阵的代数运算和转置

2.1 矩阵的代数运算

设 $\boldsymbol{A}$ 为 $m\times n$ 矩阵,$\boldsymbol{B}$ 为 $k\times l$ 矩阵,即

$$
\boldsymbol{A}=\begin{bmatrix} a_{11} & a_{12} & \cdots & a_{1n} \\ a_{21} & a_{22} & \cdots & a_{2n} \\ \vdots & \vdots & & \vdots \\ a_{m1} & a_{m2} & \cdots & a_{mn} \end{bmatrix}, \quad \boldsymbol{B}=\begin{bmatrix} b_{11} & b_{12} & \cdots & b_{1l} \\ b_{21} & b_{22} & \cdots & b_{2l} \\ \vdots & \vdots & & \vdots \\ b_{k1} & b_{k2} & \cdots & b_{kl} \end{bmatrix}.
$$

1. 加法

当 $m=k,n=l$ 时,矩阵 $\boldsymbol{A}$ 与 $\boldsymbol{B}$ 的和用 $\boldsymbol{A}+\boldsymbol{B}$ 表示,即

$$\boldsymbol{A}+\boldsymbol{B} \xlongequal{\text{def}} \begin{bmatrix} a_{11}+b_{11} & a_{12}+b_{12} & \cdots & a_{1n}+b_{1n} \\ a_{21}+b_{21} & a_{22}+b_{22} & \cdots & a_{2n}+b_{2n} \\ \vdots & \vdots & & \vdots \\ a_{m1}+b_{m1} & a_{m2}+b_{m2} & \cdots & a_{mn}+b_{mn} \end{bmatrix},$$

简记作 $(a_{ij}+b_{ij})_{m\times n}$.

例 1 设

$$\boldsymbol{A}=\begin{bmatrix} 2 & 3 & 1 \\ 2 & 5 & 7 \end{bmatrix}, \quad \boldsymbol{B}=\begin{bmatrix} 2 & 4 & 7 \\ 3 & 5 & 1 \end{bmatrix},$$

有

$$\boldsymbol{A}+\boldsymbol{B}=\begin{bmatrix} 2+2 & 3+4 & 1+7 \\ 2+3 & 5+5 & 7+1 \end{bmatrix}=\begin{bmatrix} 4 & 7 & 8 \\ 5 & 10 & 8 \end{bmatrix}.$$

设 $\boldsymbol{A},\boldsymbol{B},\boldsymbol{C}$ 为任意三个 $m\times n$ 矩阵,可以验证加法满足:

(1) $\boldsymbol{A}+\boldsymbol{B}=\boldsymbol{B}+\boldsymbol{A}$(交换律);

(2) $(\boldsymbol{A}+\boldsymbol{B})+\boldsymbol{C}=\boldsymbol{A}+(\boldsymbol{B}+\boldsymbol{C})$(结合律).

利用负矩阵可以定义矩阵的减法:

$$\boldsymbol{A}-\boldsymbol{B} \xlongequal{\text{def}} \boldsymbol{A}+(-\boldsymbol{B}).$$

例如,

$$\boldsymbol{A}+\boldsymbol{O}=\boldsymbol{A}, \quad \boldsymbol{A}-\boldsymbol{A}=\boldsymbol{O}.$$

2. 数乘

λ 为任一实数,数 λ 与 $\boldsymbol{A}$ 相乘,用 $\lambda\boldsymbol{A}$ 表示,有

$$\lambda\boldsymbol{A} \xlongequal{\text{def}} (\lambda a_{ij})_{m\times n}.$$

对任意 $m\times n$ 矩阵 $\boldsymbol{A},\boldsymbol{B}$ 及实数 λ,μ,可以验证数乘满足:

(1) $\lambda(\boldsymbol{A}+\boldsymbol{B})=\lambda\boldsymbol{A}+\lambda\boldsymbol{B}$ (数对矩阵的分配律);

(2) $(\lambda+\mu)\boldsymbol{A}=\lambda\boldsymbol{A}+\mu\boldsymbol{A}$ (矩阵对数的分配律);

(3) $\lambda(\mu\boldsymbol{A})=(\lambda\mu)\boldsymbol{A}$ （结合律）.

例如，

$$1\boldsymbol{A}=\boldsymbol{A},\quad 0\boldsymbol{A}=\boldsymbol{O}.$$

3. 乘法

对于矩阵 $\boldsymbol{A}=(a_{ij})_{m\times n}$ 与 $\boldsymbol{B}=(b_{ij})_{k\times l}$，当 $n=k$ 时，矩阵 $\boldsymbol{A}$ 与 $\boldsymbol{B}$ 的积用 $\boldsymbol{AB}$ 表示，

$$\boldsymbol{AB}\xlongequal{\text{def}}\begin{bmatrix} c_{11} & c_{12} & \cdots & c_{1l} \\ c_{21} & c_{22} & \cdots & c_{2l} \\ \vdots & \vdots & & \vdots \\ c_{m1} & c_{m2} & \cdots & c_{ml} \end{bmatrix},$$

其中

$$\begin{aligned} c_{ij} &= a_{i1}b_{1j}+a_{i2}b_{2j}+\cdots+a_{in}b_{nj} \\ &= \sum_{s=1}^{n} a_{is}b_{sj}, \end{aligned}$$

即 $\boldsymbol{AB}$ 的第 i 行第 j 列上的元素 c_{ij} 是矩阵 $\boldsymbol{A}$ 的第 i 行上的每一个元素与矩阵 $\boldsymbol{B}$ 的第 j 列上的对应元素乘积之和. 由于 $\boldsymbol{A}$ 有 m 行，所以 i 可取 $1,2,\cdots,m$；由于 $\boldsymbol{B}$ 有 l 列，所以 j 可取 $1,2,\cdots,l$. 由此看出 $\boldsymbol{AB}$ 是一个 $m\times l$ 矩阵，简记作 $(c_{ij})_{m\times l}$.

例 2 设

$$\boldsymbol{A}=\begin{bmatrix} 2 & 3 & 1 \\ 1 & 5 & 7 \end{bmatrix}_{2\times 3},\quad \boldsymbol{B}=\begin{bmatrix} 2 & 0 \\ 3 & 1 \\ 1 & 0 \end{bmatrix}_{3\times 2},$$

有

$$\begin{aligned} \boldsymbol{AB} &= \begin{bmatrix} 2\times2+3\times3+1\times1 & 2\times0+3\times1+1\times0 \\ 1\times2+5\times3+7\times1 & 1\times0+5\times1+7\times0 \end{bmatrix} \\ &= \begin{bmatrix} 14 & 3 \\ 24 & 5 \end{bmatrix}; \end{aligned}$$

而

$$BA=\begin{bmatrix}2&0\\3&1\\1&0\end{bmatrix}\begin{bmatrix}2&3&1\\1&5&7\end{bmatrix}$$

$$=\begin{bmatrix}2\times2+0\times1&2\times3+0\times5&2\times1+0\times7\\3\times2+1\times1&3\times3+1\times5&3\times1+1\times7\\1\times2+0\times1&1\times3+0\times5&1\times1+0\times7\end{bmatrix}$$

$$=\begin{bmatrix}4&6&2\\7&14&10\\2&3&1\end{bmatrix}.$$

例 3 设

$$A=\begin{bmatrix}6&2\\3&1\end{bmatrix},\quad B=\begin{bmatrix}1&-2\\-2&4\end{bmatrix},$$

有

$$AB=\begin{bmatrix}6&2\\3&1\end{bmatrix}\begin{bmatrix}1&-2\\-2&4\end{bmatrix}=\begin{bmatrix}2&-4\\1&-2\end{bmatrix},$$

$$BA=\begin{bmatrix}1&-2\\-2&4\end{bmatrix}\begin{bmatrix}6&2\\3&1\end{bmatrix}=\begin{bmatrix}0&0\\0&0\end{bmatrix}.$$

从上两例可以看出：矩阵的乘法一般不满足交换律，即 $\boldsymbol{AB}\neq\boldsymbol{BA}$，因此通常称 $\boldsymbol{AB}$ 为 $\boldsymbol{A}$ 左乘 $\boldsymbol{B}$，或 $\boldsymbol{B}$ 右乘 $\boldsymbol{A}$；另外，一般情况下，不能从 $\boldsymbol{AB}=\boldsymbol{O}$ 推出矩阵 $\boldsymbol{A}=\boldsymbol{O}$ 或 $\boldsymbol{B}=\boldsymbol{O}$.

对于某些矩阵 $\boldsymbol{A}$ 与 $\boldsymbol{B}$，若满足 $\boldsymbol{AB}=\boldsymbol{BA}$，则称 $\boldsymbol{A}$ 与 $\boldsymbol{B}$ 是**可交换的**. 例如

$$\begin{bmatrix}2&1\\3&4\end{bmatrix}\begin{bmatrix}5&0\\0&5\end{bmatrix}=\begin{bmatrix}10&5\\15&20\end{bmatrix}=\begin{bmatrix}5&0\\0&5\end{bmatrix}\begin{bmatrix}2&1\\3&4\end{bmatrix},$$

即矩阵$\begin{bmatrix}2&1\\3&4\end{bmatrix}$与$\begin{bmatrix}5&0\\0&5\end{bmatrix}$是可交换的.

例 4 设

$$A=\begin{bmatrix}1&0\\1&1\end{bmatrix},$$

试求出所有与 $\boldsymbol{A}$ 可交换的矩阵.

解 显然,与 $\boldsymbol{A}$ 可交换的矩阵必须是 2 阶方阵,设其为 $\boldsymbol{X}$,则

$$\boldsymbol{X}=\begin{bmatrix} x_{11} & x_{12} \\ x_{21} & x_{22} \end{bmatrix},$$

由

$$\boldsymbol{AX}=\begin{bmatrix} 1 & 0 \\ 1 & 1 \end{bmatrix}\begin{bmatrix} x_{11} & x_{12} \\ x_{21} & x_{22} \end{bmatrix}=\begin{bmatrix} x_{11} & x_{12} \\ x_{11}+x_{21} & x_{12}+x_{22} \end{bmatrix},$$

$$\boldsymbol{XA}=\begin{bmatrix} x_{11} & x_{12} \\ x_{21} & x_{22} \end{bmatrix}\begin{bmatrix} 1 & 0 \\ 1 & 1 \end{bmatrix}=\begin{bmatrix} x_{11}+x_{12} & x_{12} \\ x_{21}+x_{22} & x_{22} \end{bmatrix},$$

满足

$$\boldsymbol{AX}=\boldsymbol{XA},$$

可推出

$$x_{12}=0, \quad x_{11}=x_{22}.$$

取 $x_{11}=x_{22}=a, x_{21}=b$($a,b$ 为任意实数),则所有与 $\boldsymbol{A}$ 可交换的矩阵为

$$\boldsymbol{X}=\begin{bmatrix} a & 0 \\ b & a \end{bmatrix}.$$

可以验证乘法满足:

(1) $(\boldsymbol{AB})\boldsymbol{C}=\boldsymbol{A}(\boldsymbol{BC})$ (结合律);

(2) $\boldsymbol{A}(\boldsymbol{B}+\boldsymbol{C})=\boldsymbol{AB}+\boldsymbol{AC}$ (左分配律);

(3) $(\boldsymbol{A}+\boldsymbol{B})\boldsymbol{C}=\boldsymbol{AC}+\boldsymbol{BC}$ (右分配律).

2.2 矩阵的转置

设

$$\boldsymbol{A}=(a_{ij})_{m\times n}=\begin{bmatrix} a_{11} & a_{12} & \cdots & a_{1n} \\ a_{21} & a_{22} & \cdots & a_{2n} \\ \vdots & \vdots & & \vdots \\ a_{m1} & a_{m2} & \cdots & a_{mn} \end{bmatrix}.$$

把矩阵 $\boldsymbol{A}$ 的行和列对调以后,所得的矩阵记为

$$(a'_{ij})_{n\times m}=\begin{bmatrix} a_{11} & a_{21} & \cdots & a_{m1} \\ a_{12} & a_{22} & \cdots & a_{m2} \\ \vdots & \vdots & & \vdots \\ a_{1n} & a_{2n} & \cdots & a_{mn} \end{bmatrix},$$

称其为 $\boldsymbol{A}$ 的**转置矩阵**,用 $\boldsymbol{A}^{\mathrm{T}}$ 表示,即

$$\boldsymbol{A}^{\mathrm{T}}=(a'_{ij})_{n\times m}.$$

有时也用符号 $\boldsymbol{A}'$来表示 $\boldsymbol{A}^{\mathrm{T}}$. 因为 $\boldsymbol{A}^{\mathrm{T}}$ 是由矩阵 $\boldsymbol{A}$ 经过行列互换得到的矩阵,而 $\boldsymbol{A}$ 有 m 行 n 列,所以 $\boldsymbol{A}^{\mathrm{T}}$ 就是 n 行 m 列的矩阵. 我们用 a'_{ij}代表 $\boldsymbol{A}^{\mathrm{T}}$ 中 i 行 j 列位置上的元素,显然有

$$a'_{ij}=a_{ji},$$

即 $\boldsymbol{A}^{\mathrm{T}}$ 中 i 行 j 列位置上的元素就是 $\boldsymbol{A}$ 中 j 行 i 列位置上的元素. 例如矩阵

$$\boldsymbol{A}=\begin{bmatrix} 1 & 2 & 1 \\ 0 & -1 & 2 \end{bmatrix}, \quad 则 \quad \boldsymbol{A}^{\mathrm{T}}=\begin{bmatrix} 1 & 0 \\ 2 & -1 \\ 1 & 2 \end{bmatrix}.$$

可以验证转置满足:

(1) $(\boldsymbol{A}^{\mathrm{T}})^{\mathrm{T}}=\boldsymbol{A}$;

(2) $(\boldsymbol{A}\pm\boldsymbol{B})^{\mathrm{T}}=\boldsymbol{A}^{\mathrm{T}}\pm\boldsymbol{B}^{\mathrm{T}}$;

(3) $(k\boldsymbol{A})^{\mathrm{T}}=k\boldsymbol{A}^{\mathrm{T}}$($k$ 是数);

(4) $(\boldsymbol{AB})^{\mathrm{T}}=\boldsymbol{B}^{\mathrm{T}}\boldsymbol{A}^{\mathrm{T}}$;

(5) 若 $\boldsymbol{A}$ 为对称矩阵,则 $\boldsymbol{A}^{\mathrm{T}}=\boldsymbol{A}$.

这里,我们只证明(4). 设

$$\boldsymbol{A}=(a_{ij})_{s\times n}, \quad \boldsymbol{B}=(b_{ij})_{n\times m},$$

则 $\boldsymbol{AB}$ 为 $s\times m$ 矩阵,因此,$(\boldsymbol{AB})^{\mathrm{T}}$ 为 $m\times s$ 矩阵;另一方面,由于 $\boldsymbol{B}^{\mathrm{T}}$ 为 $m\times n$ 矩阵,$\boldsymbol{A}^{\mathrm{T}}$ 为 $n\times s$ 矩阵,故 $\boldsymbol{B}^{\mathrm{T}}\boldsymbol{A}^{\mathrm{T}}$ 为 $m\times s$ 矩阵. 可见,$(\boldsymbol{AB})^{\mathrm{T}}$ 与 $\boldsymbol{B}^{\mathrm{T}}\boldsymbol{A}^{\mathrm{T}}$ 均为 $m\times s$ 矩阵,即它们的行、列数对应相等.

下面再证明它们所有的对应元素也相等,

设 $\boldsymbol{AB}$ 中 i 行 j 列的元素为 c_{ij},则

$$c_{ij}=\sum_{k=1}^{n}a_{ik}b_{kj}.$$

根据转置矩阵的定义,设$(\boldsymbol{AB})^{\mathrm{T}}$ 中 i 行 j 列的元素为 d_{ij},则

$$d_{ij}=c_{ji}=\sum_{k=1}^{n}a_{jk}b_{ki}.$$

而 $\boldsymbol{B}^{\mathrm{T}}$ 中 i 行 k 列的元素为 b_{ki},$\boldsymbol{A}^{\mathrm{T}}$ 中 k 行 j 列的元素为 a_{jk},因此 $\boldsymbol{B}^{\mathrm{T}}\boldsymbol{A}^{\mathrm{T}}$中 i 行 j 列的元素为

$$\sum_{k=1}^{n}b_{ki}a_{jk}=\sum_{k=1}^{n}a_{jk}b_{ki}=c_{ji}=d_{ij}.$$

这说明$(\boldsymbol{AB})^{\mathrm{T}}$ 中 i 行 j 列的元素与 $\boldsymbol{B}^{\mathrm{T}}\boldsymbol{A}^{\mathrm{T}}$ 中 i 行 j 列的元素相等,即

$$(\boldsymbol{AB})^{\mathrm{T}}=\boldsymbol{B}^{\mathrm{T}}\boldsymbol{A}^{\mathrm{T}}.$$

用同样的方法可以证明

$$(\boldsymbol{ABC})^{\mathrm{T}}=\boldsymbol{C}^{\mathrm{T}}\boldsymbol{B}^{\mathrm{T}}\boldsymbol{A}^{\mathrm{T}}.$$

例 5 设

$$\boldsymbol{A}=\begin{bmatrix}1&0\\2&3\\4&5\end{bmatrix},\quad \boldsymbol{B}=\begin{bmatrix}2&1\\4&3\end{bmatrix},$$

求 $\boldsymbol{AB}$,$(\boldsymbol{AB})^{\mathrm{T}}$,$\boldsymbol{B}^{\mathrm{T}}\boldsymbol{A}^{\mathrm{T}}$.

解

$$\boldsymbol{AB}=\begin{bmatrix}1&0\\2&3\\4&5\end{bmatrix}\begin{bmatrix}2&1\\4&3\end{bmatrix}=\begin{bmatrix}2&1\\16&11\\28&19\end{bmatrix},$$

$$(\boldsymbol{AB})^{\mathrm{T}}=\begin{bmatrix}2&16&28\\1&11&19\end{bmatrix},$$

$$\boldsymbol{B}^{\mathrm{T}}\boldsymbol{A}^{\mathrm{T}}=\begin{bmatrix}2&4\\1&3\end{bmatrix}\begin{bmatrix}1&2&4\\0&3&5\end{bmatrix}=\begin{bmatrix}2&16&28\\1&11&19\end{bmatrix}.$$

例 6 利用矩阵的运算计算 §1 例 1 中该班学号为 1—4 的 4

名学生的五门科目的总成绩和平均成绩.

解 设

$$A=\begin{bmatrix}72&90&92&86&82\\80&88&95&83&78\\84&91&70&77&75\\61&74&78&60&70\end{bmatrix},\quad B=\begin{bmatrix}1\\1\\1\\1\\1\end{bmatrix},$$

则各人的总成绩与平均成绩可分别表示为

$$AB=\begin{bmatrix}72&90&92&86&82\\80&88&95&83&78\\84&91&70&77&75\\61&74&78&60&70\end{bmatrix}\begin{bmatrix}1\\1\\1\\1\\1\end{bmatrix}=\begin{bmatrix}422\\424\\397\\343\end{bmatrix},$$

及

$$\frac{1}{5}AB=\begin{bmatrix}84.4\\84.8\\79.4\\68.6\end{bmatrix}.$$

§3 矩阵的简单应用

例 1 线性方程组的矩阵表示.

设 n 元线性方程组

$$\begin{cases}a_{11}x_1+a_{12}x_2+\cdots+a_{1n}x_n=b_1,\\a_{21}x_1+a_{22}x_2+\cdots+a_{2n}x_n=b_2,\\\cdots\cdots\cdots\cdots\\a_{m1}x_1+a_{m2}x_2+\cdots+a_{mn}x_n=b_m.\end{cases}$$

（1）若令

$$\boldsymbol{A}=\begin{bmatrix}a_{11} & a_{12} & \cdots & a_{1n}\\ a_{21} & a_{22} & \cdots & a_{2n}\\ \vdots & \vdots & & \vdots\\ a_{m1} & a_{m2} & \cdots & a_{mn}\end{bmatrix},\quad \boldsymbol{X}=\begin{bmatrix}x_1\\ x_2\\ \vdots\\ x_n\end{bmatrix},\quad \boldsymbol{B}=\begin{bmatrix}b_1\\ b_2\\ \vdots\\ b_m\end{bmatrix},$$

则上述方程组可表示为 $\boldsymbol{AX}=\boldsymbol{B}$；

（2）若令 $\boldsymbol{A}=(\boldsymbol{A}_1,\boldsymbol{A}_2,\cdots,\boldsymbol{A}_n)$，其中

$$\boldsymbol{A}_j=\begin{bmatrix}a_{1j}\\ a_{2j}\\ \vdots\\ a_{mj}\end{bmatrix},\quad j=1,2,\cdots,n,$$

则上述方程组又可表示为

$$\boldsymbol{A}_1x_1+\boldsymbol{A}_2x_2+\cdots+\boldsymbol{A}_nx_n=\boldsymbol{B}.$$

将线性方程组表示为矩阵方程的形式，不仅使方程组更加简洁，而且有助于研究方程组变量间的关系以及解的情况.

例 2 某石油公司所属的三个炼油厂 A_1，A_2，A_3 在 2014 年和 2015 年生产的四种油品 B_1，B_2，B_3，B_4 的数量如下表（单位：万吨）：

年		2014				2015			
油品		B_1	B_2	B_3	B_4	B_1	B_2	B_3	B_4
炼油厂	A_1	60	28	15	7	65	30	13	6
	A_2	75	32	20	8	80	34	23	6
	A_3	65	26	14	5	75	30	16	3

若令

$$\boldsymbol{A}=\begin{bmatrix}60 & 28 & 15 & 7\\ 75 & 32 & 20 & 8\\ 65 & 26 & 14 & 5\end{bmatrix},\quad \boldsymbol{B}=\begin{bmatrix}65 & 30 & 13 & 6\\ 80 & 34 & 23 & 6\\ 75 & 30 & 16 & 3\end{bmatrix},$$

则

(1) $\boldsymbol{A}+\boldsymbol{B}$ 表示各炼油厂的各种油品的两年产量之和,而 $\boldsymbol{B}-\boldsymbol{A}$ 表示 2015 年比 2014 年各种油品增加或减少的产量;

(2) $\frac{1}{2}(\boldsymbol{A}+\boldsymbol{B})$ 表示各炼油厂各种油品两年的年平均产量;

(3) 设 $\boldsymbol{C}^{\mathrm{T}}=(1,1,1,1)$,则 $\boldsymbol{AC}$ 与 $(\boldsymbol{A}+\boldsymbol{B})\boldsymbol{C}$ 分别表示各炼油厂 2014 年及两年的各种油品产量之和.

若令 $\boldsymbol{D}=(1,1,1)$,相信读者不难看出 $\boldsymbol{DB}$ 与 $\boldsymbol{D}\left(\frac{1}{2}(\boldsymbol{A}+\boldsymbol{B})\right)$ 的含义.

这个例子虽然简单,但已经可以看出:利用矩阵作为工具进行数据处理和经济分析是非常方便的.

本章自测题

习题 2.1

1. 设

$$\boldsymbol{A}=\begin{bmatrix}0&1&2&3\\1&3&1&4\\2&0&3&1\end{bmatrix},\quad \boldsymbol{B}=\begin{bmatrix}3&2&1&0\\2&-1&-1&1\\0&-1&3&2\end{bmatrix},$$

$$\boldsymbol{C}=\begin{bmatrix}-1&2&3&4\\0&2&0&-1\\-1&1&3&1\end{bmatrix},$$

求:(1) $\boldsymbol{A}+2\boldsymbol{B}$;(2) $\boldsymbol{A}+\boldsymbol{B}-\boldsymbol{C}$.

2. 设

$$\boldsymbol{A}=\begin{bmatrix}3&-1&2&0\\1&5&7&9\\2&4&6&8\end{bmatrix},\quad \boldsymbol{B}=\begin{bmatrix}7&5&-2&4\\5&1&9&7\\3&2&-1&6\end{bmatrix},$$

且 $\boldsymbol{A}+2\boldsymbol{X}=\boldsymbol{B}$,求 $\boldsymbol{X}$.

3. 计算:

(1) $\begin{bmatrix}1&2\\3&4\end{bmatrix}\begin{bmatrix}1&-1\\1&2\end{bmatrix}$;　　(2) $\begin{bmatrix}7&-1\\-2&5\\3&-4\end{bmatrix}\begin{bmatrix}1&4\\-5&2\end{bmatrix}$;

(3) $(-1,3,2,5)\begin{bmatrix}4\\0\\7\\-3\end{bmatrix}$;　　(4) $\begin{bmatrix}4\\0\\7\\-3\end{bmatrix}(-1,3,2,5)$;

(5) $\begin{bmatrix}1&2&-1\\2&3&2\\-1&0&2\end{bmatrix}^2$;　　(6) $(x_1,x_2,x_3)\begin{bmatrix}a_{11}&a_{12}&a_{13}\\a_{21}&a_{22}&a_{23}\\a_{31}&a_{32}&a_{33}\end{bmatrix}\begin{bmatrix}x_1\\x_2\\x_3\end{bmatrix}$.

4. 设

$$\boldsymbol{A}=\begin{bmatrix}1&2&-1\\2&3&2\\-1&0&2\end{bmatrix},\quad \boldsymbol{B}=\begin{bmatrix}0&1&2\\2&-1&0\\-1&-1&3\end{bmatrix},$$

求 $\boldsymbol{A}^{\mathrm{T}},\boldsymbol{B}^{\mathrm{T}},\boldsymbol{A}^{\mathrm{T}}+\boldsymbol{B}^{\mathrm{T}},\boldsymbol{A}^{\mathrm{T}}\boldsymbol{B}^{\mathrm{T}},\boldsymbol{B}^{\mathrm{T}}\boldsymbol{A}^{\mathrm{T}},(\boldsymbol{A}^{\mathrm{T}})^2$.

5. 设

(1) $\boldsymbol{A}=\begin{bmatrix}1&1\\0&1\end{bmatrix}$;　　(2) $\boldsymbol{A}=\begin{bmatrix}1&1&0\\0&1&1\\0&0&1\end{bmatrix}$.

求所有与 $\boldsymbol{A}$ 可交换的矩阵.

6. 设某港口某月份出口到三个地区的两种货物 A_1,A_2 的数量以及两种货物一个单位的价格、质量、体积如下表:

	北美	西欧	非洲	单位价格/万元	单位质量/t	单位体积/m^3
A_1	2 000	1 000	800	0.2	0.011	0.12
A_2	1 200	1 300	500	0.35	0.05	0.5

利用矩阵乘法分别计算经该港口出口到三个地区的货物总价值、总质量与总体积.

第二章　行列式简介

行列式的概念来源于解线性方程组. 同时,与矩阵一样,行列式也是研究线性代数的一个重要工具. 在这一章,将介绍行列式的一些最基本的知识.

§1　二、三阶行列式的定义

在初等数学中,我们已经知道利用加减消元法求解含有两个未知量 x_1、x_2 的线性方程组:

$$\begin{cases} a_{11}x_1+a_{12}x_2=b_1, & ① \\ a_{21}x_1+a_{22}x_2=b_2, & ② \end{cases}$$

其中 $a_{11},a_{12},a_{21},a_{22}$分别为两个方程中 x_1,x_2 的系数,b_1,b_2 为常数项. 为讨论方便,将两个方程分别记为①,②.

如果①中 x_1 的系数 $a_{11}\neq0$,则①$\times\left(-\frac{a_{21}}{a_{11}}\right)$+②,可将②化为

$$\left(a_{22}-\frac{a_{21}}{a_{11}}a_{12}\right)x_2=b_2-\frac{a_{21}}{a_{11}}b_1,$$

即

$$(a_{11}a_{22}-a_{12}a_{21})x_2=a_{11}b_2-b_1a_{21}. \qquad ②'$$

类似地,如果②中 x_2 的系数 $a_{22}\neq0$,则原方程组②$\times\left(-\frac{a_{12}}{a_{22}}\right)$+①,又可将①化为

$$\left(a_{11}-\frac{a_{12}}{a_{22}}a_{21}\right)x_1=b_1-\frac{a_{12}}{a_{22}}b_2,$$

即

$$(a_{11}a_{22}-a_{12}a_{21})x_1=b_1a_{22}-a_{12}b_2. \quad ①'$$

当①′与②′中 $a_{11}a_{22}-a_{12}a_{21}\neq 0$ 时，可以得到方程组的唯一解

$$x_1=\frac{b_1a_{22}-a_{12}b_2}{a_{11}a_{22}-a_{12}a_{21}},$$

$$x_2=\frac{a_{11}b_2-b_1a_{21}}{a_{11}a_{22}-a_{12}a_{21}}.$$

为便于记忆上述解的公式，我们引入记号

$$\begin{vmatrix} a_{11} & a_{12} \\ a_{21} & a_{22} \end{vmatrix}$$

表示代数和 $a_{11}a_{22}-a_{12}a_{21}$，即

$$\begin{vmatrix} a_{11} & a_{12} \\ a_{21} & a_{22} \end{vmatrix}=a_{11}a_{22}-a_{12}a_{21},$$

称这个记号为二阶行列式. 类似地，也可将解中的另外两个代数和用二阶行列式表示，即

$$D_1=\begin{vmatrix} b_1 & a_{12} \\ b_2 & a_{22} \end{vmatrix}=b_1a_{22}-a_{12}b_2,$$

$$D_2=\begin{vmatrix} a_{11} & b_1 \\ a_{21} & b_2 \end{vmatrix}=a_{11}b_2-b_1a_{21}.$$

从而当 $D=\begin{vmatrix} a_{11} & a_{12} \\ a_{21} & a_{22} \end{vmatrix}\neq 0$ 时，方程组的解可以表示为

$$x_1=\frac{D_1}{D},\quad x_2=\frac{D_2}{D}.$$

利用这种形式我们解一个具体的方程组：

$$\begin{cases} 2x_1+x_2=5, \\ x_1-3x_2=-1. \end{cases}$$

由于

$$D=\begin{vmatrix}2 & 1\\ 1 & -3\end{vmatrix}=2\times(-3)-1\times1=-7\neq0,$$

$$D_1=\begin{vmatrix}5 & 1\\ -1 & -3\end{vmatrix}=5\times(-3)-1\times(-1)=-14,$$

$$D_2=\begin{vmatrix}2 & 5\\ 1 & -1\end{vmatrix}=2\times(-1)-5\times1=-7,$$

从而 $x_1=\dfrac{D_1}{D}=2, x_2=\dfrac{D_2}{D}=1.$

这样,我们就可以给出一般的二阶行列式的定义了.

称由 4 个数 $a_{11},a_{12},a_{21},a_{22}$ 排成的一个方阵,两边加上两条直线后,为一个二阶行列式;它表示一个数 $a_{11}a_{22}-a_{12}a_{21}$,称为行列式的值,记为

$$\begin{vmatrix}a_{11} & a_{12}\\ a_{21} & a_{22}\end{vmatrix}=a_{11}a_{22}-a_{12}a_{21},$$

其中,横排称为**行**,纵排称为**列**,数 $a_{ij}(i=1,2;j=1,2)$ 称为行列式的**元素**.

必须注意的是,二阶行列式与二阶方阵的概念不同,前者表示由 4 个数构成的一个代数和,而后者表示由两行两列 4 个数构成的表. 从符号上也可以看出它们的区别: 二阶方阵记为

$$\begin{bmatrix}a_{11} & a_{12}\\ a_{21} & a_{22}\end{bmatrix}.$$

同样三阶行列式可以定义为

$$\begin{vmatrix}a_{11} & a_{12} & a_{13}\\ a_{21} & a_{22} & a_{23}\\ a_{31} & a_{32} & a_{33}\end{vmatrix}\overset{\text{def}}{=\!=\!=}a_{11}a_{22}a_{33}+a_{12}a_{23}a_{31}+a_{13}a_{21}a_{32}-$$

$$a_{13}a_{22}a_{31}-a_{12}a_{21}a_{33}-a_{11}a_{23}a_{32}.$$

为了给出更高阶行列式的定义,我们把三阶行列式改写为

$$\begin{vmatrix} a_{11} & a_{12} & a_{13} \\ a_{21} & a_{22} & a_{23} \\ a_{31} & a_{32} & a_{33} \end{vmatrix} = a_{11}(a_{22}a_{33}-a_{23}a_{32})-a_{12}(a_{21}a_{33}-a_{23}a_{31})+$$

$$a_{13}(a_{21}a_{32}-a_{22}a_{31})$$

$$= a_{11}\begin{vmatrix} a_{22} & a_{23} \\ a_{32} & a_{33} \end{vmatrix} - a_{12}\begin{vmatrix} a_{21} & a_{23} \\ a_{31} & a_{33} \end{vmatrix} +$$

$$a_{13}\begin{vmatrix} a_{21} & a_{22} \\ a_{31} & a_{32} \end{vmatrix},$$

其中

$$\begin{vmatrix} a_{22} & a_{23} \\ a_{32} & a_{33} \end{vmatrix}$$

是原三阶行列式划去元素 a_{11} 所在的第一行、第一列后剩下的元素按原来的次序组成的二阶行列式,称它为元素 a_{11} 的**余子式**,记作 M_{11},即

$$M_{11} = \begin{vmatrix} a_{22} & a_{23} \\ a_{32} & a_{33} \end{vmatrix}.$$

类似地,

$$M_{12} \overset{\text{def}}{=\!=} \begin{vmatrix} a_{21} & a_{23} \\ a_{31} & a_{33} \end{vmatrix}, \quad M_{13} \overset{\text{def}}{=\!=} \begin{vmatrix} a_{21} & a_{22} \\ a_{31} & a_{32} \end{vmatrix}.$$

令

$$A_{ij} = (-1)^{i+j}M_{ij} \quad (i, j=1,2,3),$$

称 A_{ij} 为元素 a_{ij} 的**代数余子式**. 从而

$$A_{11} = (-1)^{1+1}M_{11} = M_{11};$$

$$A_{12} = (-1)^{1+2}M_{12} = -M_{12};$$

$$A_{13} = (-1)^{1+3}M_{13} = M_{13}.$$

于是三阶行列式也可以定义为

$$\begin{vmatrix} a_{11} & a_{12} & a_{13} \\ a_{21} & a_{22} & a_{23} \\ a_{31} & a_{32} & a_{33} \end{vmatrix} = a_{11}M_{11} - a_{12}M_{12} + a_{13}M_{13}$$

$$\xlongequal{\text{def}} a_{11}A_{11} + a_{12}A_{12} + a_{13}A_{13}$$

$$= \sum_{j=1}^{3} a_{1j}A_{1j}.$$

上式说明：一个三阶行列式等于它的第一行元素与其代数余子式的乘积之和. 这称之为三阶行列式按第一行的展开式.

对于一阶行列式$|a|$,其值就定义为 a. 这样上述定义不仅对二、三阶行列式都适用,而且对于一般的正整数 n,我们可以利用数学归纳法给出 n 阶行列式的定义：

$$D = \sum_{j=1}^{n} a_{1j}A_{1j}.$$

例 1 计算行列式

$$D = \begin{vmatrix} 3 & 0 & -2 \\ 2 & 1 & 3 \\ -2 & 3 & 1 \end{vmatrix}.$$

解 根据定义,有

$$D = 3\times(-1)^{1+1}\begin{vmatrix} 1 & 3 \\ 3 & 1 \end{vmatrix} + 0\times(-1)^{1+2}\begin{vmatrix} 2 & 3 \\ -2 & 1 \end{vmatrix} + (-2)\times(-1)^{1+3}\begin{vmatrix} 2 & 1 \\ -2 & 3 \end{vmatrix}$$

$$= 3\times(-8) + 0 + (-2)\times 8 = -40.$$

例 2 计算行列式

$$D = \begin{vmatrix} 1 & 2 & 3 & 4 \\ 1 & 0 & 1 & 2 \\ 3 & -1 & -1 & 0 \\ 1 & 2 & 0 & -5 \end{vmatrix}.$$

解 根据定义,有

$$D=\sum_{j=1}^{4}a_{1j}A_{1j}$$

$$=1\times(-1)^{1+1}\begin{vmatrix}0&1&2\\-1&-1&0\\2&0&-5\end{vmatrix}+2\times(-1)^{1+2}\begin{vmatrix}1&1&2\\3&-1&0\\1&0&-5\end{vmatrix}+$$

$$3\times(-1)^{1+3}\begin{vmatrix}1&0&2\\3&-1&0\\1&2&-5\end{vmatrix}+4\times(-1)^{1+4}\begin{vmatrix}1&0&1\\3&-1&-1\\1&2&0\end{vmatrix}$$

$$=1\times(-1)+2\times(-22)+3\times19+4\times(-9)$$

$$=-24.$$

§2　行列式的几个简单性质

为了简化行列式的计算,下面我们不加证明地给出行列式的几个性质,并利用二阶或三阶行列式予以说明和验证.

性质 1　行列互换,行列式的值不变.

例如

$$\begin{vmatrix}1&-1\\2&3\end{vmatrix}=3-(-2)=5,$$

而

$$\begin{vmatrix}1&2\\-1&3\end{vmatrix}=3-(-2)=5,$$

即

$$\begin{vmatrix}1&-1\\2&3\end{vmatrix}=\begin{vmatrix}1&2\\-1&3\end{vmatrix}.$$

性质 1 表明,在行列式中行与列所处的地位是相同的. 因此,凡是对行成立的性质,对列也同样成立;反之亦然. 下面我们所讨论的行列式的性质大多是对行来说的,对于列也有同样的性质,就不重复了.

性质 2 两行互换,行列式反号.

例如

$$\begin{vmatrix} 1 & -1 \\ 2 & 3 \end{vmatrix} = 5,$$

而

$$\begin{vmatrix} 2 & 3 \\ 1 & -1 \end{vmatrix} = -2-3 = -5.$$

推论 若行列式中有两行的对应元素相等,则行列式等于零.

对于二阶行列式,推论显然成立. 再看一个三阶行列式的例子:

$$\begin{vmatrix} 1 & -1 & 3 \\ 2 & 1 & -1 \\ 1 & -1 & 3 \end{vmatrix} = 1\times\begin{vmatrix} 1 & -1 \\ -1 & 3 \end{vmatrix} - (-1)\times\begin{vmatrix} 2 & -1 \\ 1 & 3 \end{vmatrix} + 3\times\begin{vmatrix} 2 & 1 \\ 1 & -1 \end{vmatrix}$$

$$= 1\times2-(-1)\times7+3\times(-3) = 0.$$

性质 3 用数 k 乘行列式某一行的所有元素,等于用数 k 乘这个行列式.

例如,用-3 乘行列式

$$\begin{vmatrix} 1 & -2 \\ 2 & -3 \end{vmatrix}$$

的第一行,得

$$\begin{vmatrix} -3 & 6 \\ 2 & -3 \end{vmatrix} = 9-12 = -3,$$

而

$$(-3)\times\begin{vmatrix} 1 & -2 \\ 2 & -3 \end{vmatrix} = (-3)\times(-3+4) = -3.$$

也即

$$\begin{vmatrix} -3 & 6 \\ 2 & -3 \end{vmatrix} = (-3)\times\begin{vmatrix} 1 & -2 \\ 2 & -3 \end{vmatrix}.$$

性质 3 表明,在行列式中某一行有公因子时,可以提到行列式的符号外面去.

推论 1 若行列式中有一行的元素全为零,则行列式等于零.

推论 2 若行列式中有两行对应元素成比例,则行列式等于零.

性质 4 用数 k 乘行列式某一行的所有元素并加到另一行的对应元素上去,所得到的行列式和原行列式相等.

例如

$$D=\begin{vmatrix}1 & -2\\ 2 & -3\end{vmatrix}=-3+4=1,$$

而将此行列式第一行乘(-2)加到第二行上,得

$$D_1=\begin{vmatrix}1 & -2\\ 0 & 1\end{vmatrix}=1,$$

即 $D=D_1$.

性质 5 行列式等于它的任一行的各元素与其代数余子式的乘积之和,即

$$\begin{aligned}D&=a_{i1}A_{i1}+a_{i2}A_{i2}+\cdots+a_{in}A_{in}\\&=\sum_{j=1}^{n}a_{ij}A_{ij}\quad(i=1,2,\cdots,n).\end{aligned}$$

性质 5 表明,行列式不仅(由定义)可以按第一行展开,而且还可以按任意一行展开.

例如

$$\begin{aligned}&\begin{vmatrix}1 & -1 & 3\\ 2 & -1 & 1\\ 1 & 0 & 0\end{vmatrix}\\&=1\times\begin{vmatrix}-1 & 1\\ 0 & 0\end{vmatrix}-(-1)\times\begin{vmatrix}2 & 1\\ 1 & 0\end{vmatrix}+3\times\begin{vmatrix}2 & -1\\ 1 & 0\end{vmatrix}\\&=1\times0+1\times(-1)+3\times1=2;\end{aligned}$$

若将其按第三行展开,有

$$\begin{vmatrix}1&-1&3\\2&-1&1\\1&0&0\end{vmatrix}=1\cdot A_{31}+0\cdot A_{32}+0\cdot A_{33}$$

$$=1\times(-1)^{3+1}\begin{vmatrix}-1&3\\-1&1\end{vmatrix}=2.$$

由于行列式对行成立的性质,对列也同样成立,故行列式也可以按其任意一列展开,即

$$\begin{aligned}D&=a_{1j}A_{1j}+a_{2j}A_{2j}+\cdots+a_{nj}A_{nj}\\&=\sum_{i=1}^{n}a_{ij}A_{ij},\quad j=1,2,\cdots,n.\end{aligned}$$

§3 四阶行列式的计算

利用行列式的性质,可以减少计算量,简化行列式的计算. 在这一节,我们通过一些四阶行列式的例子,说明行列式的性质在计算行列式时的使用情况.

例 1 计算行列式

$$D=\begin{vmatrix}1&8&0&-2\\2&4&1&3\\0&2&0&0\\-2&3&3&1\end{vmatrix}.$$

解 由性质 5,将 D 按第 3 行展开

$$\begin{aligned}D&=0\cdot A_{31}+2\cdot A_{32}+0\cdot A_{33}+0\cdot A_{34}\\&=2\times(-1)^{3+2}\begin{vmatrix}1&0&-2\\2&1&3\\-2&3&1\end{vmatrix}\\&=-2\times(-24)=48.\end{aligned}$$

从例 1 可以看出,如果一个行列式的某一行(或列)有很多个

零，那么按这一行（或列）展开，可以使这个行列式转化为少数几个甚至一个低一阶的行列式，从而简化行列式的计算. 如果在一个行列式中没有零元素很多的行（或列），那么我们可以先利用行列式的各种性质，使得某一行（或列）变成只有一个非零元素，然后就按照这一行（或列）展开. 这样继续下去，就可以把一个较高阶行列式最后变成一个 2 阶行列式，这是计算行列式的一个行之有效的办法.

为了书写方便，在计算行列式时，我们用ⓘ表示第 i 行（或列），ⓘ↔ⓙ表示第 i 行（或列）与第 j 行（或列）交换，kⓘ+ⓙ表示用 k 乘第 i 行（或列）所有元素并加到第 j 行（或列）上去，等等；并约定行的变换记号写在等号上面，列的变换记号写在等号下面.

例 2 计算行列式

$$D=\begin{vmatrix} 5 & 2 & -6 & -3 \\ -4 & 7 & -2 & 4 \\ -2 & 3 & 4 & 1 \\ 7 & -8 & -10 & -5 \end{vmatrix}.$$

解 为了尽量避免分数运算，应当选择 1 或 -1 所在的行（或列）进行变换，因此，我们首先选择第 3 行.

$$D \xlongequal[\substack{5③+④}]{\substack{3③+① \\ -4③+②}} \begin{vmatrix} -1 & 11 & 6 & 0 \\ 4 & -5 & -18 & 0 \\ -2 & 3 & 4 & 1 \\ -3 & 7 & 10 & 0 \end{vmatrix}$$

$$=(-1)^{3+4}\begin{vmatrix} -1 & 11 & 6 \\ 4 & -5 & -18 \\ -3 & 7 & 10 \end{vmatrix}$$

$$\xlongequal{\substack{4①+② \\ -3①+③}} -\begin{vmatrix} -1 & 11 & 6 \\ 0 & 39 & 6 \\ 0 & -26 & -8 \end{vmatrix}$$

$$=-(-1)(-1)^{1+1}\begin{vmatrix} 39 & 6 \\ -26 & -8 \end{vmatrix}=-156.$$

例 3 计算上三角形行列式

$$D=\begin{vmatrix} a_{11} & a_{12} & a_{13} & a_{14} \\ 0 & a_{22} & a_{23} & a_{24} \\ 0 & 0 & a_{33} & a_{34} \\ 0 & 0 & 0 & a_{44} \end{vmatrix} \quad (其中\ a_{ii}\neq 0, i=1,2,3,4).$$

解 按第一列展开

$$\begin{aligned} D &= (-1)^{1+1}a_{11}\begin{vmatrix} a_{22} & a_{23} & a_{24} \\ 0 & a_{33} & a_{34} \\ 0 & 0 & a_{44} \end{vmatrix} \\ &= a_{11}(-1)^{1+1}a_{22}\begin{vmatrix} a_{33} & a_{34} \\ 0 & a_{44} \end{vmatrix} \\ &= a_{11}a_{22}a_{33}a_{44}. \end{aligned}$$

类似可得,下三角形行列式

$$\begin{vmatrix} a_{11} & 0 & 0 & 0 \\ a_{21} & a_{22} & 0 & 0 \\ a_{31} & a_{32} & a_{33} & 0 \\ a_{41} & a_{42} & a_{43} & a_{44} \end{vmatrix} = a_{11}a_{22}a_{33}a_{44}.$$

可见,对于给定的四阶行列式,若能利用行列式性质将其化为上(下)三角形行列式,而上(下)三角形行列式的值即为其主对角线上 4 个元素的乘积.

例 4 计算行列式

$$D=\begin{vmatrix} a & b & b & b \\ b & a & b & b \\ b & b & a & b \\ b & b & b & a \end{vmatrix} \quad (其中\ a\neq b).$$

解 由于该行列式每行均有一个 a 和三个 b,故先将各列都加到第一列上,得

$$D=\begin{vmatrix} a+3b & b & b & b \\ a+3b & a & b & b \\ a+3b & b & a & b \\ a+3b & b & b & a \end{vmatrix}$$

$$\xlongequal[\text{提出第一列公因子 } a+3b]{}(a+3b)\begin{vmatrix} 1 & b & b & b \\ 1 & a & b & b \\ 1 & b & a & b \\ 1 & b & b & a \end{vmatrix}$$

$$\xlongequal{-1①+\text{各行}}(a+3b)\begin{vmatrix} 1 & b & b & b \\ 0 & a-b & 0 & 0 \\ 0 & 0 & a-b & 0 \\ 0 & 0 & 0 & a-b \end{vmatrix}$$

$$=(a+3b)(a-b)^3.$$

§4 克拉默法则

我们知道,对于二元线性方程组

$$\begin{cases} a_{11}x_1+a_{12}x_2=b_1, \\ a_{21}x_1+a_{22}x_2=b_2, \end{cases}$$

当它的系数行列式

$$D=\begin{vmatrix} a_{11} & a_{12} \\ a_{21} & a_{22} \end{vmatrix}\neq 0$$

时,方程组有唯一解

$$x_1=\frac{D_1}{D},\quad x_2=\frac{D_2}{D},$$

其中

$$D_1=\begin{vmatrix} b_1 & a_{12} \\ b_2 & a_{22} \end{vmatrix},\quad D_2=\begin{vmatrix} a_{11} & b_1 \\ a_{21} & b_2 \end{vmatrix}$$

是把 D 中第 1,2 列的元素分别换成方程组右端的常数项 b_1,b_2 所得到的行列式.

下面我们把这个结论推广到 n 元线性方程组.

设 n 元线性方程组的一般形式为

$$
\begin{cases}
a_{11}x_1+a_{12}x_2+\cdots+a_{1n}x_n=b_1,\\
a_{21}x_1+a_{22}x_2+\cdots+a_{2n}x_n=b_2,\\
\cdots\cdots\cdots\cdots\\
a_{n1}x_1+a_{n2}x_2+\cdots+a_{nn}x_n=b_n.
\end{cases}
\tag{1}
$$

由它的系数 $a_{ij}(i,j=1,2,\cdots,n)$ 所构成的 n 阶方阵 $\boldsymbol{A}=(a_{ij})_{n\times n}$ 称为方程组(1)的系数矩阵,方阵 $\boldsymbol{A}$ 的行列式 $D=\det \boldsymbol{A}$ 称为方程组(1)的系数行列式.

可以证明:

定理(克拉默法则) 对于线性方程组(1),如果它的系数行列式 $D\neq 0$,那么它有唯一解

$$x_j=\frac{D_j}{D}\quad(j=1,2,\cdots,n),$$

这里的 D_j 是把 D 中第 j 列的元素 $a_{1j},a_{2j},\cdots,a_{nj}$ 换成方程组(1)右端的常数项 $b_1,b_2,\cdots,b_n$ 所得到的行列式.

例 1 解线性方程组

$$
\begin{cases}
2x_1+x_2-5x_3+x_4=8,\\
x_1-3x_2-6x_4=9,\\
2x_2-x_3+2x_4=-5,\\
x_1+4x_2-7x_3+6x_4=0.
\end{cases}
$$

解 因为系数行列式

$$D=\begin{vmatrix}2&1&-5&1\\1&-3&0&-6\\0&2&-1&2\\1&4&-7&6\end{vmatrix}=27\neq 0,$$

所以方程组有唯一解. 计算得

$$D_1=\begin{vmatrix}8&1&-5&1\\9&-3&0&-6\\-5&2&-1&2\\0&4&-7&6\end{vmatrix}=81,$$

$$D_2=\begin{vmatrix}2&8&-5&1\\1&9&0&-6\\0&-5&-1&2\\1&0&-7&6\end{vmatrix}=-108,$$

$$D_3=\begin{vmatrix}2&1&8&1\\1&-3&9&-6\\0&2&-5&2\\1&4&0&6\end{vmatrix}=-27,$$

$$D_4=\begin{vmatrix}2&1&-5&8\\1&-3&0&9\\0&2&-1&-5\\1&4&-7&0\end{vmatrix}=27.$$

于是方程组的唯一解为

$$x_1=\frac{D_1}{D}=3,\quad x_2=\frac{D_2}{D}=-4,$$

$$x_3=\frac{D_3}{D}=-1,\quad x_4=\frac{D_4}{D}=1.$$

如果线性方程组(1)的常数项全为零,即

$$\begin{cases}a_{11}x_1+a_{12}x_2+\cdots+a_{1n}x_n=0,\\a_{21}x_1+a_{22}x_2+\cdots+a_{2n}x_n=0,\\\cdots\cdots\cdots\cdots\\a_{n1}x_1+a_{n2}x_2+\cdots+a_{nn}x_n=0,\end{cases}\tag{2}$$

则称其为**齐次线性方程组**. 显然它一定有零解 $x_j=0(j=1,2,\cdots,n)$. 当 $D\neq0$ 时,它的唯一解就是零解. 因此有

推论 对于齐次线性方程组(2),如果它的系数行列式 $D\neq0$,

那么它只有零解.

这个推论也可以说成：如果齐次线性方程组(2)有非零解，那么它的系数行列式 $D=0$.

以后可以证明：如果齐次线性方程组(2)的系数行列式 $D=0$，则其必有非零解.

例 2 判断齐次线性方程组

$$\begin{cases} x_1+x_2+2x_3+3x_4=0, \\ x_1+2x_2+3x_3-x_4=0, \\ 3x_1-x_2-x_3-2x_4=0, \\ 2x_1+3x_2-x_3-x_4=0 \end{cases}$$

是否有非零解.

解 因为

$$D=\begin{vmatrix} 1 & 1 & 2 & 3 \\ 1 & 2 & 3 & -1 \\ 3 & -1 & -1 & -2 \\ 2 & 3 & -1 & -1 \end{vmatrix}=-153\neq 0,$$

所以方程组只有零解.

克拉默法则仅给出了方程个数与未知量个数相等，并且系数行列式不等于零的线性方程组求解的一种方法. 对于更一般的线性方程组的讨论，我们将在下一章进行.

习题 2.2

本章自测题

1. 计算下列行列式：

(1) $\begin{vmatrix} 1 & 2 & 3 \\ 2 & 3 & 1 \\ 3 & 1 & 2 \end{vmatrix}$； (2) $\begin{vmatrix} 0 & x & y \\ -x & 0 & z \\ -y & -z & 0 \end{vmatrix}$.

2. 求

$$\begin{vmatrix} 1 & 2 & 0 & 1 \\ 1 & 3 & 1 & -1 \\ -1 & 0 & 2 & 1 \\ 3 & -1 & 0 & 1 \end{vmatrix}$$

的第一行与第三列元素的余子式及代数余子式.

3. 设

$$D=\begin{vmatrix} 6 & 0 & 8 & 0 \\ 5 & -1 & 3 & -2 \\ 0 & 2 & 0 & 0 \\ 1 & 0 & 4 & -3 \end{vmatrix},$$

写出 D 按第 3 行的展开式,并且算出 D 的值.

4. 用行列式的性质计算下列行列式:

(1) $\begin{vmatrix} a & a^2 \\ b & b^2 \end{vmatrix}$;　　(2) $\begin{vmatrix} a+b & c & c \\ a & b+c & a \\ b & b & c+a \end{vmatrix}$;

(3) $\begin{vmatrix} 3 & 1 & 1 & 1 \\ 1 & 3 & 1 & 1 \\ 1 & 1 & 3 & 1 \\ 1 & 1 & 1 & 3 \end{vmatrix}$;　　(4) $\begin{vmatrix} 1 & 2 & 3 & 4 \\ 2 & 3 & 4 & 1 \\ 3 & 4 & 1 & 2 \\ 4 & 1 & 2 & 3 \end{vmatrix}$;

(5) $\begin{vmatrix} 4 & 2 & 2 & 2 \\ 2 & 2 & 3 & 4 \\ 2 & 3 & 6 & 10 \\ 2 & 4 & 10 & 20 \end{vmatrix}$;　　(6) $\begin{vmatrix} a & 0 & 0 & b \\ 0 & a & b & 0 \\ 0 & b & a & 0 \\ b & 0 & 0 & a \end{vmatrix}$　$(a\neq 0)$.

5. 用克拉默法则解下列线性方程组:

(1) $\begin{cases} x_1+x_2-2x_3=-3, \\ 5x_1-2x_2+7x_3=22, \\ 2x_1-5x_2+4x_3=4; \end{cases}$

(2) $\begin{cases} bx_1-ax_2+2ab=0, \\ -2cx_2+3bx_3-bc=0, \\ cx_1+ax_3=0, \end{cases}$　其中 $abc\neq 0$;

(3) $\begin{cases} 2x_1+3x_2+11x_3+5x_4=6, \\ x_1+\ x_2+\ 5x_3+2x_4=2, \\ 2x_1+\ x_2+\ 3x_3+4x_4=2, \\ x_1+\ x_2+\ 3x_3+4x_4=2. \end{cases}$

6. 判断下列齐次线性方程组是否有非零解：

(1) $\begin{cases} 2x_1+2x_2-\ x_3=0, \\ x_1-2x_2+4x_3=0, \\ 5x_1+8x_2-2x_3=0; \end{cases}$

(2) $\begin{cases} x_1-\ x_2+5x_3-\ x_4=0, \\ x_1+\ x_2-2x_3+3x_4=0, \\ 3x_1-\ x_2+8x_3+\ x_4=0, \\ x_1+3x_2-9x_3+7x_4=0. \end{cases}$

7. 当 λ 取何值时，下列齐次线性方程组有非零解：

$$\begin{cases} \lambda x_1+\ x_2+x_3=0, \\ x_1+\lambda x_2-x_3=0, \\ 2x_1-\ x_2+x_3=0. \end{cases}$$

第三章　线性方程组的消元解法

在上一章里,我们讨论了 n 个未知数 n 个方程的线性方程组. 我们知道,只要这种线性方程组的系数行列式不为零,那么它就有解,而且解是唯一的;不仅如此,它的解还可以用比较简单的公式表示出来,这就是著名的克拉默法则. 但是在很多实际问题中,我们常常遇到这样的线性方程组: 方程的个数与未知数的个数不相等;即使未知数个数与方程个数相等,但系数行列式却等于零. 对于这两种情况,克拉默法则失效. 因此我们有必要讨论更一般的线性方程组.

设含有 n 个变量,由 m 个方程所组成的方程组为

$$\begin{cases} a_{11}x_1+a_{12}x_2+\cdots+a_{1n}x_n=b_1, \\ a_{21}x_1+a_{22}x_2+\cdots+a_{2n}x_n=b_2, \\ \cdots\cdots\cdots\cdots \\ a_{m1}x_1+a_{m2}x_2+\cdots+a_{mn}x_n=b_m, \end{cases} \tag{1}$$

当右端常数项 $b_1=b_2=\cdots=b_m=0$ 时,称为 n 元**齐次线性方程组**,否则称为 n 元**非齐次线性方程组**.

本章将介绍线性方程组的消元解法,并在此基础上讨论齐次线性方程组有非零解和非齐次线性方程组有解的判定以及解的形式等问题.

§1　消元解法

对于一般的线性方程组来说,所谓方程组(1)的一个解就是指由 n 个数 $k_1,k_2,\cdots,k_n$ 组成的一个有序数组$(k_1,k_2,\cdots,k_n)$,当 $x_1,x_2,\cdots,x_n$ 分别用 $k_1,k_2,\cdots,k_n$ 代入后,使(1)中的每个等式都变成恒等式. 方程组(1)的解的全体称为它的解集合. 如果两个方程

组有相同的解集合,我们就称它们是**同解**的.

下面我们来介绍如何用消元法解一般的 n 元线性方程组. 先来看一个例子.

例 1 解线性方程组

$$\begin{cases} x_1+3x_2+2x_3+x_4=6, \\ 3x_1+10x_2+5x_3+7x_4=24, \\ -x_1-3x_3+4x_4=11, \\ 2x_1+4x_2+10x_3-19x_4=-1. \end{cases} \tag{2}$$

解 把第一个方程的-3,1,-2 倍分别加到第二、三、四个方程上,使得在第二、三、四个方程中消去未知量 x_1:

$$\begin{cases} x_1+3x_2+2x_3+x_4=6, \\ x_2-x_3+4x_4=6, \\ 3x_2-x_3+5x_4=17, \\ -2x_2+6x_3-21x_4=-13. \end{cases}$$

用同样的方法消去第三、四个方程中的 x_2:

$$\begin{cases} x_1+3x_2+2x_3+x_4=6, \\ x_2-x_3+4x_4=6, \\ 2x_3-7x_4=-1, \\ 4x_3-13x_4=-1. \end{cases}$$

消去第四个方程中的 x_3:

$$\begin{cases} x_1+3x_2+2x_3+x_4=6, \\ x_2-x_3+4x_4=6, \\ 2x_3-7x_4=-1, \\ x_4=1. \end{cases} \tag{3}$$

这样,我们容易求出方程组(2)的解为(-16,5,3,1).

形状像(3)的方程组称为**阶梯形**方程组.

从上面解题过程中可以看出,用消元法解方程组实际上就是反复地对方程组进行以下三种变换:

（1）用一个非零的数乘某一个方程；

（2）把一个方程的倍数加到另一个方程上；

（3）互换两个方程的位置.

我们称这样的三种变换为方程组的初等变换.可以证明,初等变换总是把方程组变成同解的方程组.

1.1 n 元非齐次线性方程组的消元解法

对于方程组(1),我们设 $a_{11}\neq 0$(如果 $a_{11}=0$,那么可以利用初等变换(3)使得 $a_{11}\neq 0$).利用初等变换(2)分别把第一个方程的 $-\dfrac{a_{i1}}{a_{11}}$倍加到第 i 个方程($i=2,3,\cdots,m$).原方程组化为

$$\begin{cases} a_{11}x_1+a_{12}x_2+\cdots+a_{1n}x_n=b_1, \\ \qquad a'_{22}x_2+\cdots+a'_{2n}x_n=b'_2, \\ \qquad \cdots\cdots\cdots\cdots \\ \qquad a'_{m2}x_2+\cdots+a'_{mn}x_n=b'_m, \end{cases} \tag{4}$$

其中

$$a'_{ij}=a_{ij}-\frac{a_{i1}}{a_{11}}\cdot a_{1j} \quad (i=2,3,\cdots,m;\ j=2,3,\cdots,n).$$

再对方程组(4)中第二个到第 m 个方程,按照上面的方法进行变换,并且这样一步步作下去,最后便可得到一个阶梯形方程组.为了讨论方便起见,不妨设所得的方程组为

$$\begin{cases} c_{11}x_1+c_{12}x_2+\cdots+c_{1r}x_r+\cdots+c_{1n}x_n=d_1, \\ \qquad c_{22}x_2+\cdots+c_{2r}x_r+\cdots+c_{2n}x_n=d_2, \\ \qquad \cdots\cdots\cdots\cdots \\ \qquad\qquad c_{rr}x_r+\cdots+c_{rn}x_n=d_r, \\ \qquad\qquad\qquad 0=d_{r+1}, \\ \qquad\qquad\qquad 0=0, \\ \qquad\qquad\qquad \cdots\cdots\cdots\cdots \\ \qquad\qquad\qquad 0=0, \end{cases} \tag{5}$$

其中 $c_{ii}\neq 0(i=1,2,\cdots,r)$. 方程组(5)中的"$0=0$"是一些恒等式,表明相应的方程在原方程组中为多余方程,故去掉以后并不影响方程组的解.

我们知道,方程组(1)和(5)是同解的. 由上面的分析,方程组(5)是否有解就取决于最后一个方程

$$0=d_{r+1}$$

是否有解. 换句话讲,就取决于它是否为恒等式. 从而我们可以得出下面的结论:

(1) 如果 $d_{r+1}\neq 0$,则方程组(1)无解;

(2) 如果 $d_{r+1}=0$,则方程组(1)有解,且有

(i) 当 $r=n$ 时,方程组(1)可以化为

$$\begin{cases} c_{11}x_1+c_{12}x_2+\cdots+c_{1n}x_n=d_1, \\ \qquad c_{22}x_2+\cdots+c_{2n}x_n=d_2, \\ \qquad \cdots\cdots\cdots\cdots \\ \qquad\qquad c_{nn}x_n=d_n, \end{cases} \tag{6}$$

其中 $c_{ii}\neq 0(i=1,2,\cdots,n)$. 于是,我们可以由最后一个方程开始,将 $x_n,x_{n-1},\cdots,x_1$ 的值逐个地唯一确定,得出它的唯一解.

(ii) 当 $r<n$ 时,方程组(1)可以化为

$$\begin{cases} c_{11}x_1+c_{12}x_2+\cdots+c_{1r}x_r+c_{1,r+1}x_{r+1}+\cdots+c_{1n}x_n=d_1, \\ \qquad c_{22}x_2+\cdots+c_{2r}x_r+c_{2,r+1}x_{r+1}+\cdots+c_{2n}x_n=d_2, \\ \qquad \cdots\cdots\cdots\cdots \\ \qquad\qquad c_{rr}x_r+c_{r,r+1}x_{r+1}+\cdots+c_{rn}x_n=d_r, \end{cases}$$

其中 $c_{ii}\neq 0(i=1,2,\cdots,r)$. 把它改写成

$$\begin{cases} c_{11}x_1+c_{12}x_2+\cdots+c_{1r}x_r=d_1-c_{1,r+1}x_{r+1}-\cdots-c_{1n}x_n, \\ \qquad c_{22}x_2+\cdots+c_{2r}x_r=d_2-c_{2,r+1}x_{r+1}-\cdots-c_{2n}x_n, \\ \qquad \cdots\cdots\cdots\cdots \\ \qquad\qquad c_{rr}x_r=d_r-c_{r,r+1}x_{r+1}-\cdots-c_{rn}x_n. \end{cases} \tag{7}$$

由此可见,任给 $x_{r+1},\cdots,x_n$ 一组值,就可以唯一地确定出 $x_1,x_2,\cdots,$

x_r 的值，这样就定出了方程组(7)的一个解. 一般地，由方程组(7)可以把 $x_1, x_2, \cdots, x_r$ 通过 $x_{r+1}, \cdots, x_n$ 表示出来：

$$\begin{cases} x_1 = d_1' - c_{1,r+1}' x_{r+1} - \cdots - c_{1n}' x_n, \\ x_2 = d_2' - c_{2,r+1}' x_{r+1} - \cdots - c_{2n}' x_n, \\ \cdots\cdots\cdots\cdots \\ x_r = d_r' - c_{r,r+1}' x_{r+1} - \cdots - c_{rn}' x_n, \end{cases} \tag{8}$$

我们称(8)为方程组(1)的一般解，并称 $x_{r+1}, x_{r+2}, \cdots, x_n$ 为一组自由未知量. 易见，自由未知量的个数为 $n-r$.

例 2 解方程组

$$\begin{cases} 2x_1 - x_2 + 3x_3 = 4, \\ 4x_1 + 2x_2 + 5x_3 = 9, \\ 2x_1 \quad\quad + 5x_3 = 11. \end{cases}$$

解 用初等变换消去第二、三个方程中的 x_1：

$$\begin{cases} 2x_1 - x_2 + 3x_3 = 4, \\ \quad\quad 4x_2 - x_3 = 1, \\ \quad\quad x_2 + 2x_3 = 7, \end{cases}$$

把第二、第三两个方程的次序互换后，用初等变换消去第三个方程中的 x_2：

$$\begin{cases} 2x_1 - x_2 + 3x_3 = 4, \\ \quad\quad x_2 + 2x_3 = 7, \\ \quad\quad\quad -9x_3 = -27, \end{cases}$$

用 $-\dfrac{1}{9}$ 乘最后一个方程，得

$$x_3 = 3.$$

代入第二个方程，得

$$x_2 = 1.$$

再把 $x_3 = 3, x_2 = 1$ 代入第一个方程，即得

$$x_1 = -2.$$

这就是说,上述方程组有唯一解$(-2,1,3)$.

例 3 解方程组

$$\begin{cases}2x_1-x_2+3x_3=4,\\4x_1+2x_2+5x_3=9,\\2x_1+3x_2+2x_3=3.\end{cases}$$

解 用初等变换消去第二、三个方程中的 x_1:

$$\begin{cases}2x_1-x_2+3x_3=4,\\4x_2-x_3=1,\\4x_2-x_3=-1,\end{cases}$$

再施行一次初等变换,得

$$\begin{cases}2x_1-x_2+3x_3=4,\\4x_2-x_3=1,\\0=-2.\end{cases}$$

由此可见,上述方程组无解.

例 4 解方程组

$$\begin{cases}2x_1-x_2+3x_3=4,\\4x_1-2x_2+5x_3=5,\\2x_1-x_2+4x_3=7.\end{cases}$$

解 用初等变换消去第二、三个方程中的 x_1:

$$\begin{cases}2x_1-x_2+3x_3=4,\\-x_3=-3,\\x_3=3,\end{cases}$$

再施行一次初等变换,得

$$\begin{cases}2x_1-x_2+3x_3=4,\\x_3=3,\end{cases}$$

改写成

$$\begin{cases}2x_1+3x_3=4+x_2,\\x_3=3,\end{cases}$$

最后得

$$\begin{cases} x_1=\dfrac{1}{2}(-5+x_2), \\ x_3=3. \end{cases}$$

这就是上述方程组的一般解,其中 x_2 是自由未知量.

用消元法解 n 元非齐次线性方程组的整个过程,总起来说就是:首先利用初等变换把线性方程组化为阶梯形方程组,并把方程中最后出现的一些恒等式“0=0”去掉,然后再进行讨论:如果剩下的方程中最后的一个等式是零等于某一非零的数,那么方程组无解,否则有解.在有解的情况下,如果阶梯形方程组中的方程个数 r 等于未知量的个数 n,那么方程组的解唯一;如果 $r<n$,那么方程组就有无穷多个解;而 $r>n$ 的情形是不可能出现的.

1.2 n 元齐次线性方程组的消元解法

设含有 n 个变量,由 m 个方程组成的齐次线性方程组为

$$\begin{cases} a_{11}x_1+a_{12}x_2+\cdots+a_{1n}x_n=0, \\ a_{21}x_1+a_{22}x_2+\cdots+a_{2n}x_n=0, \\ \cdots\cdots\cdots\cdots \\ a_{m1}x_1+a_{m2}x_2+\cdots+a_{mn}x_n=0. \end{cases} \tag{9}$$

与解非齐次线性方程组的情况类似,设对方程组(9)进行一系列初等变换后化为下列阶梯形方程组

$$\begin{cases} c_{11}x_1+c_{12}x_2+\cdots+c_{1r}x_r+\cdots+c_{1n}x_n=0, \\ \qquad c_{22}x_2+\cdots+c_{2r}x_r+\cdots+c_{2n}x_n=0, \\ \qquad\qquad \cdots\cdots\cdots\cdots \\ \qquad\qquad\qquad c_{rr}x_r+\cdots+c_{rn}x_n=0. \end{cases} \tag{10}$$

于是出现两种情况:

(i) $r=n$,方程组(10)即形如

$$
\begin{cases}
c_{11}x_1+c_{12}x_2+\cdots+c_{1n}x_n=0,\\
\qquad c_{22}x_2+\cdots+c_{2n}x_n=0,\\
\qquad\cdots\cdots\cdots\cdots\\
\qquad\qquad c_{nn}x_n=0,
\end{cases}
\tag{11}
$$

其中 $c_{ii}\neq 0(i=1,2,\cdots,n)$. 此时,方程组仅有唯一零解.

(ii) $r<n$,不妨设 $c_{ii}\neq 0(i=1,2,\cdots,r)$,则可经初等变换将方程组(10)化为以下形式:

$$
\begin{cases}
x_1=c'_{1,r+1}x_{r+1}+\cdots+c'_{1n}x_n,\\
x_2=c'_{2,r+1}x_{r+1}+\cdots+c'_{2n}x_n,\\
\qquad\cdots\cdots\cdots\cdots\\
x_r=c'_{r,r+1}x_{r+1}+\cdots+c'_{rn}x_n,
\end{cases}
\tag{12}
$$

$x_{r+1},\cdots,x_n$ 为自由未知量,只要给定 $x_{r+1},\cdots,x_n$ 一组不全为零的数,即可得到方程组的一个非零解. 式(12)也称为齐次线性方程组的一般解.

特别地,如果齐次线性方程组(9)满足 $m<n$,则由上述消元过程可推知 $r\leqslant m<n$,此时方程组必有非零解.

例 5 解方程组

$$
\begin{cases}
x_1-x_2+x_3=0,\\
3x_1-2x_2-x_3=0,\\
3x_1-x_2+5x_3=0,\\
-2x_1+2x_2+3x_3=0.
\end{cases}
$$

解 利用消元法将方程组化为阶梯形

$$
\begin{cases}
x_1-x_2+x_3=0,\\
x_2-4x_3=0,\\
5x_3=0,\\
0=0.
\end{cases}
$$

由此知 $r=n=3$,故方程组仅有零解 $x_1=x_2=x_3=0$.

例 6 设齐次线性方程组为

$$
\begin{cases}
x_1+x_2+\ x_3+4x_4-3x_5=0,\\
x_1-x_2+3x_3-2x_4-\ x_5=0,\\
2x_1+x_2+3x_3+5x_4-5x_5=0,\\
3x_1+x_2+5x_3+6x_4-7x_5=0.
\end{cases}
\tag{13}
$$

由于此方程组的方程个数 $m=4$，未知量个数 $n=5$，$m<n$，因此方程组(13)有非零解. 对方程组(13)施行一系列的初等变换化成阶梯形方程组：

$$
\begin{cases}
x_1+x_2+x_3+4x_4-3x_5=0,\\
x_2-x_3+3x_4-\ x_5=0,\\
0=0,\\
0=0.
\end{cases}
$$

再施行一次初等变换，得到方程组(13)的一般解：

$$
\begin{cases}
x_1=-2x_3-\ x_4+2x_5,\\
x_2=\ \ x_3-3x_4+\ x_5,
\end{cases}
$$

其中 x_3,x_4,x_5 是自由未知量.

习题 2.3

用消元法解下列方程组：

1. $\begin{cases}
x_1-3x_2-2x_3-\ x_4=\ \ 6,\\
3x_1-8x_2+\ x_3+5x_4=\ \ 0,\\
-2x_1+\ x_2-4x_3+\ x_4=-12,\\
-x_1+4x_2-\ x_3-3x_4=\ \ 2.
\end{cases}$

2. $\begin{cases}
3x_1-\ 5x_2+\ x_3-2x_4=0,\\
2x_1+\ 3x_2-5x_3+\ x_4=0,\\
-x_1+\ 7x_2-4x_3+3x_4=0,\\
4x_1+15x_2-7x_3+9x_4=0.
\end{cases}$

3. $\begin{cases} x_1+3x_2-7x_3=0, \\ 2x_1+5x_2+4x_3=0, \\ -3x_1-7x_2-2x_3=0, \\ x_1+4x_2-12x_3=0. \end{cases}$

4. $\begin{cases} 2x_1-3x_2+x_3+5x_4=6, \\ -3x_1+x_2+2x_3-4x_4=5, \\ -x_1-2x_2+3x_3+x_4=-2. \end{cases}$

5. $\begin{cases} x_1-5x_2+2x_3-3x_4=11, \\ -3x_1+x_2-4x_3+2x_4=-5, \\ -x_1-9x_2-4x_4=17, \\ 5x_1+3x_2+6x_3-x_4=-1. \end{cases}$

第三部分　概率统计初步

概率论与数理统计是研究和揭示随机现象统计规律性的一门数学学科. 目前,概率论与数理统计的理论和方法已得到广泛地应用,如天气预报、生产质量管理、经济预测、教育研究等,几乎遍及科技领域、社会科学和工农业生产的各个部门. 它已成为近代数学的一个重要组成部分. 在这一部分,我们将介绍概率论与数理统计中的一些基本知识和方法,为读者进一步地学习和研究奠定必要的基础.

第一章　随机事件的概率

本章将在微积分及少量线性代数知识的基础上,介绍有关概率论的基本知识.

§1　概率的统计定义

1.1　随机现象及其统计规律性

在客观世界中存在着两类不同的现象: 确定性现象和随机现象.

在一定条件下,某种结果必定发生或必定不发生的现象称为确定性现象. 例如,在大气压为 101 325 Pa 时,纯净的水加热到 100 ℃时必然会沸腾;从 10 件产品(其中 2 件是次品,8 件是正品)中,任意地抽取 3 件进行检验,这 3 件产品决不会全是次品;向上抛掷一枚硬币必然下落等都是确定性现象. 这类现象的一个共同点是: 事先可以断定其结果.

在一定条件下,具有多种可能发生的结果的现象称为随机现象. 例如,从 10 件产品(其中 2 件是次品,8 件是正品)中,任取 1 件出来,可能是正品,也可能是次品;向上抛掷一枚硬币,落下以后可能是正面朝上,也可能是反面朝上;新出生的婴儿可能是男性,也可能是女性. 这类现象的一个共同点是: 事先不能预言多种可能结果中究竟出现哪一种.

人们经过长期实践和深入研究以后发现,对于随机现象来说,尽管就一次的实验或观测而言,究竟会出现什么样的结果不能事先断定,即随机现象有不确定性的一面;但是当我们对随机现象进行大量重复实验或观测时就会发现,各种结果的出现都具有某种固有的规律性. 例如在相同的条件下,多次抛掷同一枚匀称硬币,就会发现“出现正面”或“出现反面”的次数大约各占总抛掷次数的 1/2. 又如掷一粒匀称骰子可能出现 1 点,出现 2 点……出现 6 点. 掷一次时不能预先断定出现几点,但多次重复时就会发现它的规律性,即出现 1,2,…,6 各点的次数大约各占总次数的 1/6.

由以上的例子可以看出,随机现象具有两重性: 表面上的偶然性与内部蕴含着的必然规律性. 随机现象的偶然性又称为它的随机性. 在一次实验或观测中,结果的不确定性就是随机现象随机性的一面;在相同的条件下进行大量重复实验或观测时呈现出来的规律性是随机现象必然性的一面,称随机现象的必然性为**统计规律性**.

1.2 随机试验与随机事件

为了叙述方便,我们把对随机现象进行的一次观测或一次实验统称为它的一个试验. 如果这个试验满足下面的两个条件:

(1) 在相同的条件下可以重复进行;

(2) 试验都有哪些可能的结果是明确的,但每次试验的具体结果在试验前是无法得知的,那么我们就称它是一个**随机试验**,以后简称为**试验**.一般用字母 E 表示.

在随机试验中,每一个可能出现的不可分解的最简单的结果称为随机试验的基本事件或样本点,用 ω 表示;而由全体基本事件构成的集合称为基本事件空间或样本空间,记为 Ω.

例 1 设 E_1 为抛掷一枚匀称的硬币,观察正、反面出现的情况.记 ω_1 是出现正面,ω_2 是出现反面.于是 Ω 由两个基本事件 ω_1,ω_2 构成,即 $\Omega=\{\omega_1,\omega_2\}$.

例 2 设 E_2 为掷一粒骰子,观察出现的点数.记 ω_i 为出现 i 个点($i=1,2,\cdots,6$),于是有 $\Omega=\{\omega_1,\omega_2,\cdots,\omega_6\}$.

例 3 设 E_3 为从 10 件产品(其中 2 件次品,8 件正品)之中任取 3 件,观察其中次品的件数.记 ω_i 为恰有 i 件次品($i=0,1,2$),于是 $\Omega=\{\omega_0,\omega_1,\omega_2\}$.

例 4 设 E_4 为在相同条件下接连不断地向一个目标射击,直到击中目标为止,观察射击次数.记 ω_i 为射击 i 次($i=1,2,\cdots$),于是 $\Omega=\{\omega_1,\omega_2,\cdots\}$.

例 5 设 E_5 为某地铁站每隔 5 分钟有一列车通过,乘客对于列车通过该站的时间完全不知道,观察乘客候车的时间.记乘客的候车时间为 ω.显然有 $\omega\in[0,5)$,即 $\Omega=[0,5)$.

通过上面的几个例子可以看出,随机试验大体可以分成只有有限个可能结果的(如 E_1,E_2,E_3);有可列个可能结果的(如 E_4)和有不可列个可能结果的(如 E_5)这样三种情况.

有了样本空间的概念,我们就可以来描述随机事件了.所谓**随机事件**是样本空间 Ω 的一个子集,随机事件简称为**事件**,用字母 A,B,C 等表示.因此,某个事件 A 发生当且仅当这个子集中的一个样本点 ω 发生,记为 $\omega\in A$.

在例 2 中,$\Omega=\{\omega_1,\omega_2,\cdots,\omega_6\}$,而 E_2 中的一个事件是具有某些特征的样本点组成的集合.例如,设事件 $A=\{$出现偶数点$\}$,$B=\{$出现的点数大于 4$\}$,$C=\{$出现 3 点$\}$,可见它们都是 Ω 的子集.显然,如果事件 A 发生,那么子集 $\{\omega_2,\omega_4,\omega_6\}$ 中的一个样本点一定发生,反之亦然,故有 $A=\{\omega_2,\omega_4,\omega_6\}$;事件 B 发生就是指出现了样本点 ω_5 或 ω_6,否则我们就说事件 B 没有发生,故有 $B=\{\omega_5,\omega_6\}$;类似地有 $C=\{\omega_3\}$. 一般而言,在例 2 中,任一由样本点组成的 Ω 的子集也都是随机事件. 这里需要特别指出的是,我们把样本空间 Ω 也作为一个事件. 因为在每次试验中,必定有 Ω 中的某个样本点发生,即事件 Ω 在每次试验中必定发生,所以 Ω 是一个必定发生的事件. 在每次试验中必定要发生的事件称为**必然事件**,记作 Ω. 在例 2 中{点数小于或等于 6}就是一个必然事件. 在例 3 中{至少有一件正品}也是一个必然事件. 任何随机试验的样本空间 Ω 都是必然事件. 类似地,我们把不包含任何样本点的空集 $\varnothing$ 也作为一个事件. 显然它在每次试验中都不发生,所以 $\varnothing$ 是一个不可能发生的事件. 在每次试验中必定不会发生的事件称为**不可能事件**,记为 $\varnothing$. 在例 2 中{点数等于 7},{点数小于 1}等都是不可能事件. 在例 3 中{不出现正品}也是不可能事件. 我们知道,必然事件 Ω 与不可能事件 $\varnothing$ 都不是随机事件. 因为作为试验的结果,它们都是确定性的,并不具有随机性. 但是为了今后讨论问题方便,我们也将它们当作随机事件来处理.

1.3 随机事件的关系与运算

在实际问题中,我们常常需要同时考察多个在相同试验条件下的随机事件以及它们之间的联系. 详细地分析事件之间的各种关系和运算性质,这不仅有助于我们进一步认识事件的本质,而且还为计算事件的概率作了必要的准备. 下面我们来讨论事件之间的一些关系和几个基本运算.

如果没有特别的说明,下面问题的讨论我们都假定是在同一样本空间 Ω 中进行的.

1. 事件的包含关系与等价关系

设 A,B 为两个事件. 如果 A 中的每一个样本点都属于 B,那么

称事件 B **包含**事件 A,或称事件 A 包含于事件 B,记为 $A\subset B$ 或 $B\supset A$. 这就是说,在一次试验中,如果事件 A 发生必然导致事件 B 发生.

我们用维恩(Venn)图对这种关系给出直观的说明. 图 3.1.1 中的长方形表示样本空间 Ω,长方形内的每一点表示样本点,圆 A 和 B 分别表示事件 A 和 B. 如图,圆 A 在圆 B 的里面表示事件 B 包含事件 A.

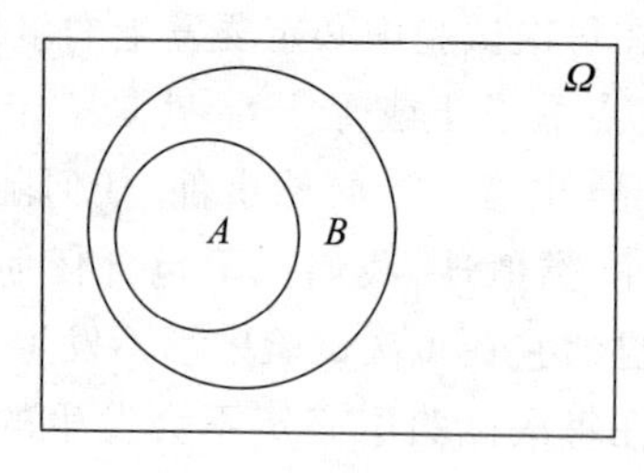

图 3.1.1

在例 2 中,设 $A=\{\omega_2\}$,$B=\{$出现偶数点$\}$,则 $B\supset A$.

如果 $A\supset B$ 与 $B\supset A$ 同时成立,那么称事件 A 与事件 B **等价**或**相等**,记为 $A=B$. 这就是说,在一次试验中,等价的两个事件同时发生或同时不发生,因此可以把它们看成是一样的.

在例 3 中,设 $A=\{$至少有一件次品$\}$,$B=\{$至多有两件正品$\}$,显然有 $A=B$.

2. 事件的并与交

设 A,B 为两个事件. 我们把至少属于 A 或 B 中一个的所有样本点构成的集合称为事件 A 与 B 的**并**或**和**,记为 $A\cup B$ 或 $A+B$. 这就是说,事件 $A\cup B$ 表示在一次试验中,事件 A 与 B 至少有一个发生. 图 3.1.2 中的阴影部分表示 $A\cup B$.

设 A,B 为两个事件. 我们把同时属于 A 及 B 的所有样本点构成的集合称为事件 A 与 B 的**交**或**积**,记为 $A\cap B$ 或 $A\cdot B$,有时也简记为 AB. 这就是说,事件 $A\cap B$ 表示在一次试验中,事件 A 与 B 同时发生. 图 3.1.3 中的阴影部分表示 $A\cap B$.

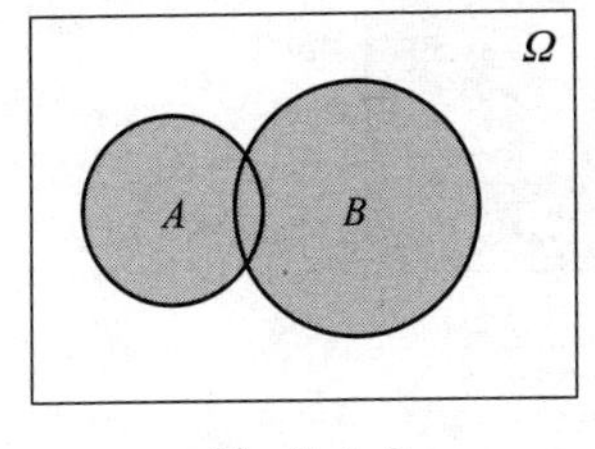

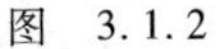
图 3.1.2

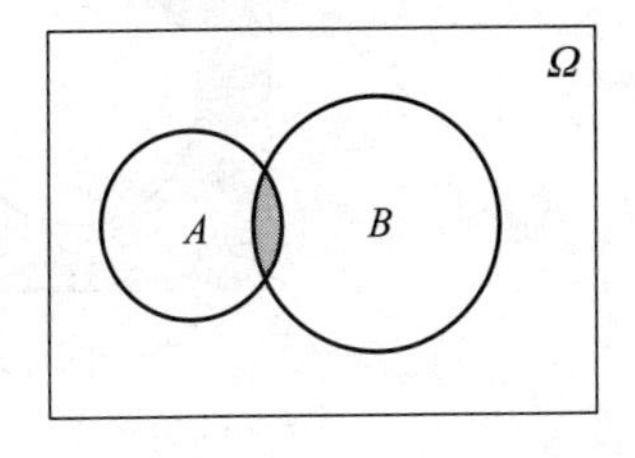

图 3.1.3

3. 事件的互不相容关系与事件的逆

设 A,B 为两个事件. 如果 $A\cdot B=\varnothing$,那么称事件 A 与 B 是**互不相容**的(或**互斥**的). 这就是说,在一次试验中事件 A 与事件 B 不可能同时发生. A 与 B 互不相容的直观意义为区域 A 与 B 不相交,如图 3.1.4 所示. 事件的互不相容关系也可以推广到多于两个事件的情形. 即,如果 $A_i\cdot A_j=\varnothing(i\neq j;i,j=1,2,\cdots,n)$,这时我们称 $A_1,A_2,\cdots,A_n$ 是**互斥**的. 图 3.1.5 给出的三个事件 A,B,C,虽然满足 $A\cdot B\cdot C=\varnothing$,但由于 $A\cdot B\neq\varnothing$(这时我们也称 A 与 B 是相容的),我们说 A,B,C 不是互斥的.

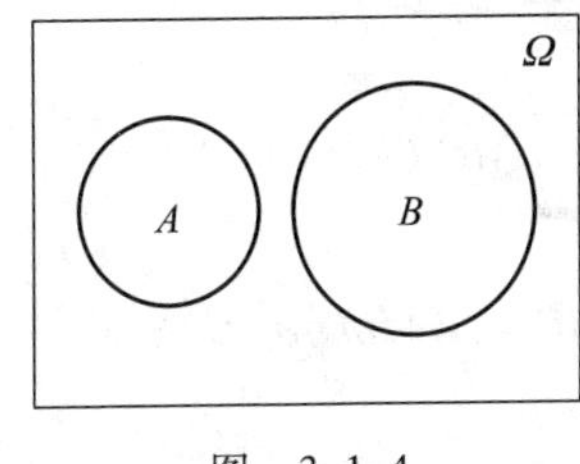

图 3.1.4

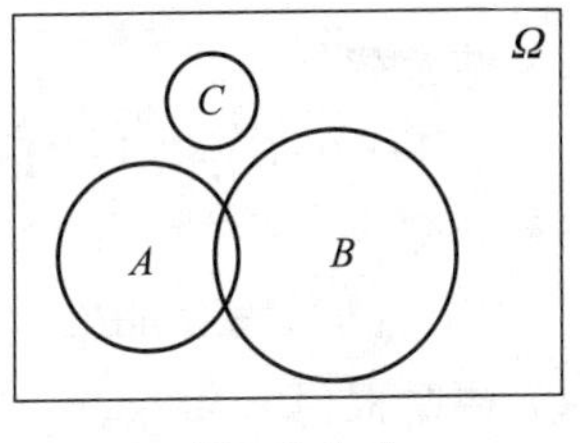

图 3.1.5

对于事件 A,我们把不包含在 A 中的所有样本点构成的集合称为事件 A 的**逆**(或 A 的**对立事件**),记为 $\overline{A}$. 这就是说,事件 $\overline{A}$ 表示在一次试验中事件 A 不发生. 图 3.1.6 中的阴影部分表示 $\overline{A}$. 我们规定它是事件的基本运算之一.

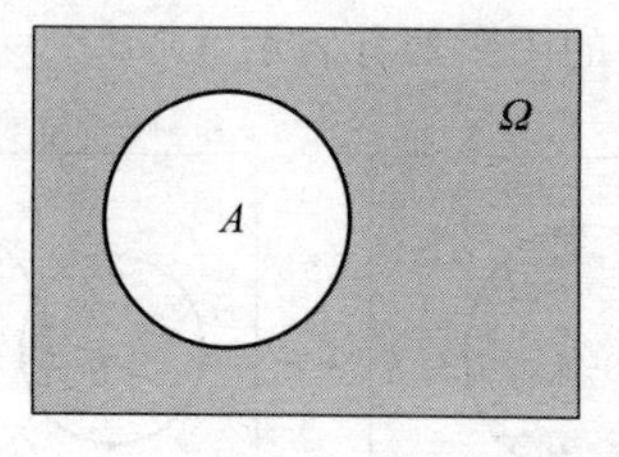

图 3.1.6

例如,在例 1 中,设 $A=\{出现正面\}$,$B=\{出现反面\}$,显然事件 A 与 B 是互逆的,即 $B=\overline{A}$. 由定义可知 $\overline{(\overline{A})}=A$,即 A 是 $\overline{A}$ 的逆.

在一次试验中,事件 A 与 $\overline{A}$ 不会同时发生(即 $A\cdot\overline{A}=\varnothing$,称它们具有互斥性),而且 A 与 $\overline{A}$ 至少有一个发生(即 $A+\overline{A}=\Omega$,称它们具有完全性). 这就是说,事件 A 与 $\overline{A}$ 满足:

$$\begin{cases}A\cdot\overline{A}=\varnothing,\\A+\overline{A}=\Omega.\end{cases}$$

根据上面的基本运算定义,不难验证事件之间的运算满足以下的几个规律:

(1) 交换律

$$A+B=B+A,\quad AB=BA;$$

(2) 结合律

$$A+(B+C)=(A+B)+C,\quad (AB)C=A(BC);$$

(3) 分配律

$$(A+B)C=AC+BC,\quad A+BC=(A+B)(A+C);$$

(4) 德摩根(De Morgan)定理:

$$\overline{A+B}=\overline{A}\cdot\overline{B},$$

$$\overline{A\cdot B}=\overline{A}+\overline{B}.$$

有了事件的三种基本运算我们就可以定义事件的其他一些运算. 例如,我们称事件 $A\overline{B}$ 为事件 A 与 B 的差,记为 $A-B$. 可见,事件 $A-B$ 是由包含于 A 而不包含于 B 的所有样本点构成的集合. 图 3.1.7 中的阴影部分表示 $A-B$.

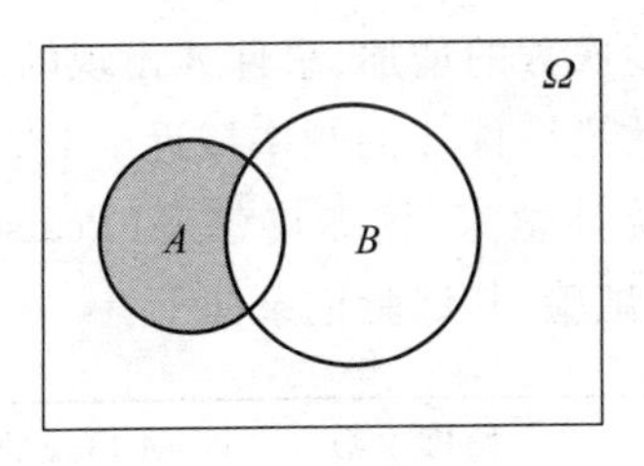

图 3.1.7

1.4 频率与概率

对于一般的随机事件来说,虽然在一次试验中是否发生我们不能预先知道,但是如果我们独立地多次重复进行这一试验就会发现,不同的事件发生的可能性是有大小之分的. 这种可能性的大小是事件本身固有的一种属性,它是不以人们的意志为转移的. 例如掷一枚骰子,如果骰子是匀称的,那么事件{出现偶数点}与事件{出现奇数点}的可能性是一样的;而{出现奇数点}这个事件要比事件{出现3点}的可能性更大. 为了定量地描述随机事件的这种属性,我们先介绍频率的概念.

定义 在一组不变的条件 S 下,独立地重复 n 次试验 E. 如果事件 A 在 n 次试验中出现了 μ 次,则称比值 μ/n 为在 n 次试验中事件 A 出现的**频率**,记为 $f_n(A)$,即

$$f_n(A)=\frac{\mu}{n},$$

其中 μ 称为频数.

例如在抛掷一枚硬币时我们规定条件组 S 为:硬币是匀称的,放在手心上,用一定的动作垂直上抛,让硬币落在一个有弹性的平面上等. 当条件组 S 大量重复实现时,事件 $A=\{$出现正面$\}$发生的次数 μ 能够体现出一定的规律性. 例如进行50次试验出现了24次正面. 这时

$$n=50,\quad \mu=24,\quad f_{50}(A)=24/50=0.48.$$

一般来说,随着试验次数的增加,事件 A 出现的次数 μ 约占总试验次数的一半,换句话说事件 A 的频率接近于1/2.

历史上,不少统计学家,例如皮尔逊(Pearson)等人做过成千上万次抛掷硬币的试验,其试验记录如下:

实验者	抛掷次数 n	A 出现的次数 μ	$f_n(A)$
德摩根(De Morgan)	2 048	1 061	0.518 0
布丰(Buffon)	4 040	2 048	0.506 9
皮尔逊(Pearson)	12 000	6 019	0.501 6
皮尔逊(Pearson)	24 000	12 012	0.500 5

可以看出,随着试验次数的增加,事件 A 发生的频率的波动性越来越小,呈现出一种稳定状态,即频率在0.5这个定值附近摆动.这就是频率的稳定性,这是随机现象的一个客观规律.

可以证明,当试验次数 n 固定时,事件 A 的频率 $f_n(A)$ 具有下面几个性质:

(1) $0 \leqslant f_n(A) \leqslant 1$;

(2) $f_n(\Omega)=1, f_n(\varnothing)=0$;

(3) 若 $AB=\varnothing$,则

$$f_n(A+B)=f_n(A)+f_n(B).$$

事件的频率稳定在某一常数附近的性质是事件的内在必然性规律的表现,这个常数既不依赖于试验的次数,也不依赖于具体试验的结果.对于一个事件 A 来说,这个常数值愈大(或愈小)事件 A 发生的可能性也愈大(或愈小).因此这个常数恰恰就是刻画事件发生可能性大小的数值,也就是事件发生的概率.

概率的统计定义 在一组不变的条件 S 下,独立地重复做 n 次试验.设 μ 是 n 次试验中事件 A 发生的次数,当试验次数 n 很大时,如果 A 的频率 $f_n(A)$ 稳定地在某一数值 p 附近摆动;而且一般来说随着试验次数的增多,这种摆动的幅度会越来越小,则称数值 p 为事件 A 在条件组 S 下发生的**概率**.记作

$$P(A)=p.$$

这里我们给出了概率的一个直观的朴素的描述,也给出了在实际问题中估算概率的近似方法,当试验次数足够大时,可将频率作为概率的近似值. 例如,在一定的条件下,100 颗种子平均来说大约有 90 颗种子发芽,则我们说种子的发芽率为 90%;又如某工厂平均来说每 2 000 件产品中大约有 20 件废品,则我们说该工厂的废品率为 1%.

§2 古典概型、几何概型

下面讨论两种最常见的随机试验: 古典型随机试验与几何型随机试验,并给出古典概型和几何概型.

2.1 古典概型

我们把具有特性:

1° 试验的结果是有限个;

2° 每个结果出现的可能性是相同的

随机试验称为**古典概型随机试验**,就是说,在我们所讨论的基本事件空间 Ω 中,基本事件 $\omega_1,\omega_2,\cdots,\omega_n$ 是有限个,并且 $P(\omega_1)=P(\omega_2)=\cdots=P(\omega_n)$. 例如在"掷骰子"试验中有 6 个可能的结果. 由于骰子本身是匀称的,通过直观分析可以看出它们出现的可能性相同,都是 1/6.

下面我们给出**概率的古典定义**.

设古典概型随机试验的基本事件空间由 n 个基本事件组成,即 $\Omega=\{\omega_1,\omega_2,\cdots,\omega_n\}$. 如果事件 A 是由上述 n 个事件中的 m 个组成,则称事件 A 发生的概率为

$$P(A)=\frac{m}{n}. \qquad (*)$$

所谓**古典概型**就是利用关系式 $(*)$ 来讨论事件发生的概率

的数学模型. 注意,概率的古典定义与概率的统计定义是一致的. 在古典型随机试验中,事件的频率是围绕着定义中 m/n 这一数值摆动的. 概率的统计定义具有普遍性,它适用于一切随机现象;而概率的古典定义只适用于试验结果为等可能的有限个的情况,其优点是便于计算.

根据概率的古典定义可以计算古典型随机试验中事件的概率. 在古典概型中确定事件 A 的概率时,只需求出基本事件的总数 n 以及事件 A 包含的基本事件的个数 m. 为此弄清随机试验的全部基本事件是什么以及所讨论的事件 A 包含了哪些基本事件是非常重要的.

例 1 掷一颗匀称的骰子,求出现偶数点的概率.

解 设 $A=\{$出现偶数点$\}$. 沿用上一节例 2 中的符号,其基本事件空间

$$\Omega=\{\omega_1,\omega_2,\cdots,\omega_6\}.$$

显然 $n=6$,事件 $A=\{\omega_2,\omega_4,\omega_6\}$ 是由上述 6 个基本事件中的 3 个组成,即 $m=3$. 根据关系式(*),有

$$P(A)=\frac{m}{n}=\frac{3}{6}=\frac{1}{2}.$$

例 2 一个口袋装有 10 个外形相同的球,其中 6 个是白球,4 个是红球. “无放回”地从袋中取出 3 个球,求下述诸事件发生的概率(所谓“无放回”是指,第一次取一个球,不再把这个球放回袋中,再去取另一个球):

1° $A_1=\{$没有红球$\}$;

2° $A_2=\{$恰有两个红球$\}$;

3° $A_3=\{$至少有两个红球$\}$;

4° $A_4=\{$至多有两个红球$\}$;

5° $A_5=\{$至少有一个白球$\}$;

6° $A_6=\{$颜色相同的球$\}$.

解 设 $A=\{$任取三个球$\}$,其基本事件空间中基本事件的个

数（即从 10 个球中任取 3 个的“一般组合”数）

$$n=C_{10}^{3}=120.$$

1° A_1 是由上面 120 个基本事件中的

$$m_1=C_6^3C_4^0=20$$

个组成. 这里的 $C_6^3C_4^0$ 是从 6 个白球中任取 3 个，从 4 个红球中取出 0 个（即不取红球）的两类不同元素的组合数，它可以从乘法原理得到. 根据关系式（ * ），有

$$P(A_1)=\frac{m_1}{n}=\frac{20}{120}=\frac{1}{6}.$$

2° A_2 是由基本事件中的

$$m_2=C_6^1C_4^2=36$$

个组成. 根据关系式（ * ），有

$$P(A_2)=\frac{m_2}{n}=\frac{36}{120}=\frac{3}{10}.$$

3° A_3 是由基本事件中的

$$m_3=C_6^1C_4^2+C_6^0C_4^3=40$$

个组成. 根据关系式（ * ），有

$$P(A_3)=\frac{m_3}{n}=\frac{40}{120}=\frac{1}{3}.$$

4° A_4 是由基本事件中的

$$m_4=C_6^3C_4^0+C_6^2C_4^1+C_6^1C_4^2=116$$

个组成. 根据关系式（ * ），有

$$P(A_4)=\frac{m_4}{n}=\frac{116}{120}=\frac{29}{30}.$$

5° A_5 是由基本事件中的

$$m_5=C_6^1C_4^2+C_6^2C_4^1+C_6^3C_4^0=116$$

个组成. 根据关系式（ * ），有

$$P(A_5)=\frac{m_5}{n}=\frac{116}{120}=\frac{29}{30}.$$

6° A_6 是由基本事件中的

$$m_6=C_6^3C_4^0+C_6^0C_4^3=24$$

个组成. 根据关系式(*),有

$$P(A_6)=\frac{m_6}{n}=\frac{24}{120}=\frac{1}{5}.$$

例 3 在例 2 的条件下,“有放回”地从袋中取出 3 个球,求例 2 中诸事件发生的概率(所谓“有放回”是指,第一次取一个球,记录下这个球的颜色后,再把这个球放回袋中,然后再去任取一个球).

解 显然有放回的抽取是一个可重复的排列问题,于是基本事件的个数

$$n=10^3=1\ 000.$$

1° A_1 是由上面 1 000 个基本事件中的

$$m_1=6^3=216$$

个组成. 根据关系式(*),有

$$P(A_1)=\frac{m_1}{n}=\frac{216}{1\ 000}=0.216.$$

2° A_2 是由基本事件中的

$$m_2=3\times6\times4^2=288$$

个组成. 根据关系式(*),有

$$P(A_2)=\frac{m_2}{n}=\frac{288}{1\ 000}=0.288.$$

3° A_3 是由基本事件中的

$$m_3=3\times6\times4^2+4^3=352$$

个组成. 根据关系式(*),有

$$P(A_3)=\frac{m_3}{n}=\frac{352}{1\ 000}=0.352.$$

4° A_4 是由基本事件中的

$$m_4=3\times6\times4^2+3\times6^2\times4+6^3=936$$

个组成. 根据关系式(*),有

$$P(A_4)=\frac{m_4}{n}=\frac{936}{1\ 000}=0.936.$$

5° A_5 是由基本事件中的

$$m_5=6^3+3\times6^2\times4+3\times6\times4^2=936$$

个组成. 根据关系式(*),有

$$P(A_5)=\frac{m_5}{n}=\frac{936}{1\ 000}=0.936.$$

6° A_6 是由基本事件中的

$$m_6=6^3+4^3=280$$

个组成. 根据关系式(*),有

$$P(A_6)=\frac{m_6}{n}=\frac{280}{1\ 000}=0.28.$$

2.2 几何概型

概率论的古典定义是在全部基本事件的个数有限、各个基本事件发生的可能性都相等的情况下给出的. 在全部基本事件的个数无限的情况下,概率的古典定义是不适用的. 相当于有限场合的等可能性,在无限场合则称为**均匀性**,我们把具有特性:

1° 试验的结果是无限且不可列的;

2° 每个结果出现的可能性是均匀的

随机试验称为**几何型随机试验**. 在几何型随机试验中,我们是通过几何度量(长度、面积、体积等)来计算事件出现的可能性. 例如,在一个匀称的陀螺的圆周上均匀地刻上 0—9 十个数字,旋转此陀螺. 讨论当陀螺停止旋转时,其圆周与桌面接触点位于区间[1,3]上的概率. 由于陀螺的圆周上每一点都可能和桌面接触,所以这些接触点共有无穷多且为不可列个. 又因为陀螺本身是匀称的,所以它的任一点与桌面接触的机会都是相等的(即它与桌面接触具有均匀性). 因此这是几何型随机试验. 不难看出接触点位于圆周上

任一区间上的可能性大小与区间长度成正比. 于是,所要求的概率可以规定为

$$\frac{\text{区间}[1,3]\text{的长度}}{\text{区间}[0,10)\text{的长度}}=\frac{3-1}{10-0}=\frac{2}{10}=\frac{1}{5}.$$

下面我们给出**概率的几何定义**:

设 E 为几何型随机试验,其基本事件空间中的所有基本事件可以用一个有界区域来描述,而其中一部分区域可以表示事件 A 所包含的基本事件,则称事件 A 发生的概率为

$$P(A)=\frac{L(A)}{L(\Omega)}, \qquad (**)$$

其中 $L(\Omega)$ 与 $L(A)$ 分别为 Ω 与 A 的**几何度量**.

所谓**几何概型**就是利用关系式(* *)来讨论事件发生的概率的数学模型.

注意,上述事件 A 的概率 $P(A)$ 只与 $L(A)$ 有关,而与 $L(A)$ 对应区域的位置及形状无关.

例 4 某地铁每隔五分钟有一列车通过,在乘客对列车通过该站时间完全不知道的情况下,求每一个乘客到站等车时间不多于 2 分钟的概率.

解 设 $A=\{$每一个乘客等车时间不多于 2 分钟$\}$. 由于乘客可以在接连两列车之间的任何一个时刻到达车站,因此每一乘客到达站台时刻 t 可以看成是均匀地出现在长为 5 分钟的时间区间上的一个随机点. 即 $\Omega=[0,5)$. 又设前一列车在时刻 T_1 开出,后一列车在时刻 T_2 到达,线段 T_1T_2 长为5(见图 3.1.8),即 $L(\Omega)=5$; T_0 是 T_1T_2 上一点,且 T_0T_2 长为2. 显然,乘客只有在 T_0 之后到达(即只有 t 落在线段 T_0T_2 上),等车时间才不会多于 2 分钟. 即 $L(A)=2$. 因此

$$P(A)=\frac{L(A)}{L(\Omega)}=\frac{2}{5}.$$

T_1 T_0 T_2

图 3.1.8

§3 概率的基本性质

3.1 概率的公理化体系简介

在讨论概率的基本性质之前，我们首先简单介绍一下概率的公理化体系.

上面介绍的概率的古典定义与几何定义都有一定的局限性，即它们都是以等可能性（或均匀性）为基础的. 但在实际问题中有很多情况是不具有这种性质的；而概率的统计定义虽然比较直观，但在理论上不够严密. 因此，我们有必要采用数学抽象的方法，给出概率的一般公理化定义，提出一组关于随机事件概率的公理，使得后面的理论推导有所依据.

定义 设 E 是一个随机试验，Ω 为它的基本事件空间. 以 E 中所有的随机事件组成的集合为定义域，定义一个函数 $P(A)$（其中 A 为任一随机事件），且 $P(A)$ 满足以下三条公理，则称函数 $P(A)$ 为事件 A 的概率.

公理 1 $0 \leqslant P(A) \leqslant 1$.

公理 2 $P(\Omega)=1$.

公理 3 若 $A_1, A_2, \cdots, A_n, \cdots$ 两两互斥，则

$$
\begin{aligned}
P\left(\bigcup_{i=1}^{\infty} A_i\right) &= P(A_1+A_2+\cdots+A_n+\cdots) \\
&= P(A_1)+P(A_2)+\cdots+P(A_n)+\cdots \\
&= \sum_{i=1}^{\infty} P(A_i).
\end{aligned}
$$

3.2 概率的基本性质

由上面三条公理可以推导出概率的一些基本性质.

性质 1（有限可加性） 设 $A_1, A_2, \cdots, A_n$ 两两互斥，则

$$P\left(\bigcup_{i=1}^{n} A_i\right)=\sum_{i=1}^{n} P(A_i). \tag{1}$$

性质 2(加法定理) 设 A,B 为任意两个随机事件,则

$$P(A+B)=P(A)+P(B)-P(AB). \tag{2}$$

性质 3 设 A 为任意随机事件,则

$$P(\overline{A})=1-P(A). \tag{3}$$

这个性质也称为概率的**互补法则**.

性质 4 设 A,B 为两个随机事件,若 $A\subset B$,则

$$P(B-A)=P(B)-P(A). \tag{4}$$

由于 $P(B-A)\geqslant 0$,根据性质 4 可以推得,当 $A\subset B$ 时,

$$P(A)\leqslant P(B).$$

3.3 概率基本性质的应用

例 1 某企业生产的电子产品分一等品、二等品与废品三种,如果生产一等品的概率为 0.8,二等品的概率为 0.19,问生产合格品的概率是多少?

解 设 $A=\{$生产的是一等品$\}$,$B=\{$生产的是二等品$\}$,用 $A\cup B$ 表示"生产的是合格品",这样由性质 1,生产合格品的概率为

$$P\{A\cup B\}=P(A)+P(B)=0.8+0.19=0.99.$$

例 2 一批产品共有 100 件,其中 90 件是合格品,10 件是次品,从这批产品中任取 3 件,求其中有次品的概率.

解 方法 1 设 $A=\{$有次品$\}$,$A_i=\{$有 i 件次品$\}$,$i=1,2,3$. 故 $A=A_1\cup A_2\cup A_3$,并且 A_1,A_2,A_3 是两两互斥的,由概率的古典定义,我们有

$$P(A_1)=\frac{\mathrm{C}_{10}^{1}\cdot \mathrm{C}_{90}^{2}}{\mathrm{C}_{100}^{3}}=0.247\ 68,$$

$$P(A_2)=\frac{\mathrm{C}_{10}^{2}\cdot \mathrm{C}_{90}^{1}}{\mathrm{C}_{100}^{3}}=0.025\ 05,$$

$$P(A_3)=\frac{\mathrm{C}_{10}^{3}}{\mathrm{C}_{100}^{3}}=0.000\ 74.$$

由性质 1，

$$P(A)=P(A_1)+P(A_2)+P(A_3)=0.2735.$$

方法 2 由于事件 A 的对立事件 $\overline{A}=\{$取出的 3 件产品全是合格品$\}$，故

$$P(\overline{A})=\frac{\mathrm{C}_{90}^{3}}{\mathrm{C}_{100}^{3}}=0.7265.$$

由性质 3，

$$P(A)=1-P(\overline{A})=1-0.7265=0.2735.$$

例 3 某一企业与甲、乙两公司签订某物资长期供货关系的合同，由以前的统计得知，甲公司按时供货的概率为 0.9，乙公司能按时供货的概率为 0.75，两公司都能按时供货的概率为 0.7，求至少有一公司能按时供货的概率.

解 分别用 A,B 表示甲、乙两公司按时供货的事件，由题意，A,B 为非互斥事件，由性质 2，我们有

$$\begin{aligned}P(A\cup B)&=P(A)+P(B)-P(A\cdot B)\\&=0.9+0.75-0.7=0.95.\end{aligned}$$

故至少有一公司能按时供货的概率为 0.95.

例 4 一条电路上装有甲、乙两根保险丝，当电流强度超过一定值时，甲烧断的概率为 0.82，乙烧断的概率为 0.74，两根保险丝同时烧断的概率为 0.63，问至少烧断一根保险丝的概率是多少？

解 设 A,B 分别表示甲、乙保险丝烧断的事件，问题归结为计算 $A\cup B$ 的概率. 由于事件 A 与 B 是非互斥的任意事件，故由性质 2，有

$$P(A\cup B)=P(A)+P(B)-P(AB),$$

因此所求的概率为

$$P(A\cup B)=0.82+0.74-0.63=0.93.$$

§4 概率的乘法公式

4.1 条件概率

1. 条件概率的概念

上一节我们所讨论的事件 B 的概率 $P_S(B)$，都是指在一组不变条件 S 下事件 B 发生的概率（但是为了叙述简练，在 4.1 之外，一般不再提及条件组 S，而把 $P_S(B)$ 简记为 $P(B)$）. 在实际问题中，除了考虑概率 $P_S(B)$ 外，有时还需要考虑"在事件 A 已发生"这一附加条件下，事件 B 发生的概率. 与前者相区别，称后者为**条件概率**，记作 $P(B|A)$，读作在事件 A 发生的条件下事件 B 发生的概率.

例 1 在 100 个圆柱形零件中有 95 件长度合格，有 93 件直径合格，有 90 件两个指标都合格. 从中任取一件（这就是条件 S），讨论在长度合格的前提下，直径也合格的概率.

解 设 $A=\{$任取一件，长度合格$\}$，$B=\{$任取一件，直径合格$\}$，$AB=\{$任取一件，长度与直径都合格$\}$. 根据古典概型，在条件 S 下，基本事件的总数

$$n=\mathrm{C}_{100}^{1}.$$

事件 A 与 B 所包含的基本事件个数分别为

$$m_A=\mathrm{C}_{95}^{1},\quad m_B=\mathrm{C}_{93}^{1}.$$

AB 所包含的基本事件个数为

$$m_{AB}=\mathrm{C}_{90}^{1}.$$

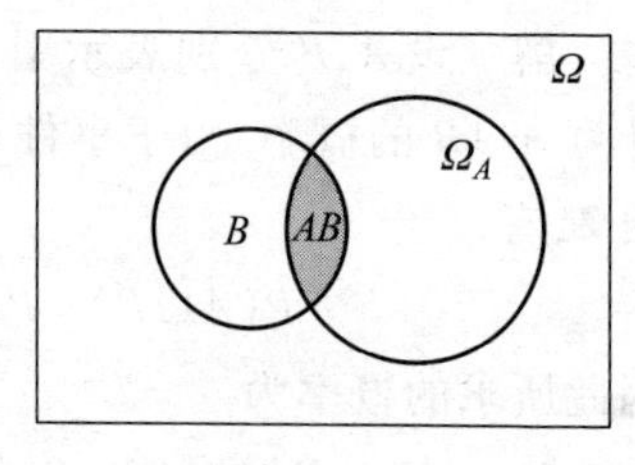

图 3.1.9

以上这些事件都是在基本事件空间 Ω 上考虑的. 然而讨论在长度合格的前提下，直径也合格的零件的概率问题，只能在事件 A 所包含的全体事件组的集合 Ω_A 上考虑（见图 3.1.9），称

Ω_A 为改变的基本事件空间. 这时我们是在原条件 S 和附加条件 A 下,简记为在 S_A 下讨论问题. 因此 Ω_A 中的基本事件个数为

$$m_A=95.$$

在 Ω_A 中属于事件 B 的基本事件个数不再是 $m_B=93$,而是

$$m_{AB}=90.$$

所以在长度合格的情况下直径也合格的零件概率 $P_{S_A}(B)$ 为

$$P_{S_A}(B)=\frac{m_{AB}}{m_A}=\frac{90}{95}.$$

注意,在一般情况下,$P_S(B)$ 与 $P_{S_A}(B)$ 是不同的. 本例中 $P_S(B)=93/100$,而 $P_{S_A}(B)=90/95$. 相对于条件概率 $P_{S_A}(B)$ 来说,$P(B)$ 也称为无条件概率. 在通常的情况下,我们总是在试验的条件组固定的前提下不再加入其他条件,这样得出的概率就是无条件概率;如果在试验的条件组外再加入"事件 A 已发生"之类的条件,这样计算出来的概率就称为条件概率.

2. 条件概率的计算公式

我们仍在条件 S 下的基本事件空间 Ω 上讨论条件概率的计算. 下面具体计算例 1. 一般我们把 $P_{S_A}(B)$ 记为 $P_S(B \mid A)$,简记为 $P(B \mid A)$. 因而例 1 中

$$\begin{aligned}P(B \mid A)&=P(\text{直径合格} \mid \text{长度合格})\\&=\frac{90}{95}=\frac{90/100}{95/100}=\frac{P(\text{长度与直径都合格})}{P(\text{长度合格})}\\&=\frac{P(AB)}{P(A)}.\end{aligned}$$

由此可以看出,在一般情况下,如果 A,B 是条件 S 下的两个随机事件,且 $P(A)\neq 0$. 则在 A 发生的前提下 B 发生的概率(即条件概率)为

$$P(B \mid A)=\frac{P(AB)}{P(A)}. \tag{5}$$

3. 概率的乘法公式

在条件概率公式(5)的两边同乘 $P(A)$ 即得

$$P(AB)=P(A)P(B|A). \tag{6}$$

我们有下面的定理.

定理 两个事件 A 与 B 的积的概率等于事件 A 的概率乘在 A 发生的前提下 B 发生的概率,即

$$P(AB)=P(A)P(B\mid A) \quad (P(A)>0).$$

同理有

$$P(AB)=P(B)P(A\mid B) \quad (P(B)>0).$$

上述的计算公式可以推广到有限多个事件的情形,例如对于三个事件 A_1,A_2,A_3(若 $P(A_1)>0,P(A_1A_2)>0$)有

$$P(A_1A_2A_3)=P(A_1)P(A_2\mid A_1)P(A_3\mid A_1A_2).$$

例 2 在 100 件产品中有 5 件是不合格的,无放回地抽取两件,问第一次取到正品而且第二次取到次品的概率是多少?

解 设事件

$$A=\{第一次取到正品\}, \quad B=\{第二次取到次品\},$$

用古典概型方法可求出

$$P(A)=\frac{95}{100}\neq 0.$$

由于第一次取到正品后不放回,那么第二次是在 99 件中(不合格品仍是 5 件)任取一件,所以

$$P(B\mid A)=\frac{5}{99}.$$

由公式(6),

$$P(AB)=P(A)P(B\mid A)=\frac{95}{100}\cdot\frac{5}{99}=\frac{19}{396}.$$

§5 伯努利概型

5.1 事件的相互独立性

例 1 设有 100 件产品,其中有 5 件是次品. 每次任取一件,有

放回地取两次. 设 A 为第一次取到正品, B 为第二次取到次品, 求 $P(AB)$.

解 $$P(AB)=P(A)P(B|A),$$

而

$$P(B \mid A)=\frac{5}{100}=P(B),$$

从而

$$P(AB)=P(A)P(B)=\frac{95}{100}\times\frac{5}{100}=0.047\,5.$$

$P(B \mid A)=P(B)$ 表明: 在事件 A 发生的前提下事件 B 发生的条件概率与事件 B (在条件 S 下) 的概率相同. 这表明事件 A 的发生并不影响事件 B 发生的概率. 由乘法公式可以证明, 当 $P(A)\neq 0$ 时,

$$P(B \mid A)=P(B) \quad 与 \quad P(AB)=P(A)P(B)$$

是等价的, 由此给出下面的定义.

定义 设 A,B 是某一随机试验的任意两个随机事件. 称 A 与 B 是**相互独立**的, 如果

$$P(AB)=P(A)P(B). \tag{7}$$

这就是在 A 与 B 独立的情况下事件 A 与 B 的乘积的概率公式. 可见事件 A 与 B 相互独立是建立在概率基础上事件之间的一种关系. 所谓事件 A 与 B 相互独立就是指其中一个事件发生与否不影响另一个事件发生的可能性. 类似地当 $P(B)\neq 0$ 时, A 与 B 相互独立也可以用

$$P(A \mid B)=P(A)$$

来定义.

由两个随机事件相互独立的定义, 我们可以得到: 若事件 A 与 B 相互独立, 则 $\overline{A}$ 与 B, A 与 $\overline{B}$, $\overline{A}$ 与 $\overline{B}$ 也相互独立.

在实际应用中, 常常是根据问题的具体情况, 按照独立性的直观意义来判定事件的独立性. 例如, 连续两次抛掷一枚硬币, 事件

{第一次出现正面}与{第二次出现正面}是相互独立的.

例 2 一盒螺钉共有 20 个,其中 19 个是合格的,另一盒螺母也有 20 个,其中 18 个是合格的. 现从两盒中各取一个螺钉和螺母,求两个都是合格品的概率.

解 令

$A=\{$任取一个,螺钉合格$\}$, $B=\{$任取一个,螺母合格$\}$.

显然 A 与 B 是相互独立的,并且有

$$P(A)=\frac{C_{19}^{1}}{C_{20}^{1}}=\frac{19}{20}, \quad P(B)=\frac{C_{18}^{1}}{C_{20}^{1}}=\frac{9}{10}.$$

由公式(7),有

$$P(AB)=P(A)P(B)=\frac{19}{20}\times\frac{9}{10}=\frac{171}{200}.$$

例 3 用高射炮射击飞机. 如果每门高射炮击中飞机的概率是 0.6,试问:(1) 用两门高射炮分别射击一次击中飞机的概率是多少?(2) 若有一架敌机入侵,需要多少架高射炮同时射击才能以 99% 的概率命中敌机?

解 (1) 令

$B_i=\{$第 i 门高射炮击中飞机$\}$ $(i=1,2)$,

$A=\{$击中飞机$\}$.

在同时射击时,B_1 与 B_2 可以看成是互相独立的,从而 $\overline{B}_1, \overline{B}_2$ 也是相互独立的,且有

$$P(B_1)=P(B_2)=0.6,$$

$$P(\overline{B}_1)=P(\overline{B}_2)=1-P(B_1)=0.4.$$

故

$$\begin{aligned} P(A) &= 1-P(\overline{A})=1-P(\overline{B}_1\overline{B}_2) \\ &= 1-P(\overline{B}_1)P(\overline{B}_2)=1-0.4^2=0.84. \end{aligned}$$

(2) 令 n 是以 99% 的概率击中敌机所需高射炮的门数,由上面讨论可知,

$$99\%=1-0.4^n, \quad 即\ 0.4^n=0.01,$$

亦即

$$n=\frac{\lg 0.01}{\lg 0.4}=\frac{-2}{-0.3979}\approx 5.026.$$

因此若有一架敌机入侵,至少需要配置 6 门高射炮方能以 99% 的把握击中它.

5.2 重复独立试验与二项概型

在实际问题中,我们常常要做多次试验条件完全相同(即可以看成是一个试验的多次重复)并且都是相互独立(即每次试验中的随机事件的概率不依赖于其他各次试验的结果)的试验. 我们称这种类型的试验为**重复独立试验**. 例如在相同的条件下独立射击就是重复独立试验;有放回地抽取产品等也是这种类型的试验.

下面我们讨论在重复独立试验中的一种概率模型——二项概型. 先看一个例子.

例 4 设某批电子产品有 20% 的次品,进行重复抽样检查,共取 4 件产品,试求这 4 件产品中恰有 3 件次品的概率.

解 设事件 A 表示"出现次品",我们把任取一件产品视为一次试验,则每次试验中要么 A 发生,要么 $\overline{A}$ 发生(即仅有两个可能结果),又因为是重复抽检,所以各次试验出现什么结果互不影响,是重复独立试验,因此由题设可以认为试验进行了 4 次,且 $P(A)=0.2$(设 $P(A)=p$),此题是求 A 在 4 次试验中恰好发生3 次的概率.

首先求 4 次试验中 A 恰好发生 3 次的可能种数,共有 $\mathrm{C}_4^3=4$ 种,即 $AAA\overline{A}$,$AA\overline{A}A$,$A\overline{A}AA$,$\overline{A}AAA$.

其次求每种可能情况出现的概率,以 $\overline{A}AAA$ 为例,注意到独立性,故有

$$\begin{aligned}P(\overline{A}AAA)&=P(\overline{A})P(A)P(A)P(A)\\&=(1-p)\cdot p\cdot p\cdot p\\&=p^3(1-p)^{4-3}.\end{aligned}$$

最后求 C_4^3 种情况出现的概率，由于这四种情况出现的概率是相同的，并且这四种情况彼此互斥，因此不可能同时出现两种情况，故根据概率的有限可加性，有

$$
\begin{aligned}
&P\{\text{抽检 4 件产品恰有 3 件次品}\}\\
&=P(AAA\overline{A})+P(AA\overline{A}A)+P(A\overline{A}AA)+P(\overline{A}AAA)\\
&=4P(\overline{A}AAA)=C_4^3p^3(1-p)^{4-3}\\
&=C_4^3 0.2^3\cdot 0.8=0.0256.
\end{aligned}
$$

在一般情况下，我们有

定理　在单次试验中事件 A 发生的概率为 $p(0<p<1)$，则在 n 次重复独立试验中

$$
P\{A\text{ 发生 }k\text{ 次}\}=C_n^k p^k(1-p)^{n-k}\quad(k=0,1,2,\cdots,n).\qquad(***)
$$

所谓二项概型就是利用关系式(＊＊＊)来讨论事件概率的数学模型. 在这个概型中基本事件的概率可以直接计算出来. 与古典概型不同的是二项概型的基本事件不一定是等概率的.

5.3　二项概型的应用

二项概型在实际问题中，如日常生活、工业生产及人寿保险等方面，有重要的应用，下面我们给出一些典型的例子：

例 5　设一批产品的废品率为 10%，每次抽取一个，观察后再放回去，独立地重复 5 次，求 5 次观察中恰有 2 次是废品的概率.

解　设 A 表示"一次观察中出现废品"，B 表示"五次观察中出现 2 次废品".

由题意可知：$P(A)=0.1$，这样我们就有：

$$
\begin{aligned}
P(B)&=C_5^2(P(A))^2(1-P(A))^{5-2}\\
&=10\times 0.1^2\times 0.9^3\\
&=0.0729.
\end{aligned}
$$

例 6　一个人的血型为 A，B，AB，O 型的概率分别为 0.40，

0.11,0.03,0.46,现在任意挑选 7 个人,求以下事件的概率:(1) 没有人为 B 型的概率 p_1;(2) 没有人为 AB 型的概率 p_2.

解 (1) 每次结果,只考虑两个可能的结果,B 型,非 B 型,故:

$$p_1=\mathrm{C}_7^0 0.11^0\times(1-0.11)^7=(1-0.11)^7.$$

(2) 每次结果,只考虑两个可能的结果:AB 型与非 AB 型,这样:

$$p_2=\mathrm{C}_7^0 0.03^0\times(1-0.03)^7=(1-0.03)^7.$$

例 7 设一年中在某类保险者里每个人死亡的概率等于 0.001,现有5 000 人参加这类保险,试求在未来一年中,在这类保险者里:(1) 有20 人死亡的概率 p_1;(2) 死亡人数不超过 50 人的概率 p_2.

解 (1) $p_1=\mathrm{C}_{5\,000}^{20}0.001^{20}0.999^{4\,980}$;

(2) $p_2=\sum\limits_{k=0}^{50}\mathrm{C}_{5\,000}^{k}0.001^{k}0.999^{5\,000-k}$.

本章自测题

习题 3.1

1. 写出下列随机试验的样本空间 Ω:

(1) 同时掷两枚骰子,记录两枚骰子点数之和;

(2) 10 件产品中有 3 件是次品,每次从中取 1 件,取出后不再放回,直到 3 件次品全部取出为止,记录抽取的次数;

(3) 生产某种产品直到得到 10 件正品,记录生产产品的总件数;

(4) 将一尺之棰折成三段,观察各段的长度.

2. 设 A,B,C 是三个随机事件,试用 A,B,C 表示下列各事件:

(1) 恰有 A 发生;

(2) A 和 B 都发生而 C 不发生;

(3) 所有这三个事件都发生;

(4) A,B,C 至少有一个发生;

(5) 至少有两个事件发生;

(6) 恰有一个事件发生;

(7) 恰有两个事件发生;

(8) 不多于一个事件发生;

(9) 不多于两个事件发生;

(10) 三个事件都不发生.

3. 试导出三个事件的概率加法公式.

4. 设 A,B,C 是三个随机事件,且 $P(A)=P(B)=P(C)=\frac{1}{4}$, $P(AB)=P(CB)=0$, $P(AC)=\frac{1}{8}$,求 A,B,C 至少有一个发生的概率.

5. 设有某产品 50 件,其中有次品 5 件. 现从中任取 3 件,求其中恰有 1 件次品的概率.

6. 从一副扑克牌的 13 张梅花中,有放回地取 3 次,求三张都不同号的概率.

7. 一口袋中有两个白球,三个黑球,从中依次取出两个球,试求取出的两个球都是白球的概率.

8. 三个人独立地破译一个密码,他们能译出的概率分别为$\frac{1}{5}$,$\frac{1}{3}$,$\frac{1}{4}$,求此密码能被译出的概率.

9. 甲、乙二人同时向一架敌机射击,已知甲击中敌机的概率为 0.6,乙击中敌机的概率为 0.5,求敌机被击中的概率.

10. 某机械零件的加工由两道工序组成. 第一道工序的废品率为 0.015,第二道工序的废品率为 0.02,假定两道工序出废品是彼此无关的,求产品的合格率.

11. 加工某一零件共需经过四道工序. 设第一、二、三、四道工序的次品率分别是 2%,3%,5%,3%,假定各道工序是互不影响的,求加工出来的零件的次品率.

12. 一批零件共 100 个,其中有次品 10 个. 每次从中任取一个零件,取出的零件不再放回去,求第一、二次取到的是次品,第三次才取到正品的概率.

13. 设某人打靶,命中率为 0.6. 现独立地重复射击 6 次,求至少命中两次的概率.

14. 设某种型号的电阻的次品率为 0.01,现在从产品中抽取 4 个,分别求出没有次品、有 1 个次品、有 2 个次品、有 3 个次品、全是次品的概率.

15. 某类电灯泡使用时数在 1 000 个小时以上的概率为 0.2,求三个灯泡在使用 1 000 小时以后最多只坏一个的概率.

第二章　一元正态分布

为了进一步从数量上研究随机现象的统计规律性，本章将讨论概率论中最重要的一种分布——正态分布. 我们首先介绍随机变量、随机变量的分类和分布密度函数的概念，然后着重研究正态分布及其性质，并且给出一元正态分布的近似计算方法以及正态分布在一些领域的实际应用.

§1　分布密度函数

1.1　随机变量的概念

我们知道，对于随机试验来说，其可能结果都不止一个. 如果我们把试验结果用实数 X 来表示，这样一来就把样本点 ω 与实数 X 之间联系了起来，建立起样本空间 Ω 与实数子集之间的对应关系 $X=X(\omega)$.

例 1　考察“抛掷一枚硬币”的试验，它有两个可能的结果：$\omega_1=\{$出现正面$\}$，$\omega_2=\{$出现反面$\}$. 我们将试验的每一个结果用一个实数 X 来表示，例如，用“1”表示 ω_1，用“0”表示 ω_2. 这样讨论试验结果时，就可以简单说成结果是数 1 或数 0. 建立这种数量化的关系，实际上就相当于引入了一个变量 X，对于试验的两个结果 ω_1 和 ω_2，将 X 的值分别规定为 1 和 0，即

$$X=X(\omega)=\begin{cases}1, & \text{当 } \omega=\omega_1 \text{ 时}, \\ 0, & \text{当 } \omega=\omega_2 \text{ 时}.\end{cases}$$

可见这是样本空间 $\Omega=\{\omega_1,\omega_2\}$ 与实数子集 $\{1,0\}$ 之间的一种对应关系.

例 2　考察"射击一目标,第一次命中时所需射击次数"的试验. 它有可列个结果: $\omega_i=\{$射击了 i 次$\}$, $i=1,2,\cdots$,这些结果本身是数量性质的. 如用 X 表示所需射击的次数,就引入了一个变量 X,它满足

$$X=X(\omega)=i,\quad \text{当 } \omega=\omega_i \text{ 时}(i=1,2,\cdots).$$

可见这是样本空间 $\Omega=\{\omega_1,\omega_2,\cdots\}$ 与正整数集 $\mathbf{N}_+$ 之间的一种对应关系.

例 3　考察"乘客候车时间"的试验,它有不可列个结果: $\omega\in[0,5)$. 这些结果本身也是数量性质的,如用 X 表示候车时间,就引入了一个变量 X,它满足

$$X=X(\omega),\quad \omega\in[0,5).$$

可见这是样本空间 $\Omega=\{\omega\mid\omega\in[0,5)\}$ 与区间 $[0,5)$ 之间的一种对应关系.

下面引入随机变量的定义.

定义　设随机试验的样本空间是 Ω,如果对 Ω 中每个样本点 ω,都有唯一的实数值 $X(\omega)$ 与之对应,则称这个实单值函数 $X(\omega)$ 为**随机变量**,简记为 X.

一般常用英文大写字母 X,Y 或希腊字母 ξ,η 来表示随机变量,随机变量是随机现象的数量化.

引入随机变量以后,随机事件就可以通过随机变量来表示. 例如,例 1 中的事件$\{$出现正面$\}$可以用$\{X=1\}$来表示;例 2 中的事件$\{$射击次数不多于 5 次$\}$可以用$\{X\leqslant 5\}$来表示;例 3 中的事件$\{$候车时间少于 2 分钟$\}$可以用$\{X<2\}$来表示. 这样,我们就可以把对事件的研究转化为对随机变量的研究.

随机变量一般可分为离散型和非离散型两大类. 非离散型又可分为连续型和混合型. 由于在实际工作中我们经常遇到的是离散型和连续型的随机变量,因此下面我们将分别仔细地讨论这两个类型的随机变量.

1.2 离散型随机变量及其分布

若随机变量 X 的取值为有限个或可列个(即称为至多可列个),则称 X 为**离散型随机变量**.

设离散型随机变量的可能取值为 $x_k, k=1,2,\cdots$. X 取各个可能值的概率为

$$P\{X=x_k\}=p_k, \quad k=1,2,\cdots,$$

这里 p_k 满足:

1) $p_k \geqslant 0, k=1,2,\cdots$;

2) $\sum_{k=1}^{\infty} p_k=1$.

我们称 $P\{X=x_k\}=p_k, k=1,2,\cdots$ 为离散型随机变量的**分布列**或**概率分布**.

分布列可用表格形式表示:

X	x_1	x_2	$\cdots$	x_k	$\cdots$
$P\{X=x_k\}$	p_1	p_2	$\cdots$	p_k	$\cdots$

例如上述例 1 中抛掷一枚硬币的试验,它有两个可能的结果:$\omega_1=\{$出现正面$\}$, $\omega_2=\{$出现反面$\}$,我们将试验的每一个结果用一个实数 X 来表示,用 1 表示 ω_1,用 0 表示 ω_2,即:

$$X=X(\omega)=\begin{cases}1, & \omega=\omega_1, \\ 0, & \omega=\omega_2.\end{cases}$$

这是一个离散型的随机变量,随机变量 X 的概率分布为

$$P\{X=1\}=p=\frac{1}{2}, \quad P\{X=0\}=1-p=\frac{1}{2},$$

相应地写成表格形式:

X	1	0
$P\{X=k\}$	$\frac{1}{2}$	$\frac{1}{2}$

1.3 连续型随机变量和正态分布

上面我们讨论了取值是至多可列个的离散型随机变量. 在实际问题中我们所遇到的更多的是另外一类变量,如某个地区的气温,某种产品的寿命,人的身高、体重,等等,它们的取值可以充满某个区间,这就是非离散型随机变量.

在非离散型的随机变量中最重要的,也是实际工作中经常遇到的是连续型的随机变量. 对于连续型随机变量 X 来说,由于它的取值不是集中在有限个或可列个点上,考察 X 的取值于一点的概率往往意义不大. 因此,只有确知 X 取值于任一区间上的概率(即 $P(a<X<b)$,其中 $a<b$ 为任意实数),才能掌握它取值的概率分布. 为此引进定义:

定义 对于随机变量 X,如果存在非负可积函数 $p(x)$ $(-\infty<x<+\infty)$,使得 X 取值于任一区间 (a,b) 的概率为

$$P\{a<X<b\}=\int_a^b p(x)\,\mathrm{d}x,$$

则称 X 为**连续型随机变量**;并称 $p(x)$ 为 X 的**分布密度函数**,有时简称为**分布密度**.

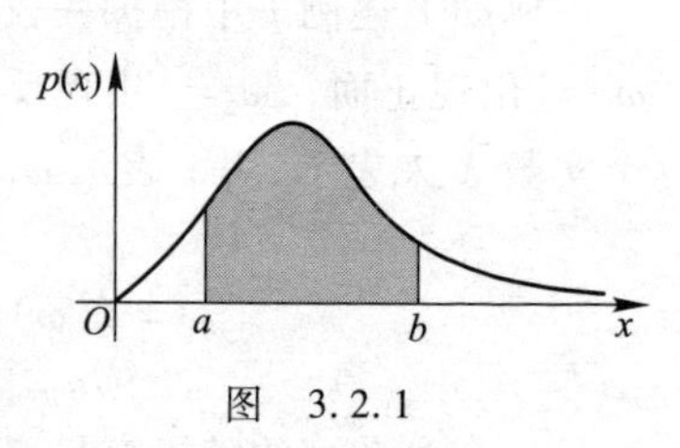

图 3.2.1

由定积分的几何意义可知,$P\{a<X<b\}$ 从数值上,刚好是由曲线 $y=p(x)$ 与 $x=a$, $x=b$,及横轴所围成的图形的面积(见图 3.2.1).

分布密度 $p(x)$ 有下列性质:

(1) $p(x)\geqslant 0$, $-\infty<x<+\infty$;

(2)[1] $\int_{-\infty}^{+\infty} p(x)\mathrm{d}x=P\{-\infty<X<+\infty\}=P(\Omega)=1$.

和分布密度函数 $p(x)$ 密切相关的是分布函数的概念. 设 $X(\omega)$ 是随机变量,我们用记号 $\{X\leqslant x\}=\{\omega \mid X(\omega)\leqslant x\}$,表示使不等式 $X(\omega)\leqslant x$ 成立的那些样本点 ω 构成的集合(事件),并将事件 $\{X\leqslant x\}$ 的概率记作 $P\{X\leqslant x\}$. 我们称 $\Phi(x)=P\{X\leqslant x\}=\int_{-\infty}^{x} p(x)\mathrm{d}x$ 为随机变量 $X(\omega)$ 的分布函数,分布函数 $\Phi(x)$ 表示 $X(\omega)$ 在 $(-\infty,x]$ 上取值的概率. 这个概念在今后的学习中,将会运用到.

有了上面的随机变量的概念和分布密度函数的知识,下面我们就来介绍一种常见的最重要的连续随机变量的分布——正态分布.

在现实世界中,大量的随机变量都服从或近似服从正态分布,它常用于描述测量误差等实际问题中的偏差现象,这种分布常具有"中间大""两头小"的特点. 例如调查一群同龄人的身高,其高度为随机变量,分布的特点是高度在某一范围(平均值附近)内的人数最多,而较高的和较低的人数较少. 还例如,在加工某零件时,其长度的测量值是个随机变量,它的分布和身高的分布相似,都可以认为服从正态分布.

下面我们就给出正态分布的概念:

设随机变量 X 的分布密度函数为

$$p(x)=\frac{1}{\sqrt{2\pi}\,\sigma}\mathrm{e}^{\frac{-(x-\mu)^2}{2\sigma^2}} \quad (-\infty<x<+\infty),$$

其中 μ,σ 为常数且 $\sigma>0$,则称 X 服从参数为 μ,σ^2 的**正态分布**,记

---

① 积分 $\int_{-\infty}^{+\infty} p(x)\mathrm{d}x$ 叫做反常积分,也就是:对于非负可积函数 $p(x)$,

$$\int_{-\infty}^{+\infty} p(x)\mathrm{d}x=\lim_{a\to-\infty}\int_{a}^{0} p(x)\mathrm{d}x+\lim_{b\to+\infty}\int_{0}^{b} p(x)\mathrm{d}x,$$

如果上式右边的两个极限都存在,则反常积分收敛,否则发散.

为 $X \sim N(\mu, \sigma^2)$.

正态分布的密度函数 $p(x)$ 的图形（如图 3.2.2 所示）呈钟形. $p(x)$ 关于直线 $x=\mu$ 对称，在 $x=\mu$ 处达到最大值，且当 $x \to \pm\infty$ 时，$p(x)$ 的曲线以直线 $y=0$ 为渐近线. 当 μ 增大时曲线右移，当 μ 减小时曲线左移（在实用中常称 μ 为正态分布的位置参数，它体现了随机变量 X 取值在概率意义下的平均数，关于这一点我们将在以后的学习中详细讨论）；当 σ 大时，曲线平缓，当 σ 小时，曲线陡峭（见图 3.2.3）. 特别地，称参数 $\mu=0, \sigma=1$ 的正态分布为标准正态分布，其密度函数为

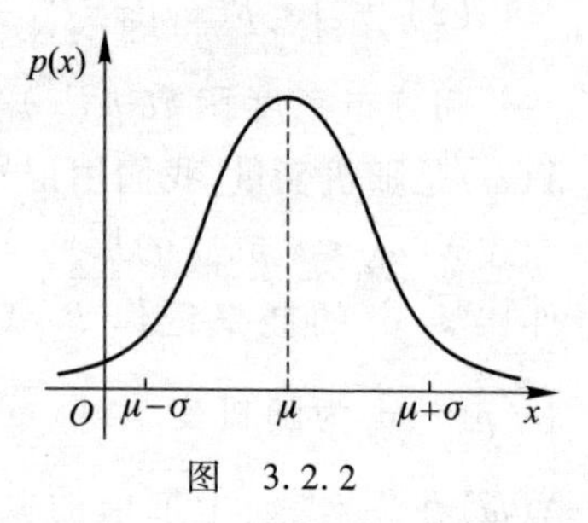

图 3.2.2

$$p(x)=\frac{1}{\sqrt{2\pi}}\mathrm{e}^{-\frac{x^2}{2}}.$$

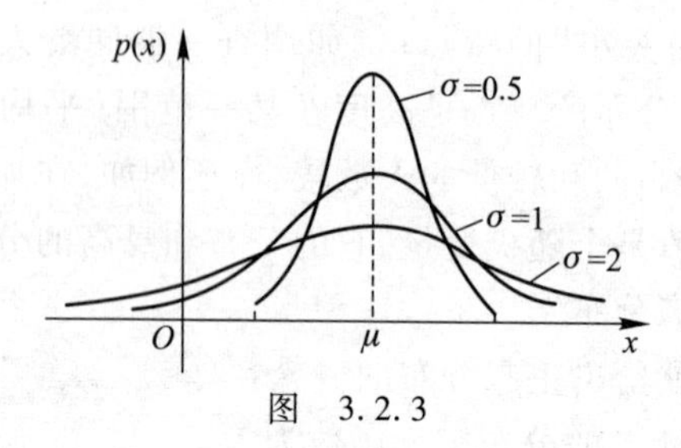

图 3.2.3

我们可以证明

$$\int_{-\infty}^{+\infty}\frac{1}{\sqrt{2\pi}}\mathrm{e}^{-\frac{x^2}{2}}\mathrm{d}x=1.$$

由此，只要作变换 $\frac{x-\mu}{\sigma}=t$，不难验证一般的正态分布密度也满足

$$\int_{-\infty}^{+\infty}p(x)\mathrm{d}x=\int_{-\infty}^{+\infty}\frac{1}{\sqrt{2\pi}\sigma}\mathrm{e}^{-\frac{(x-\mu)^2}{2\sigma^2}}\mathrm{d}x=1.$$

进一步的理论研究表明，一个变量如果受到了大量的随机因

素的影响,各个因素所起的作用又都很微小时,这样的变量一般都是服从正态分布的随机变量. 事实表明,正态分布无论在理论研究或实际应用中都具有特别重要的地位.

§2 一元正态分布的计算与应用

2.1 正态分布计算的查表法

现在我们来讨论如何计算服从正态分布的随机变量在任一区间上取值的概率. 因为正态分布是最常用的分布,为了便于计算,人们编制了正态分布数值表(见本书附表 1).

下面我们分析附表的构造,并给出查表的方法:

1. 表的构造

1) 此表中的数据是由公式 $\Phi(x)=\int_{-\infty}^{x}\frac{1}{\sqrt{2\pi}}\mathrm{e}^{-\frac{t^2}{2}}\mathrm{d}t$ 计算出来的,由于被积函数为$\frac{1}{\sqrt{2\pi}}\mathrm{e}^{-\frac{t^2}{2}}$,可知随机变量 X 的密度函数 $p(x)=\frac{1}{\sqrt{2\pi}}\mathrm{e}^{-\frac{x^2}{2}}$,即 X 服从标准正态分布. 在数值上,此积分是随机变量 X 在区间$(-\infty,x]$上取值的概率,也就是:

$$P\{-\infty<X\leqslant x\}=\int_{-\infty}^{x}\frac{1}{\sqrt{2\pi}}\mathrm{e}^{-\frac{t^2}{2}}\mathrm{d}t.$$

2) 从积分的几何意义上讲, $\Phi(x)$就是曲线 $p(x)=\frac{1}{\sqrt{2\pi}}\mathrm{e}^{-\frac{x^2}{2}}$ 在积分区间$(-\infty,x]$上的面积,从而也称 $\Phi(x)$ 为面积函数,见图 3.2.4. 显然,在 $x\to+\infty$ 时,

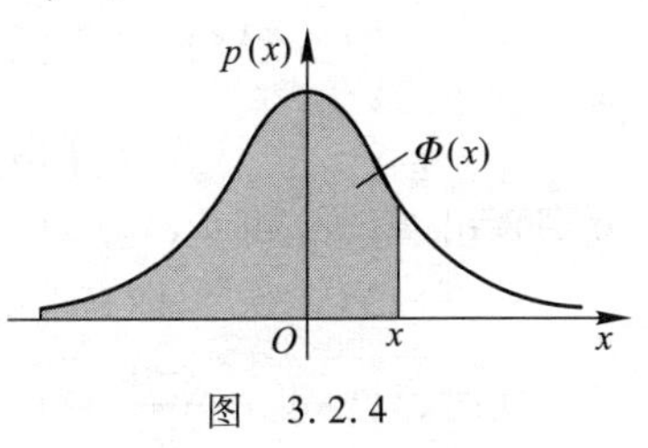

图 3.2.4

$$\int_{-\infty}^{+\infty}\frac{1}{\sqrt{2\pi}}\mathrm{e}^{-\frac{t^2}{2}}\mathrm{d}t=1,$$

即 $\Phi(x)\to 1\ (x\to+\infty)$；在 $x\to-\infty$ 时，$\Phi(x)\to 0$；而在 $x=0$ 时，由对称性，$\Phi(0)=\frac{1}{2}$.

3）表的取值范围：表的第一列给出 $\Phi(x)$ 的自变量 x 从 0.00 到 3.49 的间隔为 0.1 的取值，表的第一行为自变量 x 的第二位小数间隔为 0.01 的取值，每行和每列相交的数值为 $\Phi(x)$ 精确到小数点后面四位的值.

2. 查表法

1）$X\sim N(0,1)$，求 $P\{X\leqslant x\}$，其中 $x>0$.

由于 $P\{X\leqslant x\}=\Phi(x)$，故可以直接由给定的 x，查出相应的 $\Phi(x)$ 的值.

2）$X\sim N(0,1)$，求 $P\{X\leqslant -x\}$，其中 $x>0$.

由于 $P\{X\leqslant -x\}=\Phi(-x)$，可以利用被积函数 $p(x)$ 的对称性质：$\Phi(-x)=1-\Phi(x)$，见图 3.2.5.

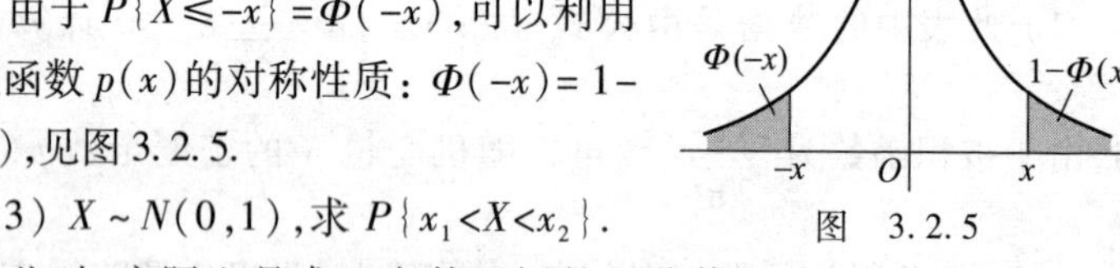

图 3.2.5

3）$X\sim N(0,1)$，求 $P\{x_1<X<x_2\}$.

此时，实际上是求 x 在某区间的积分值，即

$$P\{x_1<X<x_2\}=\int_{x_1}^{x_2}\frac{1}{\sqrt{2\pi}}\mathrm{e}^{-\frac{t^2}{2}}\mathrm{d}t,$$

由定积分的几何意义，只要求出两个面积的差：

$$P\{x_1<X<x_2\}=\int_{-\infty}^{x_2}\frac{1}{\sqrt{2\pi}}\mathrm{e}^{-\frac{t^2}{2}}\mathrm{d}t-\int_{-\infty}^{x_1}\frac{1}{\sqrt{2\pi}}\mathrm{e}^{-\frac{t^2}{2}}\mathrm{d}t$$
$$=\Phi(x_2)-\Phi(x_1),$$

分别查出 $\Phi(x_1)$ 和 $\Phi(x_2)$，就可求出 $\Phi(x_2)-\Phi(x_1)$.

4）$X\sim N(\mu,\sigma^2)$，即在非标准正态分布的情况下如何查表.

此时，只要设 $t=\frac{x-\mu}{\sigma}$，就可以把非标准正态分布转化成标准正态分布，即 $Y=\frac{X-\mu}{\sigma}\sim N(0,1)$. 再用上述方法查附表即可.

下面用几个实例来说明,如何用查表法计算服从正态分布的随机变量在任一区间上取值的概率:

例 1 设 $X\sim N(0,1)$,求:

(1) $P\{X<2.35\}$; (2) $P\{X<-1.25\}$; (3) $P\{|X|<1.55\}$.

解 这三个小题可分别用查表法中的 1)、2)、3)来解.

(1) $P\{X<2.35\}=\Phi(2.35)\overset{\text{查表}}{=\!=\!=}0.9906$;

(2) $P\{X<-1.25\}=\Phi(-1.25)=1-\Phi(1.25)$

$=1-0.8944=0.1056$;

(3) $P\{|X|<1.55\}=P\{-1.55<X<1.55\}$

$=\Phi(1.55)-\Phi(-1.55)$

$=2\Phi(1.55)-1=2\times0.9394-1$

$=0.8788$.

例 2 设 $X\sim N(1,2^2)$,求 $P\{0<X\leqslant5\}$.

解 此题可用查表法中的方法 4)来解.

在此题中,$\mu=1,\sigma=2,x_1=0,x_2=5$. 故

$$\begin{aligned}P\{0<X\leqslant5\}&=\Phi\left(\frac{x_2-\mu}{\sigma}\right)-\Phi\left(\frac{x_1-\mu}{\sigma}\right)\\&=\Phi(2)-\Phi(-0.5)\\&=\Phi(2)-[1-\Phi(0.5)]\\&=\Phi(2)+\Phi(0.5)-1\\&=0.9772+0.6915-1=0.6687.\end{aligned}$$

2.2 一元正态分布的简单应用

例 3 乘汽车从某市的一所大学到火车站,有两条路线可走,第一条路线,路程较短,但交通拥挤,所需时间(单位: min)服从正态分布 $N(50,10^2)$,第二条路线,路程较长,但阻塞较少,所需时间服从正态分布 $N(60,4^2)$. 问: 如有 65 min 可利用,应走哪一条路线?

解 设 X 为行车时间,如有 65 min 可利用,走第一条路线,$X\sim N(50,10^2)$,及时赶到的概率为

$$P\{X\leqslant 65\}=\Phi\left(\frac{65-50}{10}\right)=\Phi(1.5)=0.9332.$$

走第二条路线，$X\sim N(60,4^2)$，及时赶到的概率为

$$P\{X\leqslant 65\}=\Phi\left(\frac{65-60}{4}\right)=\Phi(1.25)=0.8944.$$

显然，应走概率大的第一条路线.

例 4 公共汽车车门的高度，是按男子与车门碰头的机会在 0.01 以下来设计的，设男子身高 X 服从 $\mu=168$ cm，$\sigma=7$ cm 的正态分布，即 $X\sim N(168,7^2)$，问车门的高度应如何确定？

解 若车门的高度为 h cm，由题意：

$$P\{X\geqslant h\}\leqslant 0.01 \quad 或 \quad P\{X<h\}\geqslant 0.99.$$

由于 $X\sim N(168,7^2)$，因此

$$P\{X<h\}=\Phi\left(\frac{h-168}{7}\right)\geqslant 0.99.$$

由查表可知

$$\Phi(2.33)\approx 0.9901>0.99.$$

即有

$$\frac{h-168}{7}=2.33.$$

于是

$$h=168+7\times 2.33=184.31.$$

故车门的高度为 184.31 cm 时，男子与车门碰头的机会不超过 0.01.

例 5 某地抽样调查考生的英语成绩（按百分制计算，近似服从正态分布），平均成绩为 72 分，96 分以上的占考生总数的 2.3%，试求考生的英语成绩在 60 分到 84 分之间的概率.

解 此题是关于考生的英语成绩的，由题意它是近似服从正态分布的，因此它的概率密度曲线是一条中间高两边低呈对称分布的钟形曲线，我们在讲正态分布的概念时，已提到参数 μ 在实际上体现了随机变量取值在概率意义下的平均值. 在此题中，我们把它当成已知条件，即 μ 为平均成绩 72. 因此，我们设 X 为考生的英语成绩，由题意知，

$$X \sim N(\mu, \sigma^2),$$

其中 $\mu=72$，现确定 σ. 由题设，

$$P\{X \geqslant 96\}=0.023,$$

由 2.1 节的正态分布的查表法，把非标准正态分布转换成标准正态分布，即有

$$P\left\{\frac{X-\mu}{\sigma} \geqslant \frac{96-72}{\sigma}\right\}=0.023,$$

故

$$1-\Phi\left(\frac{24}{\sigma}\right)=0.023, \quad \Phi\left(\frac{24}{\sigma}\right)=0.977.$$

查表可知 $\frac{24}{\sigma}=2$，所以 $\sigma=12$. 因此，

$$X \sim N(72, 12^2).$$

所求的概率为

$$\begin{aligned} P\{60 \leqslant X \leqslant 84\} &= P\left\{\frac{60-72}{12} \leqslant \frac{X-\mu}{\sigma} \leqslant \frac{84-72}{12}\right\} \\ &= P\left\{-1 \leqslant \frac{X-\mu}{\sigma} \leqslant 1\right\} \\ &= \Phi(1)-\Phi(-1) \\ &= 2\Phi(1)-1=0.682\,6. \end{aligned}$$

习题 3.2

1. 已知 $X \sim N(0,1)$，计算 $P\{0.5<X<1.5\}$.
2. 已知 $X \sim N(0,1)$，计算(1) $P\{X<-1.24\}$；(2) $P\{|X|<1\}$.
3. 已知 $X \sim N(1.40, 0.05^2)$，计算 $P\{1.35<X<1.45\}$.
4. 已知 $X \sim N(3, 2^2)$，试确定 k 的值，使 $P\{X>k\}=P\{X \leqslant k\}$.
5. 设 $X \sim N(50, 10^2)$，计算 $P\{45<X<62\}$.
6. 设 $X \sim N(1.5, 2^2)$，计算 $P\{|X|<3\}$.
7. 设 $X \sim N(10, 2^2)$，求 $P\{X>10\}$，$P\{7 \leqslant X \leqslant 15\}$.
8. 设某机器生产的螺栓的长度 $X \sim N(10.05, 0.06^2)$. 按照规定 X 在范围 (10.05 ± 0.12) cm 内为合格品，求螺栓不合格的概率.

第三章　数理统计基础

数理统计是以概率论为理论基础,从部分观测去推断整体内在规律,并具有广泛应用的一个数学分支.本章仅就数理统计的一些基本概念,如总体与样本、样本均值与样本方差、众数与中位数、直方图与分布密度函数及经验分布函数作一简单介绍,使读者对数理统计有一个初步的了解.

§1　总体与样本

在实际工作中,我们常常会遇到这样一些问题.例如,通过对部分产品进行测试来研究一批产品的寿命,讨论这批产品的平均寿命是否不小于某数值 a.又如,通过对某地区一部分人的测量了解该地区的全体男性成年人的身高及体重的分布情况.解决这类问题采用的是随机抽样法.这种方法的基本思想是,从所研究的对象的全体中抽取一小部分进行观察和讨论,从而对整体进行推断.从本节开始我们将介绍几个基本概念.

1.1　总体与样本

在数理统计中,常把被考察对象的某一个(或多个)指标的全体称为**总体**;而把总体中的每一个单元称为**个体**.例如,一批产品的寿命(一个指标)是一个总体,而其中一个产品的寿命是一个个体;又如某地区全体男性成人的身高与体重(两个指标)也是一个总体,而其中一个男人的身高与体重是一个个体.从统计角度来看一批产品的寿命构成的一个指标的集合,它自然有一个分布(请读者想一想,这是为什么).因此总体的分布可以看作是这个指标的分布. 如果这个指标可以用一个量来刻画(如产品的寿命),那么这个总体就是一元的;如果指标需要用多个量来刻画(如男人的身高与体重),那么这个总体就是多元的. 在以后的讨论中,我们总是把总体看成一个具有分布的随机变量(或随机向量). 本章只讨论一元总体的统计分析(称为一元统计分析).

我们把从总体中抽取的部分个体 $x_1,x_2,\cdots,x_n$ 称为**样本**. 样本中所含的个体数称为**样本容量**. 由于 $x_1,x_2,\cdots,x_n$ 是从总体中随机抽取出来的,并且通常样本容量相对于总体来说都是很小的,因此在取了一个个体以后可以认为总体的分布没有发生任何变化,而且每个个体的取值不受其他任何个体值的影响,就是说它们之间是互相独立的. 因此在一般情况下,总是把样本看成是 n 个相互独立的且与总体有相同分布的随机变量. 这样的样本称为**简单随机样本**(以后我们只讨论这种样本). 但是在一次抽取后样本 $x_1,x_2,\cdots,x_n$ 就是 n 个具体的数值,称这 n 个值为**样本值**,记作 $x_1,x_2,\cdots,x_n$. 在以下的讨论中为使叙述简练,我们对样本与样本值所使用的符号不再加以区别,也就是说我们赋予 $x_1,x_2,\cdots,x_n$ 有双重意义:在泛指任一次抽取的结果时,$x_1,x_2,\cdots,x_n$ 表示 n 个**随机变量**(样本);在具体的一次抽取之后,$x_1,x_2,\cdots,x_n$ 表示 n 个具体的**数值**(样本值).

1.2 样本函数与统计量

样本是进行统计推断的依据,但是在解决问题时,并不是直接利用样本,而是利用由样本计算出来的某些量,例如

$$\bar{x}=\frac{1}{n}\sum_{i=1}^{n}x_i \quad 和 \quad S^2=\frac{1}{n-1}\sum_{i=1}^{n}(x_i-\bar{x})^2.$$

它们都是样本 $x_1,x_2,\cdots,x_n$ 的函数(即随机变量的函数),也都是随机变量. 我们通过对这些样本函数的分析得出所需要的结论,因此样本函数是数理统计中的一个重要概念. 样本函数可以记为

$$\varphi=\varphi(x_1,x_2,\cdots,x_n),$$

其中 φ 为一个连续函数. 如果 φ 中不包含任何未知参数,则称 $\varphi(x_1,x_2,\cdots,x_n)$ 为一个**统计量**. 在上面给出的随机变量函数 $\bar{x}$ 和 S^2 中,由于它们不包含任何未知参数,所以 $\bar{x}$ 和 S^2 都是统计量,分别称为样本均值和样本方差.

§2 样本均值与样本方差

在上一节,我们已经介绍了统计量,样本均值 $\bar{x}$ 与样本方差 S^2,都是统计量,下面我们分别较详细地讨论这两个统计量.

2.1 样本均值

定义 设从总体中随机地抽取样本容量为 n 的样本,测得样本值为 $x_1,x_2,\cdots,x_n$,则称

$$\bar{x}=\frac{1}{n}\sum_{i=1}^{n}x_i$$

为**样本均值**.

例 1 某小学一年级在数学期末考试中,随机地抽出 11 份卷子,它们的成绩分别为 79,62,84,90,91,71,76,83,98,77,78. 试求样本均值 $\bar{x}$.

解 $\bar{x}=\dfrac{79+62+84+90+91+71+76+83+98+77+78}{11}$

$\approx 80.8.$

例 2 从一批电子元件中随机抽取 6 个,测其长度,得到数据(单位: cm): 144.2,144.5,144.1,143.1,143.5,143.8,求样本均值 $\bar{x}$.

解 $\bar{x}=\dfrac{144.2+144.5+144.1+143.1+143.5+143.8}{6}$

$\approx 143.87.$

在实际问题中,有时当数据较多时,用求算术平均值的方法求样

本均值是比较烦琐的，我们还可以用其他的方法，比如加权平均数.

在计算 $x_1,x_2,\cdots,x_n$ 的样本均值时，若 x_i 中，有相同的值，就可以合并，假设不同的只有 k 个值，即：$a_1,a_2,\cdots,a_k$，并且 a_i 出现了 n_i 次，$i=1,2,\cdots,k$. 故

$$\bar{x}=\frac{1}{n}(x_1+x_2+\cdots+x_n)=\frac{1}{n}\sum_{i=1}^{k} n_i a_i=\sum_{i=1}^{k} a_i\frac{n_i}{n}. \tag{1}$$

由上式我们发现，均值 $\bar{x}$ 与 a_i 出现的次数的关系是由比值 n_i/n 决定的，也就是说，只与 a_i 在所有数据中所占的比例有关，我们再把这个概念加以推广.

给了一组数据 $x_1,x_2,\cdots,x_n$，再给一组正数 $p_1,p_2,\cdots,p_n$，这里 $\sum\limits_{i=1}^{n} p_i=1$，则

$$\sum_{i=1}^{n} p_i x_i=p_1x_1+p_2x_2+\cdots+p_nx_n$$

为 $x_1,x_2,\cdots,x_n$ 的加权平均数，而 $p_1,p_2,\cdots,p_n$ 为 $x_1,x_2,\cdots,x_n$ 相应的权. 特殊情况，在 $p_1=p_2=\cdots=p_n=\dfrac{1}{n}$时，加权平均数就变成算术平均数，$p_i$ 表示 x_i 在平均时的重要程度.

2.2 样本方差

定义 设从总体中随机地抽取样本容量为 n 的样本，测得样本值为 $x_1,x_2,\cdots,x_n$，则称

$$S^2=\frac{1}{n-1}\sum_{i=1}^{n}(x_i-\bar{x})^2 \tag{2}$$

及

$$S=\sqrt{\frac{1}{n-1}\sum_{i=1}^{n}(x_i-\bar{x})^2} \tag{3}$$

分别为**样本方差**和**样本标准差**.

显然，在 $x_1=x_2=\cdots=x_n$ 时，$S^2=0$；当 $x_i(i=1,2,\cdots,n)$ 这组数据互不相同的程度越大，也就是说，这组数据越分散时，S^2 就越大；

而当 $x_i(i=1,2,\cdots,n)$ 这 n 个数据相差不大,即这组数据很集中时,S^2 就很小.

例 3 设用高温测温仪对某物体的温度测量了 5 次,其样本值为 1 250,1 265,1 245,1 260,1 275,单位为℃,求:

(1) 样本方差; (2) 样本标准差.

解 (1) 先求样本均值:

$$\bar{x}=\frac{1}{5}(1\,250+1\,265+1\,245+1\,260+1\,275)=1\,259,$$

再求样本方差:

$$\begin{aligned}S^2&=\frac{1}{5-1}\sum_{i=1}^{5}(x_i-\bar{x})^2\\&=\frac{1}{4}[(1\,250-1\,259)^2+(1\,265-1\,259)^2+\\&\quad(1\,245-1\,259)^2+(1\,260-1\,259)^2+\\&\quad(1\,275-1\,259)^2]\\&=142.5;\end{aligned}$$

(2) $S=\sqrt{\frac{1}{5-1}\sum_{i=1}^{5}(x_i-\bar{x})^2}=\sqrt{142.5}=11.94.$

§3 众数与中位数

为了刻画随机变量的概率分布,除了用分布密度函数(见第二章§1)和"面积函数"$\Phi(x)$(见第二章§2,"面积函数"也叫分布函数)以外,还需要几个特征值来描述分布的特性,也称分布的位置特征,这里我们介绍分布的位置特征:众数与中位数.

3.1 众数

在一组数据中,出现次数最多的数据叫做这组数据的**众数**.例如,一组数据为:4,4,6,7,9,因为 4 出现了两次,其余各数据只出现了一次,因此这组数据的众数就是4.

众数描述了一组数据的集中趋势,是统计工作中的统计量之一,在经济管理和日常生活中也应用这个概念. 例如某衬衣厂,发现某种型号的衬衣销量最多,因此在制定下阶段生产计划时,就多生产这种型号的衬衣,等等.

3.2 中位数

把一组数据按大小次序排列,把处于最中间位置的一个数据(或最中间两个数据的平均数)叫做这组数据的中位数. 具体说来,如果数据是奇数个,那么最中间的只是一个数据,它就是中位数;如果数据是偶数个,那么最中间就是两个数据,这两个数据的平均数就是中位数. 例如,一组数据19,21,24,25,27,那么最中间的数据只有一个24,24就是中位数;再例如,一组数据23,24,25,26,28,30,31,32,那么最中间的是两个数据26,28,则这两个数据的平均数为27,27就是这组数据的中位数.

§4 直方图与概率密度函数

在实际工作中,要分析研究随机现象,就需要收集原始数据. 这些数据,一般来讲是通过随机抽样得到的,并且这样得到的数据,常常是大量的和分散的,为了揭示这些数据的分布规律,必须对它们进行加工整理和统计分析. 在这一节,我们介绍一种常用的统计分析的方法——直方图,通过它,就可根据原始数据,近似地描绘出概率密度函数.

作直方图的步骤

1. 从 n 个原始数据中,确定最大值和最小值,取 a 略小于最小值,b 略大于最大值.

2. 对数据进行整理分组. 分组的个数,可根据实际的经验来确定. 例如：数据在 50 以下，可分为 5 ~ 6 个组；50 ~ 100 个数据，可分成 6 ~ 10 个组；100 ~ 250 个数据，可分成 7 ~ 12 个组；等等. 如果数据太少，作直方图就没有多少意义.

3. 求出组距和组限. 设分组的个数为 K，那么每个组的组距为 $d=\frac{b-a}{K}$，第一组应包含数据的最小值，最后一组应包含数据的最大值.

4. 计算频数、频率、频率密度. 每组包含的数据的个数，称为**频数**，记为 $f_i, i=1,2,\cdots,K$，频数除以数据的总数 n，即 $\frac{f_i}{n}$，称为**频率**. 把第一组至第 i 组的频率累加，称为第 i 组的**累积频率**，频率和组距 d 的比，称为**频率密度**.

5. 列出有关组距、频数、频率、频率密度等的统计表.

6. 制作直方图.

建立平面直角坐标系 xOy，横坐标表示随机变量的取值，即数据的范围；纵坐标表示频率密度，即频率与组距的比值. 这样，以每一组的组距 d 为底，以相应于这个小区间的频率密度为高，就得到一排竖直的小长方形，这样作出的图形，称为**频率直方图**，简称**直方图**.

显然，直方图中所有的小长方形的面积之和为 1，这是由于：

$$\text{小长方形的面积}=\frac{\text{频率}}{\text{组距}}\times\text{组距}=\text{频率}.$$

故所有的小长方形的面积之和就刚好等于频率的总和，即为 1.

总之，直方图是用小长方形的面积的大小来表示样本数据，即随机变量的取值落在某个区间（某一个小组）内的可能性的大小，因而它可以直观并且大致反映随机变量概率分布密度的情况.

有了直方图，就可以近似画出概率密度函数的曲线，即用光滑的曲线分别连接各小长方形的顶边，就可以得到连续型随机变量的概率密度函数的近似曲线，在此基础上，可以对随机变量作进一步的分析和研究.

例 1 某企业生产某种电子元件，因受到各种偶然因素的影响,其长度是有差异的,将其长度 X 看成随机变量,用直方图法分析 X 服从什么分布,抽样取得的 100 个数据如下:

1.36	1.49	1.43	1.41	1.37	1.40	1.32	1.42	1.47	1.39
1.41	1.36	1.40	1.34	1.42	1.42	1.45	1.35	1.42	1.39
1.44	1.42	1.39	1.42	1.42	1.30	1.34	1.42	1.37	1.36
1.37	1.34	1.37	1.37	1.44	1.45	1.32	1.48	1.40	1.45
1.39	1.46	1.39	1.53	1.36	1.48	1.40	1.39	1.38	1.40
1.36	1.45	1.50	1.43	1.38	1.43	1.41	1.48	1.39	1.45
1.37	1.37	1.39	1.45	1.31	1.41	1.44	1.44	1.42	1.47
1.35	1.36	1.39	1.40	1.38	1.35	1.38	1.43	1.42	1.42
1.42	1.40	1.41	1.37	1.46	1.36	1.37	1.27	1.37	1.38
1.42	1.34	1.43	1.42	1.41	1.41	1.44	1.48	1.55	1.37

解 1. 先找出数据中的最大值 1.55,最小值 1.27,并取 $a=1.265$,$b=1.565$. a 略小于最小值,b 略大于最大值,使最大值、最小值在组内.

2. 对数据进行分组,可分成 10 组,即 $K=10$.

3. 找出组距:$\frac{b-a}{K}=\frac{1.565-1.265}{10}=0.03$. 显然,第一组为 $[1.265,1.295]$……第十组为 $[1.535,1.565]$.

4. 计算频数、频率、频率密度等.

5. 列出有关组距、频数、频率、频率密度的分布表:

组序号	分组组距	唱票统计	频数	频率	频率密度
1	1.265~1.295	一	1	0.01	0.33
2	1.295~1.325	𠃋	4	0.04	1.33
3	1.325~1.355	正丅	7	0.07	2.33
4	1.355~1.385	正正正正丅	22	0.22	7.33
5	1.385~1.415	正正正正𠃋	24	0.24	8.00
6	1.415~1.445	正正正正𠃋	24	0.24	8.00
7	1.445~1.475	正正	10	0.10	3.33
8	1.475~1.505	正一	6	0.06	2.00
9	1.505~1.535	一	1	0.01	0.33
10	1.535~1.565	一	1	0.01	0.33
合计			100	1.00	

6. 作直方图(见图 3.3.1)

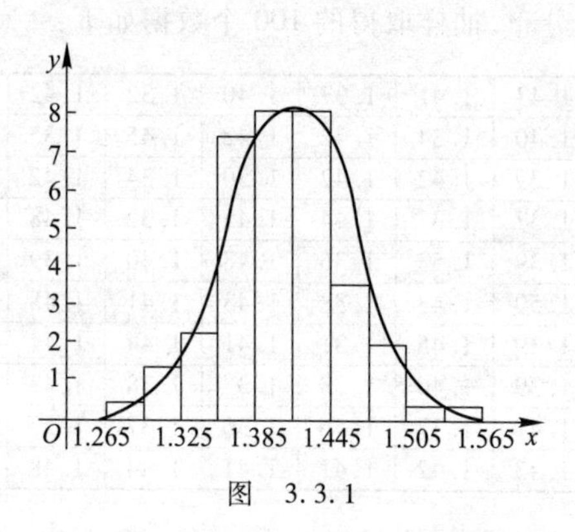

图 3.3.1

§5 经验分布函数

由给定的一组样本值 $x_i, i=1,2,\cdots,n$,我们可以构造一个经验分布函数.

设总体 X 的 n 个样本值可以按大小次序排列成:

$$x_1 \leqslant x_2 \leqslant \cdots \leqslant x_n.$$

如果 $x_k \leqslant x < x_{k+1}$,则不大于 x 的样本值的频率为 $\dfrac{k}{n}$. 因而函数

$$F_n(x)=\begin{cases}0, & x<x_1,\\ \dfrac{k}{n}, & x_k \leqslant x<x_{k+1}, \quad (k=1,2,\cdots,n-1)\\ 1, & x \geqslant x_n\end{cases}$$

与事件 $\{X \leqslant x\}$ 在 n 次重复独立试验中的频率是相同的. 我们称 $F_n(x)$ 为样本的**分布函数**或**经验分布函数**.

在图 3.3.2 中,阶梯形的曲线是经验分布函数,而光滑曲线是总体 X 的分布函数 $F(x)$ 的近似曲线.

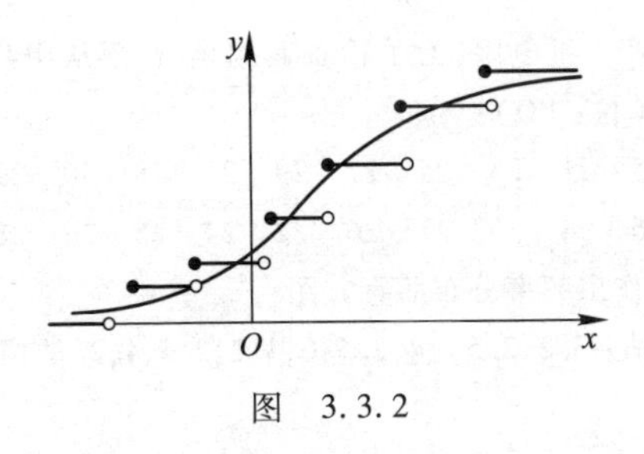

图 3.3.2

例 1 已知样本值：6.60,4.60,5.40,5.80,5.40,试构造出它们的经验分布函数.

解 先将这一组数据从小到大重新排列：4.60,5.40,5.40,5.80,6.60,则经验分布函数为

$$F_5(x)=\begin{cases}0, & x<4.60,\\ \dfrac{1}{5}, & 4.60\leqslant x<5.40,\\ \dfrac{3}{5}, & 5.40\leqslant x<5.80,\\ \dfrac{4}{5}, & 5.80\leqslant x<6.60,\\ 1, & 6.60\leqslant x.\end{cases}$$

从上面经验分布函数的概念和例题,我们看到当样本量 n 越大,样本取值的分布就越能近似地反映总体 X 的分布.

习题 3.3

1. 对下面的两组样本值,分别计算样本均值 $\bar{x}$ 和样本方差 S^2.

(1) 54,67,68,78,70,66,67,70,65,69;

(2) 99.3,98.7,100.05,101.2,98.3,99.7,99.5,102.1,100.5.

2. 从一批零件中随机地抽取 5 个,测其长度,得数据 $x_i(i=1,2,\cdots,5)$ 如下(单位：mm)：14.5,14.1,13.1,13.5,14.8. 试求：

(1) 样本均值 $\bar{x}$; (2) 样本方差 S^2.

3. 某企业生产一批电阻,为了检查其阻值 X,现从中抽取 20 只进行测试,得数据如下(单位: kΩ):

$$\begin{array}{cccccccccc} 25 & 21 & 23 & 25 & 27 & 29 & 25 & 28 & 30 & 29 \\ 26 & 24 & 25 & 27 & 26 & 22 & 24 & 25 & 26 & 28 \end{array}$$

试根据以上数据,作出频率分布的直方图.

4. 已知样本值: 3.2,2.5,-4,2.5,0,3,2,2.5,4,2. 试构造出它们的经验分布函数.

下　篇

提　高　篇

第四部分　一元微积分

在上篇中,我们已经初步地学习了有关一元微积分的知识,如函数、极限、导数、不定积分及定积分的一些基本概念及其应用.在这里,我们将进一步地讨论和研究一元微积分的知识,包括隐函数和反函数求导、中值定理和洛必达法则、函数的极值,不定积分的第二换元法和分部积分法,定积分的换元法和分部积分法以及定积分和无穷积分.

第一章　一元微分学

本章将继续深入讨论和研究导数的概念,如隐函数与反函数的导数,中值定理及其应用,函数的极值等.最后我们将进一步介绍导数在实际问题中的一些应用.

§1　反函数、隐函数求导

1.1　反函数的导数

先给出求反函数的导数的公式:

定理　若函数 $y=f(x)$ 在某区间内单调、可导,且 $f'(x)\neq 0$,则其反函数 $x=\varphi(y)$ 在相应区间内也可导,且

$$\varphi'(y)=\frac{1}{f'(x)},$$

也可写成

$$x'_y=\frac{1}{y'_x}\quad (y'_x\neq 0).$$

证明 因为 $y=f(x)$ 与 $x=\varphi(y)$ 互为反函数,故可将 x 看成是中间变量,有复合函数

$$y=f[\varphi(y)].$$

两边对 y 求导

$$1=f'[\varphi(y)]\cdot\varphi'(y),$$

解出 $\varphi'(y)$,则有

$$\varphi'(y)=\frac{1}{f'[\varphi(y)]}=\frac{1}{f'(x)}.$$

上述定理告诉我们:反函数的导数,等于直接函数的导数的倒数.

例 1 设 $y=\arctan x$,求 y'.

解 由于 $y=\arctan x$ 是 $x=\tan y\left(-\frac{\pi}{2}<y<\frac{\pi}{2}\right)$ 的反函数,函数 $x=\tan y$ 在该区间内可导、单调,且

$$x'_y=(\tan y)'=\frac{1}{\cos^2 y}>0.$$

由上述定理,在相应的区间 $(-\infty,+\infty)$ 内,y'_x 也存在,且 $y'_x=\frac{1}{x'_y}$,也就是

$$(\arctan x)'=\frac{1}{(\tan y)'}=\cos^2 y$$

$$=\frac{1}{1+\tan^2 y}=\frac{1}{1+x^2},$$

故

$$(\arctan x)'=\frac{1}{1+x^2}.$$

同理我们可以求得:

$$(\operatorname{arccot} x)' = -\frac{1}{1+x^2}.$$

例 2 设 $y=\arcsin x(|x|<1)$,求 y'.

解 $y=\arcsin x$ 是 $x=\sin y\left(-\frac{\pi}{2}<y<\frac{\pi}{2}\right)$ 的反函数,由于 $x=\sin y$ 在区间$\left(-\frac{\pi}{2},\frac{\pi}{2}\right)$内单调、可导,且

$$x_y' = (\sin y)' = \cos y>0,$$

由上述定理,当 $x\in(-1,1)$ 时,y_x'也存在,且

$$y_x' = \frac{1}{x_y'}.$$

因此,

$$(\arcsin x)' = \frac{1}{(\sin y)'} = \frac{1}{\cos y} = \frac{1}{\sqrt{1-\sin^2 y}},$$

即

$$(\arcsin x)' = \frac{1}{\sqrt{1-x^2}} \quad (-1<x<1).$$

同理

$$(\arccos x)' = -\frac{1}{\sqrt{1-x^2}} \quad (-1<x<1).$$

1.2 隐函数的导数

所谓显函数就是因变量 y 已经写成自变量 x 的明显表达式的函数,即形如

$$y=f(x), \quad x\in X$$

的函数. 但在很多实际问题中,我们所遇到的 x 与 y 之间的函数关系是由方程 $F(x,y)=0$ 确定的. 例如,函数 $y=(3x-7)/2$ 可由方程 $3x-2y=7$ 确定. 通常我们把未解出因变量的方程 $F(x,y)=0$ 所确

定的 x 与 y 之间的函数关系称为**隐函数**.

给出一个隐函数,如何求它的导数呢? 是不是需要把它化成显函数以后再求导数呢? 这是不必要的. 我们注意到将方程 $F(x,y)=0$ 所确定的函数 $y=f(x)$ 代入方程后,则方程一定成为恒等式,即 $F(x, f(x))\equiv 0$. 因此,我们把 $F(x,y)=0$ 中的 y 看成是由方程所确定的隐函数时,方程 $F(x,y)=0$ 就成为一个恒等式,这时我们利用复合函数的求导法则对方程直接求导,即可解出 y'_x.

例 3 求由方程 $x^2+y^2=R^2$ 所确定的函数 $y=f(x)$ 的导数.

解 将方程 $x^2+y^2=R^2$ 的两边同时对 x 求导,注意到 y^2 是 x 的复合函数,有

$$2x+2y\cdot y'_x=0.$$

由此解出

$$y'_x=-\frac{x}{y}.$$

注意,$-x/y$ 中的 y 仍是 x 的函数,不必把它写成 $f(x)$ 的形式. 如果我们从圆周方程 $x^2+y^2=R^2$ 中解出显函数后,再求导数,其结果是一样的. 请读者自己验证.

例 4 求由方程 $y-x-\frac{1}{2}\sin y=0$ 所确定的函数 $y=f(x)$ 的导数.

解 在方程 $y-x-\frac{1}{2}\sin y=0$ 的两边同时对 x 求导,得到

$$y'_x-1-\frac{1}{2}\cos y\cdot y'_x=0,$$

由此解出

$$y'_x=\frac{1}{1-\frac{1}{2}\cos y}.$$

由此可见,尽管由这个隐函数方程得不到显函数的表达式,但我们仍可以算出它的导数.

例 5 求曲线 $y^3+y^2=2x$ 在$(1,1)$点处的切线方程.

解 首先求出切线的斜率. 根据隐函数求导法则,在方程 $y^3+y^2=2x$ 两边同时对 x 求导,有

$$3y^2\cdot y'_x+2y\cdot y'_x=2,$$

即

$$y'_x(3y^2+2y)=2.$$

于是

$$y'_x=\frac{2}{3y^2+2y}.$$

所以切线在$(1,1)$点处的斜率为

$$k=y'_x\big|_{(1,1)}=\frac{2}{5}.$$

再由直线方程的点斜式,得到切线方程为

$$y-1=\frac{2}{5}(x-1),$$

即

$$2x-5y+3=0.$$

1.3 对数求导法

在初等数学中,利用对数运算,可将乘除法变成加减法,乘方、开方变成乘除法,从而使运算简化. 同样,在求导运算中,用取对数的方法,也可以使一些运算得到简化. 如在涉及乘除、乘方、开方的混合运算和幂指函数的求导运算中,可采用取对数求导法.

取对数求导法分两步进行:

1) 在等式两边取自然对数;

2) 利用复合函数求导法则,在等式两边对 x 求导.

例 6 求 $y=\sqrt{\dfrac{(x-3)(x-5)}{(x-1)(x-2)}}\ (x>5)$ 的导数.

解 1) 两边取自然对数:

$$\ln y = \ln\sqrt{\frac{(x-3)(x-5)}{(x-1)(x-2)}}$$

$$=\frac{1}{2}[\ln(x-3)+\ln(x-5)-\ln(x-1)-\ln(x-2)].$$

2）两边对 x 求导：

$$\frac{1}{y}y'=\frac{1}{2}\left(\frac{1}{x-3}+\frac{1}{x-5}-\frac{1}{x-1}-\frac{1}{x-2}\right)$$

$$y'=\frac{1}{2}y\left(\frac{1}{x-3}+\frac{1}{x-5}-\frac{1}{x-1}-\frac{1}{x-2}\right)$$

$$=\frac{1}{2}\sqrt{\frac{(x-3)(x-5)}{(x-1)(x-2)}}\cdot$$

$$\left(\frac{1}{x-3}+\frac{1}{x-5}-\frac{1}{x-1}-\frac{1}{x-2}\right).$$

例 7　设 $y=x^x(x>0)$，求 y'.

解　1）两边取自然对数：

$$\ln y=\ln x^x=x\ln x.$$

2）两边对 x 求导：

$$\frac{y'}{y}=\ln x+x\cdot\frac{1}{x},$$

即

$$y'=y(\ln x+1)=x^x(\ln x+1).$$

例 8　求函数 $y=x^{\sin x}$的导数.

解　1）两边取自然对数：

$$\ln y=\sin x\cdot\ln x.$$

2）两边对 x 求导：

$$\frac{y'_x}{y}=\frac{\sin x}{x}+\cos x\cdot\ln x,$$

即

$$y'_x=y\left(\frac{\sin x}{x}+\cos x\cdot\ln x\right)$$

$$=x^{\sin x}\left(\frac{\sin x}{x}+\cos x\cdot\ln x\right)$$

$$=\sin x\cdot x^{\sin x-1}+x^{\sin x}\ln x\cdot\cos x.$$

例 9 求函数 $y=(1+x)^x$ 的导数.

解 先把函数 $y=(1+x)^x$ 化成指数形式

$$y=(1+x)^x=\mathrm{e}^{\ln(1+x)^x}=\mathrm{e}^{x\ln(1+x)}.$$

根据指数函数求导公式及复合函数求导法则,得

$$y'_x=\mathrm{e}^{x\ln(1+x)}[x\ln(1+x)]'$$

$$=(1+x)^x\left[\frac{x}{1+x}+\ln(1+x)\right].$$

上式又可以写成

$$y'_x=x(1+x)^{x-1}+(1+x)^x\ln(1+x).$$

从上面的例 9 中可以看到,对形如$[f(x)]^{g(x)}$的幂指函数也可以不用在等式的两边取对数后再求导的方法,而采用先化成指数函数 $y=\mathrm{e}^{g(x)\ln f(x)}$ 的形式后再求导数的方法.

对于一般的幂指函数 $y=[f(x)]^{g(x)}$ 有下面的求导公式:

$$([f(x)]^{g(x)})'=g(x)[f(x)]^{g(x)-1}\cdot f'(x)+[f(x)]^{g(x)}\ln f(x)\cdot g'(x).$$

证明 1) 两边取自然对数:

$$\ln y=g(x)\ln f(x).$$

2) 两边对 x 求导:

$$\frac{y'_x}{y}=g(x)\frac{1}{f(x)}\cdot f'(x)+\ln f(x)\cdot g'(x).$$

解出

$$y'_x=y\left(g(x)\frac{1}{f(x)}\cdot f'(x)+\ln f(x)\cdot g'(x)\right)$$

$$=[f(x)]^{g(x)}\left(g(x)\frac{1}{f(x)}\cdot f'(x)+\ln f(x)\cdot g'(x)\right)$$

$$=g(x)[f(x)]^{g(x)-1}f'(x)+[f(x)]^{g(x)}\ln f(x)\cdot g'(x).$$

例 10 求函数 $y=(\ln x)^x$ 的导数.

解 由幂指函数求导公式,立即得到

$$
\begin{aligned}
[(\ln x)^x]' &= x(\ln x)^{x-1}(\ln x)'+(\ln x)^x\cdot(\ln\ln x)\cdot x' \\
&= x(\ln x)^{x-1}\frac{1}{x}+(\ln x)^x\ln\ln x \\
&= (\ln x)^x\left(\frac{1}{\ln x}+\ln\ln x\right).
\end{aligned}
$$

§2 中值定理

微分学中值定理包括罗尔(Rolle)定理、拉格朗日(Lagrange)中值定理和柯西(Cauchy)定理,它们是微分学的基本定理.本节将介绍罗尔定理与拉格朗日中值定理.

罗尔定理 若函数 $f(x)$ 在闭区间 $[a,b]$ 上连续,在开区间 (a,b) 内可导,并且 $f(a)=f(b)$,则在开区间 (a,b) 内至少存在一点 x_0,使得 $f'(x_0)=0$.

证明 因为函数 $f(x)$ 在闭区间 $[a,b]$ 上是连续的,所以根据闭区间上连续函数的性质,函数 $f(x)$ 在闭区间 $[a,b]$ 上一定取得最大值 M 和最小值 m.

下面分两种情形来讨论:

(1) 设 $M=m$. 因为函数值 $f(x)$ 是在其最大值 M 与最小值 m 之间的,所以函数 $f(x)$ 在 $[a,b]$ 上恒等于常数 M. 于是在 $[a,b]$ 上,对任意的 x,有 $f'(x)=0$. 这时 x_0 可以取 (a,b) 中的任意一点.

(2) 设 $M\neq m$. 那么在 M,m 之中至少有一个不是区间 $[a,b]$ 的端点的函数值(否则,$f(a)=f(b)=M=m$,这与 $M\neq m$ 相矛盾). 不妨设 $M\neq f(a)$,并设 x_0 为 (a,b) 内的一点,使得 $f(x_0)=M$.

由于函数 $f(x)$ 在点 x_0 处达到最大值,所以只要 $x_0+\Delta x$ 在 (a,b) 内,便有

$$
f(x_0+\Delta x)\leqslant f(x_0),
$$

即

$$f(x_0+\Delta x)-f(x_0)\leqslant 0.$$

从而当 $\Delta x>0$ 时，有

$$\frac{f(x_0+\Delta x)-f(x_0)}{\Delta x}\leqslant 0;$$

当 $\Delta x<0$ 时，有

$$\frac{f(x_0+\Delta x)-f(x_0)}{\Delta x}\geqslant 0.$$

已知 $f(x)$ 在 x_0 处可导，根据导数定义有

$$f'(x_0)=\lim_{\Delta x\to 0+0}\frac{f(x_0+\Delta x)-f(x_0)}{\Delta x}\leqslant 0,$$

$$f'(x_0)=\lim_{\Delta x\to 0-0}\frac{f(x_0+\Delta x)-f(x_0)}{\Delta x}\geqslant 0,$$

于是必有

$$f'(x_0)=0.$$

这就证明了罗尔定理.

罗尔定理的几何意义是，如果一条连续、光滑的曲线 $y=f(x)$ 的两个端点处的纵坐标相等，那么在这条曲线上至少能找到一点，使得曲线在该点处的切线平行于 x 轴（见图 4.1.1）.

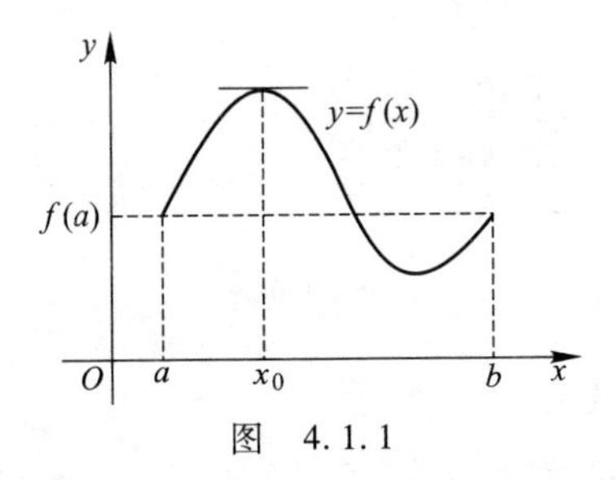

图 4.1.1

下面我们用罗尔定理来证明拉格朗日中值定理.

拉格朗日中值定理 若函数 $f(x)$ 在闭区间 $[a,b]$ 上连续，在开区间 (a,b) 内可导，则在开区间 (a,b) 内至少存在一点 x_0，使得

$$f(b)-f(a)=f'(x_0)(b-a).$$

证明 引进辅助函数

$$\varphi(x)=f(x)-\left[f(a)+\frac{f(b)-f(a)}{b-a}(x-a)\right].$$

显然 $\varphi(a)=\varphi(b)=0$,并且 $\varphi(x)$ 在闭区间 $[a,b]$ 上连续,在开区间 (a,b) 内可导. 根据罗尔定理,在开区间 (a,b) 内至少存在一点 x_0,使得

$$\varphi'(x_0)=f'(x_0)-\frac{f(b)-f(a)}{b-a}=0.$$

于是

$$f(b)-f(a)=f'(x_0)(b-a).$$

这就证明了拉格朗日中值定理.

拉格朗日中值定理的几何意义是,如果一条连续、光滑曲线 $y=f(x)$ 的两个端点分别为 A,B,那么在这条曲线上至少能找到一点,使得曲线在该点处的切线平行于直线 AB(见图 4.1.2).

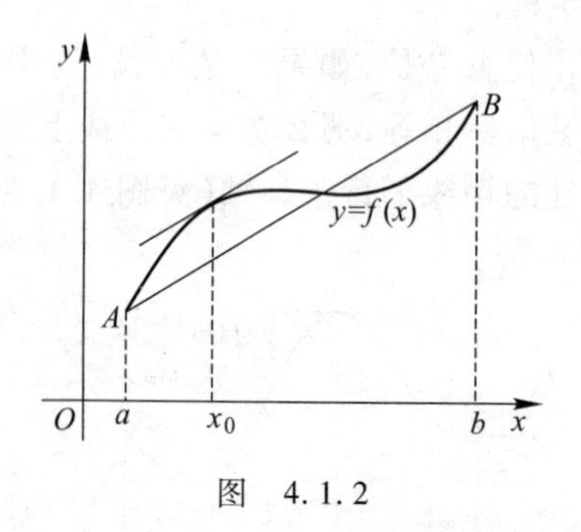

图 4.1.2

定理中的公式

$$f(b)-f(a)=f'(x_0)(b-a)\quad(a<x_0<b)$$

称为**拉格朗日中值公式**,它在微分学中占有很重要的地位,我们以后将不止一次地用到它.

直接应用拉格朗日中值定理,可以得到下面两个推论:

推论 1 如果函数 $f(x)$ 在区间 (a,b) 内每一点处的导数都是零,即 $f'(x)=0\ (a<x<b)$,那么函数 $f(x)$ 在区间 (a,b) 内为一常数.

证明 在区间 (a,b) 内任取两点 x_1,x_2(设 $x_1<x_2$). 因为函数在 (a,b) 内可导,所以它在 $[x_1,x_2]$ 上连续,并在 (x_1,x_2) 内可导. 根据拉格朗日中值定理,在 (x_1,x_2) 内至少存在一点 x_0,使得

$$f(x_2)-f(x_1)=f'(x_0)(x_2-x_1).$$

已知 $f'(x_0)=0$,因此 $f(x_1)=f(x_2)$. 由于 x_1,x_2 是任意的,所以函数 $f(x)$ 在 (a,b) 内是一个常数,即 $f(x)=C\quad(a<x<b)$.

推论 2 如果函数 $f(x)$ 与 $g(x)$ 在区间 (a,b) 内每一点处的导数都相等,即 $f'(x)=g'(x)$,那么这两个函数在区间 (a,b) 内最多相差一个常数.

证明 设函数 $h(x)=f(x)-g(x)$. 已知对区间 (a,b) 内的每一点处都有 $f'(x)=g'(x)$,因此

$$h'(x)=(f(x)-g(x))'=f'(x)-g'(x)=0.$$

由推论 1 可知函数 $h(x)=C\quad(a<x<b)$,即

$$f(x)-g(x)=C\quad(a<x<b).$$

这就证明了函数 $f(x)$ 与 $g(x)$ 在区间 (a,b) 内最多相差一个常数.

利用中值定理可以证明一些重要的等式与不等式.

例 1 证明 $|\arctan x-\arctan y|\leqslant|x-y|$.

证明 令 $f(t)=\arctan t$. 设 $x<y$,显然 $\arctan t$ 在 $[x,y]$ 上连续,在 (x,y) 内可导. 根据拉格朗日中值定理,$\arctan t$ 在 (x,y) 内至少存在一点 x_0,使得

$$\arctan y-\arctan x=\frac{1}{1+x_0^2}(y-x).$$

又因为 $\frac{1}{1+x_0^2}\leqslant 1$,所以

$$|\arctan x-\arctan y|\leqslant|x-y|.$$

§3　洛必达法则

中值定理的一个重要应用是计算一些特殊类型的函数的极限. 这些极限往往都是不确定的, 例如当 $x \to a$ 时, 若 $f(x) \to 0$, $g(x) \to 0$, 则极限 $\lim\limits_{x \to a} \dfrac{f(x)}{g(x)}$ 对有些 $f(x), g(x)$ 是存在的, 对有些 $f(x), g(x)$ 就不存在, 因此称这些类型的函数的极限式为不定式, 而把求不定式的极限称为不定式的定值. 洛必达法则是一个非常有效的定值方法. 下面我们介绍洛必达法则, 并讨论各种类型的不定式的定值问题.

3.1　$\dfrac{0}{0}$ 型的不定式

通常我们把两个无穷小量之比的极限称为 $\dfrac{0}{0}$ 型的不定式. 例如极限 $\lim\limits_{x \to 0} \dfrac{\sin x}{x}$, $\lim\limits_{x \to 1} \dfrac{\sin^2(x-1)}{x-1}$, $\lim\limits_{x \to \infty} \dfrac{\frac{1}{x}\sin x}{e^{-x^2}}$ 等都是 $\dfrac{0}{0}$ 型的不定式.

对于 $\dfrac{0}{0}$ 型不定式, 我们有

定理 1 (洛必达法则 Ⅰ)　设函数 $f(x)$ 与 $g(x)$ 在 $N(\overline{a})$ 内处处可导, 并且 $g'(x) \neq 0$. 如果

$$\lim_{x \to a} f(x) = 0, \quad \lim_{x \to a} g(x) = 0,$$

而极限

$$\lim_{x \to a} \frac{f'(x)}{g'(x)} = l \quad (l \text{ 为有限或 } \infty),$$

则

$$\lim_{x \to a} \frac{f(x)}{g(x)} = \lim_{x \to a} \frac{f'(x)}{g'(x)} = l.$$

证明从略.

例 1 求极限 $\lim\limits_{x\to0}\frac{e^x-1}{x}$.

解 由于 $\lim\limits_{x\to0}(e^x-1)=0,\lim\limits_{x\to0}x=0$,因此这是一个$\frac{0}{0}$型的不定式,应用洛必达法则Ⅰ,得到

$$\lim_{x\to0}\frac{e^x-1}{x}=\lim_{x\to0}\frac{e^x}{1}=1.$$

例 2 求极限 $\lim\limits_{x\to1}\frac{\ln x}{(x-1)^2}$.

解 这是一个$\frac{0}{0}$型的不定式.应用洛必达法则Ⅰ,得到

$$\lim_{x\to1}\frac{\ln x}{(x-1)^2}=\lim_{x\to1}\frac{1}{2x(x-1)}=\infty.$$

有时需要多次应用洛必达法则Ⅰ才能求出极限.

例 3 求极限 $\lim\limits_{x\to0}\frac{x-\sin x}{x^3}$.

解

$$\lim_{x\to0}\frac{x-\sin x}{x^3}=\lim_{x\to0}\frac{1-\cos x}{3x^2}=\lim_{x\to0}\frac{\sin x}{6x}$$

$$=\lim_{x\to0}\frac{\cos x}{6}=\frac{1}{6}.$$

需要指出的是,对于当 $x\to\infty$ 时的$\frac{0}{0}$型不定式,只要作一个简单的变换 $t=\frac{1}{x}$,就有当 $x\to\infty$ 时 $t\to0$. 于是便可使用洛必达法则Ⅰ.但是当我们计算 $x\to\infty$ 这一过程的极限时,不必再进行变换,只要像法则Ⅰ那样直接对不定式的分子分母求导即可.

例 4 求极限 $\lim\limits_{x\to+\infty}\frac{\frac{\pi}{2}-\arctan x}{\frac{1}{x}}$.

解 $$\lim_{x\to+\infty}\frac{\frac{\pi}{2}-\arctan x}{\frac{1}{x}}=\lim_{x\to+\infty}\frac{-\frac{1}{1+x^2}}{-\frac{1}{x^2}}$$

$$=\lim_{x\to+\infty}\frac{x^2}{1+x^2}=1.$$

3.2 $\frac{\infty}{\infty}$型的不定式

通常我们把两个无穷大量之比的极限称为$\frac{\infty}{\infty}$型的不定式. 例如极限 $\lim\limits_{x\to0+0}\frac{\ln x}{x^{-1}}$, $\lim\limits_{x\to\infty}\frac{x^4}{e^x}$, $\lim\limits_{x\to+\infty}\frac{\sqrt{x+1}}{\ln(1+x)}$等都是$\frac{\infty}{\infty}$型的不定式. 对于$\frac{\infty}{\infty}$型不定式,我们有

定理 2(洛必达法则Ⅱ) 设函数$f(x)$与$g(x)$在$N(\bar{a})$内处处可导,并且$g'(x)\neq0$. 如果

$$\lim_{x\to a}f(x)=\infty\ ,\quad \lim_{x\to a}g(x)=\infty\ ,$$

而极限

$$\lim_{x\to a}\frac{f'(x)}{g'(x)}=l\quad(l\text{ 为有限或}\infty),$$

则

$$\lim_{x\to a}\frac{f(x)}{g(x)}=\lim_{x\to a}\frac{f'(x)}{g'(x)}=l.$$

证明从略.

与洛必达法则Ⅰ类似,对于$x\to\infty$时的$\frac{\infty}{\infty}$型的不定式也可以使用洛必达法则Ⅱ.

例 5 求极限 $\lim\limits_{x\to0+0}\frac{\ln x}{x^{-1}}$.

解 由于

$$\lim_{x\to 0+0}\ln x=-\infty,\quad \lim_{x\to 0+0}x^{-1}=+\infty,$$

因此这是一个$\frac{\infty}{\infty}$型的不定式. 应用洛必达法则Ⅱ,得到

$$\lim_{x\to 0+0}\frac{\ln x}{x^{-1}}=\lim_{x\to 0+0}\frac{x^{-1}}{-x^{-2}}=-\lim_{x\to 0+0}x=0.$$

例 6 求极限 $\lim\limits_{x\to+\infty}\frac{x^4}{\mathrm{e}^x}$.

解 这是一个$\frac{\infty}{\infty}$型的不定式. 应用洛必达法则Ⅱ,得到

$$\lim_{x\to+\infty}\frac{x^4}{\mathrm{e}^x}=\lim_{x\to+\infty}\frac{4x^3}{\mathrm{e}^x}=\lim_{x\to+\infty}\frac{12x^2}{\mathrm{e}^x}$$

$$=\lim_{x\to+\infty}\frac{24x}{\mathrm{e}^x}=\lim_{x\to+\infty}\frac{24}{\mathrm{e}^x}=0.$$

3.3 其他类型的不定式

除了$\frac{0}{0}$型与$\frac{\infty}{\infty}$型的不定式外,还有$0\cdot\infty$,$\infty-\infty$,0^0,1^∞和∞^0等类型的不定式. 这些类型的不定式定值的方法是先把它们化成$\frac{0}{0}$型或$\frac{\infty}{\infty}$型,然后再分别使用洛必达法则Ⅰ,Ⅱ.

例 7 求极限 $\lim\limits_{x\to\frac{\pi}{2}}(\sec x-\tan x)$.

解 由于 $\lim\limits_{x\to\frac{\pi}{2}}\sec x=\infty$,$\lim\limits_{x\to\frac{\pi}{2}}\tan x=\infty$,因此这是一个$\infty-\infty$型的不定式,我们可以把它化成

$$\lim_{x\to\frac{\pi}{2}}(\sec x-\tan x)=\lim_{x\to\frac{\pi}{2}}\frac{1-\sin x}{\cos x},$$

这样一来,就变成了$\frac{0}{0}$型的不定式,由洛必达法则Ⅰ得到

$$\lim_{x\to\frac{\pi}{2}}(\sec x-\tan x)=\lim_{x\to\frac{\pi}{2}}\frac{1-\sin x}{\cos x}$$

$$=\lim_{x\to\frac{\pi}{2}}\frac{-\cos x}{-\sin x}=0.$$

例 8 求极限 $\lim\limits_{x\to0+0}x^x$.

解 由于 $\lim\limits_{x\to0}x=0$,因此这是一个 0^0 型不定式. 设 $y=x^x$. 取对数得到 $\ln y=x\ln x$,当 $x\to0+0$ 时就变成了 $0\cdot\infty$ 型的不定式;再写成$\dfrac{\ln x}{1/x}$的样子,从而化成了$\dfrac{\infty}{\infty}$型的不定式,由洛必达法则Ⅱ得到

$$\lim_{x\to0+0}\ln y=\lim_{x\to0+0}\ln x^x=\lim_{x\to0+0}x\ln x$$

$$=\lim_{x\to0+0}\frac{\ln x}{\dfrac{1}{x}}=\lim_{x\to0+0}(-x)=0.$$

因为 $y=\mathrm{e}^{\ln y}$,且

$$\lim_{x\to0+0}y=\lim_{x\to0+0}\mathrm{e}^{\ln y}=\mathrm{e}^{\lim\limits_{x\to0+0}\ln y},$$

所以

$$\lim_{x\to0+0}x^x=\lim_{x\to0+0}y=\mathrm{e}^0=1.$$

例 9 求极限 $\lim\limits_{x\to1}x^{\frac{1}{x-1}}$.

解 由于 $\lim\limits_{x\to1}\dfrac{1}{1-x}=\infty$,因此这是一个 1^∞ 型不定式. 设 $y=x^{\frac{1}{1-x}}$,取对数得到 $\ln y=\dfrac{1}{1-x}\ln x$,当 $x\to1$ 时就变成了 $0\cdot\infty$ 型的不定式;再写成$\dfrac{\ln x}{1-x}$,就化成了$\dfrac{0}{0}$型的不定式,由洛必达法则Ⅰ得到

$$\lim_{x\to1}\ln y=\lim_{x\to1}\frac{1}{1-x}\ln x=\lim_{x\to1}\frac{\ln x}{1-x}$$

$$=\lim_{x\to1}\frac{1/x}{-1}=-1.$$

因为 $y=\mathrm{e}^{\ln y}$,且

$$\lim_{x\to 1} y=\lim_{x\to 1} \mathrm{e}^{\ln y}=\mathrm{e}^{\lim\limits_{x\to 1}\ln y},$$

所以

$$\lim_{x\to 1} x^{\frac{1}{1-x}}=\lim_{x\to 1} y=\mathrm{e}^{-1}=\frac{1}{\mathrm{e}}.$$

以上我们讨论了各种类型的不定式,值得注意的是,只有$\frac{0}{0}$型和$\frac{\infty}{\infty}$型不定式才能应用洛必达法则,否则就会得出荒谬的结果. 例如

$$\lim_{x\to 0}\frac{x}{1+\sin x}$$

不是$\frac{0}{0}$型不定式的极限. 利用极限四则运算容易得到

$$\lim_{x\to 0}\frac{x}{1+\sin x}=\frac{0}{1+0}=0.$$

但如果滥用洛必达法则,就会得到下面错误的结果:

$$\lim_{x\to 0}\frac{x}{1+\sin x}=\lim_{x\to 0}\frac{1}{\cos x}=1.$$

注意,洛必达法则是由 $\lim\frac{f'(x)}{g'(x)}$存在,导出 $\lim\frac{f(x)}{g(x)}$是存在的. 如果 $\lim\frac{f'(x)}{g'(x)}$不存在,并不能断定 $\lim\frac{f(x)}{g(x)}$不存在. 例如

$$\lim_{x\to+\infty}\frac{x+\cos x}{x}$$

是$\frac{\infty}{\infty}$型不定式,而

$$\frac{(x+\cos x)'}{(x)'}=\frac{1-\sin x}{1}=1-\sin x,$$

当 $x\to+\infty$ 时,上式极限是不存在的,但原式的极限却是存在的,有

$$\begin{aligned}\lim_{x\to+\infty}\frac{x+\cos x}{x}&=\lim_{x\to+\infty}\left(1+\frac{\cos x}{x}\right)\\&=1+\lim_{x\to+\infty}\frac{\cos x}{x}=1.\end{aligned}$$

§4　函数的极值

4.1　函数的单调性

在上篇里我们已经给出了函数在区间上单调的定义，这里我们将利用导数来对函数的单调性进行讨论.

一个函数在区间上递增（或递减），其图形的特点是沿 x 轴正方向曲线是上升（或下降）的，而曲线的升降是与切线的方向密切相关的. 由于导数是曲线切线的斜率，从图 4.1.3 可以看出，当斜率为正时，曲线上升，函数递增；当斜率为负时，曲线下降，函数递减. 因此我们可以利用导数的符号来判别函数的单调性.

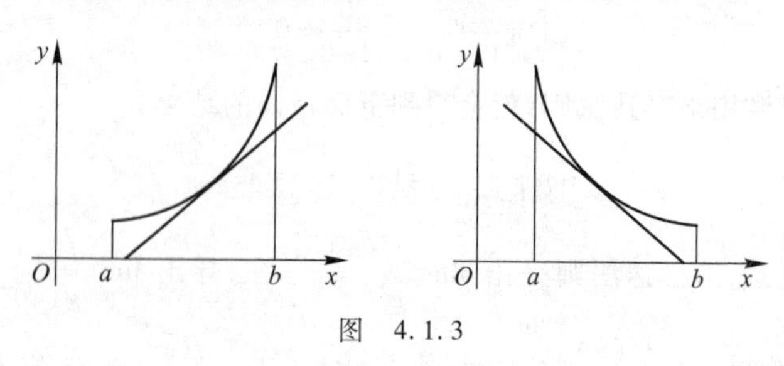

图　4.1.3

定理 1（函数单调性的充分条件）　设函数 $f(x)$ 在区间 (a,b) 内可导，且导函数 $f'(x)$ 不变号.

(1) 若 $f'(x)>0$，则 $f(x)$ 在区间 (a,b) 内是单调递增的；

(2) 若 $f'(x)<0$，则 $f(x)$ 在区间 (a,b) 内是单调递减的.

证明　设 x_1,x_2 为区间 (a,b) 内的任意两点，且 $x_1<x_2$. 由于函数 $f(x)$ 在区间 (a,b) 内可导，因而它在闭区间 $[x_1,x_2]$ 上连续，在开区间 (x_1,x_2) 内可导. 根据拉格朗日中值定理有

$$f(x_2)-f(x_1)=f'(x_0)(x_2-x_1)\quad (x_1<x_0<x_2).$$

(1) 已知 $f'(x)>0$，则上式右端大于零，即

$$f(x_2)-f(x_1)>0,$$

亦即

$$f(x_2)>f(x_1).$$

由于 x_1,x_2 是任意的,所以函数 $f(x)$ 在区间 (a,b) 内是单调递增的.

同理可证(2).

需要指出的是,这个定理只是判定函数单调性的充分条件,而不是必要条件. 当函数 $f(x)$ 的导数 $f'(x)$ 在区间 (a,b) 内,除了在个别点处为零外均为正值(或负值)时,函数 $f(x)$ 在这个区间内仍是单调递增(或递减)的. 例如在区间 $(-\infty,+\infty)$ 内,函数 $f(x)=x^3$ 的导数 $f'(x)=3x^2$ 在点 $x=0$ 处为零,除此之外 $f'(x)$ 均为正值,因而函数 $f(x)=x^3$ 在 $(-\infty,+\infty)$ 内是单调递增的.

例 1 讨论函数 $f(x)=\dfrac{x^3}{3}+x^2-3x+4$ 的单调性.

解 函数 $f(x)$ 的定义域为 $(-\infty,+\infty)$. 由

$$f'(x)=x^2+2x-3=(x+3)(x-1),$$

解 $f'(x)=0$,得到 $x_1=-3,x_2=1$. 用点 $x_1=-3,x_2=1$ 将定义域 $(-\infty,+\infty)$ 分成三个区间:$(-\infty,-3),(-3,1),(1,+\infty)$. 在这三个区间上分别讨论 $f(x)$ 的单调性.

当 $x<-3$ 时,$f'(x)>0$,即函数 $f(x)$ 在区间 $(-\infty,-3)$ 内是单调递增的;

当 $-3<x<1$ 时,$f'(x)<0$,即函数 $f(x)$ 在区间 $(-3,1)$ 内是单调递减的;

当 $x>1$ 时,$f'(x)>0$,即函数 $f(x)$ 在区间 $(1,+\infty)$ 内是单调递增的.

为了简便起见,我们也可以列表来讨论函数 $f(x)$ 的单调性:

x	$(-\infty,-3)$	-3	$(-3,1)$	1	$(1,+\infty)$
$f'(x)$	+	0	−	0	+
$f(x)$	↗		↘		↗

例 2 讨论函数 $f(x)=(x-1)^3(2x+3)^2$ 的单调性.

解 函数 $f(x)$ 的定义域为 $(-\infty,+\infty)$. 由

$$f'(x)=5(x-1)^2(2x+3)(2x+1),$$

解 $f'(x)=0$,得到 $x_1=-\frac{3}{2}, x_2=-\frac{1}{2}, x_3=1$. 用所得的三个点将函数 $f(x)$ 的定义域 $(-\infty,+\infty)$ 分成四个区间,并将 $f'(x)$ 的符号以及函数 $f(x)$ 的增减区间列表如下:

x	$\left(-\infty,-\frac{3}{2}\right)$	$-\frac{3}{2}$	$\left(-\frac{3}{2},-\frac{1}{2}\right)$	$-\frac{1}{2}$	$\left(-\frac{1}{2},1\right)$	1	$(1,+\infty)$
$f'(x)$	+	0	−	0	+	0	+
$f(x)$	↗		↘		↗		↗

可见,函数 $f(x)$ 在区间 $\left(-\infty,-\frac{3}{2}\right)$, $\left(-\frac{1}{2},1\right)$ 及 $(1,+\infty)$ 内单调递增,而在区间 $\left(-\frac{3}{2},-\frac{1}{2}\right)$ 内单调递减.

4.2 函数的极值

定义 设函数 $y=f(x)$ 在 $N(x_0)$ 内有定义,如果对于任给的 $x\in N(\bar{x}_0)$,都有

$$f(x)<f(x_0),$$

那么就称函数 $f(x)$ 在点 x_0 处取得**极大值**;如果对于任给的 $x\in N(\bar{x}_0)$,都有

$$f(x)>f(x_0),$$

那么就称函数 $f(x)$ 在点 x_0 处取得**极小值**.

函数的极大值与极小值统称为**极值**. 使函数取得极值的点称为**极值点**. 例如,函数 $f(x)=x^2$ 在点 $x=0$ 处取得极小值 $f(0)=0$,则点 $x=0$ 就是 $f(x)=x^2$ 的极小值点.

由于极值只与函数在一点某个邻域内的函数值有关,因此它是函数 $f(x)$ 的一个局部性质. 需要说明的是,对同一个函数来说,有时它在某一点的极大值可能会小于另一点的极小值. 如图 4.1.4 所示的那样,虽然 $f(x_1)$ 是函数的极大值, $f(x_2)$ 是极小值,但是

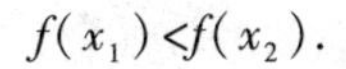

$$f(x_1)<f(x_2).$$

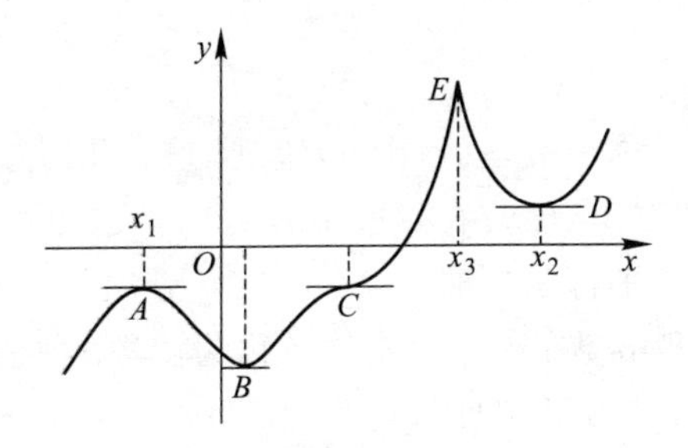

图　4.1.4

在图 4.1.4 中我们还可以看到，在函数取得极值的地方（如图中的 A，B，D 点），曲线的切线是水平的. 但在曲线有水平切线的地方（如图中 C 点），函数并没有取得极值. 因此，对于可导函数来说，我们可以在它的图形有水平切线的地方，即导数为零的地方利用导数的符号来判断它是否取得极值. 下面我们分别给出可导函数在一点取得极值的必要条件和两个充分条件.

定理 2（函数取得极值的必要条件）　若函数 $f(x)$ 在点 x_0 处可导，并且在 x_0 处 $f(x)$ 取得极值，则它在该点的导数 $f'(x_0)=0$.

证明　为了明确起见，不妨假设 x_0 是函数 $f(x)$ 的极小值点.

首先给 x_0 以改变量 Δx，使得 $x_0+\Delta x$ 在 $N(x_0)$ 内，根据极值的定义，当 $|\Delta x|$ 足够小时，有

$$f(x_0+\Delta x)>f(x_0),$$

即 $f(x_0+\Delta x)-f(x_0)>0$，于是当 $\Delta x>0$ 时，有

$$\frac{f(x_0+\Delta x)-f(x_0)}{\Delta x}>0.$$

根据极限的保号性质，有

$$f'_+(x_0)=\lim_{\Delta x\to 0+0}\frac{f(x_0+\Delta x)-f(x_0)}{\Delta x}\geqslant 0;$$

同理，当 $\Delta x<0$ 时，有 $f'_-(x_0)\leqslant 0$.

考虑到函数 $f(x)$ 在点 x_0 处是可导的，故有

$$f'_{+}(x_0)=f'_{-}(x_0).$$

从而得到

$$f'(x_0)=0.$$

这个定理又称为费马(Fermat)定理. 它的几何意义是,当一条连续、光滑的曲线 $y=f(x)$ 在点 $(x_0,f(x_0))$ 处取得极值时,它在该点处的切线一定平行于 x 轴.

我们把使得导数 $f'(x)$ 为零的点称为函数 $f(x)$ 的**驻点**(或称为**稳定点**). 因此,费马定理告诉我们: 可导函数 $f(x)$ 的极值点必定是它的驻点.

应该注意的是,费马定理的逆定理是不成立的,即驻点不一定是极值点. 例如函数 $y=x^3$ 在点 $x=0$ 处的导数为 0,但 0 点不是它的极值点. 另外,上述定理假定了函数在所论点处是具有导数的. 如果函数在极值点处导数不存在,那么该点就不可能是驻点了. 例如函数 $y=|x|$ 在 $x=0$ 处取得极小值,但它在该点处没有导数. 因此 0 点就不是驻点.

定理 3(函数取得极值的第一充分条件) 设函数 $f(x)$ 在 $N(x_0)$ 内可导,并且 $f'(x_0)=0$.

(1) 若当 $x\in N^-(\bar{x}_0)$ 时, $f'(x)>0$; 当 $x\in N^+(\bar{x}_0)$ 时, $f'(x)<0$, 则 $f(x)$ 在点 x_0 处取得极大值.

(2) 若当 $x\in N^-(\bar{x}_0)$ 时, $f'(x)<0$; 当 $x\in N^+(\bar{x}_0)$ 时, $f'(x)>0$, 则 $f(x)$ 在点 x_0 处取得极小值.

证明从略.

由上述定理可以判定例 1 中的函数 $f(x)=\dfrac{x^3}{3}+x^2-3x+4$ 在点 $x=-3$ 处取得极大值,在点 $x=1$ 处取得极小值;而在例 2 中函数 $f(x)=(x-1)^3(2x+3)^2$ 分别在点 $x=-3/2$ 和 $x=-1/2$ 处取得极值.

在上面的讨论中,我们假定函数在一点的某个邻域内是可导的. 但是有些函数(例如图 4.1.4 中所示的函数)在它的不可导的点(图 4.1.4 中的 $x=x_3$)处,也可能取得极值. 如果函数 $f(x)$ 在点

x_0 处不可导但连续，并在点 x_0 附近都可导的话，那么我们仍可利用第一充分条件的方法来确定函数 $f(x_0)$ 在点 x_0 处是否取得极值.

定理 4(函数取得极值的第二充分条件) 设函数 $f(x)$ 在点 x_0 处具有二阶导数，且 $f'(x_0)=0$.

(1) 若 $f''(x_0)<0$，则 $f(x)$ 在点 x_0 处取得极大值；

(2) 若 $f''(x_0)>0$，则 $f(x)$ 在点 x_0 处取得极小值.

证明从略.

注意，当函数 $f(x)$ 在点 x_0 处具有二阶导数，且 $f'(x_0)=0$，如果这时 $f''(x_0)=0$，那么 $f(x)$ 在点 x_0 处可能有极值，也可能没有极值. 例如函数 $f(x)=x^3$，有 $f'(0)=f''(0)=0$，但 $f(x)=x^3$ 在 $x=0$ 处没有极值；而函数 $f(x)=x^4$，有 $f'(0)=f''(0)=0$，但 $f(x)=x^4$ 在 $x=0$ 处取得极小值.

例 3 求函数 $f(x)=x^2+\dfrac{54}{x}$ 的极值.

解 由

$$f'(x)=2x-\frac{54}{x^2},$$

解 $f'(x)=0$，得到驻点 $x=3$. 又由

$$f''(x)=2+\frac{108}{x^3},$$

易见 $f''(3)>0$. 根据函数取得极值的第二充分条件可知函数 $f(x)$ 在点 $x=3$ 处取得极小值 $f(3)=27$.

4.3 函数的最值

在实际问题中，有时我们需要计算函数在某一个区间上的最大值或最小值（以后我们简称为**最值**）. 与函数的单调性一样，最值也是函数在区间上的一个整体性质.

在上篇中我们曾指出，闭区间上的连续函数一定可以取得最大

值与最小值.可以证明,如果函数在开区间内取得最值,那么这个最值一定也是函数的一个极值.由于连续函数取得极值的点只可能是该函数的驻点或不可导点,又由于函数的最值也可能在区间的端点上取得.因此,求函数最值的步骤是:首先找出函数在区间内所有的驻点和不可导点,然后计算出它们及端点的函数值,最后再将这些值进行比较,其中最大(小)者就是函数在该区间上的最大(小)值.

需要说明的是,对于某些实际问题,如果我们能够根据问题本身的特点判断出函数应该有一个不在区间端点上取值的最值,而且在区间内该函数只有一个驻点(或不可导点),那么这个点就是函数的最值点.

例 4 求函数 $f(x)=x^4-2x^2+5$ 在区间 $[-2,2]$ 上的最值.

解 由 $f'(x)=4x^3-4x=4x(x-1)(x+1)$,解 $f'(x)=0$,得驻点 $x_1=0,x_2=-1,x_3=1$.因为 $f(x)$ 在 $[-2,2]$ 上处处可导,所以只需把这些驻点与区间端点的值进行比较:

$$f(0)=5,\ f(1)=4,\ f(-1)=4,$$
$$f(-2)=13,\ f(2)=13.$$

因此 $f(x)$ 在 $[-2,2]$ 上的最大值是 13,最小值是 4.

例 5 在一块边长为 $2a$ 的正方形铁皮上,四角各截去一个边长为 x 的小正方形,用剩下的部分做成一个无盖的盒子(见图 4.1.5).试问当 x 取什么值时,它的容积最大,其值是多少?

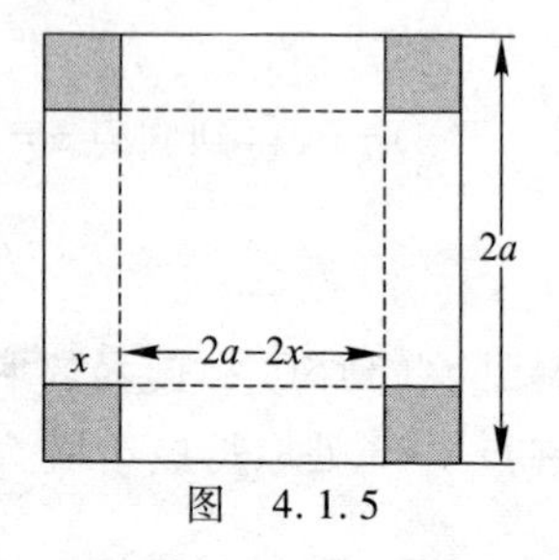

图 4.1.5

解 由于小正方形的边长为 x,故盒子底边长为 $2a-2x$,它的容积为

$$V(x)=4x(a-x)^2,\quad x\in(0,a).$$

由

$$V'(x)=12(x-a)\left(x-\frac{a}{3}\right),$$

解 $V'(x)=0$ 得驻点 $x_1=a,x_2=a/3$.由于当 $x_1=a$ 时,表示铁皮完全

被截去，这时容积为零，不合题意，故 $V(x)$ 在开区间 $(0,a)$ 内只有唯一的驻点 $x_2=a/3$. 另一方面，根据此问题的特点可以判断 $V(x)$ 一定有最大值. 因此当 $x_2=a/3$ 时，$V(x)$ 取得最大值，其值为

$$V\left(\frac{a}{3}\right)=4\times\frac{a}{3}\left(a-\frac{a}{3}\right)^2=\frac{16}{27}a^3.$$

例 6 做一个容积为 V 的圆柱形罐头筒，问怎样设计，才能使所用的材料最省？

解 由题意可知，在罐头筒的表面积最小时，材料最省. 设罐头筒的高为 h，底面积半径为 r，罐头筒表面积为 S，则：

侧面积 $=2\pi rh$，底面积 $=2\pi r^2$，罐头筒的表面积 $S=2\pi r^2+2\pi rh$，罐头的体积 $V=\pi r^2h$. 故：

$$S=2\pi r^2+\frac{2V}{r}\quad (r>0),$$

$$S'=4\pi r-\frac{2V}{r^2}=\frac{2(2\pi r^3-V)}{r^2}.$$

令：$S'=0$，得驻点 $r=\sqrt[3]{\frac{V}{2\pi}}$. 驻点唯一，由题意可知，当 $r=\sqrt[3]{\frac{V}{2\pi}}$ 时，罐头筒的表面积最小. 此时高为

$$h=\frac{V}{\pi r^2}=\frac{V}{\pi\left(\sqrt[3]{\frac{V}{2\pi}}\right)^2}=2\sqrt[3]{\frac{V}{2\pi}}=2r.$$

因此，在罐头筒的高和底的直径相等时，所用的材料最省.

例 7 某公司每月销售商品 Q 件时，总收入函数为 $R(Q)=1\,000Qe^{-\frac{Q}{100}}$（元），$Q>0$，问每月销售多少件商品时总收入最高？总收入是多少？

解 此题是求当 Q 取何值时，总收入 $R(Q)$ 最大.

$$R'(Q)=1\,000\left(e^{-\frac{Q}{100}}-\frac{Q}{100}e^{-\frac{Q}{100}}\right)$$

$$=1\,000e^{-\frac{Q}{100}}\left(1-\frac{Q}{100}\right).$$

令 $R'(Q)=0$,有 $Q=100$. $R(Q)$ 只有一个驻点,由题意可知,当 $Q=100$ 时,$R(100)=\dfrac{10^5}{\mathrm{e}}\approx 36\ 788$,即每月销售 100 件商品时,可使总收入最高,近似为 36 788 元.

本章自测题

习题 4.1

1. 用隐函数求导法求导数 y'_x:

(1) $x^3+y^3-3xy=0$;

(2) $y\sin x-\cos(x-y)=0$.

2. 用反函数求导法求 $y=\arccos x(|x|<1)$ 的导数.

3. 用对数求导法求导数 y'_x:

(1) $y=\sqrt[x]{x}, x>0$;　　(2) $y=(\sin x)^{\cos x}$.

4. 设 $f(x)=x(x^2-1)(x+2)(x-3)$,不用求出 $f(x)$ 的导数,说明方程 $f'(x)=0$ 应有几个实根,并指出它们所在的区间.

5. 写出函数 $f(x)=x^3$ 在闭区间 $[0,1]$ 上的拉格朗日中值公式,并求出公式中的 x_0.

6. 设 $f'(x)=a$,试证 $f(x)=ax+b$.

7. 试用中值定理证明下列各不等式:

(1) $|\sin a-\sin b|\leqslant|a-b|$;　　(2) $\dfrac{x}{1+x}<\ln(1+x)<x\quad(x>0)$;

(3) $\mathrm{e}^x>1+x\quad(x\neq 0)$;　　*(4) $\mathrm{e}^x>\mathrm{e}\cdot x(x>1)$.

8. 用洛必达法则求下列各式的极限:

(1) $\lim\limits_{x\to 1}\dfrac{x-1}{x^n-1}$;　　(2) $\lim\limits_{x\to 0}\dfrac{2^x-1}{3^x-1}$;

(3) $\lim\limits_{x\to 1}\dfrac{\ln x}{x-1}$;　　(4) $\lim\limits_{x\to 0+0}\dfrac{\cot x}{\ln x}$;

(5) $\lim\limits_{x\to 0+0}x^{\alpha}\cdot\ln x(\alpha>0)$;　　(6) $\lim\limits_{x\to\frac{\pi}{2}}\dfrac{\tan 3x}{\tan x}$;

(7) $\lim\limits_{x\to 0}x^{\sin x}$;　　(8) $\lim\limits_{x\to\infty}(a^{\frac{1}{x}}-1)x(a>0)$;

(9) $\lim\limits_{x\to 0}\left(\dfrac{1}{x}-\dfrac{1}{\mathrm{e}^x-1}\right)$;　　*(10) $\lim\limits_{x\to 0}\dfrac{\mathrm{e}^{-1/x^2}}{x^{100}}$.

9. 求下列各函数的单调区间：

（1）$y=2x^3+3x^2-12x$；　　（2）$y=x-e^x$；

（3）$y=x+\cos x$；　　（4）$y=x-\ln(1+x)$.

10. 求下列各函数的极值：

（1）$y=2x^3-3x^2$；　　（2）$y=x^2\ln x$；

（3）$y=x-\sin x$；　　（4）$y=2e^x+e^{-x}$.

11. 求下列各函数在指定区间上的最大值与最小值：

（1）$y=x^3-3x^2+6x-2(-1\leqslant x\leqslant 1)$；

（2）$y=\dfrac{x^2}{e^x}(-1\leqslant x\leqslant 3)$.

12. 在抛物线 $y^2=4x$ 上找一点，使得它与点(3,0)的距离为最小.

13. 欲造一个容积为 300 m^3 的圆柱形无盖蓄水池，已知池底的单位面积造价是周围的单位面积造价的两倍. 要使水池造价最低，问其底半径与高应是多少？

14. 某工厂每批生产某种产品 Q 个所需要的成本为

$$K_T(Q)=5Q+200(\text{元}),$$

将其投放市场后所得到的总收入为

$$R(Q)=10Q-0.01Q^2(\text{元}).$$

问每批生产多少个获得的利润最大？

15. 某公司的总利润 L(单位：元)与每天产量 Q(单位：t)的关系为 $L=L(Q)=250Q-5Q^2$，求每天生产多少时利润最大？最大利润是多少？

第二章　一元积分学

在上篇中,我们已经讨论了原函数和不定积分的概念、不定积分的第一换元法、定积分的概念及其计算等. 在这里,我们将进一步地学习有关积分的概念、计算以及应用,如不定积分的第二换元法、分部积分法、定积分的换元法和分部积分法、无穷积分以及定积分在几何问题和经济领域的一些应用.

§1　不定积分的计算

这一节将介绍在计算不定积分时常用的两种方法:第二换元法和分部积分法.

1.1　第二换元法

在第一换元法中,我们通过引入中间变量,把被积函数凑成某个已知函数的微分形式,从而使不定积分容易计算. 而第二换元法则是沿着第一换元法相反的路线进行运算的,即在公式

$$\int f[\varphi(x)]\varphi'(x)\,\mathrm{d}x \xlongequal{\varphi(x)=u} \int f(u)\,\mathrm{d}u$$

中,若利用右端积分来计算左端的积分,即为第一换元法;若利用左端积分来计算右端的积分,即为第二换元法. 习惯上我们把积分变量用 x 来表示,变换后的积分变量用 t 表示. 可见第二换元法是先作代换 $x=\psi(t)$,然后再求积分,因此第二换元法又称为作代换法.

定理 1　设函数 $x=\psi(t)$ 在开区间上的导数不为零,若

$$\int f[\psi(t)]\psi'(t)\,\mathrm{d}t=G(t)+C,$$

则

$$\int f(x)\,\mathrm{d}x=G[\psi^{-1}(x)]+C,$$

其中 $t=\psi^{-1}(x)$ 为 $x=\psi(t)$ 的反函数.

定理 1 常可以写成下面的变换形式

$$\int f(x)\,\mathrm{d}x \xlongequal{x=\psi(t)} \int f[\psi(t)]\psi'(t)\,\mathrm{d}t=G(t)+C$$

$$\xlongequal{t=\psi^{-1}(x)} G[\psi^{-1}(x)]+C.$$

证明 由条件 $\int f[\psi(t)]\psi'(t)\,\mathrm{d}t=G(t)+C$,有

$$G'(t)=f[\psi(t)]\psi'(t).$$

又 $\psi'(t)\neq 0$,所以 $\psi(t)$ 为一连续、单调的函数,因此其反函数 $\psi^{-1}(x)$ 也是连续、单调的,并且由第四部分第一章 §1 知

$$[\psi^{-1}(x)]'=\frac{1}{\psi'(t)}.$$

根据复合函数的求导法则,有

$$\{G[\psi^{-1}(x)]\}'=G'_t\cdot t'_x=f[\psi(t)]\psi'(t)\cdot\frac{1}{\psi'(t)}$$

$$=f[\psi(t)]=f(x).$$

因此有

$$\int f(x)\,\mathrm{d}x=G[\psi^{-1}(x)]+C.$$

需要说明的是,第二换元法主要用来求无理函数的不定积分,由于含有根式的积分比较难求,因此我们设法作代换消去根式,使之变成容易计算的积分.

下面通过例子说明第二换元法中常用的三角函数代换法.

例 1 求 $\int\sqrt{a^2-x^2}\,\mathrm{d}x\quad(a>0)$.

解 为了去掉根号,作三角代换 $x=a\sin t\left(-\frac{\pi}{2}<t<\frac{\pi}{2}\right)$,此时

$$t=\arcsin\frac{x}{a},\quad \mathrm{d}x=a\cos t\,\mathrm{d}t;$$

$$\sqrt{a^2-x^2}=\sqrt{a^2-a^2\sin^2 t}=a\cos t.$$

于是

$$\int\sqrt{a^2-x^2}\,\mathrm{d}x=\int a\cos t\cdot a\cos t\mathrm{d}t$$

$$=a^2\int\cos^2 t\mathrm{d}t.$$

利用上篇的结果,得

$$\int\sqrt{a^2-x^2}\,\mathrm{d}x=a^2\left(\frac{t}{2}+\frac{\sin 2t}{4}\right)+C$$

$$=\frac{a^2}{2}t+\frac{a^2}{2}\sin t\cos t+C.$$

我们需要把变量 t 还原成变量 x. 做法如下:根据 $x=a\sin t$ 画一个直角三角形如图4. 2. 1 所示,由这个直角三角形可以看出

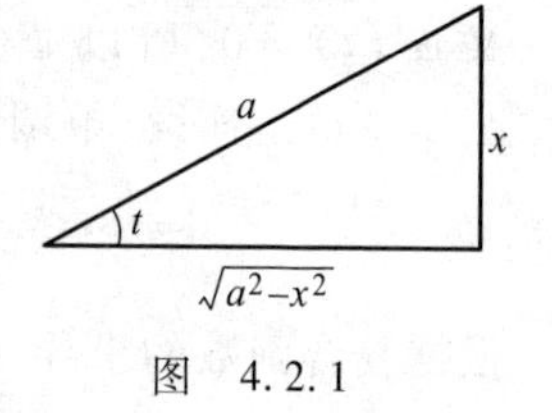

图 4. 2. 1

$$\cos t=\frac{\sqrt{a^2-x^2}}{a}.$$

把它代入上式,即得

$$\int\sqrt{a^2-x^2}\,\mathrm{d}x=\frac{a^2}{2}\arcsin\frac{x}{a}+\frac{x}{2}\sqrt{a^2-x^2}+C.$$

这种用图形作变换的方法比用三角公式推导简单一些. 今后我们将常常采用这种方法.

例 2 求 $\int\frac{\mathrm{d}x}{\sqrt{x^2-a^2}}\ (a>0,|x|>a)$.

解 作代换 $x=a\sec t\ \left(0<t<\frac{\pi}{2}\right)$, 则 $t=\operatorname{arcsec}\frac{x}{a}$, $\mathrm{d}x=a\tan t\sec t\mathrm{d}t$. 于是有

$$\int\frac{\mathrm{d}x}{\sqrt{x^2-a^2}}=\int\sec t\mathrm{d}t=\ln|\tan t+\sec t|+C_1.$$

由图 4. 2. 2 可知

$$\tan t=\frac{\sqrt{x^2-a^2}}{a},$$

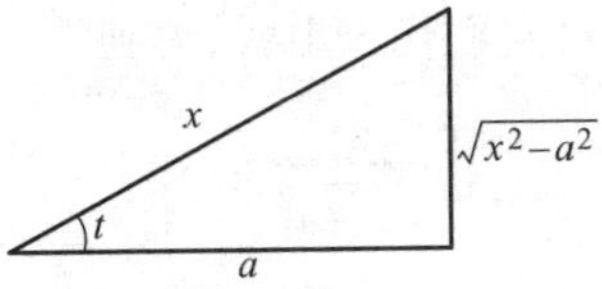

图　4.2.2

于是

$$\int\frac{\mathrm{d}x}{\sqrt{x^2-a^2}}=\ln\left|\frac{\sqrt{x^2-a^2}}{a}+\frac{x}{a}\right|+C_1$$

$$=\ln\left|\sqrt{x^2-a^2}+x\right|-\ln a+C_1.$$

令 $C=C_1-\ln a$，即得

$$\int\frac{\mathrm{d}x}{\sqrt{x^2-a^2}}=\ln\left|\sqrt{x^2-a^2}+x\right|+C.$$

例 3　求 $\int\frac{\mathrm{d}x}{\sqrt{x^2+a^2}}(a>0)$.

解　作代换 $x=a\tan t\left(-\frac{\pi}{2}<t<\frac{\pi}{2}\right)$，这时有

$$t=\arctan\frac{x}{a},\quad \mathrm{d}x=a\sec^2t\mathrm{d}t,$$

$$\sqrt{x^2+a^2}=\sqrt{a^2\tan^2t+a^2}=a\sec t.$$

于是

$$\frac{\mathrm{d}x}{\sqrt{x^2+a^2}}=\int\frac{1}{a\sec t}a\sec^2t\mathrm{d}t=\int\sec t\mathrm{d}t.$$

因为

$$\int\sec t\mathrm{d}t=\int\frac{1}{\cos t}\mathrm{d}t$$

$$=\ln\left|\tan t+\sec t\right|+C_1,$$

所以

$$\int\frac{\mathrm{d}x}{\sqrt{x^2+a^2}}=\ln\left|\tan t+\sec t\right|+C_1.$$

由图 4.2.3 可知

$$\sec t=\frac{\sqrt{x^2+a^2}}{a},\quad \tan t=\frac{x}{a}.$$

将它们代入上式，得到

$$\int \frac{\mathrm{d}x}{\sqrt{x^2+a^2}} = \ln\left|\frac{x}{a}+\frac{\sqrt{a^2+x^2}}{a}\right|+C_1$$

$$= \ln\left|\sqrt{a^2+x^2}+x\right| - \ln a + C_1.$$

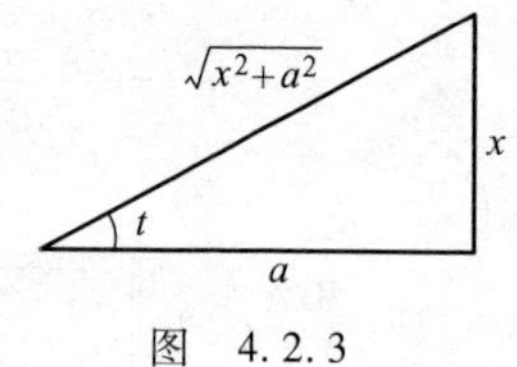

图 4.2.3

令 $C=C_1-\ln a$，即得

$$\int \frac{\mathrm{d}x}{\sqrt{x^2+a^2}} = \ln\left|\sqrt{a^2+x^2}+x\right|+C.$$

从上面的三个例子可以看出，当被积函数中含有二次根式 $\sqrt{a^2-x^2}$，$\sqrt{x^2+a^2}$，$\sqrt{x^2-a^2}$ 时，通常我们分别作这样三个变换：$x=a\sin t$，$x=a\tan t$，$x=a\sec t$ 来去掉根号. 但这并不是去掉根号的唯一方法，例如在 $\int x^3\sqrt{a^2-x^2}\,\mathrm{d}x$ 中，作变换 $a^2-x^2=u^2$ 会更简便些.

至于被积函数中含有 $\sqrt[n]{x}$，$\sqrt[m]{x}$ $(n, m\geqslant 2)$ 的情况，仍可以用不定积分的第二换元法，我们看一个例子.

例 4 求积分 $\int \frac{\mathrm{d}x}{\sqrt{x}+\sqrt[3]{x}}$.

解

$$\int \frac{\mathrm{d}x}{\sqrt{x}+\sqrt[3]{x}} \xlongequal{x=t^6} \int \frac{6t^5}{t^3+t^2}\mathrm{d}t = 6\int \frac{t^3}{1+t}\mathrm{d}t$$

$$= 6\int \frac{t^3+1-1}{1+t}\mathrm{d}t$$

$$= 6\int \left[t^2-t+1-\frac{1}{1+t}\right]\mathrm{d}t$$

$$= 2t^3-3t^2+6t-6\ln|1+t|+C$$

$$= 2\sqrt{x}-3\sqrt[3]{x}+6\sqrt[6]{x}-6\ln\left|1+\sqrt[6]{x}\right|+C.$$

1.2 分部积分法

换元积分法在计算不定积分时起了很重要的作用，但是只有这种方法还是远远不够的，因为像

$$\int x\sin x\mathrm{d}x \quad 和 \quad \int \ln x\mathrm{d}x$$

等类型的积分是不能利用换元积分法算出来的.

下面我们来介绍另一种常用的积分方法——分部积分法. 所谓分部积分法就是将微分学中乘积的导数公式转化为积分公式.

定理 2 设函数 $u=u(x),v=v(x)$ 可导,若

$$\int u'(x)v(x)\mathrm{d}x$$

存在,则

$$\int u(x)v'(x)\mathrm{d}x=u(x)v(x)-\int v(x)u'(x)\mathrm{d}x.$$

上面的积分公式也可简记为

$$\int u\mathrm{d}v=uv-\int v\mathrm{d}u.$$

证明 根据乘积的导数公式

$$(u\cdot v)'=u'\cdot v+u\cdot v',$$

有

$$u\cdot v'=(u\cdot v)'-v\cdot u'.$$

因上式右端两项原函数都存在,故左端原函数也存在,且

$$\begin{aligned}\int u\cdot v'\mathrm{d}x&=\int[(u\cdot v)'-v\cdot u']\mathrm{d}x\\&=uv-\int v\cdot u'\mathrm{d}x,\end{aligned}$$

即

$$\int u\mathrm{d}v=uv-\int v\mathrm{d}u.$$

上面的公式称为**分部积分公式**. 这个公式告诉我们,如果积分 $\int u\mathrm{d}v$ 计算起来有困难,而积分 $\int v\mathrm{d}u$ 比较容易计算时,那么可以利用公式把计算前者转化为计算后者. 这就是说,按照公式将所求积分分成两部分,一部分已不用再积分,只要对另一部分求积分,这也是“分部积分法”名称的来源.

例 5 求$\int x\sin x\mathrm{d}x$.

解 利用分部积分公式时,要先把被积函数中的一部分看成v'并和$\mathrm{d}x$凑成微分$\mathrm{d}v$,从而把被积表达式改写成$u\mathrm{d}v$的形式.这里,设$u=x,v'=\sin x$,于是

$$\begin{aligned}\int x\sin x\mathrm{d}x&=\int x\mathrm{d}(-\cos x)\\&=x(-\cos x)-\int(-\cos x)\mathrm{d}x\\&=-x\cos x+\int\cos x\mathrm{d}x\\&=-x\cos x+\sin x+C.\end{aligned}$$

例 6 求$\int x\mathrm{e}^{x}\mathrm{d}x$.

解 设$u=x,v'=\mathrm{e}^{x}$,于是

$$\begin{aligned}\int x\mathrm{e}^{x}\mathrm{d}x&=\int x\mathrm{d}\mathrm{e}^{x}=x\mathrm{e}^{x}-\int\mathrm{e}^{x}\mathrm{d}x\\&=x\mathrm{e}^{x}-\mathrm{e}^{x}+C\\&=(x-1)\mathrm{e}^{x}+C.\end{aligned}$$

例 7 求$\int x\ln x\mathrm{d}x$.

解 设$u=\ln x,v'=x$,于是

$$\begin{aligned}\int x\ln x\mathrm{d}x&=\int\ln x\mathrm{d}\left(\frac{x^{2}}{2}\right)=\frac{x^{2}}{2}\ln x-\int\frac{x^{2}}{2}\mathrm{d}(\ln x)\\&=\frac{x^{2}}{2}\ln x-\int\frac{x^{2}}{2}\frac{1}{x}\mathrm{d}x=\frac{x^{2}}{2}\ln x-\int\frac{x}{2}\mathrm{d}x\\&=\frac{x^{2}}{2}\ln x-\frac{x^{2}}{4}+C\\&=\frac{x^{2}}{4}(2\ln x-1)+C.\end{aligned}$$

上面的三个例子都是被积函数为两个函数相乘的形式.运用分部积分公式有一个如何选取u和v'的问题.有时会因u和v'选取不当,使得积分越积越困难.如在例 6 中,如果选$u=\mathrm{e}^{x},v'=x$,这样一来

$$\int xe^x\mathrm{d}x=\int e^x x\mathrm{d}x=\frac{1}{2}\int e^x\mathrm{d}x^2=\frac{1}{2}\left(e^x x^2-\int x^2\mathrm{d}e^x\right),$$

其中出现的积分

$$\int x^2e^x\mathrm{d}x$$

比原式

$$\int xe^x\mathrm{d}x$$

更复杂.由此可见,先把哪一部分选为 v' 是很重要的.从以上诸例看出,一般说来,根据不同的被积函数,我们是按照以下的顺序:e^x,a^x,$\sin x$,$\cos x$,x^a 依次考虑取作 v',而 $\arctan x$,$\arcsin x$,$\ln x$ 等是不能取为 v' 的.如在例 5 的 $x\sin x$ 中,我们选 $v'=\sin x$;而在例 6 中选 $v'=e^x$;在例 7 的 $x\ln x$ 中,只能选 $v'=x$.

当被积函数为 $\ln x$,$\arcsin x$,$\arctan x$,$\sqrt{x^2+a^2}$ 等时也常用分部积分法,这时只要把 $\mathrm{d}x$ 看成 $\mathrm{d}v$ 即可.

例 8 求 $\int\ln x\mathrm{d}x$.

解

$$\begin{aligned}\int\ln x\mathrm{d}x&=x\ln x-\int x\mathrm{d}(\ln x)=x\ln x-\int x\frac{1}{x}\mathrm{d}x\\&=x\ln x-x+C.\end{aligned}$$

例 9 求 $\int\arcsin x\mathrm{d}x$.

解

$$\begin{aligned}\int\arcsin x\mathrm{d}x&=x\arcsin x-\int x\mathrm{d}(\arcsin x)\\&=x\arcsin x-\int\frac{x}{\sqrt{1-x^2}}\mathrm{d}x\\&=x\arcsin x+\frac{1}{2}\int\frac{1}{\sqrt{1-x^2}}\mathrm{d}(1-x^2)\\&=x\arcsin x+\sqrt{1-x^2}+C.\end{aligned}$$

对于某些不定积分,有时需要使用两次或两次以上的分部积分法.

例 10 求$\int x^2 e^x dx$.

解

$$\begin{aligned}\int x^2 e^x dx &= \int x^2 de^x = x^2 e^x - \int e^x dx^2 \\ &= x^2 e^x - \int 2x e^x dx \\ &= x^2 e^x - 2\int x de^x \\ &= x^2 e^x - 2x e^x + 2\int e^x dx \\ &= x^2 e^x - 2x e^x + 2e^x + C \\ &= (x^2 - 2x + 2) e^x + C.\end{aligned}$$

分部积分法还有一种用法,就是由它先导出循环公式,设法建立所求积分的函数方程,从中解出所求的不定积分.

例 11 求$\int e^x \cos x dx$.

解 设$\int e^x \cos x dx = I$,有

$$\begin{aligned}I &= \int \cos x de^x = e^x \cos x - \int e^x d(\cos x) \\ &= e^x \cos x + \int e^x \sin x dx \\ &= e^x \cos x + \int \sin x d(e^x) \\ &= e^x \cos x + e^x \sin x - \int e^x d(\sin x) \\ &= e^x (\cos x + \sin x) - \int e^x \cos x dx.\end{aligned}$$

可见,分部积分两次以后,等式右端又出现了原来的积分,这样就得到了一个 I 的函数方程

$$I = e^x (\cos x + \sin x) - I.$$

解此方程,并注意到不定积分中都有任意常数,故有

$$\int e^x \cos x dx = \frac{1}{2} e^x (\cos x + \sin x) + C.$$

用同样的方法可以求得

$$\int e^{ax}\sin bx\mathrm{d}x=\frac{e^{ax}}{a^2+b^2}(a\sin bx-b\cos bx)+C,$$

$$\int e^{ax}\cos bx\mathrm{d}x=\frac{e^{ax}}{a^2+b^2}(a\cos bx+b\sin bx)+C.$$

求不定积分与求导数有很大不同. 我们知道任何初等函数的导数仍为初等函数,而许多初等函数的不定积分,例如

$$\int e^{-x^2}\mathrm{d}x,\ \int\frac{\sin x}{x}\mathrm{d}x,\ \int\frac{1}{\ln x}\mathrm{d}x,\int\sin x^2\mathrm{d}x,\ \int\sqrt{1+x^3}\,\mathrm{d}x$$

等,虽然它们的被积函数的表达式都很简单,但在初等函数的范围内却积不出来. 这不是因为积分方法不够,而是由于被积函数的原函数不是初等函数的缘故. 我们称这种函数是“**不可求积**”的. 究竟什么样的函数积分可以积出来,我们不再做详细的讨论.

§2　定积分的计算(2)

根据微积分学基本定理所揭示的定积分与不定积分之间的关系,我们可以由不定积分的积分法则导出相应的定积分的积分法则. 本节介绍计算定积分的两个基本法则.

2.1　定积分的换元积分法

定理 1　设函数 $f(x)$ 在 $[a,b]$ 上连续. 作变换 $x=x(t)$,它满足:

(1) 当 $t=\alpha$ 时,$x=x(\alpha)=a$,当 $t=\beta$ 时,$x=x(\beta)=b$;

(2) 当 t 在 $[\alpha,\beta]$ 上变化时,$x=x(t)$ 的值在 $[a,b]$ 上变化;

(3) $x'(t)$ 在 $[\alpha,\beta]$ 上连续.

则有换元积分公式

$$\int_a^b f(x)\,\mathrm{d}x=\int_\alpha^\beta f[x(t)]x'(t)\,\mathrm{d}t.$$

证明　因为 $f(x)$ 与 $f[x(t)]\cdot x'(t)$ 都是连续的,所以它们都

是可积的. 设 $f(x)$ 在 $[a,b]$ 上的一个原函数为 $F(x)$,由复合函数的求导法则容易验证 $F[x(t)]$ 为 $f[x(t)]\cdot x'(t)$ 的一个原函数. 于是由牛顿-莱布尼茨公式,有

$$\int_{\alpha}^{\beta} f[x(t)]x'(t)\,\mathrm{d}t = F[x(t)]\Big|_{\alpha}^{\beta} = F[x(\beta)] - F[x(\alpha)]$$

$$= F(b) - F(a) = F(x)\Big|_{a}^{b} = \int_{a}^{b} f(x)\,\mathrm{d}x.$$

定理 1 说明,在我们利用换元法计算定积分时,只要随着积分变量的替换相应地改变定积分的上、下限,这样在求出原函数之后,就可以直接代入积分限计算原函数的改变量之值,而不必换回原来的变量. 这就是定积分换元法与不定积分换元法的不同之处.

例 1 求 $\int_0^4 \frac{\sqrt{x}}{1+\sqrt{x}}\mathrm{d}x$.

解 令 $\sqrt{x}=t\ (t\geqslant 0)$,从而 $x=t^2$, $\mathrm{d}x=2t\mathrm{d}t$. 当 $x=0$ 时, $t=0$;当 $x=4$ 时, $t=2$. 于是,有

$$\int_0^4 \frac{\sqrt{x}}{1+\sqrt{x}}\mathrm{d}x = \int_0^2 \frac{t}{1+t}2t\mathrm{d}t = 2\int_0^2 \frac{t^2}{1+t}\mathrm{d}t$$

$$= 2\int_0^2 \left(t-1+\frac{1}{t+1}\right)\mathrm{d}t$$

$$= 2\left[\frac{t^2}{2} - t + \ln|1+t|\right]\Bigg|_0^2$$

$$= 2\ln 3.$$

例 2 求 $\int_0^2 \sqrt{4-x^2}\,\mathrm{d}x$.

解 令 $x=2\sin t\ \left(0\leqslant t\leqslant \frac{\pi}{2}\right)$,则 $\mathrm{d}x=2\cos t\mathrm{d}t$,当 $x=0$ 时, $t=0$;当 $x=2$ 时, $t=\frac{\pi}{2}$. 于是,有

$$\int_0^2 \sqrt{4-x^2}\,dx = \int_0^{\pi/2} 2\cos t \cdot 2\cos t\,dt$$

$$= 2\int_0^{\pi/2} (1+\cos 2t)\,dt$$

$$= 2\left[t+\frac{\sin 2t}{2}\right]\Big|_0^{\pi/2}$$

$$= 2 \cdot \frac{\pi}{2} = \pi.$$

例 3 求 $\int_0^{\ln 2} e^x(1+e^x)^2 dx$.

解 $$\int_0^{\ln 2} e^x(1+e^x)^2 dx = \int_0^{\ln 2} (1+e^x)^2 d(1+e^x)$$

$$\xlongequal{令\ 1+e^x=u} \int_2^3 u^2 du = \frac{1}{3}u^3 \Big|_2^3$$

$$= \frac{1}{3}(3^3-2^3) = \frac{19}{3}.$$

2.2 定积分的分部积分法

定理 2 设函数 $u=u(x)$ 与 $v=v(x)$ 在 $[a,b]$ 上具有连续的导数 $u'(x)$ 与 $v'(x)$,则有分部积分公式

$$\int_a^b u(x)\,d[v(x)] = u(x) \cdot v(x)\Big|_a^b - \int_a^b v(x)\,d[u(x)].$$

证明 因为 $u'(x) \cdot v'(x)$,$u'(x) \cdot v(x)$ 与 $u(x) \cdot v'(x)$ 都是 $[a,b]$ 上的连续函数,所以它们都是可积的. 根据牛顿–莱布尼茨公式,有

$$\int_a^b [u(x) \cdot v(x)]'dx = u(x) \cdot v(x)\Big|_a^b.$$

由于 $d[u(x) \cdot v(x)] = u(x)dv(x) + v(x)du(x)$,又有

$$\int_a^b [u(x) \cdot v(x)]'dx = \int_a^b u(x)\,d[v(x)] + \int_a^b v(x)\,d[u(x)].$$

于是得到

$$\int_a^b u(x)\,d[v(x)] + \int_a^b v(x)\,d[u(x)] = u(x) \cdot v(x)\Big|_a^b,$$

即

$$\int_a^b u(x)\mathrm{d}[v(x)]=u(x)\cdot v(x)\Big|_a^b-\int_a^b v(x)\mathrm{d}[u(x)].$$

定积分的分部积分公式与不定积分的分部积分公式的区别是,这个公式的每一项都带有积分限.

例 4 求$\int_1^5 \ln x\mathrm{d}x$.

解

$$\begin{aligned}\int_1^5 \ln x\mathrm{d}x&=x\ln x\Big|_1^5-\int_1^5 x\mathrm{d}(\ln x)\\&=5\ln 5-\int_1^5 x\cdot\frac{1}{x}\mathrm{d}x\\&=5\ln 5-x\Big|_1^5=5\ln 5-4.\end{aligned}$$

例 5 求$\int_0^1 x\mathrm{e}^x\mathrm{d}x$.

解

$$\begin{aligned}\int_0^1 x\mathrm{e}^x\mathrm{d}x&=\int_0^1 x\mathrm{d}\mathrm{e}^x=x\mathrm{e}^x\Big|_0^1-\int_0^1\mathrm{e}^x\mathrm{d}x\\&=\mathrm{e}-\mathrm{e}^x\Big|_0^1=1.\end{aligned}$$

例 6 求$\int_0^{\pi/2} x^2\sin x\mathrm{d}x$.

解

$$\begin{aligned}\int_0^{\pi/2} x^2\sin x\mathrm{d}x&=-\int_0^{\pi/2} x^2\mathrm{d}(\cos x)\\&=-x^2\cos x\Big|_0^{\pi/2}+\int_0^{\pi/2}2x\cos x\mathrm{d}x\\&=2\int_0^{\pi/2}x\cos x\mathrm{d}x=2\int_0^{\pi/2}x\mathrm{d}(\sin x)\\&=2\left(x\sin x\Big|_0^{\pi/2}-\int_0^{\pi/2}\sin x\mathrm{d}x\right)\\&=2\left(\frac{\pi}{2}+\cos x\Big|_0^{\pi/2}\right)=\pi-2.\end{aligned}$$

§3 定积分的应用

前面,我们已经学习了定积分的基本理论及计算方法,本节将介绍应用定积分的知识解决实际问题的重要方法——微元法,以及它在几何等实际问题中的应用.

3.1 微元法

在讲定积分的定义时,我们已经讨论了表示与区间$[a,b]$有关的某种总量A的定积分$\int_a^b f(x)\,\mathrm{d}x$是有限和$\sum\limits_{i=1}^{n} f(\xi_i)\Delta x_i$的极限,在这一极限运算中,当$\lambda=\max\{\Delta x_i\}\to 0$时,有$n\to\infty$,则$f(\xi_i)\Delta x_i$转化为无穷小量,即总量$A$的微分$\mathrm{d}A=f(x)\,\mathrm{d}x$.这是对总量$A$的无限细分,同时,当$\lambda\to 0,n\to\infty$时,将有限和转化为无限和,即将微分$\mathrm{d}A=f(x)\,\mathrm{d}x$在区间$[a,b]$上无限积累,这样就得到了总量$A=\int_a^b f(x)\,\mathrm{d}x$.由此可建立求与函数$f(x)$有关的定积分$A=\int_a^b f(x)\,\mathrm{d}x$的一种方法,这就是先求总量$A$的微元(或微分)$\mathrm{d}A=f(x)\,\mathrm{d}x$,而后再将微分$\mathrm{d}A=f(x)\,\mathrm{d}x$在区间$[a,b]$上无限积累,就得到表示总量$A$的定积分$\int_a^b f(x)\,\mathrm{d}x$.这种求定积分的方法,称为微元法.

下面我们介绍怎样用微元法来解决一些几何问题和物理问题.

3.2 定积分应用的几个实例

1. 平面图形的面积

在讲定积分的概念时,我们已经求出了曲边梯形的面积,这里对平面图形的面积问题来作进一步的讨论.

设在区间$[a,b]$上,连续曲线$y=f(x)$位于$y=g(x)$的上方,求由这两条曲线以及直线$x=a, x=b$所围成的平面图形(见图4.2.4)的面积S.

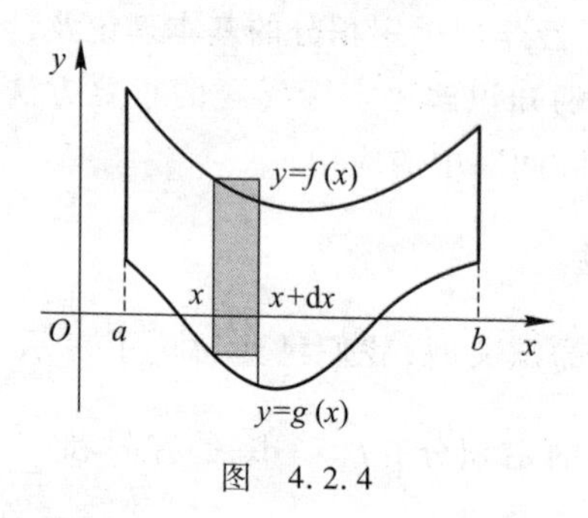

图 4.2.4

由微元法,首先求面积微元dS,为此在$[a,b]$上任取一个小区间$[x,x+dx]$,于是在$[x,x+dx]$上的平面图形面积ΔS可以用面积微元dS来作近似代替. dS为图4.2.4中阴影部分的小矩形的面积,即面积微元

$$dS=[f(x)-g(x)]\cdot dx.$$

其次将dS从a到b累加,求定积分,就得到平面图形的面积S:

$$S=\int_a^b [f(x)-g(x)]dx. \tag{1}$$

在一般的情况下,任意的曲线所围成的平面图形都可以看作是由若干个上面那样的图形所组成的. 例如图4.2.5所示的平面图形可以分成三部分D_1,D_2,D_3,而每一部分都可应用上式来计算. 因此,用定积分计算曲边图形的面积主要是如何确定被积函数和积分限的问题.

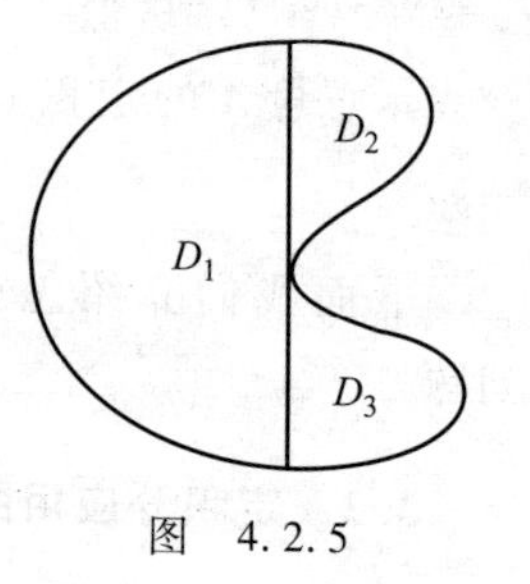

图 4.2.5

例 1 求椭圆$\frac{x^2}{a^2}+\frac{y^2}{b^2}=1$的面积$S$(如图4.2.6).

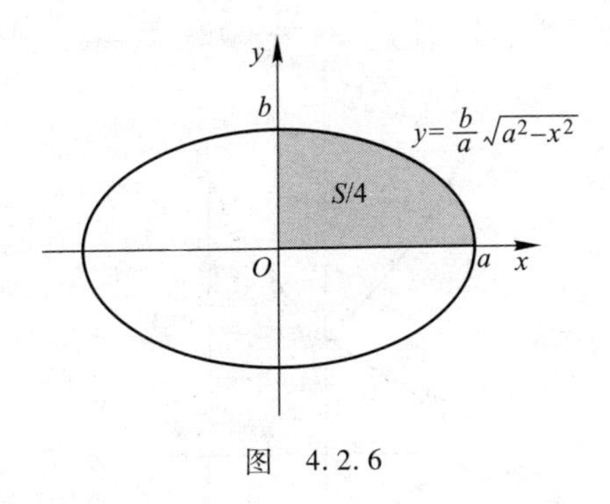

图 4.2.6

解 由对称性,只需计算椭圆在第一象限那部分的面积即可. 由(1)式得

$$\frac{S}{4}=\int_0^a (y(x)-0)\,\mathrm{d}x,$$

于是

$$S=4\int_0^a y(x)\,\mathrm{d}x,$$

其中 $y=y(x)$ 是上半椭圆所对应的方程:

$$y=\frac{b}{a}\sqrt{a^2-x^2},$$

它是由椭圆方程$\frac{x^2}{a^2}+\frac{y^2}{b^2}=1$ 解出的. 因此

$$S=4\int_0^a \frac{b}{a}\sqrt{a^2-x^2}\,\mathrm{d}x.$$

利用 §1 例 1 的结果,有

$$\begin{aligned} S &=4\,\frac{b}{a}\left[\frac{a^2}{2}\arcsin\frac{x}{a}+\frac{x}{2}\sqrt{a^2-x^2}\right]\Bigg|_0^a \\ &=4\cdot\frac{b}{a}\cdot\frac{a^2}{2}\cdot\frac{\pi}{2}=\pi ab. \end{aligned}$$

例 2 求由曲线 $y=\mathrm{e}^x, y=\mathrm{e}^{-x}$ 以及直线 $x=1$ 所围成的平面图形(见图 4.2.7)的面积 S.

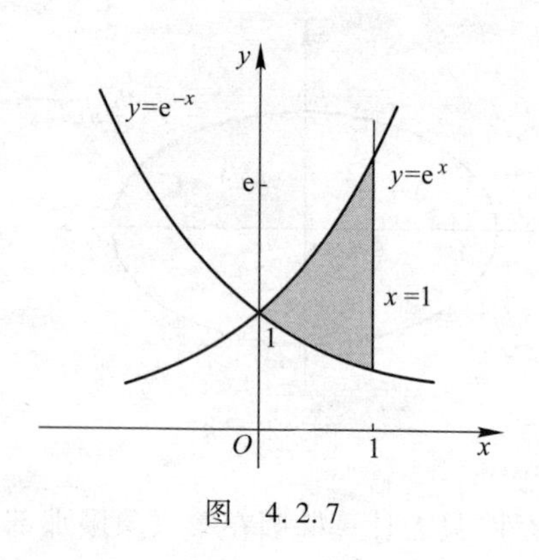

图 4.2.7

解 由于当 $x\in[0,1]$ 时，$e^{x}\geqslant e^{-x}$，故由(1)式，有

$$S=\int_0^1(e^{x}-e^{-x})\,dx=[e^{x}+e^{-x}]\Big|_0^1$$

$$=e+\frac{1}{e}-2.$$

2. 旋转体的体积

所谓旋转体是指由一个平面图形绕一条直线旋转而成的立体，这条直线叫做旋转轴. 例如半圆形绕它的直径旋转得到一个球体，矩形绕它的一边旋转得到一个圆柱体. 下面我们讨论曲边梯形绕坐标轴旋转所成的旋转体的体积.

设在区间$[a,b]$上，连续曲线 $y=f(x)$ 在 x 轴上方，求由曲线 $y=f(x)$，直线 $x=a$，$x=b$ 以及 x 轴所围成的曲边梯形绕 x 轴旋转所成的旋转体的体积 V.

由微元法，先求体积微元 dV. 在$[a,b]$上任取一个小区间$[x,x+dx]$，于是在$[x,x+dx]$上的旋转体体积 ΔV 可以用体积微元 dV 来作近似代替. dV 为图 4.2.8 中阴影部分的小矩形绕 x 轴旋转所成的正圆柱体的体积，即体积微元

$$dV=\pi[f(x)]^2\cdot dx,$$

将 dV 从 a 到 b 求定积分，就得到旋转体的体积 V：

$$V=\pi\int_a^b[f(x)]^2\mathrm{d}x=\pi\int_a^b y^2\mathrm{d}x. \tag{2}$$

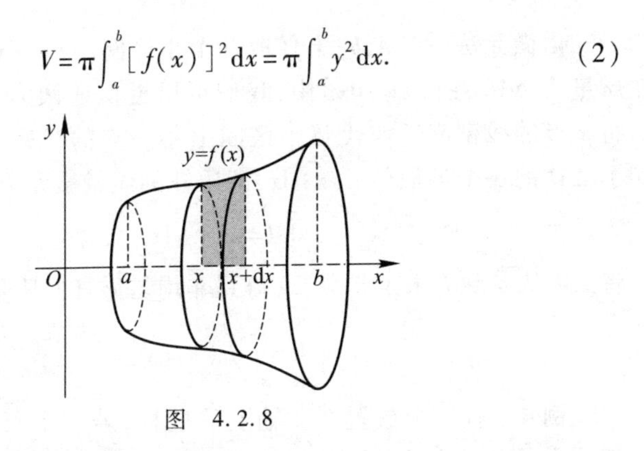

图 4.2.8

例 3 求椭圆$\dfrac{x^2}{a^2}+\dfrac{y^2}{b^2}=1$的上半部分与 x 轴所围成的曲边梯形绕 x 轴旋转形成的椭球体的体积.

解 椭圆上半部分的方程是 $y=\dfrac{b}{a}\sqrt{a^2-x^2}$. 根据旋转体体积公式(2)和图形的对称性,有

$$\begin{aligned}V&=2\pi\int_0^a y^2\mathrm{d}x=2\pi\int_0^a\frac{b^2}{a^2}(a^2-x^2)\mathrm{d}x\\&=2\pi\frac{b^2}{a^2}\int_0^a(a^2-x^2)\mathrm{d}x\\&=2\pi\frac{b^2}{a^2}\left(a^2x-\frac{x^3}{3}\right)\Big|_0^a\\&=2\pi\cdot\frac{b^2}{a^2}\cdot\frac{2}{3}a^3=\frac{4}{3}\pi ab^2.\end{aligned}$$

令 $a=b$ 就得到了以 a 为半径的球的体积 V:

$$V=\frac{4}{3}\pi a^3.$$

3. 质杆的质量

下面我们利用微元法来计算非均匀质杆的质量问题.

设质杆所在直线为 x 轴,质杆放置的区间为$[a,b]$,并且其线密度 $\mu=\mu(x)$ $(a\leqslant x\leqslant b)$为一连续函数. 求此质杆的质量 M.

由微元法,在$[a,b]$上任取一个小区间$[x,x+\mathrm{d}x]$,其上质杆的质量为ΔM. 在$[x,x+\mathrm{d}x]$中,我们可以近似地认为质杆是均匀的,将x点的线密度近似代替小区间上每一点的线密度,于是就得到了ΔM的一个近似值$\mu(x)\mathrm{d}x$,即质杆的质量微元为

$$\mathrm{d}M=\mu(x)\mathrm{d}x.$$

将$\mathrm{d}M$从a到b求定积分,就得到非均匀质杆的质量为

$$M=\int_a^b \mu(x)\mathrm{d}x. \tag{3}$$

例 4 有一个放置在x轴上的质杆,若其上每一点的密度等于该点的横坐标的平方,试求横坐标在 2 与 3 之间的那段质杆的质量.

解 由题意可知质杆的密度为$\mu(x)=x^2$. 根据公式(3),质杆的质量为

$$M=\int_2^3 x^2\mathrm{d}x=\frac{x^3}{3}\Big|_2^3=6\frac{1}{3}.$$

§4 无穷积分

前面我们所讨论的定积分都假定积分限是有限的而且被积函数是有界的. 但在实际问题中,有时还会遇到函数在无穷区间上的积分以及无界函数在有界区间上的积分. 因此,需要将定积分的概念分别向这两个方面推广,从而引进无穷积分与无界函数积分,二者统称为**反常积分**. 下面我们仅介绍无穷积分.

例 1 求由曲线$y=\dfrac{1}{x^2}$,直线$x=1,y=0$所围成的"无穷曲边梯形"的面积S(见图 4.2.9 中的阴影部分).

我们知道,这个"无穷曲边梯形"面积不能用定积分直接计算出来. 但是,对于任意的$A>1$,由$x=1,x=A,y=0$以及$y=\dfrac{1}{x^2}$所围成

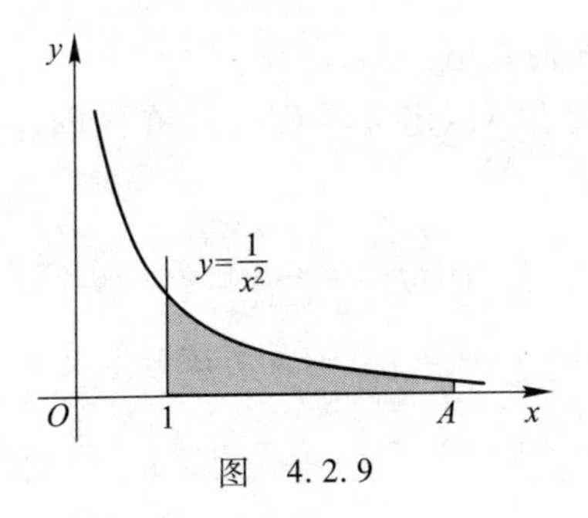

图 4.2.9

的"曲边梯形"的面积却可以用定积分计算,有

$$\int_1^A \frac{1}{x^2}\mathrm{d}x = -\frac{1}{x}\bigg|_1^A = 1-\frac{1}{A} \xlongequal{\text{def}} S(A).$$

可见 $S(A)$ 随着 A 的增大而增大,且当 $A\to+\infty$ 时,$S(A)\to 1$. 不难看出,1 就是所求的"无穷曲边梯形"的面积 S,即

$$S=\lim_{A\to+\infty}\int_1^A \frac{1}{x^2}\mathrm{d}x=\lim_{A\to+\infty}\left(1-\frac{1}{A}\right)=1.$$

我们把 $\lim\limits_{A\to+\infty}\int_1^A \frac{1}{x^2}\mathrm{d}x$ 记为 $\int_1^{+\infty}\frac{1}{x^2}\mathrm{d}x$,称之为函数在无穷区间 $[1,+\infty)$ 上的积分.

定义 设函数 $f(x)$ 在 $[a,+\infty)$ 上有定义,并且对于任意实数 $A(A>a)$,$f(x)$ 在有限区间 $[a,A]$ 上都是可积的,如果当 $A\to+\infty$ 时,极限

$$I=\lim_{A\to+\infty}\int_a^A f(x)\,\mathrm{d}x$$

存在,那么就称此极限值 I 为函数 $f(x)$ 在 $[a,+\infty)$ 上的**无穷积分**,记作

$$\int_a^{+\infty} f(x)\,\mathrm{d}x=\lim_{A\to+\infty}\int_a^A f(x)\,\mathrm{d}x=I.$$

这时我们说该无穷积分是收敛的,且收敛于 I. 如果极限 $\lim\limits_{A\to+\infty}\int_a^A f(x)\,\mathrm{d}x$ 不存在,我们就说该无穷积分是发散的. 这时 $\int_a^{+\infty} f(x)\,\mathrm{d}x$ 只是一个

符号,而不代表任何数值.

类似地,我们也可以定义函数 $f(x)$ 在区间 $(-\infty, a]$ 上的无穷积分:

$$\int_{-\infty}^{a} f(x)\,\mathrm{d}x = \lim_{A\to-\infty}\int_{A}^{a} f(x)\,\mathrm{d}x.$$

对于函数在区间 $(-\infty, +\infty)$ 上的无穷积分定义为

$$\begin{aligned}\int_{-\infty}^{+\infty} f(x)\,\mathrm{d}x &= \int_{-\infty}^{a} f(x)\,\mathrm{d}x + \int_{a}^{+\infty} f(x)\,\mathrm{d}x \\ &= \lim_{A_1\to-\infty}\int_{A_1}^{a} f(x)\,\mathrm{d}x + \lim_{A_2\to+\infty}\int_{a}^{A_2} f(x)\,\mathrm{d}x,\end{aligned}$$

其中 a 为任意一个实数,并且当等式右边的两个无穷积分都收敛时,才认为 $\int_{-\infty}^{+\infty} f(x)\,\mathrm{d}x$ 是收敛的. 注意,积分 $\int_{-\infty}^{+\infty} f(x)\,\mathrm{d}x$ 的值不依赖于 a 的选择,并且 $A_1\to-\infty$ 和 $A_2\to+\infty$ 的速度可以是不同的.

例 2 求 $\int_{0}^{+\infty}\frac{1}{1+x^2}\mathrm{d}x$.

解

$$\begin{aligned}\int_{0}^{+\infty}\frac{1}{1+x^2}\mathrm{d}x &= \lim_{A\to+\infty}\int_{0}^{A}\frac{\mathrm{d}x}{1+x^2} \\ &= \lim_{A\to+\infty}\arctan A = \frac{\pi}{2}.\end{aligned}$$

为了书写方便,有时我们也把积分 $\int_{0}^{+\infty}\frac{1}{1+x^2}\mathrm{d}x$ 的极限形式 $\lim\limits_{A\to+\infty}\int_{0}^{A}\frac{\mathrm{d}x}{1+x^2}$ 记成 $\arctan A\Big|_{0}^{+\infty}=\frac{\pi}{2}$.

例 3 求 $\int_{-\infty}^{+\infty}\frac{1}{1+x^2}\mathrm{d}x$.

解

$$\begin{aligned}\int_{-\infty}^{+\infty}\frac{1}{1+x^2}\mathrm{d}x &= \int_{-\infty}^{0}\frac{1}{1+x^2}\mathrm{d}x + \int_{0}^{+\infty}\frac{1}{1+x^2}\mathrm{d}x \\ &= \lim_{A_1\to-\infty}\int_{A_1}^{0}\frac{1}{1+x^2}\mathrm{d}x + \lim_{A_2\to+\infty}\int_{0}^{A_2}\frac{1}{1+x^2}\mathrm{d}x\end{aligned}$$

$$= -\lim_{A_1\to-\infty}\arctan A_1 + \lim_{A_2\to+\infty}\arctan A_2$$

$$= \frac{\pi}{2} + \frac{\pi}{2} = \pi.$$

本章自测题

习题 4.2

1. 利用第二换元法求下列不定积分：

(1) $\int \frac{1}{(1-x^2)^{3/2}}dx$；　　(2) $\int \frac{1}{\sqrt{4-9x^2}}dx$；

(3) $\int \frac{x^3}{(1+x^2)^{3/2}}dx$；　　(4) $\int \frac{1}{x\sqrt{x^2+1}}dx$.

2. 利用分部积分法求下列各不定积分：

(1) $\int x\sin 2x dx$；　　(2) $\int xe^{-x}dx$；

(3) $\int \arccos x dx$；　　(4) $\int \arctan x dx$；

(5) $\int x\arctan x dx$；　　(6) $\int \ln^2 x dx$.

3. 利用换元积分法和分部积分法计算下列各定积分：

(1) $\int_{-2}^{-1}\frac{1}{(11+5x)^3}dx$；　　(2) $\int_1^e \frac{1+\ln x}{x}dx$；

(3) $\int_0^1 (e^x-1)^4 e^x dx$；　　(4) $\int_0^1 \frac{1}{1+e^x}dx$；

(5) $\int_{-2}^0 \frac{1}{x^2+2x+2}dx$；　　(6) $\int_1^3 \frac{1}{x(1+x)}dx$；

(7) $\int_0^1 \sqrt{(1-x^2)^3}dx$；　　(8) $\int_0^a x^2\sqrt{a^2-x^2}dx$；

(9) $\int_0^1 x\arctan x dx$；　　(10) $\int_1^e x\ln x dx$；

(11) $\int_0^{\ln 2} x\mathrm{e}^{-x}\mathrm{d}x$; (12) $\int_0^{\pi} x^3\sin x\mathrm{d}x$;

(13) $\int_0^{\mathrm{e}-1} \ln(x+1)\mathrm{d}x$; (14) $\int_0^{\pi/2} \mathrm{e}^x\cos x\mathrm{d}x$;

(15) $\int_{1/\mathrm{e}}^{\mathrm{e}} |\ln x|\mathrm{d}x$; (16) $\int_1^2 x^{-2}\mathrm{e}^{1/x}\mathrm{d}x$.

4. 证明：若函数 $f(x)$ 在 $[-a,a]$ 上可积，则

$$\int_{-a}^{a} f(x)\mathrm{d}x=\begin{cases}2\int_0^a f(x)\mathrm{d}x, & f(x)\text{为偶函数},\\ 0, & f(x)\text{为奇函数}.\end{cases}$$

5. 设函数 $f(x)$ 在 $[-a,a]$ 上连续，试证明

$$\int_{-a}^{a} f(x)\mathrm{d}x=\int_{-a}^{a} f(-x)\mathrm{d}x.$$

6. 证明：

$$\int_x^1 \frac{1}{1+x^2}\mathrm{d}x=\int_1^{1/x}\frac{1}{1+x^2}\mathrm{d}x \quad (x>0).$$

7. 证明：若 $f(x)$ 在 $(-\infty,+\infty)$ 上连续，并且是以 T 为周期的周期函数，则

$$\int_a^{a+T} f(x)\mathrm{d}x=\int_0^T f(x)\mathrm{d}x$$

对于任意的 a 都成立.

8. 求由曲线 $y=x^2$ 和 $x=y^2$ 所围成的平面图形的面积.

9. 求由曲线 $y=x\mathrm{e}^{-x^2}$ 以及直线 $x=0,y=0,x=1$ 所围成的平面图形的面积.

10. 求由曲线 $y=\sin x(0\leqslant x\leqslant\pi)$ 以及直线 $y=0$ 所围成的平面图形绕 x 轴旋转所产生的旋转体的体积.

11. 求由曲线 $y=x^2$ 和 $x=y^2$ 所围成的平面图形绕 y 轴旋转所产生的旋转体的体积.

12. 有一放置在 y 轴上的质杆，若其上每一点的线密度等于 e^y. 试求质杆在 $1\leqslant y\leqslant 2$ 的一段上的质量.

13. 求下列各无穷积分的值：

(1) $\int_{-\infty}^{+\infty}\frac{1}{x^2+2x+2}\mathrm{d}x$; (2) $\int_{\mathrm{e}}^{+\infty}\frac{1}{x\ln^2 x}\mathrm{d}x$;

(3) $\int_{-\infty}^{+\infty} f(x)\,\mathrm{d}x$,其中

$$f(x)=\begin{cases}\dfrac{1}{1+x^2}, & -\infty<x\leqslant 0,\\ 2, & 0<x\leqslant 1,\\ 0, & 1<x<+\infty;\end{cases}$$

(4) $\int_{-\infty}^{+\infty} g(x)\,\mathrm{d}x$,其中

$$g(x)=\begin{cases}\lambda \mathrm{e}^{-\lambda x}, & x\geqslant 0 \text{ 且 } \lambda>0,\\ 0, & x<0.\end{cases}$$

第五部分 线性代数

第一章 n 阶行列式

§1 n 阶行列式的定义

1.1 定义

我们知道,二阶和三阶行列式分别是求二元和三元线性方程组解的一种有效的工具.如果方程组的未知数有 n 个,需要求解 n 元线性方程组,那么行列式的概念也需要扩充到 n 阶.为了引进 n 阶行列式的定义,我们先回顾一下二、三阶行列式的概念.由 4 个数 $a_{11},a_{12},a_{21},a_{22}$ 排成的一个方阵,两边加上两条竖线,即

$$\begin{vmatrix} a_{11} & a_{12} \\ a_{21} & a_{22} \end{vmatrix}$$

为一个二阶行列式.它表示一个数 $a_{11}a_{22}-a_{12}a_{21}$,记为

$$\begin{vmatrix} a_{11} & a_{12} \\ a_{21} & a_{22} \end{vmatrix}=a_{11}a_{22}-a_{12}a_{21}.$$

同样,三阶行列式可以定义为

$$\begin{vmatrix} a_{11} & a_{12} & a_{13} \\ a_{21} & a_{22} & a_{23} \\ a_{31} & a_{32} & a_{33} \end{vmatrix} \xlongequal{\text{def}} a_{11}a_{22}a_{33}+a_{12}a_{23}a_{31}+a_{13}a_{21}a_{32}-$$

$$a_{13}a_{22}a_{31}-a_{12}a_{21}a_{33}-a_{11}a_{23}a_{32}.$$

下面我们讨论一下二、三阶行列式之间的关系,进而给出 n 阶行列式的定义. 三阶行列式可由二阶行列式来定义:

$$\begin{vmatrix} a_{11} & a_{12} & a_{13} \\ a_{21} & a_{22} & a_{23} \\ a_{31} & a_{32} & a_{33} \end{vmatrix} = a_{11}a_{22}a_{33}+a_{12}a_{23}a_{31}+a_{13}a_{21}a_{32}-$$

$$a_{13}a_{22}a_{31}-a_{12}a_{21}a_{33}-a_{11}a_{23}a_{32}$$

$$=a_{11}(a_{22}a_{33}-a_{23}a_{32})-a_{12}(a_{21}a_{33}-a_{23}a_{31})+$$

$$a_{13}(a_{21}a_{32}-a_{22}a_{31})$$

$$=a_{11}\begin{vmatrix} a_{22} & a_{23} \\ a_{32} & a_{33} \end{vmatrix}-a_{12}\begin{vmatrix} a_{21} & a_{23} \\ a_{31} & a_{33} \end{vmatrix}+a_{13}\begin{vmatrix} a_{21} & a_{22} \\ a_{31} & a_{32} \end{vmatrix},$$

其中

$$\begin{vmatrix} a_{22} & a_{23} \\ a_{32} & a_{33} \end{vmatrix}$$

是原三阶行列式中去掉元素 a_{11} 所在的第一行、第一列后剩下的元素按原来的次序组成的二阶行列式. 称它为元素 a_{11} 的**余子式**,记作 M_{11},即

$$M_{11}=\begin{vmatrix} a_{22} & a_{23} \\ a_{32} & a_{33} \end{vmatrix}.$$

类似地,

$$M_{12}\xlongequal{\text{def}}\begin{vmatrix} a_{21} & a_{23} \\ a_{31} & a_{33} \end{vmatrix}, \quad M_{13}\xlongequal{\text{def}}\begin{vmatrix} a_{21} & a_{22} \\ a_{31} & a_{32} \end{vmatrix}.$$

于是

$$\begin{vmatrix} a_{11} & a_{12} & a_{13} \\ a_{21} & a_{22} & a_{23} \\ a_{31} & a_{32} & a_{33} \end{vmatrix} = a_{11}M_{11}-a_{12}M_{12}+a_{13}M_{13}.$$

令

$$A_{ij}=(-1)^{i+j}M_{ij} \quad (i,j=1,2,3),$$

称 A_{ij}为元素 a_{ij}的**代数余子式**. 从而

$$A_{11}=(-1)^{1+1}M_{11}=M_{11},$$
$$A_{12}=(-1)^{1+2}M_{12}=-M_{12},$$
$$A_{13}=(-1)^{1+3}M_{13}=M_{13}.$$

于是

$$\begin{vmatrix} a_{11} & a_{12} & a_{13} \\ a_{21} & a_{22} & a_{23} \\ a_{31} & a_{32} & a_{33} \end{vmatrix} = a_{11}A_{11}+a_{12}A_{12}+a_{13}A_{13}$$

$$=\sum_{j=1}^{3} a_{1j}A_{1j}.$$

上式说明:一个三阶行列式等于它的第一行元素与其代数余子式的乘积之和. 这称之为三阶行列式按第一行的展开式. 可以证明:一个三阶行列式可以按任何一行或任何一列展开,即

$$\begin{vmatrix} a_{11} & a_{12} & a_{13} \\ a_{21} & a_{22} & a_{23} \\ a_{31} & a_{32} & a_{33} \end{vmatrix} = \sum_{j=1}^{3} a_{ij}A_{ij} \quad (i=1,2,3)$$

$$=\sum_{i=1}^{3} a_{ij}A_{ij} \quad (j=1,2,3).$$

类似三阶行列式的定义方法,我们可以定义四阶行列式、五阶行列式等. 一般地可以定义 n 阶行列式.

对于 n 阶方阵 $\boldsymbol{A}=(a_{ij})_{n\times n}$,记号

$$\begin{vmatrix} a_{11} & a_{12} & \cdots & a_{1n} \\ a_{21} & a_{22} & \cdots & a_{2n} \\ \vdots & \vdots & & \vdots \\ a_{n1} & a_{n2} & \cdots & a_{nn} \end{vmatrix}$$

所表示的一个数叫做 n **阶行列式**,可简记为 $\det \boldsymbol{A}$. 其值为

$$\det \boldsymbol{A}=\sum_{j=1}^{n} a_{1j}A_{1j},$$

其中 $A_{1j}(j=1,2,\cdots,n)$ 是 $\det \boldsymbol{A}$ 中元素 a_{1j} 的代数余子式. 可以证明,n 阶行列式可以按任何一行或任何一列展开,即

$$\det \boldsymbol{A}=\sum_{j=1}^{n} a_{ij}A_{ij} \quad (i=1,2,\cdots,n)$$
$$=\sum_{i=1}^{n} a_{ij}A_{ij} \quad (j=1,2,\cdots,n).$$

还可以证明,n 阶行列式中某一行的各元素与另一行的对应各元素的代数余子式乘积之和等于 0,即当 $i\neq k$ 时有

$$\sum_{j=1}^{n} a_{ij}A_{kj}=0.$$

即

$$\sum_{j=1}^{n} a_{ij}A_{kj}=\begin{cases}\det \boldsymbol{A} & (i=k),\\ 0 & (i\neq k).\end{cases}$$

这些证明超出了本书的范围. 有兴趣的读者可参看北京大学数学系前代数小组编的《高等代数》(第四版)一书(高等教育出版社,2013 年出版). 类似地,对于列有

$$\sum_{i=1}^{n} a_{ij}A_{il}=\begin{cases}\det \boldsymbol{A} & (j=l),\\ 0 & (j\neq l).\end{cases}$$

下面来看几个例子.

例 1 分别按第 1 行与第 2 列展开行列式

$$A=\begin{vmatrix}1 & 0 & -2\\ 2 & 1 & 3\\ -2 & 3 & 1\end{vmatrix}.$$

解 1° 按第 1 行展开

$$A=1\times(-1)^{1+1}\begin{vmatrix}1 & 3\\ 3 & 1\end{vmatrix}+0\times(-1)^{1+2}\begin{vmatrix}2 & 3\\ -2 & 1\end{vmatrix}+$$
$$(-2)\times(-1)^{1+3}\begin{vmatrix}2 & 1\\ -2 & 3\end{vmatrix}$$
$$=1\times(-8)+0+(-2)\times 8=-24.$$

2° 按第 2 列展开

$$A=0\times(-1)^{1+2}\begin{vmatrix}2&3\\-2&1\end{vmatrix}+1\times(-1)^{2+2}\begin{vmatrix}1&-2\\-2&1\end{vmatrix}+$$

$$3\times(-1)^{3+2}\begin{vmatrix}1&-2\\2&3\end{vmatrix}$$

$$=0+1\times(-3)+3\times(-1)\times7$$

$$=-3-21=-24.$$

例 2 计算行列式

$$A=\begin{vmatrix}1&2&3&4\\1&0&1&2\\3&-1&-1&0\\1&2&0&-5\end{vmatrix}.$$

解 将 A 按第 3 列展开,则应有

$$A=a_{13}A_{13}+a_{23}A_{23}+a_{33}A_{33}+a_{43}A_{43},$$

其中

$$a_{13}=3,\quad a_{23}=1,\quad a_{33}=-1,\quad a_{43}=0;$$

$$A_{13}=(-1)^{1+3}\begin{vmatrix}1&0&2\\3&-1&0\\1&2&-5\end{vmatrix}=19,$$

$$A_{23}=(-1)^{2+3}\begin{vmatrix}1&2&4\\3&-1&0\\1&2&-5\end{vmatrix}=-63,$$

$$A_{33}=(-1)^{3+3}\begin{vmatrix}1&2&4\\1&0&2\\1&2&-5\end{vmatrix}=18,$$

$$A_{43}=(-1)^{4+3}\begin{vmatrix}1&2&4\\1&0&2\\3&-1&0\end{vmatrix}=-10.$$

所以

$$A=3\times19+1\times(-63)+(-1)\times18+0\times(-10)$$
$$=-24.$$

在例 2 中,我们分别验证用第 1,2,4 列上的元素与第三列各元素的代数余子式的乘积之和等于 0:

$$\sum_{i=1}^{4}a_{i1}A_{i3}=a_{11}A_{13}+a_{21}A_{23}+a_{31}A_{33}+A_{41}A_{43}$$
$$=1\times19+1\times(-63)+3\times18+1\times(-10)$$
$$=19-63+54-10=0;$$

$$\sum_{i=1}^{4}a_{i2}A_{i3}=2\times19+0\times(-63)+(-1)\times18+2\times(-10)$$
$$=38-18-20=0;$$

$$\sum_{i=1}^{4}a_{i4}A_{i3}=4\times19+2\times(-63)+0\times18+(-5)\times(-10)$$
$$=76-126+50=0.$$

例 3 计算 n 阶行列式

$$\begin{vmatrix} a_{11} & a_{12} & \cdots & a_{1n} \\ 0 & a_{22} & \cdots & a_{2n} \\ \vdots & \vdots & & \vdots \\ 0 & 0 & \cdots & a_{nn} \end{vmatrix}.$$

解 这种形式的行列式称为上三角形行列式. 将其按第一列展开,有

$$原式=a_{11}\begin{vmatrix} a_{22} & a_{23} & \cdots & a_{2n} \\ 0 & a_{33} & \cdots & a_{3n} \\ \vdots & \vdots & & \vdots \\ 0 & 0 & \cdots & a_{nn} \end{vmatrix} \quad (将此 n-1 阶行列式仍按第一列展开)$$

$$
= a_{11}a_{22}\begin{vmatrix} a_{33} & a_{34} & \cdots & a_{3n} \\ 0 & a_{44} & \cdots & a_{4n} \\ \vdots & \vdots & & \vdots \\ 0 & 0 & \cdots & a_{nn} \end{vmatrix}
$$

$$
= \cdots = a_{11}a_{22}\cdots a_{n-2,n-2}\begin{vmatrix} a_{n-1,n-1} & a_{n-1,n} \\ 0 & a_{nn} \end{vmatrix}
$$

$$
= a_{11}a_{22}\cdots a_{n-2,n-2}a_{n-1,n-1}a_{nn}.
$$

类似地,下三角形行列式

$$
\begin{vmatrix} a_{11} & 0 & \cdots & 0 \\ a_{21} & a_{22} & \cdots & 0 \\ \vdots & \vdots & & \vdots \\ a_{n1} & a_{n2} & \cdots & a_{nn} \end{vmatrix} = a_{11}a_{22}\cdots a_{nn}.
$$

§2 n 阶行列式的性质和计算

在上篇中,我们已经给出了行列式的性质,并将其用于计算三阶或四阶行列式. 可以证明,n 阶行列式也有类似的性质. 即:

性质 1 行列互换,行列式的值不变.

性质 2 行列式某行(或某列)的公因子可以提到行列式外面;若行列式有某行(或某列)为零,则行列式的值为零.

性质 3 交换行列式两行(或两列)的位置,行列式反号.

性质 4 把行列式某行(或某列)的 k 倍($k \neq 0$)加到另一行(或列)上,行列式的值不变.

下面我们看几个利用上述性质计算 n 阶行列式的例子.

例 1 计算 n 阶行列式

$$
\begin{vmatrix} 0 & 1 & 1 & \cdots & 1 \\ 1 & 0 & 1 & \cdots & 1 \\ 1 & 1 & 0 & \cdots & 1 \\ \vdots & \vdots & \vdots & & \vdots \\ 1 & 1 & 1 & \cdots & 0 \end{vmatrix}.
$$

解 将行列式各列都加到第一列，则

$$原式=\begin{vmatrix} n-1 & 1 & 1 & \cdots & 1 \\ n-1 & 0 & 1 & \cdots & 1 \\ n-1 & 1 & 0 & \cdots & 1 \\ \vdots & \vdots & \vdots & & \vdots \\ n-1 & 1 & 1 & \cdots & 0 \end{vmatrix}$$

$$\xlongequal{\text{提出第一列公因子 } n-1}(n-1)\begin{vmatrix} 1 & 1 & 1 & \cdots & 1 \\ 1 & 0 & 1 & \cdots & 1 \\ 1 & 1 & 0 & \cdots & 1 \\ \vdots & \vdots & \vdots & & \vdots \\ 1 & 1 & 1 & \cdots & 0 \end{vmatrix}$$

$$\xlongequal[\text{加到各行}]{\text{第一行}\times(-1)}(n-1)\begin{vmatrix} 1 & 1 & 1 & \cdots & 1 \\ 0 & -1 & 0 & \cdots & 0 \\ 0 & 0 & -1 & \cdots & 0 \\ \vdots & \vdots & \vdots & & \vdots \\ 0 & 0 & 0 & \cdots & -1 \end{vmatrix}$$

$$=(n-1)(-1)^{n-1}.$$

例 2 计算 n 阶行列式

$$\begin{vmatrix} 1+a_1 & 1 & 1 & \cdots & 1 \\ 1 & 1+a_2 & 1 & \cdots & 1 \\ 1 & 1 & 1+a_3 & \cdots & 1 \\ \vdots & \vdots & \vdots & & \vdots \\ 1 & 1 & 1 & \cdots & 1+a_n \end{vmatrix}$$

（其中 $a_i \neq 0$，$i=1,2,\cdots,n$）.

解 将行列式第一行的-1倍分别加到各行，则

$$原式=\begin{vmatrix} 1+a_1 & 1 & 1 & \cdots & 1 \\ -a_1 & a_2 & 0 & \cdots & 0 \\ -a_1 & 0 & a_3 & \cdots & 0 \\ \vdots & \vdots & \vdots & & \vdots \\ -a_1 & 0 & 0 & \cdots & a_n \end{vmatrix}$$

$$\xlongequal[\text{公因子 } a_1,\cdots,a_n]{\text{提出各列的}} a_1a_2\cdots a_n\begin{vmatrix} 1+\frac{1}{a_1} & \frac{1}{a_2} & \frac{1}{a_3} & \cdots & \frac{1}{a_n} \\ -1 & 1 & 0 & \cdots & 0 \\ -1 & 0 & 1 & \cdots & 0 \\ \vdots & \vdots & \vdots & & \vdots \\ -1 & 0 & 0 & \cdots & 1 \end{vmatrix}$$

$$\xlongequal{\text{各列都加到第一列}} a_1a_2\cdots a_n\begin{vmatrix} 1+\sum_{j=1}^{n}\frac{1}{a_j} & \frac{1}{a_2} & \frac{1}{a_3} & \cdots & \frac{1}{a_n} \\ 0 & 1 & 0 & \cdots & 0 \\ 0 & 0 & 1 & \cdots & 0 \\ \vdots & \vdots & \vdots & & \vdots \\ 0 & 0 & 0 & \cdots & 1 \end{vmatrix}$$

$$=a_1a_2\cdots a_n\left(1+\sum_{j=1}^{n}\frac{1}{a_j}\right).$$

例 3 计算 n 阶行列式

$$\begin{vmatrix} 1 & 3 & 3 & 3 & \cdots & 3 \\ 3 & 2 & 3 & 3 & \cdots & 3 \\ 3 & 3 & 3 & 3 & \cdots & 3 \\ 3 & 3 & 3 & 4 & \cdots & 3 \\ \vdots & \vdots & \vdots & \vdots & & \vdots \\ 3 & 3 & 3 & 3 & \cdots & n \end{vmatrix} \quad (n\geqslant 3).$$

解 由于行列式中大部分元素均为 3,故若将行列式第三行的-1 倍分别加到其余各行,将使这些行中的 3 全部化为零,即

$$\text{原式}=\begin{vmatrix} -2 & 0 & 0 & 0 & \cdots & 0 \\ 0 & -1 & 0 & 0 & \cdots & 0 \\ 3 & 3 & 3 & 3 & \cdots & 3 \\ 0 & 0 & 0 & 1 & \cdots & 0 \\ \vdots & \vdots & \vdots & \vdots & & \vdots \\ 0 & 0 & 0 & 0 & \cdots & n-3 \end{vmatrix}$$

$$\xlongequal[\text{第一、二列}]{\text{第三列}\times(-1)\text{加到}}\begin{vmatrix} -2 & 0 & 0 & 0 & \cdots & 0 \\ 0 & -1 & 0 & 0 & \cdots & 0 \\ 0 & 0 & 3 & 3 & \cdots & 3 \\ 0 & 0 & 0 & 1 & \cdots & 0 \\ \vdots & \vdots & \vdots & \vdots & & \vdots \\ 0 & 0 & 0 & 0 & \cdots & n-3 \end{vmatrix}$$

$=6\cdot(n-3)!$.

由以上几个例子可以看出:利用行列式性质计算 n 阶行列式时,一个基本思路是设法将给定的行列式化为一个上三角形或下三角形行列式.

有时,将行列式性质与按某行(或列)展开的方法结合起来使用,对于一些行列式的计算是很方便的.

例 4 计算 n 阶行列式

$$\begin{vmatrix} x & 0 & 0 & \cdots & 0 & a_0 \\ -1 & x & 0 & \cdots & 0 & a_1 \\ 0 & -1 & x & \cdots & 0 & a_2 \\ \vdots & \vdots & \vdots & & \vdots & \vdots \\ 0 & 0 & 0 & \cdots & x & a_{n-2} \\ 0 & 0 & 0 & \cdots & -1 & x+a_{n-1} \end{vmatrix} \quad (n\geqslant 2).$$

解 从第 n 行起,各行的 x 倍依次加到上面一行,则

原式

$$=\begin{vmatrix} 0 & 0 & 0 & \cdots & 0 & a_0+a_1x+a_2x^2+\cdots+a_{n-1}x^{n-1}+x^n \\ -1 & 0 & 0 & \cdots & 0 & a_1+a_2x+\cdots+a_{n-1}x^{n-2}+x^{n-1} \\ 0 & -1 & 0 & \cdots & 0 & a_2+a_3x+\cdots+a_{n-1}x^{n-3}+x^{n-2} \\ \vdots & \vdots & \vdots & & \vdots & \vdots \\ 0 & 0 & 0 & \cdots & 0 & a_{n-2}+a_{n-1}x+x^2 \\ 0 & 0 & 0 & \cdots & -1 & x+a_{n-1} \end{vmatrix}$$

$$\xlongequal{\text{按第一行展开}}(a_0+a_1x+\cdots+a_{n-1}x^{n-1}+x^n)\cdot$$

$$(-1)^{1+n}\begin{vmatrix} -1 & 0 & 0 & \cdots & 0 \\ 0 & -1 & 0 & \cdots & 0 \\ 0 & 0 & -1 & \cdots & 0 \\ \vdots & \vdots & \vdots & & \vdots \\ 0 & 0 & 0 & \cdots & -1 \end{vmatrix}_{(n-1\text{阶})}$$

$$=(a_0+a_1x+a_2x^2+\cdots+a_{n-1}x^{n-1}+x^n)(-1)^{1+n}(-1)^{n-1}$$

$$=a_0+a_1x+a_2x^2+\cdots+a_{n-1}x^{n-1}+x^n.$$

利用 n 阶行列式,我们可以将上篇中求解线性方程组的克拉默法则,应用到 n 元线性方程组上. 设含有 n 个方程的 n 元线性方程组为

$$\begin{cases} a_{11}x_1+a_{12}x_2+\cdots+a_{1n}x_n=b_1, \\ a_{21}x_1+a_{22}x_2+\cdots+a_{2n}x_n=b_2, \\ \cdots\cdots\cdots\cdots \\ a_{n1}x_1+a_{n2}x_2+\cdots+a_{nn}x_n=b_n, \end{cases}$$

若其系数行列式

$$D=\begin{vmatrix} a_{11} & a_{12} & \cdots & a_{1n} \\ a_{21} & a_{22} & \cdots & a_{2n} \\ \vdots & \vdots & & \vdots \\ a_{n1} & a_{n2} & \cdots & a_{nn} \end{vmatrix}\neq 0,$$

则方程组有唯一解,并且解可以表示为

$$x_j=\frac{D_j}{D}\quad (j=1,2,\cdots,n).$$

其中 D_j 是将系数行列式 D 的第 j 列元素 $a_{1j},a_{2j},\cdots,a_{nj}$ 换成常数项 $b_1,b_2,\cdots,b_n$ 后得到的行列式,即

$$D_j=\begin{vmatrix} a_{11} & \cdots & a_{1,j-1} & b_1 & a_{1,j+1} & \cdots & a_{1n} \\ a_{21} & \cdots & a_{2,j-1} & b_2 & a_{2,j+1} & \cdots & a_{2n} \\ \vdots & & \vdots & \vdots & \vdots & & \vdots \\ a_{n1} & \cdots & a_{n,j-1} & b_n & a_{n,j+1} & \cdots & a_{nn} \end{vmatrix}$$

$$(j=1,2,\cdots,n).$$

利用行列式的性质与矩阵的运算,可以证明下列结果:设 $\boldsymbol{A}$,$\boldsymbol{B}$ 均为 n 阶方阵,k 为常数,则

(1) $\det \boldsymbol{A}^{\mathrm{T}}=\det \boldsymbol{A}$;

(2) $\det k\boldsymbol{A}=k^{n}\det \boldsymbol{A}$;

(3) $\det(\boldsymbol{A}\boldsymbol{B})=\det \boldsymbol{A}\cdot\det \boldsymbol{B}$.

习题 5.1

1. 计算下列行列式:

(1) $\begin{vmatrix}1&2&3\\2&3&1\\3&1&2\end{vmatrix}$;　　(2) $\begin{vmatrix}0&x&y\\-x&0&z\\-y&-z&0\end{vmatrix}$;

(3) $\begin{vmatrix}a&b&c\\b&c&a\\c&a&b\end{vmatrix}$.

2. 设

$$D=\begin{vmatrix}6&0&8&0\\5&-1&3&-2\\0&2&0&0\\1&0&4&-3\end{vmatrix}.$$

写出 D 按第 3 行的展开式,并且计算 D 的值.

3. 用行列式的性质计算下列行列式:

(1) $\begin{vmatrix}a&a^{2}\\b&b^{2}\end{vmatrix}$;　　(2) $\begin{vmatrix}a+b&c&c\\a&b+c&a\\b&b&c+a\end{vmatrix}$;

(3) $\begin{vmatrix}3&1&1&1\\1&3&1&1\\1&1&3&1\\1&1&1&3\end{vmatrix}$;　　(4) $\begin{vmatrix}1&2&3&4\\2&3&4&1\\3&4&1&2\\4&1&2&3\end{vmatrix}$;

(5) $\begin{vmatrix} 4 & 2 & 2 & 2 \\ 2 & 2 & 3 & 4 \\ 2 & 3 & 6 & 10 \\ 2 & 4 & 10 & 20 \end{vmatrix}$;　(6) $\begin{vmatrix} -a_1 & a_1 & 0 & \cdots & 0 & 0 \\ 0 & -a_2 & a_2 & \cdots & 0 & 0 \\ \vdots & \vdots & \vdots & & \vdots & \vdots \\ 0 & 0 & 0 & \cdots & -a_n & a_n \\ 1 & 1 & 1 & \cdots & 1 & 1 \end{vmatrix}$;

(7) $\begin{vmatrix} a_1-b & a_2 & \cdots & a_n \\ a_1 & a_2-b & \cdots & a_n \\ \vdots & \vdots & & \vdots \\ a_1 & a_2 & \cdots & a_n-b \end{vmatrix}$ $(b \neq 0)$;

(8) $\begin{vmatrix} a_1-b_1 & a_1-b_2 & \cdots & a_1-b_n \\ a_2-b_1 & a_2-b_2 & \cdots & a_2-b_n \\ \vdots & \vdots & & \vdots \\ a_n-b_1 & a_n-b_2 & \cdots & a_n-b_n \end{vmatrix}$.

第二章　矩阵及其运算

§1　矩阵的逆

1.1　逆矩阵的概念

在讲逆矩阵之前我们先来介绍两个名词.

非退化矩阵. 设 $\boldsymbol{A}$ 是 n 阶方阵,若 $\det \boldsymbol{A} \neq 0$,则称 $\boldsymbol{A}$ 为非退化的;否则称 $\boldsymbol{A}$ 为退化的. 例如,n 阶单位矩阵 $\boldsymbol{I}_n$ 的 $\det \boldsymbol{I}_n = 1$,所以 $\boldsymbol{I}_n$ 是一个非退化矩阵.

伴随矩阵　设 $\boldsymbol{A}$ 是 n 阶方阵,且 A_{ij}是元素 a_{ij}的代数余子式,则称矩阵

$$\boldsymbol{A}^* = \begin{bmatrix} A_{11} & A_{21} & \cdots & A_{n1} \\ A_{12} & A_{22} & \cdots & A_{n2} \\ \vdots & \vdots & & \vdots \\ A_{1n} & A_{2n} & \cdots & A_{nn} \end{bmatrix}$$

为 $\boldsymbol{A}$ 的伴随矩阵. 例如

$$\boldsymbol{A} = \begin{bmatrix} 1 & -2 & 5 \\ -3 & 0 & 4 \\ 2 & 1 & 6 \end{bmatrix}$$

的代数余子式为

$$A_{11} = \begin{vmatrix} 0 & 4 \\ 1 & 6 \end{vmatrix} = -4, \quad A_{12} = -\begin{vmatrix} -3 & 4 \\ 2 & 6 \end{vmatrix} = 26,$$

$$A_{13} = \begin{vmatrix} -3 & 0 \\ 2 & 1 \end{vmatrix} = -3, \quad A_{21} = -\begin{vmatrix} -2 & 5 \\ 1 & 6 \end{vmatrix} = 17,$$

$$A_{22}=\begin{vmatrix}1&5\\2&6\end{vmatrix}=-4,\quad A_{23}=-\begin{vmatrix}1&-2\\2&1\end{vmatrix}=-5,$$

$$A_{31}=\begin{vmatrix}-2&5\\0&4\end{vmatrix}=-8,\quad A_{32}=-\begin{vmatrix}1&5\\-3&4\end{vmatrix}=-19,$$

$$A_{33}=\begin{vmatrix}1&-2\\-3&0\end{vmatrix}=-6.$$

所以

$$\boldsymbol{A}^*=\begin{bmatrix}-4&17&-8\\26&-4&-19\\-3&-5&-6\end{bmatrix}.$$

定义 设 $\boldsymbol{A}$ 是 n 阶方阵,如果存在 n 阶方阵 $\boldsymbol{B}$,使得

$$\boldsymbol{AB}=\boldsymbol{BA}=\boldsymbol{I},$$

那么称 $\boldsymbol{B}$ 为 $\boldsymbol{A}$ 的**逆矩阵**,记为 $\boldsymbol{A}^{-1}$,即 $\boldsymbol{A}^{-1}=\boldsymbol{B}$.

如果 $\boldsymbol{A}$ 有逆矩阵存在,那么称 $\boldsymbol{A}$ 为**可逆的**. 例如

$$\boldsymbol{A}=\begin{bmatrix}1&1\\2&1\end{bmatrix}$$

的逆矩阵是

$$\boldsymbol{A}^{-1}=\begin{bmatrix}-1&1\\2&-1\end{bmatrix}.$$

又如矩阵 $\begin{bmatrix}0&1\\1&0\end{bmatrix}$ 的逆矩阵就是它自身.

在数的运算中,并不是所有的数都有倒数,只有不等于 0 的数才能有倒数. 矩阵也是如此,不是所有的方阵都有逆矩阵,而只有满足一定条件的方阵才有逆矩阵. 那么,究竟满足什么条件的方阵才有逆矩阵? 怎样求逆矩阵? 下面的定理回答了这些问题.

定理 n 阶方阵 $\boldsymbol{A}$ 可逆的充要条件是 $\boldsymbol{A}$ 为非退化的,且当 $\boldsymbol{A}$ 可逆时

$$\boldsymbol{A}^{-1}=\frac{1}{\det\boldsymbol{A}}\boldsymbol{A}^*.$$

证明　必要性　已知 n 阶方阵 $\boldsymbol{A}$ 可逆，根据定义，存在 n 阶方阵 $\boldsymbol{B}$，使 $\boldsymbol{AB}=\boldsymbol{I}$. 由于两边均为 n 阶方阵，故有

$$\det(\boldsymbol{AB})=\det\boldsymbol{A}\cdot\det\boldsymbol{B}=\det\boldsymbol{I}=1,$$

即

$$\det\boldsymbol{A}\cdot\det\boldsymbol{B}=1\neq 0,$$

从而 $\det\boldsymbol{A}\neq 0$，即 $\boldsymbol{A}$ 为非退化的.

充分性　已知 n 阶方阵 $\boldsymbol{A}$ 是非退化的，即 $\det\boldsymbol{A}\neq 0$. 对于 $\boldsymbol{B}=\dfrac{1}{\det\boldsymbol{A}}\boldsymbol{A}^{*}$，考察 $\boldsymbol{AB}$ 与 $\boldsymbol{BA}$，若有 $\boldsymbol{AB}=\boldsymbol{BA}=\boldsymbol{I}$，由定义，即证明了 $\boldsymbol{B}$ 是 $\boldsymbol{A}$ 的逆矩阵，从而 $\boldsymbol{A}$ 为可逆矩阵. 设

$$\boldsymbol{A}=\begin{bmatrix} a_{11} & a_{12} & \cdots & a_{1n} \\ a_{21} & a_{22} & \cdots & a_{2n} \\ \vdots & \vdots & & \vdots \\ a_{n1} & a_{n2} & \cdots & a_{nn} \end{bmatrix},$$

则

$$\boldsymbol{A}^{*}=\begin{bmatrix} A_{11} & A_{21} & \cdots & A_{n1} \\ A_{12} & A_{22} & \cdots & A_{n2} \\ \vdots & \vdots & & \vdots \\ A_{1n} & A_{2n} & \cdots & A_{nn} \end{bmatrix}.$$

在第一章已知：

$$\sum_{j=1}^{n} a_{ij}A_{kj}=\begin{cases} \det\boldsymbol{A}, & 若\ i=k, \\ 0, & 若\ i\neq k. \end{cases}$$

于是

$$\begin{aligned} \boldsymbol{AB}&=\boldsymbol{A}\left(\frac{1}{\det\boldsymbol{A}}\boldsymbol{A}^{*}\right) \\ &=\frac{1}{\det\boldsymbol{A}}\begin{bmatrix} a_{11} & a_{12} & \cdots & a_{1n} \\ a_{21} & a_{22} & \cdots & a_{2n} \\ \vdots & \vdots & & \vdots \\ a_{n1} & a_{n2} & \cdots & a_{nn} \end{bmatrix}\begin{bmatrix} A_{11} & A_{21} & \cdots & A_{n1} \\ A_{12} & A_{22} & \cdots & A_{n2} \\ \vdots & \vdots & & \vdots \\ A_{1n} & A_{2n} & \cdots & A_{nn} \end{bmatrix} \end{aligned}$$

$$=\frac{1}{\det \boldsymbol{A}}\begin{bmatrix} \sum_{j=1}^{n} a_{1j}A_{1j} & \sum_{j=1}^{n} a_{1j}A_{2j} & \cdots & \sum_{j=1}^{n} a_{1j}A_{nj} \\ \sum_{j=1}^{n} a_{2j}A_{1j} & \sum_{j=1}^{n} a_{2j}A_{2j} & \cdots & \sum_{j=1}^{n} a_{2j}A_{nj} \\ \vdots & \vdots & & \vdots \\ \sum_{j=1}^{n} a_{nj}A_{1j} & \sum_{j=1}^{n} a_{nj}A_{2j} & \cdots & \sum_{j=1}^{n} a_{nj}A_{nj} \end{bmatrix}$$

$$=\frac{1}{\det \boldsymbol{A}}\begin{bmatrix} \det \boldsymbol{A} & 0 & \cdots & 0 \\ 0 & \det \boldsymbol{A} & \cdots & 0 \\ \vdots & \vdots & & \vdots \\ 0 & 0 & \cdots & \det \boldsymbol{A} \end{bmatrix}$$

$$=\begin{bmatrix} 1 & 0 & \cdots & 0 \\ 0 & 1 & \cdots & 0 \\ \vdots & \vdots & & \vdots \\ 0 & 0 & \cdots & 1 \end{bmatrix}=\boldsymbol{I};$$

类似地,由 $\sum_{i=1}^{n} a_{ij}A_{il}=\begin{cases} \det \boldsymbol{A}, & 若\ j=l, \\ 0, & 若\ j\neq l, \end{cases}$ 可推出

$$\boldsymbol{BA}=\frac{1}{\det \boldsymbol{A}}\boldsymbol{A}^{*}\boldsymbol{A}=\boldsymbol{I},$$

即

$$\boldsymbol{A}\left(\frac{1}{\det \boldsymbol{A}}\boldsymbol{A}^{*}\right)=\left(\frac{1}{\det \boldsymbol{A}}\boldsymbol{A}^{*}\right)\boldsymbol{A}=\boldsymbol{I}.$$

故由定义知,$\boldsymbol{A}^{-1}=\frac{1}{\det \boldsymbol{A}}\boldsymbol{A}^{*}$,从而 $\boldsymbol{A}$ 为可逆矩阵. 证毕.

定理告诉我们:对于给定的 n 阶方阵 $\boldsymbol{A}$,当 $\det \boldsymbol{A}\neq 0$ 时,$\boldsymbol{A}$ 为可逆矩阵,而且给出了一种求逆矩阵的方法,即 $\boldsymbol{A}^{-1}=\frac{1}{\det \boldsymbol{A}}\boldsymbol{A}^{*}$,可称之为利用伴随矩阵求逆矩阵的方法.

例 1 设

$$A=\begin{bmatrix}3 & 1\\ 4 & 2\end{bmatrix},$$

求 A^{-1}.

解 由于 $\det A=2\neq 0$,故 A 为可逆矩阵.

$$A_{11}=2,\quad A_{12}=-4,\quad A_{21}=-1,\quad A_{22}=3,$$

故

$$A^{*}=\begin{bmatrix}2 & -1\\ -4 & 3\end{bmatrix}.$$

于是

$$A^{-1}=\frac{1}{2}\begin{bmatrix}2 & -1\\ -4 & 3\end{bmatrix}=\begin{bmatrix}1 & -\frac{1}{2}\\ -2 & \frac{3}{2}\end{bmatrix}.$$

例 2 设

$$A=\begin{bmatrix}1 & 1 & -1\\ 2 & 1 & 0\\ 1 & -1 & 0\end{bmatrix},$$

求 A^{-1}.

解 计算 A 的行列式及 A 各元素的代数余子式,得到

$$\det A=3,$$

$$A_{11}=0,\quad A_{12}=0,\quad A_{13}=-3,$$

$$A_{21}=1,\quad A_{22}=1,\quad A_{23}=2,$$

$$A_{31}=1,\quad A_{32}=-2,\quad A_{33}=-1.$$

于是

$$A^{-1}=\frac{1}{3}\begin{bmatrix}0 & 1 & 1\\ 0 & 1 & -2\\ -3 & 2 & -1\end{bmatrix}.$$

欲验证求出的 A^{-1} 是否正确,只要用 A^{-1} 与 A 相乘,看其结果是否为单位矩阵 I 即可. 这里

$$\frac{1}{3}\begin{bmatrix}0 & 1 & 1\\0 & 1 & -2\\-3 & 2 & -1\end{bmatrix}\begin{bmatrix}1 & 1 & -1\\2 & 1 & 0\\1 & -1 & 0\end{bmatrix}=\begin{bmatrix}1 & 0 & 0\\0 & 1 & 0\\0 & 0 & 1\end{bmatrix},$$

可知上述 $\boldsymbol{A}^{-1}$ 是正确的.

可以证明逆矩阵是唯一的. 事实上,如果矩阵 $\boldsymbol{A}$ 有两个逆矩阵 $\boldsymbol{B}_1,\boldsymbol{B}_2$,那么

$$\boldsymbol{AB}_1=\boldsymbol{B}_1\boldsymbol{A}=\boldsymbol{I},\quad \boldsymbol{AB}_2=\boldsymbol{B}_2\boldsymbol{A}=\boldsymbol{I}.$$

从而

$$\boldsymbol{B}_1=\boldsymbol{B}_1\boldsymbol{I}=\boldsymbol{B}_1(\boldsymbol{AB}_2)=(\boldsymbol{B}_1\boldsymbol{A})\boldsymbol{B}_2=\boldsymbol{IB}_2=\boldsymbol{B}_2.$$

因此 $\boldsymbol{B}_1=\boldsymbol{B}_2$. 这就证明了逆矩阵是唯一的.

1.2 可逆矩阵的几个基本性质

性质 1 如果 $\boldsymbol{A}$ 可逆,那么 $\boldsymbol{A}^{-1}$ 也可逆,且

$$(\boldsymbol{A}^{-1})^{-1}=\boldsymbol{A}.$$

因为 $\boldsymbol{AA}^{-1}=\boldsymbol{A}^{-1}\boldsymbol{A}=\boldsymbol{I}$,所以 $\boldsymbol{A}^{-1}$ 是 $\boldsymbol{A}$ 的逆矩阵,同样 $\boldsymbol{A}$ 也是 $\boldsymbol{A}^{-1}$ 的逆矩阵,即 $(\boldsymbol{A}^{-1})^{-1}=\boldsymbol{A}$.

性质 2 如果 $\boldsymbol{A}$ 可逆,那么 $\boldsymbol{A}^{\mathrm{T}}$ 也可逆,且

$$(\boldsymbol{A}^{\mathrm{T}})^{-1}=(\boldsymbol{A}^{-1})^{\mathrm{T}}.$$

利用 $(\boldsymbol{AB})^{\mathrm{T}}=B^{\mathrm{T}}A^{\mathrm{T}}$ 得到

$$(\boldsymbol{A}^{-1})^{\mathrm{T}}A^{\mathrm{T}}=(\boldsymbol{AA}^{-1})^{\mathrm{T}}=\boldsymbol{I}^{\mathrm{T}}=\boldsymbol{I},$$
$$\boldsymbol{A}^{\mathrm{T}}(A^{-1})^{\mathrm{T}}=(\boldsymbol{A}^{-1}\boldsymbol{A})^{\mathrm{T}}=\boldsymbol{I}^{\mathrm{T}}=\boldsymbol{I}.$$

根据逆矩阵的定义,可知 $(\boldsymbol{A}^{-1})^{\mathrm{T}}$ 是 $\boldsymbol{A}^{\mathrm{T}}$ 的逆矩阵,即

$$(\boldsymbol{A}^{\mathrm{T}})^{-1}=(\boldsymbol{A}^{-1})^{\mathrm{T}}.$$

性质 3 如果 $\boldsymbol{A},\boldsymbol{B}$ 可逆,那么 $\boldsymbol{AB}$ 也可逆,且

$$(\boldsymbol{AB})^{-1}=\boldsymbol{B}^{-1}\boldsymbol{A}^{-1}.$$

由于

$$(\boldsymbol{AB})(\boldsymbol{B}^{-1}\boldsymbol{A}^{-1})=\boldsymbol{ABB}^{-1}\boldsymbol{A}^{-1}=\boldsymbol{AA}^{-1}=\boldsymbol{I},$$
$$(\boldsymbol{B}^{-1}\boldsymbol{A}^{-1})(\boldsymbol{AB})=\boldsymbol{B}^{-1}\boldsymbol{A}^{-1}\boldsymbol{AB}=\boldsymbol{B}^{-1}\boldsymbol{B}=\boldsymbol{I}.$$

根据逆矩阵的定义,可知 $\boldsymbol{B}^{-1}\boldsymbol{A}^{-1}$ 是 $\boldsymbol{AB}$ 的逆矩阵,即

$$(\boldsymbol{AB})^{-1}=\boldsymbol{B}^{-1}\boldsymbol{A}^{-1}.$$

性质 4 如果 $\boldsymbol{A}$ 可逆,那么 $\boldsymbol{A}^{-1}$ 的行列式等于 $\boldsymbol{A}$ 的行列式的倒数,即

$$\det \boldsymbol{A}^{-1}=\frac{1}{\det \boldsymbol{A}}.$$

因为 $\det \boldsymbol{A}^{-1}\cdot\det \boldsymbol{A}=\det(\boldsymbol{A}^{-1}\boldsymbol{A})=\det\boldsymbol{I}=1$,并且 $\det \boldsymbol{A}\neq 0$,所以

$$\det \boldsymbol{A}^{-1}=\frac{1}{\det \boldsymbol{A}}.$$

§2 分块矩阵

这一节我们介绍在处理阶数较高的矩阵时一个常用的方法——矩阵的分块,并讨论几种常见的分块运算.

2.1 矩阵的分块

在矩阵的讨论和运算中,有时需要把一个大矩阵的行、列分成若干组,从而矩阵被分成若干小块(称为子块或子矩阵).于是我们便可以把这个矩阵看成是由这些子块组成,这就是矩阵的分块.

例如,设矩阵

$$\boldsymbol{A}=\left[\begin{array}{cc:cc}1&0&0&0\\0&1&0&0\\ \hdashline -1&2&1&0\\1&1&0&1\end{array}\right].$$

把 $\boldsymbol{A}$ 的行分成两组,前两行为第一组,后两行为第二组;再把 $\boldsymbol{A}$ 的列分成两组,前两列为第一组,后两列为第二组.于是,矩阵 $\boldsymbol{A}$ 被分成了四小块,其中每一小块里面的元素按原来的次序组成一个小矩阵:

$$\boldsymbol{I}_2=\begin{bmatrix}1&0\\0&1\end{bmatrix},\quad \boldsymbol{A}_1=\begin{bmatrix}-1&2\\1&1\end{bmatrix},\quad \boldsymbol{O}=\begin{bmatrix}0&0\\0&0\end{bmatrix}.$$

这样一来,我们便可以把矩阵 $\boldsymbol{A}$ 看成是由这样的 4 个小矩阵组成的,即

$$\boldsymbol{A} \xlongequal{\text{def}} \begin{bmatrix} \boldsymbol{I}_2 & \boldsymbol{O} \\ \boldsymbol{A}_1 & \boldsymbol{I}_2 \end{bmatrix}.$$

给定一个矩阵,我们可以根据需要把它按照不同的方法进行分块. 如上例中的 $\boldsymbol{A}$ 也可分块为

$$\boldsymbol{A}=\left[\begin{array}{c:ccc} 1 & 0 & 0 & 0 \\ \hdashline 0 & 1 & 0 & 0 \\ -1 & 2 & 1 & 0 \\ 1 & 1 & 0 & 1 \end{array}\right], \quad \boldsymbol{A}=\left[\begin{array}{ccc:c} 1 & 0 & 0 & 0 \\ 0 & 1 & 0 & 0 \\ -1 & 2 & 1 & 0 \\ \hdashline 1 & 1 & 0 & 1 \end{array}\right]$$

或者

$$\boldsymbol{A}=\left[\begin{array}{cccc} 1 & 0 & 0 & 0 \\ \hdashline 0 & 1 & 0 & 0 \\ \hdashline -1 & 2 & 1 & 0 \\ \hdashline 1 & 1 & 0 & 1 \end{array}\right], \quad \boldsymbol{A}=\left[\begin{array}{c:c:c:c} 1 & 0 & 0 & 0 \\ 0 & 1 & 0 & 0 \\ -1 & 2 & 1 & 0 \\ 1 & 1 & 0 & 1 \end{array}\right].$$

矩阵的分块不仅使得矩阵的结构变得比较明显,而且还可以将矩阵的运算通过这些小矩阵的运算来进行. 这样在很多情况下能够简化我们的计算,并易于分析原始矩阵的部分结构对计算结果的影响.

2.2 分块运算

矩阵分块运算时,要把子块当作元素来处理,并且运算的结果仍要保留其分块的结构.

1. 分块数乘

设 λ 为任一实数,如果将矩阵 $\boldsymbol{A}_{m\times n}$ 分块为

$$\boldsymbol{A}=\begin{bmatrix} \boldsymbol{A}_{11} & \boldsymbol{A}_{12} & \cdots & \boldsymbol{A}_{1t} \\ \boldsymbol{A}_{21} & \boldsymbol{A}_{22} & \cdots & \boldsymbol{A}_{2t} \\ \vdots & \vdots & & \vdots \\ \boldsymbol{A}_{s1} & \boldsymbol{A}_{s2} & \cdots & \boldsymbol{A}_{st} \end{bmatrix}=(\boldsymbol{A}_{pq})_{s\times t},$$

则 $\lambda\boldsymbol{A}=\lambda(\boldsymbol{A}_{pq})=(\lambda\boldsymbol{A}_{pq})$.

2. 分块加法

如果将矩阵 $\boldsymbol{A}_{m\times n},\boldsymbol{B}_{m\times n}$分块为

$$\boldsymbol{A}_{m\times n}=(\boldsymbol{A}_{pq})_{s\times t},\quad \boldsymbol{B}_{m\times n}=(\boldsymbol{B}_{pq})_{s\times t},$$

其中,对应子块 $\boldsymbol{A}_{pq}$与 $\boldsymbol{B}_{pq}(p=1,2,\cdots,s;q=1,2,\cdots,t)$有相同的行数与相同的列数,则

$$\boldsymbol{A}+\boldsymbol{B}=(\boldsymbol{A}_{pq})+(\boldsymbol{B}_{pq})=(\boldsymbol{A}_{pq}+\boldsymbol{B}_{pq}).$$

3. 分块乘法

如果将矩阵 $\boldsymbol{A}_{m\times n},\boldsymbol{B}_{n\times l}$分块为

$$\boldsymbol{A}_{m\times n}=(\boldsymbol{A}_{pk})_{s\times r},\quad \boldsymbol{B}_{n\times l}=(\boldsymbol{B}_{kq})_{r\times t},$$

其中对应子块 $\boldsymbol{A}_{pk}$的列数与 $\boldsymbol{B}_{kq}$的行数相同$(k=1,2,\cdots,r)$,即 $\boldsymbol{A}$ 的列的分块方式与 $\boldsymbol{B}$ 的行的分块方式相同,则

$$\boldsymbol{C}=\boldsymbol{A}\boldsymbol{B}=(\boldsymbol{A}_{pk})(\boldsymbol{B}_{kq})=\left(\sum_{k=1}^{r}\boldsymbol{A}_{pk}\boldsymbol{B}_{kq}\right).$$

例 1 设矩阵

$$\boldsymbol{A}=\begin{bmatrix}1&0&0&0\\0&1&0&0\\-1&2&1&0\\1&1&0&1\end{bmatrix},\quad \boldsymbol{B}=\begin{bmatrix}0&0&3&2\\0&0&0&1\\1&0&4&1\\0&1&2&0\end{bmatrix}.$$

计算 $k\boldsymbol{A},\boldsymbol{A}+\boldsymbol{B},\boldsymbol{A}\boldsymbol{B}$.

解 将矩阵 $\boldsymbol{A},\boldsymbol{B}$ 分块如下

$$\boldsymbol{A}=\left[\begin{array}{cc:cc}1&0&0&0\\0&1&0&0\\\hdashline -1&2&1&0\\1&1&0&1\end{array}\right]\xlongequal{\text{def}}\begin{bmatrix}\boldsymbol{I}_2&\boldsymbol{O}\\\boldsymbol{A}_{21}&\boldsymbol{I}_2\end{bmatrix},$$

$$\boldsymbol{B}=\left[\begin{array}{cc:cc}0&0&3&2\\0&0&0&1\\\hdashline 1&0&4&1\\0&1&2&0\end{array}\right]\xlongequal{\text{def}}\begin{bmatrix}\boldsymbol{O}&\boldsymbol{B}_{12}\\\boldsymbol{I}_2&\boldsymbol{B}_{22}\end{bmatrix}.$$

则

$$kA = k\begin{bmatrix} I_2 & O \\ A_{21} & I_2 \end{bmatrix} = \begin{bmatrix} kI_2 & O \\ kA_{21} & kI_2 \end{bmatrix},$$

$$A + B = \begin{bmatrix} I_2 & O \\ A_{21} & I_2 \end{bmatrix} + \begin{bmatrix} O & B_{12} \\ I_2 & B_{22} \end{bmatrix} = \begin{bmatrix} I_2 & B_{12} \\ A_{21} + I_2 & I_2 + B_{22} \end{bmatrix},$$

$$AB = \begin{bmatrix} I_2 & O \\ A_{21} & I_2 \end{bmatrix}\begin{bmatrix} O & B_{12} \\ I_2 & B_{22} \end{bmatrix} = \begin{bmatrix} O & B_{12} \\ I_2 & A_{21}B_{12} + B_{22} \end{bmatrix}.$$

然后再分别计算 kA_{21} ,$A_{21}+I_2$,I_2+B_{22} ,$A_{21}B_{12}+B_{22}$,代入上面各式,得到

$$kA = \begin{bmatrix} k & 0 & 0 & 0 \\ 0 & k & 0 & 0 \\ -k & 2k & k & 0 \\ k & k & 0 & k \end{bmatrix}, \quad A + B = \begin{bmatrix} 1 & 0 & 3 & 2 \\ 0 & 1 & 0 & 1 \\ 0 & 2 & 5 & 1 \\ 1 & 2 & 2 & 1 \end{bmatrix},$$

$$AB = \begin{bmatrix} 0 & 0 & 3 & 2 \\ 0 & 0 & 0 & 1 \\ 1 & 0 & 1 & 1 \\ 0 & 1 & 5 & 3 \end{bmatrix}.$$

例 2 设矩阵

$$A = \begin{bmatrix} 1 & 0 & 0 & 0 \\ 0 & 1 & -1 & 0 \\ 1 & 1 & 0 & 0 \\ 0 & 0 & 0 & 1 \end{bmatrix}, \quad B = \begin{bmatrix} 1 & 2 & 1 \\ 0 & 3 & 1 \\ -1 & 0 & 2 \\ 2 & 1 & 0 \end{bmatrix},$$

求 AB.

解 根据矩阵 $\boldsymbol{A}$ 的特点将 $\boldsymbol{A}$ 按下面方法分块

$$\boldsymbol{A}=\left[\begin{array}{ccc:c}1&0&0&0\\0&1&-1&0\\1&1&0&0\\ \hdashline 0&0&0&1\end{array}\right]=\begin{bmatrix}\boldsymbol{A}_{11}&\boldsymbol{O}\\\boldsymbol{O}&\boldsymbol{I}_1\end{bmatrix},$$

使得出现两块零矩阵,以便简化运算. 而对 $\boldsymbol{B}$ 的划分则必须符合分块乘法运算的规定,即第二个矩阵 $\boldsymbol{B}$ 的行的分块方法要与第一个矩阵 $\boldsymbol{A}$ 的列的分块方法一致,因此

$$\boldsymbol{B}=\left[\begin{array}{ccc}1&2&1\\0&3&1\\-1&0&2\\ \hdashline 2&1&0\end{array}\right]=\begin{bmatrix}\boldsymbol{B}_1\\\boldsymbol{B}_2\end{bmatrix}.$$

于是

$$\boldsymbol{AB}=\begin{bmatrix}\boldsymbol{A}_{11}&\boldsymbol{O}\\\boldsymbol{O}&\boldsymbol{I}_1\end{bmatrix}\begin{bmatrix}\boldsymbol{B}_1\\\boldsymbol{B}_2\end{bmatrix}=\begin{bmatrix}\boldsymbol{A}_{11}\boldsymbol{B}_1\\\boldsymbol{B}_2\end{bmatrix},$$

其中

$$\boldsymbol{A}_{11}\boldsymbol{B}_1=\begin{bmatrix}1&0&0\\0&1&-1\\1&1&0\end{bmatrix}\begin{bmatrix}1&2&1\\0&3&1\\-1&0&2\end{bmatrix}=\begin{bmatrix}1&2&1\\1&3&-1\\1&5&2\end{bmatrix}.$$

最后得

$$\boldsymbol{AB}=\begin{bmatrix}\boldsymbol{A}_{11}\boldsymbol{B}_1\\\boldsymbol{B}_2\end{bmatrix}=\begin{bmatrix}1&2&1\\1&3&-1\\1&5&2\\2&1&0\end{bmatrix}.$$

2.3 分块对角矩阵

对于下面一类矩阵,运用矩阵的分块也是方便的.

定义 形如

$$A=\begin{bmatrix}A_1 & O & \cdots & O\\ O & A_2 & \cdots & O\\ \vdots & \vdots & & \vdots\\ O & O & \cdots & A_m\end{bmatrix}$$

的方阵(其中矩阵 $A_1,A_2,\cdots,A_m$ 是阶数分别为 $n_1,n_2,\cdots,n_m$ 的方阵)称为**分块对角形矩阵**(或**准对角矩阵**).

例如,分块矩阵

$$\begin{bmatrix}2 & 0 & 0\\ 0 & 3 & 1\\ 0 & 0 & 3\end{bmatrix}=\left[\begin{array}{c|cc}2 & 0 & 0\\ \hline 0 & 3 & 1\\ 0 & 0 & 3\end{array}\right]=\begin{bmatrix}A_1 & O\\ O & A_2\end{bmatrix},$$

其中 $A_1=(2)$,$A_2=\begin{bmatrix}3 & 1\\ 0 & 3\end{bmatrix}$;又如分块矩阵

$$\begin{bmatrix}2 & 0 & 0 & 0\\ 1 & 2 & 0 & 0\\ 0 & 0 & 3 & 0\\ 0 & 0 & 1 & 3\end{bmatrix}=\left[\begin{array}{cc|cc}2 & 0 & 0 & 0\\ 1 & 2 & 0 & 0\\ \hline 0 & 0 & 3 & 0\\ 0 & 0 & 1 & 3\end{array}\right]=\begin{bmatrix}A_1 & O\\ O & A_2\end{bmatrix},$$

其中

$$A_1=\begin{bmatrix}2 & 0\\ 1 & 2\end{bmatrix},\quad A_2=\begin{bmatrix}3 & 0\\ 1 & 3\end{bmatrix}.$$

设 n 阶矩阵 A,B 是分块对角形矩阵

$$A=\begin{bmatrix}A_1 & O & \cdots & O\\ O & A_2 & \cdots & O\\ \vdots & \vdots & & \vdots\\ O & O & \cdots & A_m\end{bmatrix},\quad B=\begin{bmatrix}B_1 & O & \cdots & O\\ O & B_2 & \cdots & O\\ \vdots & \vdots & & \vdots\\ O & O & \cdots & B_m\end{bmatrix},$$

其中 $\boldsymbol{A}_i,\boldsymbol{B}_i(i=1,2,\cdots,m)$ 是同阶方阵，由定义我们不难证明分块对角形矩阵的数乘、相加、相乘可以同对角形矩阵一样运算，其结果还是分块对角形矩阵：

(1) $k\boldsymbol{A}=k\begin{bmatrix}\boldsymbol{A}_1 & \boldsymbol{O} & \cdots & \boldsymbol{O}\\ \boldsymbol{O} & \boldsymbol{A}_2 & \cdots & \boldsymbol{O}\\ \vdots & \vdots & & \vdots\\ \boldsymbol{O} & \boldsymbol{O} & \cdots & \boldsymbol{A}_m\end{bmatrix}=\begin{bmatrix}k\boldsymbol{A}_1 & \boldsymbol{O} & \cdots & \boldsymbol{O}\\ \boldsymbol{O} & k\boldsymbol{A}_2 & \cdots & \boldsymbol{O}\\ \vdots & \vdots & & \vdots\\ \boldsymbol{O} & \boldsymbol{O} & \cdots & k\boldsymbol{A}_m\end{bmatrix}$；

(2) $\boldsymbol{A}+\boldsymbol{B}=\begin{bmatrix}\boldsymbol{A}_1+\boldsymbol{B}_1 & \boldsymbol{O} & \cdots & \boldsymbol{O}\\ \boldsymbol{O} & \boldsymbol{A}_2+\boldsymbol{B}_2 & \cdots & \boldsymbol{O}\\ \vdots & \vdots & & \vdots\\ \boldsymbol{O} & \boldsymbol{O} & \cdots & \boldsymbol{A}_m+\boldsymbol{B}_m\end{bmatrix}$；

(3) $\boldsymbol{A}\boldsymbol{B}=\begin{bmatrix}\boldsymbol{A}_1\boldsymbol{B}_1 & \boldsymbol{O} & \cdots & \boldsymbol{O}\\ \boldsymbol{O} & \boldsymbol{A}_2\boldsymbol{B}_2 & \cdots & \boldsymbol{O}\\ \vdots & \vdots & & \vdots\\ \boldsymbol{O} & \boldsymbol{O} & \cdots & \boldsymbol{A}_m\boldsymbol{B}_m\end{bmatrix}$.

例如

$$\left[\begin{array}{c:cc}2 & 0 & 0\\ \hdashline 0 & 3 & 1\\ 0 & 0 & 3\end{array}\right]+\left[\begin{array}{c:cc}1 & 0 & 0\\ \hdashline 0 & 2 & 0\\ 0 & 3 & 1\end{array}\right]$$

$$=\left[\begin{array}{c:c}2+1 & \boldsymbol{O}\\ \hdashline \boldsymbol{O} & \begin{bmatrix}3 & 1\\ 0 & 3\end{bmatrix}+\begin{bmatrix}2 & 0\\ 3 & 1\end{bmatrix}\end{array}\right]$$

$$=\begin{bmatrix}3 & 0 & 0\\ 0 & 5 & 1\\ 0 & 3 & 4\end{bmatrix};$$

$$\left[\begin{array}{cc:cc}2 & 0 & 0 & 0\\ 1 & 2 & 0 & 0\\ \hdashline 0 & 0 & 3 & 0\\ 0 & 0 & 1 & 3\end{array}\right]^2=\begin{bmatrix}\begin{bmatrix}2 & 0\\ 1 & 2\end{bmatrix}^2 & \boldsymbol{O}\\ \boldsymbol{O} & \begin{bmatrix}3 & 0\\ 1 & 3\end{bmatrix}^2\end{bmatrix}$$

$$=\begin{bmatrix}4&0&0&0\\4&4&0&0\\0&0&9&0\\0&0&6&9\end{bmatrix}.$$

下面我们讨论分块对角矩阵求逆问题. 先来看一个例子.

例 3 求矩阵

$$\boldsymbol{A}=\begin{bmatrix}1&0&0&0\\-1&2&0&0\\0&0&4&1\\0&0&2&0\end{bmatrix}$$

的逆矩阵.

将 $\boldsymbol{A}$ 分成四块

$$\boldsymbol{A}=\begin{bmatrix}\boldsymbol{A}_1&\boldsymbol{O}\\\boldsymbol{O}&\boldsymbol{A}_2\end{bmatrix},$$

其中

$$\boldsymbol{A}_1=\begin{bmatrix}1&0\\-1&2\end{bmatrix},\quad \boldsymbol{A}_2=\begin{bmatrix}4&1\\2&0\end{bmatrix},$$

并且显然 $\boldsymbol{A}_1,\boldsymbol{A}_2$ 均可逆. 求 $\boldsymbol{A}$ 的逆矩阵就是要求一个矩阵与 $\boldsymbol{A}$ 相乘以后变为单位矩阵. 假定要求的矩阵为

$$\boldsymbol{X}=\begin{bmatrix}\boldsymbol{X}_{11}&\boldsymbol{X}_{12}\\\boldsymbol{X}_{21}&\boldsymbol{X}_{22}\end{bmatrix},$$

那么

$$\begin{bmatrix}\boldsymbol{A}_1&\boldsymbol{O}\\\boldsymbol{O}&\boldsymbol{A}_2\end{bmatrix}\begin{bmatrix}\boldsymbol{X}_{11}&\boldsymbol{X}_{12}\\\boldsymbol{X}_{21}&\boldsymbol{X}_{22}\end{bmatrix}=\begin{bmatrix}\boldsymbol{I}_2&\boldsymbol{O}\\\boldsymbol{O}&\boldsymbol{I}_2\end{bmatrix},$$

即

$$\begin{bmatrix}\boldsymbol{A}_1\boldsymbol{X}_{11}&\boldsymbol{A}_1\boldsymbol{X}_{12}\\\boldsymbol{A}_2\boldsymbol{X}_{21}&\boldsymbol{A}_2\boldsymbol{X}_{22}\end{bmatrix}=\begin{bmatrix}\boldsymbol{I}_2&\boldsymbol{O}\\\boldsymbol{O}&\boldsymbol{I}_2\end{bmatrix}.$$

此时对应的子块应相等,即有

$$\boldsymbol{A}_1\boldsymbol{X}_{11}=\boldsymbol{I}_2,\quad \boldsymbol{A}_1\boldsymbol{X}_{12}=\boldsymbol{O},$$
$$\boldsymbol{A}_2\boldsymbol{X}_{21}=\boldsymbol{O},\quad \boldsymbol{A}_2\boldsymbol{X}_{22}=\boldsymbol{I}_2.$$

由此推出

$$\boldsymbol{X}_{11}=\boldsymbol{A}_1^{-1},\quad \boldsymbol{X}_{12}=\boldsymbol{O},\quad \boldsymbol{X}_{21}=\boldsymbol{O},\quad \boldsymbol{X}_{22}=\boldsymbol{A}_2^{-1}.$$

于是

$$\boldsymbol{A}^{-1}=\begin{bmatrix}\boldsymbol{A}_1^{-1} & \boldsymbol{O}\\ \boldsymbol{O} & \boldsymbol{A}_2^{-1}\end{bmatrix}.$$

容易求得

$$\boldsymbol{A}_1^{-1}=\frac{1}{2}\begin{bmatrix}2 & 0\\ 1 & 1\end{bmatrix},\quad \boldsymbol{A}_2^{-1}=\frac{1}{2}\begin{bmatrix}0 & 1\\ 2 & -4\end{bmatrix}.$$

所以

$$\boldsymbol{A}^{-1}=\begin{bmatrix}1 & 0 & 0 & 0\\ \frac{1}{2} & \frac{1}{2} & 0 & 0\\ 0 & 0 & 0 & \frac{1}{2}\\ 0 & 0 & 1 & -2\end{bmatrix}.$$

这里需要说明的是,从 $\boldsymbol{A}$ 是可逆的可以推出 $\boldsymbol{A}_1,\boldsymbol{A}_2$ 也是可逆的. 因为根据行列式的有关定理可知,如果

$$\boldsymbol{A}=\begin{bmatrix}\boldsymbol{A}_1 & \boldsymbol{O}\\ \boldsymbol{O} & \boldsymbol{A}_2\end{bmatrix}$$

(其中 $\boldsymbol{A}_1,\boldsymbol{A}_2$ 均为方阵),则 $\det\boldsymbol{A}=\det\boldsymbol{A}_1\cdot\det\boldsymbol{A}_2$. 如果 $\boldsymbol{A}$ 可逆,即 $\det\boldsymbol{A}\neq 0$,从而 $\det\boldsymbol{A}_1\cdot\det\boldsymbol{A}_2\neq 0$,由此可推出 $\det\boldsymbol{A}_1\neq 0$, $\det\boldsymbol{A}_2\neq 0$. 因此 $\boldsymbol{A}_1^{-1},\boldsymbol{A}_2^{-1}$ 是存在的,故例 3 的推导过程是合理的.

由例 3 看出,用矩阵分块的方法求 $\boldsymbol{A}^{-1}$ 时只要计算两个二阶矩阵的逆矩阵,即只要算出 8 个一阶代数余子式就可以了. 这比计算

A 的伴随矩阵要方便得多. 因此矩阵的分块也是处理高阶矩阵的一个非常有效的方法.

一般来说,如果矩阵

$$A=\begin{bmatrix} A_1 & O & \cdots & O \\ O & A_2 & \cdots & O \\ \vdots & \vdots & & \vdots \\ O & O & \cdots & A_m \end{bmatrix}$$

是可逆的分块对角矩阵,那么

$$A^{-1}=\begin{bmatrix} A_1^{-1} & O & \cdots & O \\ O & A_2^{-1} & \cdots & O \\ \vdots & \vdots & & \vdots \\ O & O & \cdots & A_m^{-1} \end{bmatrix}.$$

§3 矩阵的初等变换

3.1 矩阵的初等变换

定义 对矩阵 A 进行的下列变换称为 A 的**初等变换**:

(1) 互换 A 的两行(或列);

(2) 用一个不为零的数乘 A 的一行(或列);

(3) 用一个数乘 A 的一行(或列)加到另一行(或列)上.

矩阵 A 经过初等变换后变为 B,用

$$A \to B$$

表示. 对矩阵的行(列)进行的初等变换称为**初等行(列)变换**,本书只讨论初等行变换.

例如,设

$$\boldsymbol{A}=\begin{bmatrix} a_1 & a_2 & a_3 \\ b_1 & b_2 & b_3 \\ c_1 & c_2 & c_3 \end{bmatrix},$$

其初等行变换举例如下：

(1) 互换 $\boldsymbol{A}$ 的第二、三行：

$$\begin{bmatrix} a_1 & a_2 & a_3 \\ b_1 & b_2 & b_3 \\ c_1 & c_2 & c_3 \end{bmatrix} \xrightarrow{②\leftrightarrow③} \begin{bmatrix} a_1 & a_2 & a_3 \\ c_1 & c_2 & c_3 \\ b_1 & b_2 & b_3 \end{bmatrix};$$

(2) 用一个不为零的数 k 乘 $\boldsymbol{A}$ 的第二行：

$$\begin{bmatrix} a_1 & a_2 & a_3 \\ b_1 & b_2 & b_3 \\ c_1 & c_2 & c_3 \end{bmatrix} \xrightarrow{k②} \begin{bmatrix} a_1 & a_2 & a_3 \\ kb_1 & kb_2 & kb_3 \\ c_1 & c_2 & c_3 \end{bmatrix};$$

(3) 用一个数 k 乘 $\boldsymbol{A}$ 的第一行加到第二行上：

$$\begin{bmatrix} a_1 & a_2 & a_3 \\ b_1 & b_2 & b_3 \\ c_1 & c_2 & c_3 \end{bmatrix} \xrightarrow{k①+②} \begin{bmatrix} a_1 & a_2 & a_3 \\ ka_1+b_1 & ka_2+b_2 & ka_3+b_3 \\ c_1 & c_2 & c_3 \end{bmatrix}.$$

定义　对单位矩阵 $\boldsymbol{I}$ 进行一次初等变换后得到的矩阵称为**初等矩阵**. 用 $\boldsymbol{P}(i,j)$ 表示将矩阵 $\boldsymbol{I}$ 的第 i,j 两行互换得到的矩阵；用 $\boldsymbol{P}(i(k))(k\neq 0)$ 表示 k 乘矩阵 $\boldsymbol{I}$ 的第 i 行得到的矩阵；用 $\boldsymbol{P}(i,j(k))$ 表示 k 乘矩阵 $\boldsymbol{I}$ 的第 j 行加到第 i 行上得到的矩阵.

例如 $\boldsymbol{I}=\begin{bmatrix} 1 & 0 & 0 \\ 0 & 1 & 0 \\ 0 & 0 & 1 \end{bmatrix}$.

(1) 互换 $\boldsymbol{I}$ 的第二、三行：

$$\begin{bmatrix} 1 & 0 & 0 \\ 0 & 1 & 0 \\ 0 & 0 & 1 \end{bmatrix} \rightarrow \begin{bmatrix} 1 & 0 & 0 \\ 0 & 0 & 1 \\ 0 & 1 & 0 \end{bmatrix} \xlongequal{\text{def}} \boldsymbol{P}(2,3);$$

（2）用一个不为零的数 k 乘 $\boldsymbol{I}$ 的第二行：

$$\begin{bmatrix}1&0&0\\0&1&0\\0&0&1\end{bmatrix}\to\begin{bmatrix}1&0&0\\0&k&0\\0&0&1\end{bmatrix}\xlongequal{\text{def}}\boldsymbol{P}(2(k));$$

（3）用一个数 k 乘 $\boldsymbol{I}$ 的第一行加到第二行上：

$$\begin{bmatrix}1&0&0\\0&1&0\\0&0&1\end{bmatrix}\to\begin{bmatrix}1&0&0\\k&1&0\\0&0&1\end{bmatrix}\xlongequal{\text{def}}\boldsymbol{P}(2,1(k)).$$

其中 $\boldsymbol{P}(2,3)$，$\boldsymbol{P}(2(k))$，$\boldsymbol{P}(2,1(k))$ 均为初等矩阵.

定理 1 设 $\boldsymbol{A}$ 是一个 $m\times n$ 矩阵，对 $\boldsymbol{A}$ 进行一次初等行变换就相当于在 $\boldsymbol{A}$ 的左边乘上一个相应的 m 阶的初等矩阵.

证明从略.

例如 $\boldsymbol{A}=\begin{bmatrix}a_1&a_2&a_3&a_4\\b_1&b_2&b_3&b_4\\c_1&c_2&c_3&c_4\end{bmatrix}$.

$$(1)\ \begin{bmatrix}1&0&0\\0&0&1\\0&1&0\end{bmatrix}\begin{bmatrix}a_1&a_2&a_3&a_4\\b_1&b_2&b_3&b_4\\c_1&c_2&c_3&c_4\end{bmatrix}=\begin{bmatrix}a_1&a_2&a_3&a_4\\c_1&c_2&c_3&c_4\\b_1&b_2&b_3&b_4\end{bmatrix},$$

即 $\boldsymbol{P}(2,3)$ 左乘矩阵 $\boldsymbol{A}$ 等于将矩阵 $\boldsymbol{A}$ 的第二、三行互换；

$$(2)\ \begin{bmatrix}1&0&0\\0&k&0\\0&0&1\end{bmatrix}\begin{bmatrix}a_1&a_2&a_3&a_4\\b_1&b_2&b_3&b_4\\c_1&c_2&c_3&c_4\end{bmatrix}=\begin{bmatrix}a_1&a_2&a_3&a_4\\kb_1&kb_2&kb_3&kb_4\\c_1&c_2&c_3&c_4\end{bmatrix},$$

即 $\boldsymbol{P}(2(k))$ 左乘矩阵 $\boldsymbol{A}$ 等于将矩阵 $\boldsymbol{A}$ 第二行乘 $k(k\neq0)$；

$$(3)\ \begin{bmatrix}1&0&0\\k&1&0\\0&0&1\end{bmatrix}\begin{bmatrix}a_1&a_2&a_3&a_4\\b_1&b_2&b_3&b_4\\c_1&c_2&c_3&c_4\end{bmatrix}$$

$$
=\begin{bmatrix} a_1 & a_2 & a_3 & a_4 \\ ka_1+b_1 & ka_2+b_2 & ka_3+b_3 & ka_4+b_4 \\ c_1 & c_2 & c_3 & c_4 \end{bmatrix},
$$

即 $\boldsymbol{P}(2,1(k))$ 左乘矩阵 $\boldsymbol{A}$ 等于将矩阵 $\boldsymbol{A}$ 第一行的 k 倍加到第二行上.

3.2 用初等行变换法求逆矩阵

定理 2 可逆矩阵经过一系列初等行变换可以化为单位矩阵.

证明从略. 下面通过一个具体的矩阵的例子予以说明.

例 1 设

$$
\boldsymbol{A}=\begin{bmatrix} 2 & 5 \\ 1 & 3 \end{bmatrix},
$$

试利用初等行变换将其化为单位矩阵,并写出每次行变换对应的初等矩阵.

解

$$
\begin{aligned}
\boldsymbol{A}&=\begin{bmatrix} 2 & 5 \\ 1 & 3 \end{bmatrix} \\
&\xrightarrow{①\leftrightarrow②}\begin{bmatrix} 1 & 3 \\ 2 & 5 \end{bmatrix} \quad \left(\text{对应初等矩阵 } \boldsymbol{P}_1=\begin{bmatrix} 0 & 1 \\ 1 & 0 \end{bmatrix}\right) \\
&\xrightarrow{①\times(-2)+②}\begin{bmatrix} 1 & 3 \\ 0 & -1 \end{bmatrix} \quad \left(\text{对应初等矩阵 } \boldsymbol{P}_2=\begin{bmatrix} 1 & 0 \\ -2 & 1 \end{bmatrix}\right) \\
&\xrightarrow{②\times3+①}\begin{bmatrix} 1 & 0 \\ 0 & -1 \end{bmatrix} \quad \left(\text{对应初等矩阵 } \boldsymbol{P}_3=\begin{bmatrix} 1 & 3 \\ 0 & 1 \end{bmatrix}\right) \\
&\xrightarrow{②\times(-1)}\begin{bmatrix} 1 & 0 \\ 0 & 1 \end{bmatrix}=\boldsymbol{I} \quad \left(\text{对应初等矩阵 } \boldsymbol{P}_4=\begin{bmatrix} 1 & 0 \\ 0 & -1 \end{bmatrix}\right).
\end{aligned}
$$

上述变换过程表明,将 $\boldsymbol{A}$ 通过初等行变换化为单位矩阵,即等价于

$$
\boldsymbol{P}_4\boldsymbol{P}_3\boldsymbol{P}_2\boldsymbol{P}_1\boldsymbol{A}=\boldsymbol{I}.
$$

定理 2 给出了求逆矩阵的另一种方法. 设 $\boldsymbol{A}$ 是一个 $n\times n$ 的可

逆矩阵. 由上面的定理可知,一定存在初等矩阵 $\boldsymbol{P}_1,\boldsymbol{P}_2,\cdots,\boldsymbol{P}_m$,使得

$$\boldsymbol{P}_m\boldsymbol{P}_{m-1}\cdots\boldsymbol{P}_2\boldsymbol{P}_1\boldsymbol{A}=\boldsymbol{I}. \tag{1}$$

(1)式两边右乘 $\boldsymbol{A}^{-1}$,有

$$\boldsymbol{P}_m\boldsymbol{P}_{m-1}\cdots\boldsymbol{P}_2\boldsymbol{P}_1\boldsymbol{A}\boldsymbol{A}^{-1}=\boldsymbol{I}\boldsymbol{A}^{-1}=\boldsymbol{A}^{-1}.$$

即得

$$\boldsymbol{A}^{-1}=\boldsymbol{P}_m\boldsymbol{P}_{m-1}\cdots\boldsymbol{P}_2\boldsymbol{P}_1\boldsymbol{I}. \tag{2}$$

(1),(2)两式说明,如果经过一系列的初等行变换可以把可逆矩阵化成单位矩阵,那么经过同样的一系列初等行变换就可以把单位矩阵化成 $\boldsymbol{A}^{-1}$.

具体的方法是:把 $\boldsymbol{A},\boldsymbol{I}$ 这两个 n 阶方阵放在一起组成一个 $n\times 2n$ 矩阵 $(\boldsymbol{A},\boldsymbol{I})$,然后对 $(\boldsymbol{A},\boldsymbol{I})$ 进行初等行变换,在把左半部分 $\boldsymbol{A}$ 化成单位矩阵 $\boldsymbol{I}$ 的同时,右半部分 $\boldsymbol{I}$ 就被化成了 $\boldsymbol{A}^{-1}$.

$$\begin{aligned}&\boldsymbol{P}_m\boldsymbol{P}_{m-1}\cdots\boldsymbol{P}_2\boldsymbol{P}_1(\boldsymbol{A},\boldsymbol{I})\\&\quad=(\boldsymbol{P}_m\boldsymbol{P}_{m-1}\cdots\boldsymbol{P}_2\boldsymbol{P}_1\boldsymbol{A},\boldsymbol{P}_m\boldsymbol{P}_{m-1}\cdots\boldsymbol{P}_2\boldsymbol{P}_1\boldsymbol{I})\\&\quad=(\boldsymbol{I},\boldsymbol{A}^{-1}),\end{aligned}$$

即

$$(\boldsymbol{A},\boldsymbol{I})\xrightarrow{\text{一系列初等行变换}}(\boldsymbol{I},\boldsymbol{A}^{-1}).$$

例 2 设

$$\boldsymbol{A}=\begin{bmatrix}0&1&2\\1&1&4\\2&-1&0\end{bmatrix},$$

求 $\boldsymbol{A}^{-1}$.

解

$$\begin{bmatrix}0&1&2&1&0&0\\1&1&4&0&1&0\\2&-1&0&0&0&1\end{bmatrix}$$

$$\xrightarrow{①\leftrightarrow②}\begin{bmatrix}1&1&4&0&1&0\\0&1&2&1&0&0\\2&-1&0&0&0&1\end{bmatrix}$$

$$\xrightarrow{-2\times①+③}\begin{bmatrix}1&1&4&0&1&0\\0&1&2&1&0&0\\0&-3&-8&0&-2&1\end{bmatrix}$$

$$\xrightarrow{3\times②+③}\begin{bmatrix}1&1&4&0&1&0\\0&1&2&1&0&0\\0&0&-2&3&-2&1\end{bmatrix}$$

$$\xrightarrow{③+②}\begin{bmatrix}1&1&4&0&1&0\\0&1&0&4&-2&1\\0&0&-2&3&-2&1\end{bmatrix}$$

$$\xrightarrow{2\times③+①}\begin{bmatrix}1&1&0&6&-3&2\\0&1&0&4&-2&1\\0&0&-2&3&-2&1\end{bmatrix}$$

$$\xrightarrow{-1\times②+①}\begin{bmatrix}1&0&0&2&-1&1\\0&1&0&4&-2&1\\0&0&-2&3&-2&1\end{bmatrix}$$

$$\xrightarrow{-\frac{1}{2}\times③}\begin{bmatrix}1&0&0&2&-1&1\\0&1&0&4&-2&1\\0&0&1&-\frac{3}{2}&1&-\frac{1}{2}\end{bmatrix},$$

所以

$$A^{-1}=\begin{bmatrix}2&-1&1\\4&-2&1\\-\frac{3}{2}&1&-\frac{1}{2}\end{bmatrix}.$$

有了逆矩阵的概念以后,我们也可以利用逆矩阵来解某些线性方程组.

例 3 解方程组

$$\begin{cases}x_1+x_2=3,\\2x_1+x_2=5.\end{cases}$$

解　把方程组写成下面的形式：

$$\begin{bmatrix}1 & 1\\2 & 1\end{bmatrix}\begin{bmatrix}x_1\\x_2\end{bmatrix}=\begin{bmatrix}3\\5\end{bmatrix}.$$

再设

$$\boldsymbol{A}=\begin{bmatrix}1 & 1\\2 & 1\end{bmatrix},\quad \boldsymbol{X}=\begin{bmatrix}x_1\\x_2\end{bmatrix},\quad \boldsymbol{B}=\begin{bmatrix}3\\5\end{bmatrix}.$$

这样一来，方程组可表为如下的形式：

$$\boldsymbol{AX}=\boldsymbol{B}.$$

由于 $\boldsymbol{A}$ 可逆，求出

$$\boldsymbol{A}^{-1}=\begin{bmatrix}-1 & 1\\2 & -1\end{bmatrix}.$$

在方程的两端左乘 $\boldsymbol{A}^{-1}$，得

$$\boldsymbol{A}^{-1}\boldsymbol{AX}=\boldsymbol{A}^{-1}\boldsymbol{B}=\begin{bmatrix}-1 & 1\\2 & -1\end{bmatrix}\begin{bmatrix}3\\5\end{bmatrix}=\begin{bmatrix}2\\1\end{bmatrix}.$$

即

$$\boldsymbol{X}=\begin{bmatrix}x_1\\x_2\end{bmatrix}=\begin{bmatrix}2\\1\end{bmatrix},$$

亦即

$$\begin{cases}x_1=2,\\x_2=1.\end{cases}$$

一般来说，设 n 元线性方程组为

$$\begin{cases}a_{11}x_1+a_{12}x_2+\cdots+a_{1n}x_n=b_1,\\a_{21}x_1+a_{22}x_2+\cdots+a_{2n}x_n=b_2,\\\qquad\cdots\cdots\cdots\cdots\\a_{n1}x_1+a_{n2}x_2+\cdots+a_{nn}x_n=b_n,\end{cases}\tag{3}$$

令

$$\boldsymbol{A}=(a_{ij})_{n\times n},\quad \boldsymbol{X}=(x_1,x_2,\cdots,x_n)^{\mathrm{T}},$$

$$\boldsymbol{B}=(b_1,b_2,\cdots,b_n)^{\mathrm{T}}.$$

于是方程组可改写成矩阵形式

$$\boldsymbol{AX}=\boldsymbol{B}. \tag{4}$$

当 $\det \boldsymbol{A}\neq 0$ 时,$\boldsymbol{A}$ 可逆,上式两端左乘 $\boldsymbol{A}^{-1}$ 便得到

$$\boldsymbol{X}=\boldsymbol{A}^{-1}\boldsymbol{B}, \tag{5}$$

(5)式便是方程组(4)的矩阵形式的解.

§4 矩阵的秩

定义 设 $\boldsymbol{A}$ 是一个 $m\times n$ 矩阵. 在 $\boldsymbol{A}$ 中任取 k 行,k 列($1\leqslant k\leqslant \min\{m,n\}$),把位于这些行列相交处的元素按原来的次序组成一个 k 阶方阵. 称这个 k 阶方阵为矩阵 $\boldsymbol{A}$ 的 k 阶**子矩阵**,其行列式叫做矩阵 $\boldsymbol{A}$ 的 k 阶**子式**. 矩阵 $\boldsymbol{A}$ 的不等于零的子式的最高阶数叫做矩阵 $\boldsymbol{A}$ 的**秩**,记为 $\mathrm{r}(\boldsymbol{A})$.

例 1 设

$$\boldsymbol{A}=\begin{bmatrix}2&-1&3&6\\0&5&1&7\\0&0&4&-2\\0&0&0&0\end{bmatrix}.$$

因为 $\boldsymbol{A}$ 只有 3 个非零行,所以 $\boldsymbol{A}$ 的 4 阶子式(即 $\det \boldsymbol{A}$)有一行的元素都为 0,从而 $\boldsymbol{A}$ 的 4 阶子式为 0;但是 $\boldsymbol{A}$ 中至少有一个 3 阶子式不等于 0. 例如在 $\boldsymbol{A}$ 中取第 1,2,3 行,第 1,2,3 列,得到 $\boldsymbol{A}$ 的一个 3 阶子式

$$\begin{vmatrix}2&-1&3\\0&5&1\\0&0&4\end{vmatrix}=40\neq 0.$$

因此 $\boldsymbol{A}$ 的不等于 0 的子式的最高阶数是 3,故有

$$\mathrm{r}(\boldsymbol{A})=3.$$

由上述定义可知:对于任意 $m\times n$ 矩阵 $\boldsymbol{A}$,有 $\mathrm{r}(\boldsymbol{A})\leqslant \min\{m,n\}$.

例 1 中矩阵 $\boldsymbol{A}$ 的左下方的元素全为零,且其非零元素形成阶

梯的形式(每层“阶梯”高度为 1)如下:

$$A=\begin{bmatrix}2 & -1 & 3 & 6\\ 0 & 5 & 1 & 7\\ 0 & 0 & 4 & -2\\ 0 & 0 & 0 & 0\end{bmatrix}$$

显然这种阶梯形式的矩阵其秩恰好是其“阶梯”的层数 3.

可以证明:**对矩阵进行初等变换,不改变矩阵的秩**. 因此,在求矩阵的秩时,对给定的矩阵,若其不是阶梯形矩阵,则可以先利用初等行变换将其化为阶梯形矩阵,再由阶梯形矩阵的阶梯层数即可求出矩阵的秩.

例 2 求矩阵

$$A=\begin{bmatrix}1 & 3 & -1 & -2\\ 2 & -1 & 2 & 3\\ 3 & 2 & 1 & 1\\ 1 & -4 & 3 & 5\end{bmatrix}$$

的秩.

解

$$A=\begin{bmatrix}1 & 3 & -1 & -2\\ 2 & -1 & 2 & 3\\ 3 & 2 & 1 & 1\\ 1 & -4 & 3 & 5\end{bmatrix}$$

$$\xrightarrow{\substack{(-2)\times①+②\\(-3)\times①+③\\(-1)\times①+④}}\begin{bmatrix}1 & 3 & -1 & -2\\ 0 & -7 & 4 & 7\\ 0 & -7 & 4 & 7\\ 0 & -7 & 4 & 7\end{bmatrix}$$

$$\xrightarrow{\substack{(-1)\times②+③\\(-1)\times②+④}}\begin{bmatrix}1 & 3 & -1 & -2\\ 0 & -7 & 4 & 7\\ 0 & 0 & 0 & 0\\ 0 & 0 & 0 & 0\end{bmatrix}.$$

从而 $\mathrm{r}(\boldsymbol{A})=2$.

本章自测题

习题 5.2

1. 求下列矩阵 $\boldsymbol{A}$ 的伴随矩阵 $\boldsymbol{A}^*$；并验证 $\boldsymbol{A}^*\boldsymbol{A}=\boldsymbol{A}\boldsymbol{A}^*=\det\boldsymbol{A}\cdot\boldsymbol{I}$.

(1) $\boldsymbol{A}=\begin{bmatrix}3 & 1\\0 & 2\end{bmatrix}$；　　(2) $\boldsymbol{A}=\begin{bmatrix}3 & 7 & -3\\-2 & -5 & 2\\-4 & -10 & 3\end{bmatrix}$.

2. 判断下列矩阵是否可逆，若可逆，求它的逆矩阵.

(1) $\begin{bmatrix}5 & 7\\8 & 11\end{bmatrix}$；　　(2) $\begin{bmatrix}1 & -2 & -1\\-3 & 4 & 5\\2 & 0 & 3\end{bmatrix}$.

3. 求满足下列条件的 $\boldsymbol{X}$：

(1) $\begin{bmatrix}1 & -5\\-1 & 4\end{bmatrix}\boldsymbol{X}=\begin{bmatrix}3 & 2\\1 & 4\end{bmatrix}$；

(2) $\boldsymbol{X}\begin{bmatrix}1 & -1 & 1\\1 & 1 & 0\\2 & 1 & 1\end{bmatrix}=\begin{bmatrix}1 & 2 & -3\\2 & 0 & 4\\0 & -1 & 5\end{bmatrix}$.

4. 用矩阵的分块乘法计算 $\boldsymbol{AB}$，其中

(1) $\boldsymbol{A}=\left[\begin{array}{cc:cc}a & 0 & 0 & 0\\0 & a & 0 & 0\\\hdashline 1 & 0 & b & 0\\0 & 1 & 0 & b\end{array}\right]$，$\boldsymbol{B}=\left[\begin{array}{cc:cc}1 & 0 & c & 0\\0 & 1 & 0 & c\\\hdashline 0 & 0 & d & 0\\0 & 0 & 0 & d\end{array}\right]$；

(2) $\boldsymbol{A}=\left[\begin{array}{ccc:cc}4 & -5 & 7 & 0 & 0\\-1 & 2 & 6 & 0 & 0\\-3 & 1 & 8 & 0 & 0\\\hdashline 0 & 0 & 0 & 5 & 0\\0 & 0 & 0 & 0 & 5\end{array}\right]$，$\boldsymbol{B}=\left[\begin{array}{ccc:cc}3 & 0 & 0 & 0 & 0\\0 & 3 & 0 & 0 & 0\\0 & 0 & 3 & 0 & 0\\\hdashline 0 & 0 & 0 & -1 & 3\\0 & 0 & 0 & 9 & 4\end{array}\right]$.

5. 用分块形式求下列矩阵的逆矩阵：

(1) $\begin{bmatrix} 3 & -2 & 0 & 0 \\ 5 & -3 & 0 & 0 \\ 0 & 0 & 3 & 4 \\ 0 & 0 & 1 & 1 \end{bmatrix}$； (2) $\begin{bmatrix} 0 & 0 & 0 & 1 & 2 \\ 0 & 0 & 0 & 2 & 3 \\ 1 & 1 & 0 & 0 & 0 \\ 0 & 1 & 1 & 0 & 0 \\ 0 & 0 & 1 & 0 & 0 \end{bmatrix}$.

6. 用初等变换法求下列矩阵的逆矩阵：

(1) $\begin{bmatrix} 1 & -3 & 2 \\ -3 & 0 & 1 \\ 1 & 1 & -1 \end{bmatrix}$； (2) $\begin{bmatrix} 4 & 1 & 2 \\ 3 & 2 & 1 \\ 5 & -3 & 2 \end{bmatrix}$；

(3) $\begin{bmatrix} 1 & 0 & 1 & -1 \\ 2 & 0 & 1 & 0 \\ 3 & 1 & 2 & 0 \\ -3 & 1 & 0 & 4 \end{bmatrix}$； (4) $\begin{bmatrix} 1 & 1 & 1 & 1 \\ 1 & 1 & -1 & -1 \\ 1 & -1 & 1 & -1 \\ 1 & -1 & -1 & 1 \end{bmatrix}$.

7. 求下列矩阵的秩：

(1) $\begin{bmatrix} 2 & 1 \\ 4 & 2 \end{bmatrix}$； (2) $\begin{bmatrix} 2 & 3 \\ 1 & -1 \\ -1 & 2 \end{bmatrix}$；

(3) $\begin{bmatrix} 1 & -1 & 2 & 1 & 0 \\ 2 & -2 & 4 & -2 & 0 \\ 3 & 0 & 6 & -1 & 1 \\ 2 & 1 & 4 & 2 & 1 \end{bmatrix}$.

第三章　线性方程组

在上篇中已经介绍了对一般的含有 m 个方程 n 个未知量的线性方程组的求解. 这里,将通过矩阵的秩给出形式更为简单的 n 元非齐次线性方程组有解的判别定理,利用矩阵的初等行变换求解方程组的计算形式,利用逆矩阵表示线性方程组解的公式等.

§1　有解的判别定理

1.1　线性方程组有解的判别定理

在上一章的讨论中,我们已经知道,线性方程组

$$\begin{cases} a_{11}x_1+a_{12}x_2+\cdots+a_{1n}x_n=b_1, \\ a_{21}x_1+a_{22}x_2+\cdots+a_{2n}x_n=b_2, \\ \cdots\cdots\cdots\cdots \\ a_{m1}x_1+a_{m2}x_2+\cdots+a_{mn}x_n=b_m \end{cases} \tag{1}$$

的矩阵形式为

$$\boldsymbol{AX}=\boldsymbol{B},$$

其中

$$\boldsymbol{A}=\begin{bmatrix} a_{11} & a_{12} & \cdots & a_{1n} \\ a_{21} & a_{22} & \cdots & a_{2n} \\ \vdots & \vdots & & \vdots \\ a_{m1} & a_{m2} & \cdots & a_{mn} \end{bmatrix},$$

$$\boldsymbol{X}=(x_1,x_2,\cdots,x_n)^{\mathrm{T}},\quad \boldsymbol{B}=(b_1,b_2,\cdots,b_m)^{\mathrm{T}}.$$

$\boldsymbol{A}$ 称为方程组的**系数矩阵**,$\boldsymbol{A}$ 和常数项 $\boldsymbol{B}$ 放在一起构成的矩阵$(\boldsymbol{A},\boldsymbol{B})$称为方程组的**增广矩阵**.

$$(\boldsymbol{A},\boldsymbol{B})=\begin{bmatrix} a_{11} & a_{12} & \cdots & a_{1n} & b_1 \\ a_{21} & a_{22} & \cdots & a_{2n} & b_2 \\ \vdots & \vdots & & \vdots & \vdots \\ a_{m1} & a_{m2} & \cdots & a_{mn} & b_m \end{bmatrix}. \tag{2}$$

显然,如果我们知道了一个线性方程组的全部系数和常数项,那么这个线性方程组就确定了. 这就是说,线性方程组(1)可以由它的增广矩阵(2)来表示. 因此,在下面的讨论中,我们常常通过对线性方程组的增广矩阵的分析,给出有解的判别定理、解的性质、解的公式等.

齐次线性方程组

$$\begin{cases} a_{11}x_1+a_{12}x_2+\cdots+a_{1n}x_n=0, \\ a_{21}x_1+a_{22}x_2+\cdots+a_{2n}x_n=0, \\ \cdots\cdots\cdots\cdots \\ a_{m1}x_1+a_{m2}x_2+\cdots+a_{mn}x_n=0 \end{cases} \tag{3}$$

的矩阵形式为

$$\boldsymbol{AX}=\boldsymbol{0},$$

其中 $\boldsymbol{0}=(0,0,\cdots,0)^{\mathrm{T}}$.

下面我们不加证明地给出线性方程组有解的两个判别定理:

定理 1 非齐次线性方程组(1)有解的充要条件是它的系数矩阵与增广矩阵有相同的秩,即

$$\mathrm{r}(\boldsymbol{A})=\mathrm{r}(\boldsymbol{A},\boldsymbol{B}).$$

我们知道增广矩阵$(\boldsymbol{A},\boldsymbol{B})$与系数矩阵 $\boldsymbol{A}$ 的秩满足 $\mathrm{r}(\boldsymbol{A},\boldsymbol{B})\geqslant\mathrm{r}(\boldsymbol{A})$,由定理 1 可知,当 $\mathrm{r}(\boldsymbol{A},\boldsymbol{B})\neq\mathrm{r}(\boldsymbol{A})$,也就是说 $\mathrm{r}(\boldsymbol{A},\boldsymbol{B})>\mathrm{r}(\boldsymbol{A})$ 时方程组(1)无解.

定理 2 齐次线性方程组(3)一定有零解. 如果 $\mathrm{r}(\boldsymbol{A})=n$,则它只有零解;它有非零解的充要条件是 $\mathrm{r}(\boldsymbol{A})<n$.

根据定理 2,对于齐次线性方程组(3)我们可以得到下面两个结论:

(1) 如果方程个数 m 小于未知量个数 n,显然 $\mathrm{r}(\boldsymbol{A})\leqslant m<n$,则方程组(3)一定有非零解;

(2) 如果 $m=n$,则方程组(3)有非零解的充要条件是 $\mathrm{r}(\boldsymbol{A})<n$,即 $\det\boldsymbol{A}=0$. 如果 $\mathrm{r}(\boldsymbol{A})=n$,即 $\det\boldsymbol{A}\neq0$,则方程组(3)只有零解.

例 1 解方程组

$$\begin{cases} x_1+\ x_2-x_3=1, \\ x_1+2x_2+x_3=1, \\ 3x_1+5x_2+x_3=0. \end{cases}$$

解 由

$$\boldsymbol{A}=\begin{bmatrix} 1 & 1 & -1 \\ 1 & 2 & 1 \\ 3 & 5 & 1 \end{bmatrix}, \quad (\boldsymbol{A},\boldsymbol{B})=\begin{bmatrix} 1 & 1 & -1 & 1 \\ 1 & 2 & 1 & 1 \\ 3 & 5 & 1 & 0 \end{bmatrix},$$

容易求得 $\mathrm{r}(\boldsymbol{A})=2$, $\mathrm{r}(\boldsymbol{A},\boldsymbol{B})=3$, $\mathrm{r}(\boldsymbol{A})\neq\mathrm{r}(\boldsymbol{A},\boldsymbol{B})$. 根据定理 1 可知,原方程组无解.

例 2 讨论当 λ 取什么值时,下面的齐次线性方程组有非零解:

$$\begin{cases} (\lambda-1)x_1+2x_2-2x_3=0, \\ 2x_1+(\lambda+2)x_2-4x_3=0, \\ -2x_1-4x_2+(\lambda+2)x_3=0. \end{cases}$$

解 由定理 2 可知,上述方程组有非零解的充要条件是 $\det\boldsymbol{A}=0$,即

$$\begin{vmatrix} \lambda-1 & 2 & -2 \\ 2 & \lambda+2 & -4 \\ -2 & -4 & \lambda+2 \end{vmatrix}=0,$$

亦即

$$(\lambda-2)^2(\lambda+7)=0.$$

所以,当 $\lambda=2$ 或 $\lambda=-7$ 时,原方程组有非零解.

§2 解的公式

我们知道,消元法是解线性方程组的一种有效的方法,但是消元法不能直接地反映出方程组的系数、常数项与解之间的关系.下面给出的线性方程组解的公式是由其系数及常数项表示的.

如果方程组(1)有解,由定理 1 可知,应有 $\mathrm{r}(\boldsymbol{A})=\mathrm{r}(\boldsymbol{A},\boldsymbol{B})=r$(其中 $r\leqslant\min\{m,n\}$).因此方程组(1)的系数矩阵 $\boldsymbol{A}=(a_{ij})_{m\times n}$ 中至少有一个 r 阶子式不为零,而且增广矩阵$(\boldsymbol{A},\boldsymbol{B})$中的所有 $r+1$ 阶子式全为零.为了讨论方便,我们不妨设这个不为零的 r 阶子式在$(\boldsymbol{A},\boldsymbol{B})$的左上角,即

$$(\boldsymbol{A},\boldsymbol{B})=\begin{bmatrix} a_{11} & a_{12} & \cdots & a_{1r} & a_{1,r+1} & \cdots & a_{1n} & b_1 \\ a_{21} & a_{22} & \cdots & a_{2r} & a_{2,r+1} & \cdots & a_{2n} & b_2 \\ \vdots & \vdots & & \vdots & \vdots & & \vdots & \vdots \\ a_{r1} & a_{r2} & \cdots & a_{rr} & a_{r,r+1} & \cdots & a_{rn} & b_r \\ a_{r+1,1} & a_{r+2,2} & \cdots & a_{r+1,r} & a_{r+1,r+1} & \cdots & a_{r+1,n} & b_{r+1} \\ \vdots & \vdots & & \vdots & \vdots & & \vdots & \vdots \\ a_{m1} & a_{m2} & \cdots & a_{mr} & a_{m,r+1} & \cdots & a_{mn} & b_m \end{bmatrix},$$

其中

$$\begin{vmatrix} a_{11} & a_{12} & \cdots & a_{1r} \\ a_{21} & a_{22} & \cdots & a_{2r} \\ \vdots & \vdots & & \vdots \\ a_{r1} & a_{r2} & \cdots & a_{rr} \end{vmatrix}\neq 0.$$

于是$(\boldsymbol{A},\boldsymbol{B})$中的前 r 个行向量是线性无关的(即其中任何一个行向量都不能被其余行向量线性表示①),而其余 $m-r$ 个行向量都可

---

① 对于给定向量组 $\boldsymbol{b},\boldsymbol{a}_1,\boldsymbol{a}_2,\cdots,\boldsymbol{a}_s$,如果存在一组数 $k_1,k_2,\cdots,k_s$,使得关系式

$$\boldsymbol{b}=k_1\boldsymbol{a}_1+k_2\boldsymbol{a}_2+\cdots+k_s\boldsymbol{a}_s$$

成立,则称向量 $\boldsymbol{b}$ 可由 $\boldsymbol{a}_1,\boldsymbol{a}_2,\cdots,\boldsymbol{a}_s$ 线性表示.例如 $\boldsymbol{b}=(4,-3,2)$,$\boldsymbol{a}_1=(1,0,0)$,$\boldsymbol{a}_2=(0,1,0)$,$\boldsymbol{a}_3=(0,0,1)$,有 $\boldsymbol{b}=4\boldsymbol{a}_1-3\boldsymbol{a}_2+2\boldsymbol{a}_3$,则 $\boldsymbol{b}$ 可由 $\boldsymbol{a}_1,\boldsymbol{a}_2,\boldsymbol{a}_3$ 线性表示;而 $\boldsymbol{a}_1,\boldsymbol{a}_2,\boldsymbol{a}_3$ 则是线性无关的.

以由前 r 个行向量线性表示. 因此,方程组(1)后面的 $m-r$ 个方程都可以由前面 r 个方程得到,即这 $m-r$ 个方程为多余方程. 所以由前 r 个方程构成的方程组

$$\begin{cases}a_{11}x_1+a_{12}x_2+\cdots+a_{1r}x_r+a_{1,r+1}x_{r+1}+\cdots+a_{1n}x_n=b_1,\\a_{21}x_1+a_{22}x_2+\cdots+a_{2r}x_r+a_{2,r+1}x_{r+1}+\cdots+a_{2n}x_n=b_2,\\\cdots\cdots\cdots\cdots\\a_{r1}x_1+a_{r2}x_2+\cdots+a_{rr}x_r+a_{r,r+1}x_{r+1}+\cdots+a_{rn}x_n=b_r\end{cases}\tag{4}$$

与方程组(1)同解.

下面我们分两种情形给出方程组(4)的解的公式:

(1) 如果 $r=n$,则方程组(4)为

$$\begin{cases}a_{11}x_1+a_{12}x_2+\cdots+a_{1n}x_n=b_1,\\a_{21}x_1+a_{22}x_2+\cdots+a_{2n}x_n=b_2,\\\cdots\cdots\cdots\cdots\\a_{n1}x_1+a_{n2}x_2+\cdots+a_{nn}x_n=b_n,\end{cases}$$

其矩阵形式为

$$\boldsymbol{AX}=\boldsymbol{B},\tag{5}$$

其中 $\boldsymbol{A}=(a_{ij})_{n\times n}$,$\boldsymbol{X}=(x_j)_{n\times 1}$,$\boldsymbol{B}=(b_i)_{n\times 1}$.

由于 $\det\boldsymbol{A}\neq 0$,所以 $\boldsymbol{A}^{-1}$ 存在,用 $\boldsymbol{A}^{-1}$ 左乘(5)式的两边,得

$$\boldsymbol{X}=\boldsymbol{A}^{-1}\boldsymbol{B},$$

这就是方程组(4)解的矩阵公式.

(2) 如果 $r<n$,则方程组(4)可以改写为

$$\begin{cases}a_{11}x_1+a_{12}x_2+\cdots+a_{1r}x_r=b_1-a_{1,r+1}x_{r+1}-\cdots-a_{1n}x_n,\\a_{21}x_1+a_{22}x_2+\cdots+a_{2r}x_r=b_2-a_{2,r+1}x_{r+1}-\cdots-a_{2n}x_n,\\\cdots\cdots\cdots\cdots\\a_{r1}x_1+a_{r2}x_2+\cdots+a_{rr}x_r=b_r-a_{r,r+1}x_{r+1}-\cdots-a_{rn}x_n,\end{cases}\tag{6}$$

其矩阵形式为

$$\boldsymbol{A}_1\boldsymbol{X}_1=\boldsymbol{B}_1-\boldsymbol{A}_2\boldsymbol{X}_2,\tag{7}$$

其中 $\boldsymbol{A}_1=(a_{ij})_{r\times r},\boldsymbol{X}_1=(x_j)_{r\times 1},\boldsymbol{B}_1=(b_i)_{r\times 1}$,

$$\boldsymbol{A}_2=\begin{bmatrix} a_{1,r+1} & a_{1,r+2} & \cdots & a_{1n} \\ a_{2,r+1} & a_{2,r+2} & \cdots & a_{2n} \\ \vdots & \vdots & & \vdots \\ a_{r,r+1} & a_{r,r+2} & \cdots & a_{rn} \end{bmatrix},$$

$$\boldsymbol{X}_2=(x_{r+1},x_{r+2},\cdots,x_n)'.$$

由于 $\det \boldsymbol{A}_1\neq 0$,所以 $\boldsymbol{A}_1^{-1}$ 存在,用 $\boldsymbol{A}_1^{-1}$ 左乘(7)式的两边,得

$$\boldsymbol{X}_1=\boldsymbol{A}_1^{-1}(\boldsymbol{B}_1-\boldsymbol{A}_2\boldsymbol{X}_2)=\boldsymbol{A}_1^{-1}\boldsymbol{B}_1-\boldsymbol{A}_1^{-1}\boldsymbol{A}_2\boldsymbol{X}_2.$$

这就是方程组(6)解的矩阵公式,其中 $x_{r+1},x_{r+2},\cdots,x_n$ 为一组自由未知量.

§3 初等变换解法

在上篇中,我们给出了解线性方程组的一种有效的方法——消元法,但是在求原方程组的同解方程组的解时,往往表示形式较烦琐.因此本节再介绍用矩阵的初等行变换的形式来解线性方程组.

我们知道,对线性方程组

$$\boldsymbol{AX}=\boldsymbol{B} \tag{1}$$

的增广矩阵$(\boldsymbol{A},\boldsymbol{B})$进行初等变换后,得到的矩阵所对应的新方程组与方程组(1)是同解的.事实上,互换$(\boldsymbol{A},\boldsymbol{B})$的两行就相当于方程组(1)中的两个方程互换位置;用一个不为零的数 k 乘$(\boldsymbol{A},\boldsymbol{B})$的某一行就相当于用 k 乘方程组(1)中的某个方程的两端;用一个数 k 乘$(\boldsymbol{A},\boldsymbol{B})$的一行加到另一行上去,就相当于用 k 乘方程组(1)中的相应的一个方程的两端加到另一个方程上去.因此这样得到的方程组都是方程组(1)的同解方程组.于是,我们可以对方程组(1)的增广矩阵$(\boldsymbol{A},\boldsymbol{B})$进行初等行变换,直到化成最简单的形式.这时,我们不仅可以立即看出方程组(1)是否有解,而且还可以把它的所有解求出来.

3.1 用初等行变换解齐次线性方程组

在§2 中我们曾指出:齐次线性方程组

$$\boldsymbol{AX}=\boldsymbol{0} \tag{2}$$

一定有零解,其中 $\boldsymbol{A}=(a_{ij})_{m\times n}$, $\boldsymbol{X}=(x_j)_{n\times 1}$, $\boldsymbol{0}=(0)_{m\times 1}$. 如果其系数矩阵 $\boldsymbol{A}$ 的秩 $\mathrm{r}(\boldsymbol{A})=r<n$,则方程组(2)有非零解. 因此,当我们对 $\boldsymbol{A}$ 进行一系列初等行变换,使其上方能构成一个 $r(r\leqslant n)$ 阶单位矩阵时,就可立即求出方程组(2)的解.

例 1 解齐次线性方程组

$$\begin{cases}2x_1-x_2+3x_3=0,\\4x_1+2x_2+5x_3=0,\\2x_1\qquad+5x_3=0.\end{cases}$$

解 对系数矩阵 $\boldsymbol{A}$ 进行初等行变换:

$$\boldsymbol{A}=\begin{bmatrix}2&-1&3\\4&2&5\\2&0&5\end{bmatrix}\xrightarrow[-①+③]{-2①+②}\begin{bmatrix}2&-1&3\\0&4&-1\\0&1&2\end{bmatrix}$$

$$\xrightarrow{②与③互换}\begin{bmatrix}2&-1&3\\0&1&2\\0&4&-1\end{bmatrix}\xrightarrow{-4②+③}\begin{bmatrix}2&-1&3\\0&1&2\\0&0&-9\end{bmatrix}$$

$$\xrightarrow{-\frac{1}{9}③}\begin{bmatrix}2&-1&3\\0&1&2\\0&0&1\end{bmatrix}\xrightarrow[-3③+①]{-2③+②}\begin{bmatrix}2&-1&0\\0&1&0\\0&0&1\end{bmatrix}$$

$$\xrightarrow{②+①}\begin{bmatrix}2&0&0\\0&1&0\\0&0&1\end{bmatrix}\xrightarrow{\frac{1}{2}①}\begin{bmatrix}1&0&0\\0&1&0\\0&0&1\end{bmatrix}.$$

易见原方程组只有零解,即

$$\begin{cases}x_1=0,\\x_2=0,\\x_3=0\end{cases}$$

为原方程组的解.

例 2 解齐次线性方程组

$$\begin{cases}x_1+x_2+x_3+4x_4-3x_5=0,\\x_1-x_2+3x_3-2x_4-x_5=0,\\2x_1+x_2+3x_3+5x_4-5x_5=0,\\3x_1+x_2+5x_3+6x_4-7x_5=0.\end{cases}$$

解 对系数矩阵 $\boldsymbol{A}$ 进行初等行变换:

$$\boldsymbol{A}=\begin{bmatrix}1&1&1&4&-3\\1&-1&3&-2&-1\\2&1&3&5&-5\\3&1&5&6&-7\end{bmatrix}$$

$$\xrightarrow[-3①+④]{\substack{-①+②\\-2①+③}}\begin{bmatrix}1&1&1&4&-3\\0&-2&2&-6&2\\0&-1&1&-3&1\\0&-2&2&-6&2\end{bmatrix}$$

$$\xrightarrow[-\frac{1}{2}②]{\substack{-②+④\\-\frac{1}{2}②+③}}\begin{bmatrix}1&1&1&4&-3\\0&1&-1&3&-1\\0&0&0&0&0\\0&0&0&0&0\end{bmatrix}$$

$$\xrightarrow{-②+①}\begin{bmatrix}1&0&2&1&-2\\0&1&-1&3&-1\\0&0&0&0&0\\0&0&0&0&0\end{bmatrix}.$$

原方程组的同解方程组为

$$\begin{cases}x_1+2x_3+x_4-2x_5=0,\\x_2-x_3+3x_4-x_5=0,\end{cases}$$

即

$$\begin{cases}x_1=-2x_3-x_4+2x_5,\\x_2=x_3-3x_4+x_5.\end{cases}$$

称上式为该方程组的一般解,其中 x_3,x_4,x_5 为自由未知量. 令 $x_3=c_1,x_4=c_2,x_5=c_3,c_1,c_2,c_3$ 为任意常数,则方程组的全部解可以表示为

$$\begin{cases}x_1=-2c_1-c_2+2c_3,\\x_2=c_1-3c_2+c_3,\\x_3=c_1,\\x_4=c_2,\\x_5=c_3.\end{cases}$$

3.2 用初等行变换解非齐次线性方程组

在§2 中我们也曾指出:对于非齐次线性方程组(1)来说,如果 $\mathrm{r}(\boldsymbol{A},\boldsymbol{B})>\mathrm{r}(\boldsymbol{A})$,则原方程组无解;如果 $\mathrm{r}(\boldsymbol{A},\boldsymbol{B})=\mathrm{r}(\boldsymbol{A})$,则原方程组有解,并且当 $\mathrm{r}(\boldsymbol{A})<n$ 时有无穷多个解. 因此,当我们对 $(\boldsymbol{A},\boldsymbol{B})$ 进行一系列初等变换,使其左上角能构成一个 $r(r\leqslant n)$ 阶单位矩阵时,这样不但可以立即看出方程组(1)是否有解,而且还可以把它的所有解写出来.

例 3 解非齐次线性方程组

$$\begin{cases}x_1+x_2-x_3=1,\\x_1+2x_2+x_3=1,\\3x_1+5x_2+x_3=0.\end{cases}$$

解 对增广矩阵 $(\boldsymbol{A},\boldsymbol{B})$ 进行初等行变换:

$$(\boldsymbol{A},\boldsymbol{B})=\begin{bmatrix}1&1&-1&1\\1&2&1&1\\3&5&1&0\end{bmatrix}\xrightarrow[-3①+③]{-①+②}\begin{bmatrix}1&1&-1&1\\0&1&2&0\\0&2&4&-3\end{bmatrix}$$

$$\xrightarrow{-2②+③}\begin{bmatrix}1&1&-1&1\\0&1&2&0\\0&0&0&-3\end{bmatrix},$$

易见 $\mathrm{r}(\boldsymbol{A})=2<\mathrm{r}(\boldsymbol{A},\boldsymbol{B})=3$,所以原方程组无解.

例 4 解非齐次线性方程组

$$\begin{cases}x_1+x_2-x_3=3,\\2x_1+x_2-3x_3=1,\\x_1-2x_2+x_3=-2,\\3x_1+x_2-5x_3=-1.\end{cases}$$

解 对增广矩阵$(\boldsymbol{A},\boldsymbol{B})$进行初等行变换：

$$(\boldsymbol{A},\boldsymbol{B})=\begin{bmatrix}1&1&-1&3\\2&1&-3&1\\1&-2&1&-2\\3&1&-5&-1\end{bmatrix}$$

$$\xrightarrow[-3①+④]{\substack{-2①+②\\-①+③}}\begin{bmatrix}1&1&-1&3\\0&-1&-1&-5\\0&-3&2&-5\\0&-2&-2&-10\end{bmatrix}$$

$$\xrightarrow{-②}\begin{bmatrix}1&1&-1&3\\0&1&1&5\\0&-3&2&-5\\0&-2&-2&-10\end{bmatrix}$$

$$\xrightarrow{\substack{3②+③\\2②+④}}\begin{bmatrix}1&1&-1&3\\0&1&1&5\\0&0&5&10\\0&0&0&0\end{bmatrix}$$

$$\xrightarrow{\frac{1}{5}③}\begin{bmatrix}1&1&-1&3\\0&1&1&5\\0&0&1&2\\0&0&0&0\end{bmatrix}\xrightarrow{\substack{-③+②\\③+①}}\begin{bmatrix}1&1&0&5\\0&1&0&3\\0&0&1&2\\0&0&0&0\end{bmatrix}$$

$$\xrightarrow{-②+①}\begin{bmatrix}1&0&0&2\\0&1&0&3\\0&0&1&2\\0&0&0&0\end{bmatrix},$$

易见 $\mathrm{r}(\boldsymbol{A},\boldsymbol{B})=\mathrm{r}(\boldsymbol{A})=3=n$，所以原方程组有唯一解为

$$\boldsymbol{X}=\begin{bmatrix}x_1\\x_2\\x_3\end{bmatrix}=\begin{bmatrix}2\\3\\2\end{bmatrix}.$$

例 5 解非齐次线性方程组

$$\begin{cases}2x_1-4x_2+5x_3+3x_4=7,\\3x_1-6x_2+4x_3+2x_4=7,\\4x_1-8x_2+17x_3+11x_4=21.\end{cases}$$

解 对增广矩阵 $(\boldsymbol{A},\boldsymbol{B})$ 进行初等行变换：

$$(\boldsymbol{A},\boldsymbol{B})=\begin{bmatrix}2&-4&5&3&7\\3&-6&4&2&7\\4&-8&17&11&21\end{bmatrix}$$

$$\xrightarrow{\frac{1}{2}①}\begin{bmatrix}1&-2&\frac{5}{2}&\frac{3}{2}&\frac{7}{2}\\3&-6&4&2&7\\4&-8&17&11&21\end{bmatrix}$$

$$\xrightarrow[-4①+③]{-3①+②}\begin{bmatrix}1&-2&\frac{5}{2}&\frac{3}{2}&\frac{7}{2}\\0&0&-\frac{7}{2}&-\frac{5}{2}&-\frac{7}{2}\\0&0&7&5&7\end{bmatrix}$$

$$\xrightarrow{2②+③}\begin{bmatrix}1&-2&\frac{5}{2}&\frac{3}{2}&\frac{7}{2}\\0&0&-\frac{7}{2}&-\frac{5}{2}&-\frac{7}{2}\\0&0&0&0&0\end{bmatrix}$$

$$\xrightarrow{-\frac{2}{7}②}\begin{bmatrix}1&-2&\frac{5}{2}&\frac{3}{2}&\frac{7}{2}\\0&0&1&\frac{5}{7}&1\\0&0&0&0&0\end{bmatrix}$$

$$\xrightarrow{-\frac{5}{2}②+①}\begin{bmatrix}1 & -2 & 0 & -\frac{2}{7} & 1\\ 0 & 0 & 1 & \frac{5}{7} & 1\\ 0 & 0 & 0 & 0 & 0\end{bmatrix},$$

易见 $\mathrm{r}(\boldsymbol{A},\boldsymbol{B})=\mathrm{r}(\boldsymbol{A})=2<n=4$,所以原方程组有无穷多个解. 由最后一个矩阵得到原方程组的一般解为

$$\begin{cases}x_1=2x_2+\dfrac{2}{7}x_4+1,\\ x_3=\qquad -\dfrac{5}{7}x_4+1,\end{cases}$$

其中 x_2,x_4 为自由未知量. 令 $x_2=c_1,x_4=c_2,c_1,c_2$ 为任意常数,则方程组的全部解可以表示为

$$\begin{cases}x_1=2c_1+\dfrac{2}{7}c_2+1,\\ x_2=c_1,\\ x_3=\qquad -\dfrac{5}{7}c_2+1,\\ x_4=c_2,\end{cases}$$

或

$$\begin{bmatrix}x_1\\x_2\\x_3\\x_4\end{bmatrix}=\begin{bmatrix}1\\0\\1\\0\end{bmatrix}+c_1\begin{bmatrix}2\\1\\0\\0\end{bmatrix}+c_2\begin{bmatrix}\frac{2}{7}\\0\\-\frac{5}{7}\\1\end{bmatrix},$$

其中 c_1,c_2 为任意常数.

本章自测题

习题 5.3

1. 判断下面的线性方程组是否有解:

$$\begin{cases} x_1+x_2+x_3=1, \\ 3x_1+5x_2+2x_3=4, \\ 9x_1+25x_2+4x_3=16, \\ 27x_1+125x_2+8x_3=64. \end{cases}$$

2. 当 a,b 取什么值时,线性方程组

$$\begin{cases} x_1+x_2+x_3+x_4+x_5=1, \\ 3x_1+2x_2+x_3+x_4-3x_5=a, \\ x_2+2x_3+2x_4+6x_5=3, \\ 5x_1+4x_2+3x_3+3x_4-x_5=b \end{cases}$$

有解？在有解的情况下,求出它的一般解.

3. 已知线性方程组

$$\begin{cases} x_1+x_3=2, \\ x_1+2x_2-x_3=0, \\ 2x_1+x_2-ax_3=b. \end{cases}$$

试求:(1) 当 a,b 为何值时,方程组无解、有唯一解、有无穷多解？

(2) 在有无穷多解的情况下,求其全部解.

4. 求下列线性方程组的全部解:

(1) $\begin{cases} x_1-x_2+x_3=0, \\ 3x_1-2x_2-x_3=0, \\ 3x_1-x_2+5x_3=0, \\ -2x_1+2x_2+3x_3=0; \end{cases}$

(2) $\begin{cases} 2x_1-5x_2+x_3-3x_4=0, \\ -3x_1+4x_2-2x_3+x_4=0, \\ x_1+2x_2-x_3+3x_4=0, \\ -2x_1+15x_2-6x_3+13x_4=0; \end{cases}$

(3) $\begin{cases} x_1-3x_2+x_3-2x_4-x_5=0, \\ -3x_1+9x_2-3x_3+6x_4+3x_5=0, \\ 2x_1-6x_2+2x_3-4x_4-2x_5=0, \\ 5x_1-15x_2+5x_3-10x_4-5x_5=0; \end{cases}$

$$(4)\begin{cases} x_1-5x_2+2x_3-3x_4=11, \\ -3x_1+x_2-4x_3+2x_4=-5, \\ -x_1-9x_2\qquad -4x_4=17, \\ 5x_1+3x_2+6x_3-x_4=-1; \end{cases}$$

$$(5)\begin{cases} 2x_1-3x_2+x_3-5x_4=1, \\ -5x_1-10x_2-2x_3+x_4=-21, \\ x_1+4x_2+3x_3+2x_4=1, \\ 2x_1-4x_2+9x_3-3x_4=-16. \end{cases}$$

第六部分　初等概率论

第一章　随机变量及其分布

在上篇中，已经介绍了随机现象与随机事件的概念，讨论了随机事件的概率. 为了进一步从数量上研究随机现象的统计规律性，以便更好地分析和解决各种与随机现象有关的实际问题，有必要把随机试验的结果数量化，并在此基础上，给出随机变量的概念和随机变量的分布.

§1　随 机 变 量

例 1　设有 10 件产品，其中有 3 件次品，7 件正品. 现从中任意取 4 件. 问：抽取的“次品件数”是多少？

显然任意取 4 件，取到的次品件数可能是 1，2，3，也可能是 0（即 4 件全是正品）. 它随着不同的抽样批数而可能不同，而且在抽样前无法确定它的确切取值，这反映了它的随机性. 另一方面，作为任何一批抽取的 4 件产品，其中的“次品数”又是完全确定的. 可见，“次品数”还是一个变量，它是随着抽样结果而变的变量. 于是，我们就称之为随机变量. 下面我们给出随机变量的定义.

定义　在条件 S 下，随机试验的每一个可能结果 ω 都用一个实数 $X=X(\omega)$ 来表示，并且 X 满足：

（1）X 由 ω 唯一确定；

(2) 对任意给定的实数 x,事件 $\{X\leqslant x\}$ 都是有概率的.
则称 X 为一个**随机变量**. 一般用大写拉丁字母 X,Y,Z 等表示随机变量.

在例 1 中,若用 X 表示次品数,则 X 是一个有 4 种不同取值的随机变量. 这时 $\omega_1=\{X=0\},\omega_2=\{X=1\},\omega_3=\{X=2\},\omega_4=\{X=3\}$ 都是基本随机事件. 利用上篇中讨论过的计算概率的方法,可求出这些事件的概率:

$$P\{X=0\}=\frac{C_3^0C_7^4}{C_{10}^4}=\frac{1}{6},\quad P\{X=1\}=\frac{C_3^1C_7^3}{C_{10}^4}=\frac{1}{2},$$

$$P\{X=2\}=\frac{C_3^2C_7^2}{C_{10}^4}=\frac{3}{10},\quad P\{X=3\}=\frac{C_3^3C_7^1}{C_{10}^4}=\frac{1}{30}.$$

一般地,有

$$P\{X=k\}=\frac{C_3^kC_7^{4-k}}{C_{10}^4},\quad k=0,1,2,3.$$

在此基础上还可以计算其他有关事件的概率. 例如{次品数不超过 1 个}的概率为

$$P\{X\leqslant 1\}=P\{X=0\}+P\{X=1\}=\frac{1}{6}+\frac{1}{2}=\frac{2}{3}.$$

下面我们再看几个例子.

例 2 考察抛掷一枚硬币的试验. 显然这个试验的可能结果只有两个,即 $\omega_1=\{$正面向上$\}$ 或 $\omega_2=\{$正面向下$\}$. 但结果不直接体现为数量形式. 若设 X 表示试验结果,且令

$$X=X(\omega)=\begin{cases}1, & \omega=\omega_1,\\ 0, & \omega=\omega_2,\end{cases}$$

则 X 即为一个随机变量. 当硬币是均匀的时候,有

$$P\{X=1\}=P\{X=0\}=\frac{1}{2}.$$

例 3 设某射手每次射击命中目标的概率是 0.8. 若其连续射击 10 次,则其命中目标的次数 X 是一个随机变量,其取值可能是

$0,1,2,\cdots,10$.

而若将试验改为该射手连续向一目标射击,直到命中为止,其射击次数 Y 也是一个随机变量. 这时 Y 的可能取值为 $1,2,3,\cdots$,即 Y 可能取到任意一个正整数.

例 4 某公共汽车站每隔 5 分钟有一辆汽车通过. 若一位乘客对于汽车通过该站的时间完全不知道,而他在任一时刻到达车站都是等可能的. 这时,他的候车时间 X 是一个随机变量,且 X 可以取到 $[0,5)$ 上的任意一个值. $\{X<2\}$ 或 $\{X\geqslant 3\}$ 都是随机事件.

与前面三个例子不同的是,例 4 中的随机变量所取的值不一定是整数,而且也不可能一一列举出来. 由于它可以取到 $[0,5)$ 上的任一个实数,我们说它的取值是“连续的”.

对于随机变量,通常分两类进行研究. 如果 X 的所有可能取值能够一一列举出来(如例 1—例 3),则称 X 为离散型随机变量. 如果 X 的所有可能取值不能一一列举,则称 X 是非离散型的. 非离散型随机变量的范围很广,其中最重要的也是实际问题中经常遇到的是连续型随机变量(如例 4). 下面两节中,将分别讨论这两种类型的随机变量.

§2 离散型随机变量

2.1 概率分布

对于随机变量 X 来说,如果它的所有可能取值为有限个或可列个,则称 X 为**离散型随机变量**.

为了全面地描述一个随机变量的统计规律,只知道它可能取的值是远远不够的,更重要的是要知道它取各个可能值的概率是多少.

一般情况下,设离散型随机变量 X 的取值为 $x_1,x_2,\cdots,x_k,\cdots$,$X$ 取各个可能值的概率为

$$P\{X=x_k\}=p_k,\quad k=1,2,\cdots$$

我们称上式为离散型随机变量 X 的**概率分布**或**分布律**或**概率函数**. 随机变量 X 的概率分布可以用列表的形式给出：

X	x_1	x_2	$\cdots$	x_k	$\cdots$
$P\{X=x_k\}$	p_1	p_2	$\cdots$	p_k	$\cdots$

这种表格被称为 X 的分布列.

关于 $p_k(k=1,2,\cdots)$，有下面两个性质：

(1) $p_k\geqslant 0(k=1,2,\cdots)$；

(2) $\sum\limits_k p_k=1$.

2.2 几种常见的概率分布

1. 两点分布

设随机变量 X 的分布为

$$P\{X=1\}=p,\quad P\{X=0\}=1-p\quad(0<p<1),$$

则称 X 服从参数为 p 的**两点分布**，两点分布又称为**伯努利分布**，记为 $X\sim B(1,p)$.

凡是只有两个基本事件的随机试验都可以确定一个服从两点分布的随机变量.

如本章 §1 例 2 的随机变量 X 服从参数 $p=\dfrac{1}{2}$的两点分布.

又如，从一批次品率为 0.01 的产品中任取一件，若设 X 表示取到的次品件数，则 X 服从参数 $p=0.01$ 的两点分布，即 $P\{X=0\}=0.99$，$P\{X=1\}=0.01$.

2. 二项分布

设随机变量 X 的分布为

$$P\{X=k\}=\mathrm{C}_n^k p^k q^{n-k}$$
$$(k=0,1,2,\cdots,n;0<p<1,q=1-p),$$

则称 X 服从参数为 n,p 的**二项分布**,记为 $X \sim B(n,p)$.

如本章 §1 的例 3 中,随机变量 $X \sim B(10,0.8)$.

利用二项式定理,容易验证二项分布的概率值 p_k 满足:

$$\sum_{k=0}^{n} p_k = \sum_{k=0}^{n} \mathrm{C}_n^k p^k q^{n-k} = (p+q)^n = 1^n = 1.$$

一般地,在 n 重伯努利试验中,若用 X 表示 n 重伯努利试验中事件 A 发生的次数,则事件 A 恰发生 $k(0 \leqslant k \leqslant n)$ 次的概率为

$$P\{X=k\} = \mathrm{C}_n^k p^k q^{n-k}, \quad k=0,1,2,\cdots,n,$$

即 $X \sim B(n,p)$.

3. 几何分布

设随机变量 X 的分布为

$$P\{X=k\} = pq^{k-1}$$

$$(k=1,2,\cdots,n,\cdots; \quad 0<p<1, q=1-p),$$

则称 X 服从参数为 p 的**几何分布**,记为 $X \sim g(p)$.

如本章 §1 的例 3 中,随机变量 Y 服从参数 $p=0.8$ 的几何分布. 他射击三次首次命中目标的概率为

$$P\{X=3\} = 0.8 \times 0.2^2 = 0.032.$$

而他至多射击三次即可命中目标的概率为

$$\begin{aligned} P\{X \leqslant 3\} &= P\{X=1\} + P\{X=2\} + P\{X=3\} \\ &= 0.8 + 0.8 \times 0.2 + 0.8 \times 0.2^2 \\ &= 0.992. \end{aligned}$$

利用几何级数求和公式容易验证几何分布的概率值 p_k 满足:

$$\sum_k p_k = \sum_{k=1}^{\infty} pq^{k-1} = p \frac{1}{1-q} = 1.$$

一般地,在伯努利试验中,事件 A 首次出现在第 k 次的概率为

$$p_k = pq^{k-1}, \quad k=1,2,\cdots$$

通常称 k 为事件 A 的首发生次数. 如用 X 表示事件 A 的首发生次数,则 X 服从几何分布.

§3 连续型随机变量

3.1 分布密度函数

定义 对于随机变量 X,如果存在非负可积函数 $p(x)$, $x\in(-\infty,+\infty)$,使得 X 取值于任一区间 (a,b) 的概率为

$$P\{a<X<b\}=\int_a^b p(x)\,\mathrm{d}x,$$

则称 X 为**连续型随机变量**;并称 $p(x)$ 为 X 的**分布密度函数**,简称为**分布密度**.

关于 $p(x)$ 有以下性质:

(1) $p(x)\geqslant 0,\quad -\infty<x<+\infty$;

(2) $\int_{-\infty}^{+\infty}p(x)\,\mathrm{d}x=P\{-\infty<X<+\infty\}=P(\Omega)=1.$

3.2 几种常见的连续型分布

1. 均匀分布

设随机变量 X 的分布密度函数为

$$p(x)=\begin{cases}\dfrac{1}{b-a}, & a\leqslant x\leqslant b,\\ 0, & x<a \text{ 或 } x>b,\end{cases}$$

则称 X 服从区间 $[a,b]$ 上的**均匀分布**,记为 $X\sim U(a,b)$. 服从均匀分布的随机变量 X 的分布密度函数图形如图 6.1.1 所示. 由图可见,均匀分布是一种比较简单且常见的分布. 如本章 §1 的例 4 中的 $X\sim U(0,5)$.

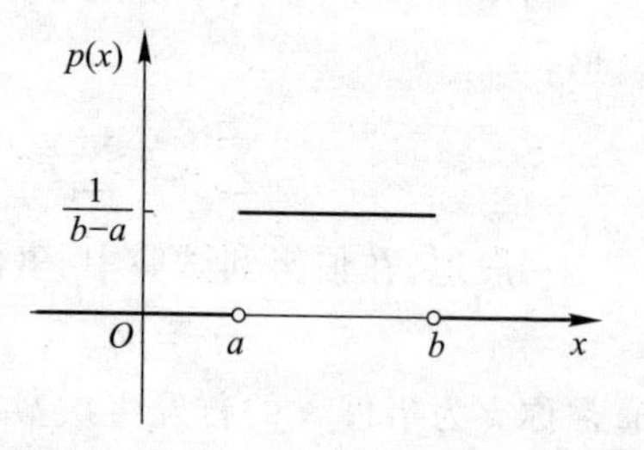

图 6.1.1

如果随机变量 $X\sim U(a,b)$,

那么对于任意的 $c,d(a\leqslant c<d\leqslant b)$，按分布密度定义，有

$$
\begin{aligned}
P\{c<X<d\}&=\int_{c}^{d}p(x)\mathrm{d}x\\
&=\int_{c}^{d}\frac{1}{b-a}\mathrm{d}x=\frac{d-c}{b-a}.
\end{aligned}
$$

上式表明，X 在 $[a,b]$ 中任一个小区间上取值的概率与该区间的长度成正比，而与该小区间的位置无关，并且不难看出

$$
\int_{-\infty}^{+\infty}p(x)\mathrm{d}x=\int_{-\infty}^{a}0\mathrm{d}x+\int_{a}^{b}\frac{1}{b-a}\mathrm{d}x+\int_{b}^{+\infty}0\mathrm{d}x=1.
$$

2. 指数分布

设随机变量 X 的分布密度函数为

$$
p(x)=\begin{cases}\lambda\mathrm{e}^{-\lambda x}, & x\geqslant 0,\\ 0, & x<0\end{cases}\quad(\lambda>0),
$$

则称 X 服从**指数分布**，其中 λ 为参数. 其分布密度函数图形见图 6.1.2.

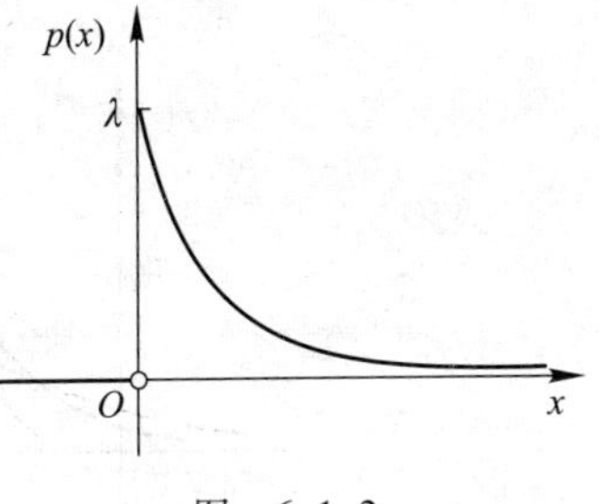

图 6.1.2

我们把随机变量 X 服从参数为 λ 的指数分布记为

$$
X\sim E(\lambda).
$$

例如某些产品（如电子元件）的寿命 X 是服从指数分布的.

如果随机变量 $X\sim E(\lambda)$，那么对于任意 $0\leqslant a<b$，有

$$
P\{a<X<b\}=\lambda\int_{a}^{b}\mathrm{e}^{-\lambda x}\mathrm{d}x=\mathrm{e}^{-\lambda a}-\mathrm{e}^{-\lambda b},
$$

并且

$$
\int_{-\infty}^{+\infty}p(x)\mathrm{d}x=\int_{-\infty}^{0}0\mathrm{d}x+\int_{0}^{+\infty}\lambda\mathrm{e}^{-\lambda x}\mathrm{d}x=1.
$$

3. 正态分布

在上篇中，我们已经介绍了正态分布的基本概念. 为讨论问题方便，这里再将有关内容重新叙述如下.

设随机变量 X 的分布密度函数为

$$p(x)=\frac{1}{\sqrt{2\pi}\sigma}\mathrm{e}^{-\frac{1}{2\sigma^2}(x-\mu)^2}\quad(-\infty<x<+\infty,\sigma>0),$$

则称 X 服从**正态分布**,其中 μ,σ 为参数.

正态分布的分布密度函数 $p(x)$ 的图形(如图 6.1.3 所示)呈钟形. 曲线关于直线 $x=\mu$ 对称;在 $x=\mu\pm\sigma$ 处有拐点. 当 $x\to\pm\infty$ 时曲线以直线 $y=0$ 为渐近线;当 σ 大时,曲线平缓;当 σ 小时,曲线陡峭(见图6.1.4). 曲线在 $x=\mu$ 处达到最大值.

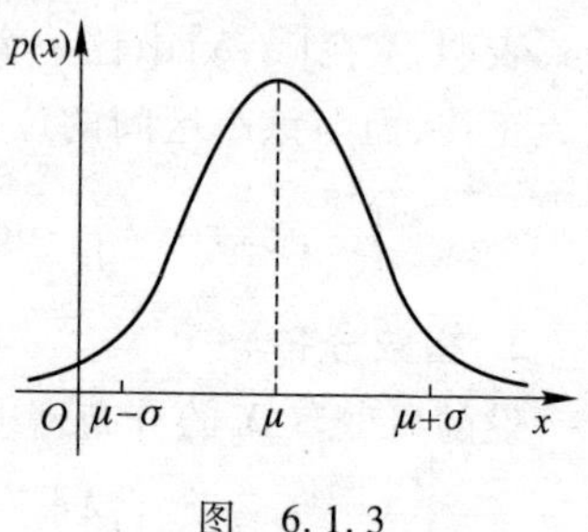

图 6.1.3

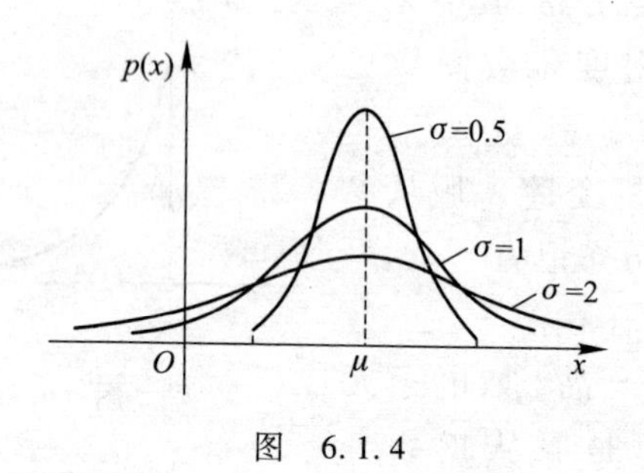

图 6.1.4

我们把随机变量 X 服从正态分布记作 $X\sim N(\mu,\sigma^2)$. 特别地,称 $\mu=0,\sigma^2=1$ 的正态分布为**标准正态分布**,记为 $N(0,1)$,其分布密度函数

$$p(x)=\frac{1}{\sqrt{2\pi}}\mathrm{e}^{-\frac{x^2}{2}},$$

并可以证明

$$\int_{-\infty}^{+\infty}\frac{1}{\sqrt{2\pi}}\mathrm{e}^{-\frac{x^2}{2}}\mathrm{d}x=1.$$

在此基础上,利用变换$\frac{x-\mu}{\sigma}=t$,不难验证一般的正态分布密度函数也满足

$$\int_{-\infty}^{+\infty} p(x)\,\mathrm{d}x=\int_{-\infty}^{+\infty}\frac{1}{\sqrt{2\pi}\,\sigma}\mathrm{e}^{\frac{-(x-\mu)^2}{2\sigma^2}}\,\mathrm{d}x=1.$$

§4 有关概率的计算

4.1 离散型随机变量

一般来说,若 X 是离散型随机变量,则对于实数集 $\mathbf{R}$ 中任一个区间 D,都有

$$P\{X\in D\}=\sum_{x_k\in D}P\{X=x_k\}.$$

例 1 设某射手每次射击命中目标的概率为 0.5,现在连续射击 10 次,求命中目标的次数 X 的概率分布. 又设至少命中 3 次才可以参加下一步的考核,求此射手不能参加考核的概率.

解 由条件可知:$X\sim B(10,0.5)$,因此

$$P\{X=k\}=\mathrm{C}_{10}^{k}0.5^{k}0.5^{10-k},\quad k=0,1,2,\cdots,10.$$

设 $A=\{$此射手不能参加考核$\}$,有

$$\begin{aligned}P(A)=P\{X\leqslant 2\}&=\sum_{k=0}^{2}P\{X=k\}\\&=\sum_{k=0}^{2}\mathrm{C}_{10}^{k}0.5^{k}0.5^{10-k}\\&=0.0547.\end{aligned}$$

4.2 连续型随机变量

与离散型随机变量类似,设 X 是连续型随机变量,则对于实数集 $\mathbf{R}$ 中任一区间 D,事件 $\{X\in D\}$ 的概率都可以由分布密度函数算出:

$$P\{X \in D\}=\int_D p(x)\,\mathrm{d}x.$$

例 2 设 $X \sim E(2)$,求 $P\{-1 \leqslant X \leqslant 4\}$,$P\{X<-3\}$ 以及 $P(X \geqslant -10)$.

解 由 $X \sim E(2)$,可知

$$p(x)=\begin{cases}2\mathrm{e}^{-2x}, & x \geqslant 0,\\ 0, & x<0,\end{cases}$$

于是

$$\begin{aligned}P\{-1 \leqslant X \leqslant 4\} &=\int_{-1}^{4} p(x)\,\mathrm{d}x\\ &=\int_{-1}^{0} 0\,\mathrm{d}x+\int_{0}^{4} 2\mathrm{e}^{-2x}\,\mathrm{d}x=1-\mathrm{e}^{-8};\end{aligned}$$

$$P\{X<-3\}=\int_{-\infty}^{-3} p(x)\,\mathrm{d}x=\int_{-\infty}^{-3} 0\,\mathrm{d}x=0;$$

$$\begin{aligned}P\{X \geqslant -10\} &=\int_{-10}^{+\infty} p(x)\,\mathrm{d}x\\ &=\int_{-10}^{0} 0\,\mathrm{d}x+\int_{0}^{+\infty} 2\mathrm{e}^{-2x}\,\mathrm{d}x=1.\end{aligned}$$

例 3 设随机变量 $X \sim U(2,5)$. 现对 X 的取值情况进行三次独立观测. 求:至少有两次出现 X 的取值大于 3 的概率.

解 由于 $X \sim U(2,5)$,故 X 的分布密度函数为

$$p(x)=\begin{cases}\dfrac{1}{3}, & 2 \leqslant x \leqslant 5,\\ 0, & x<2 \text{ 或 } x>5.\end{cases}$$

令 $A=\{$一次观测中,X 的取值大于 3$\}$,则

$$P(A)=P\{X>3\}=\int_{3}^{+\infty} p(x)\,\mathrm{d}x=\int_{3}^{5} \frac{1}{3}\,\mathrm{d}x=\frac{2}{3}.$$

又令随机变量 Y 表示三次独立观测中,出现 X 的取值大于 3 的次数(即三次独立重复试验中,事件 A 发生的次数). 因此 $Y \sim B\left(3,\dfrac{2}{3}\right)$,从而至少有两次出现 X 的取值大于 3 的概率为

$$P\{Y\geqslant 2\}=P\{Y=2\}+P\{Y=3\}$$
$$=C_3^2\left(\frac{2}{3}\right)^2\left(\frac{1}{3}\right)+C_3^3\left(\frac{2}{3}\right)^3=\frac{20}{27}.$$

本章自测题

习题 6.1

1. 某产品 15 件,其中有次品 2 件.现从中任取 3 件,求抽得次品数 X 的概率分布,并计算 $P\{1\leqslant X<2\}$.

2. 设某射手每次击中目标的概率是 0.7,现在连续射击 10 次,求击中目标次数 X 的概率分布.

3. 设某射手每次击中目标的概率是 p,现在连续地向一个目标射击,直到第一次击中目标时为止.求所需射击次数 X 的概率分布.

4. 一口袋中有红、白、黄色球各 5 个.现从中任取 4 个,求抽得白球个数 X 的概率分布.

5. 设随机变量 X 的分布密度函数为

$$p(x)=\begin{cases}Cx, & 0\leqslant x\leqslant 1,\\ 0, & x<0 \text{ 或 } x>1,\end{cases}$$

求:(1) 常数 C; (2) $P\{0.3\leqslant X\leqslant 0.7\}$; (3) $P\{-0.5\leqslant X<0.5\}$.

6. 设 $X\sim U(1,4)$,求 $P\{X\leqslant 5\}$ 和 $P\{0\leqslant X\leqslant 2.5\}$.

7. 设有 12 台独立运转的机器,在一小时内每台机器停止运行的概率均为0.1,试求一小时内停止运行的机器台数不超过 2 的概率.

8. 设某种电子元件的使用寿命 X(单位:h)服从参数 $\lambda=\frac{1}{600}$的指数分布.现某种仪器上使用三个这种电子元件,且它们工作时相互独立.求:

(1) 一个元件使用时间在 200 h 以上的概率;

(2) 三个元件中至少有两个使用时间在 200 h 以上的概率.

第二章　随机变量的数字特征

随机变量的分布(指离散型的分布律,连续型的分布密度以及分布函数等)能够完整地表示随机变量的统计规律,但在实际工作中,求随机变量的分布并非是一件容易的事;而且对有些问题来说,并不需要对随机变量的变化作全面的描述. 例如在研究 A,B 两个工厂生产的电视机显像管的质量时,如果主要关心的是它们的使用寿命,并知道 A 厂产品的平均寿命为(10 000 ±500)h,而 B 厂产品的平均寿命为(8 500 ±100)h,则我们立刻可以判断 A 厂的产品一般来说比 B 厂的质量好. 由此可见,我们有时并不一定非要掌握随机变量的分布,而只要知道能反映随机变量变化的一些数字特征就行了. 特别是有些分布如正态分布等,它们的形式只依赖于几个参数,而这些参数恰是分布的某种数字特征,因而知道了这些数字特征,其分布函数也就确定了. 因此,研究随机变量的数字特征在理论上和实际中都有重要的意义. 常用的重要的随机变量的数字特征有数学期望和方差等.

§1　数 学 期 望

我们先引入加权平均的概念. 例如检查一批圆形零件的直径 d,任意抽测 10 件,其结果如下

d/mm	98	99	100	102
件数	1	4	2	3

求这 10 个零件的平均直径.

显然,我们不能用

$$\frac{98+99+100+102}{4}\text{ mm}=99.75\text{ mm}$$

作为这 10 个零件的平均直径. 因为 99.75 只是 98,99,100,102 这 4 个数的算术平均,不是 10 个零件直径的平均值. 正确的做法是

$$\begin{aligned}&\frac{98\times1+99\times4+100\times2+102\times3}{10}\text{ mm}\\&=\left(98\times\frac{1}{10}+99\times\frac{4}{10}+100\times\frac{2}{10}+102\times\frac{3}{10}\right)\text{ mm}\\&=100\text{ mm}.\end{aligned}$$

我们称这种平均为依频率的**加权平均**,其中 1/10,4/10,2/10,3/10 分别是 98,99,100,102 出现的频率.

显然 4 个数的依频率加权平均比其算术平均更能反映零件的真实直径,这是因为算术平均没有考虑到每个数字在 10 个零件中出现频数不同的缘故.

一般地,对于一组给定的数值 $x_1,x_2,\cdots,x_m$,知道了它们在 n 次观测中出现的频率分别为 $f_1=\mu_1/n,f_2=\mu_2/n,\cdots,f_m=\mu_m/n$,则它们的依赖率的加权平均为

$$x_1\frac{\mu_1}{n}+x_2\frac{\mu_2}{n}+\cdots+x_m\frac{\mu_m}{n}\xlongequal{\text{def}}\sum_{i=1}^{m}x_if_i.$$

同样地,借助于加权平均也可以表示随机变量取值的平均,其权数是随机变量 X 取值 x_i 出现的概率 p_i.

1.1 离散型随机变量的数学期望

定义 设离散型随机变量 X 的分布律为

X	x_1	x_2	$\cdots$	x_n
$P\{X=x_i\}$	p_1	p_2	$\cdots$	p_n

则称 $\sum\limits_{i=1}^{n}x_ip_i$ 为 X 的**数学期望**,简称为**期望**或**均值**,记作 $E(X)$.

由定义可知,数学期望是加权平均数这一概念在随机变量中的推广,它反映了随机变量取值的平均水平.其统计意义就是对随机变量进行长期观测或大量观测所得数值的理论平均数.

几个常见离散型分布的数学期望:

(1) 设 X 服从两点分布,其分布律为

X	1	0
p_i	p	q

则 X 的数学期望为

$$E(X)=1\times p+0\times q=p.$$

(2) 设 X 服从二项分布,其分布律为

$$P\{X=k\}=\mathrm{C}_n^k p^k(1-p)^{n-k}\quad(k=0,1,2,\cdots,n;0<p<1),$$

则 X 的数学期望为

$$\begin{aligned}E(X)&=\sum_{k=0}^{n}k\mathrm{C}_n^k p^k(1-p)^{n-k}\\&=\sum_{k=1}^{n}k\frac{n(n-1)\cdots[n-(k-1)]}{k!}p^k(1-p)^{n-k}\\&=np\sum_{k=1}^{n}\frac{(n-1)(n-2)\cdots[(n-1)-(k-1)+1]}{(k-1)!}\cdot\\&\quad p^{k-1}(1-p)^{(n-1)-(k-1)}\\&=np[p+(1-p)]^{n-1}=np.\end{aligned}$$

1.2 连续型随机变量的数学期望

定义 若连续型随机变量 X 的密度函数为 $p(x)$,则称 $\int_{-\infty}^{+\infty}xp(x)\mathrm{d}x$ 为 X 的**数学期望**,简称为**期望**或**均值**,记作 $E(X)$.

几个常见的连续型分布的数学期望:

(1) 设 $X\sim U(a,b)$,其密度函数为

$$p(x)=\begin{cases}\dfrac{1}{b-a}, & a\leqslant x\leqslant b,\\ 0, & x<a \text{ 或 } x>b,\end{cases}$$

则 X 的数学期望为

$$\begin{aligned}E(X)&=\int_{-\infty}^{+\infty}xp(x)\,\mathrm{d}x=\int_a^b x\frac{1}{b-a}\mathrm{d}x\\&=\frac{1}{b-a}\frac{x^2}{2}\bigg|_a^b=\frac{1}{2}\frac{b^2-a^2}{b-a}\\&=\frac{1}{2}(a+b).\end{aligned}$$

它恰是区间[a,b]的中点.从直观看,分布是均匀的,平均值为中点.

(2) 设 X 服从指数分布,密度函数为

$$p(x)=\begin{cases}\lambda\mathrm{e}^{-\lambda x}, & x\geqslant 0,\\ 0, & x<0\end{cases}\quad(\lambda>0),$$

则 X 的数学期望为

$$\begin{aligned}E(X)&=\int_{-\infty}^{+\infty}xp(x)\,\mathrm{d}x=\int_0^{+\infty}\lambda x\mathrm{e}^{-\lambda x}\mathrm{d}x\\&\xlongequal{\text{令 } t=\lambda x}\frac{1}{\lambda}\int_0^{+\infty}t\mathrm{e}^{-t}\mathrm{d}t\\&=\frac{1}{\lambda}\left[(-t\mathrm{e}^{-t})\bigg|_0^{+\infty}+\int_0^{+\infty}\mathrm{e}^{-t}\mathrm{d}t\right]=\frac{1}{\lambda}.\end{aligned}$$

(3) 设 $X\sim N(\mu,\sigma^2)$,其密度函数为

$$p(x)=\frac{1}{\sqrt{2\pi}\,\sigma}\mathrm{e}^{-\frac{(x-\mu)^2}{2\sigma^2}},$$

则 X 的数学期望

$$E(X)=\int_{-\infty}^{+\infty}x\frac{1}{\sqrt{2\pi}\,\sigma}\mathrm{e}^{-\frac{(x-\mu)^2}{2\sigma^2}}\mathrm{d}x.$$

令

$$\frac{x-\mu}{\sigma}=t,$$

得

$$E(X)=\frac{1}{\sqrt{2\pi}}\int_{-\infty}^{+\infty}(\sigma t+\mu)\mathrm{e}^{-\frac{t^2}{2}}\mathrm{d}t$$

$$=\frac{\sigma}{\sqrt{2\pi}}\int_{-\infty}^{+\infty}t\mathrm{e}^{-\frac{t^2}{2}}\mathrm{d}t+\frac{\mu}{\sqrt{2\pi}}\int_{-\infty}^{+\infty}\mathrm{e}^{-\frac{t^2}{2}}\mathrm{d}t$$

$$=\frac{\mu}{\sqrt{2\pi}}\int_{-\infty}^{+\infty}\mathrm{e}^{-\frac{t^2}{2}}\mathrm{d}t=\frac{\mu}{\sqrt{2\pi}}\sqrt{2\pi}^{①}=\mu.$$

由上式可见,正态分布的参数 μ 恰是该分布的数学期望.

1.3 数学期望的几个性质

利用数学期望的定义可证明数学期望有以下几个性质. 设 X 为一随机变量,c,b 为常数,则

1° $E(c)=c$;

2° $E(cX)=cE(X)$;

3° $E(X+b)=E(X)+b$;

4° $E(cX+b)=cE(X)+b$;

5° 设 X_1,X_2 是两个随机变量,且 $E(X_1),E(X_2)$ 存在,则

$$E(X_1+X_2)=E(X_1)+E(X_2).$$

性质 5°可推广到有限个随机变量的情形上去. 即若 $E(X_i)$ $(i=1,2,\cdots,n)$ 存在,则

$$E\left(\sum_{i=1}^{n}X_i\right)=\sum_{i=1}^{n}E(X_i).$$

§2 随机变量函数的数学期望

对于随机变量函数的数学期望,有如下重要结论.

---

① 积分 $\int_{-\infty}^{+\infty}\mathrm{e}^{-\frac{t^2}{2}}\mathrm{d}t=\sqrt{2\pi}$.

定理(表示性定理)　设 Y 是随机变量 X 的函数:$Y=f(X)$(这里的 $f(X)$ 是连续实函数).

(1) 设 X 是离散型随机变量,其分布律是

X	x_1	x_2	…	x_n
$P\{X=x_i\}$	p_1	p_2	…	p_n

则

$$E(Y)=E[f(X)]=\sum_{i=1}^{n}f(x_i)p_i.$$

(2) 设 X 是连续型随机变量,其密度函数是 $p(x)$,则

$$E(Y)=E[f(X)]=\int_{-\infty}^{+\infty}f(x)p(x)\,\mathrm{d}x.$$

根据这个性质,可以直接从 X 的分布计算函数 $Y=f(X)$ 的数学期望. 特别,当 $Y=X^k$ 时,称 $E(X^k)$ 为 X 的 k 阶原点矩.

例 1　设 X 服从泊松分布,其分布律为

$$P\{X=k\}=\frac{\lambda^k\mathrm{e}^{-\lambda}}{k!}\quad(k=0,1,2,\cdots;\lambda>0),$$

求 $E(X^2)$.

解　由于 $Y=f(X)=X^2$,得

$$\begin{aligned}E(X^2)&=\sum_{k=0}^{\infty}k^2\frac{\lambda^k}{k!}\mathrm{e}^{-\lambda}=\sum_{k=1}^{\infty}(k-1+1)\frac{\lambda^k}{(k-1)!}\mathrm{e}^{-\lambda}\\&=\sum_{k=2}^{\infty}\frac{\lambda^{k-2}}{(k-2)!}\lambda^2\mathrm{e}^{-\lambda}+\sum_{k=1}^{\infty}\frac{\lambda^{k-1}}{(k-1)!}\lambda\mathrm{e}^{-\lambda}\\&=\lambda^2+\lambda.\end{aligned}$$

例 2　设 $X\sim N(0,1)$,求 $E(X^2)$.

解　考虑到 X 的分布密度为 $p(x)=\frac{1}{\sqrt{2\pi}}\mathrm{e}^{-\frac{x^2}{2}}$,函数 $f(x)=x^2$,于是由公式有

$$E(X^2)=\int_{-\infty}^{+\infty}x^2\frac{1}{\sqrt{2\pi}}\mathrm{e}^{-\frac{x^2}{2}}\mathrm{d}x=-\int_{-\infty}^{+\infty}x\,\mathrm{d}\left(\frac{1}{\sqrt{2\pi}}\mathrm{e}^{-\frac{x^2}{2}}\right)$$

$$=-\left[x\frac{1}{\sqrt{2\pi}}e^{-\frac{x^2}{2}}\right]\Big|_{-\infty}^{+\infty}+\int_{-\infty}^{+\infty}\frac{1}{\sqrt{2\pi}}e^{-\frac{x^2}{2}}dx.$$

因为 $xe^{-\frac{x^2}{2}}\to 0(x\to\infty)$，故第一项为零；因为第二项的被积函数为标准正态分布密度，故其积分为 1，所以

$$E(X^2)=1.$$

§3 方　　差

随机变量的数学期望表示了它取值的“平均数”，是随机变量的重要数字特征之一. 但是随机变量取值的情况仅仅通过“期望”这一个特征数字来反映还是不够的，因为它不能揭示随机变量取值的分散程度. 例如，检查一批圆形零件的直径，如果它们的平均值达到规定标准，但产品的直径参差不齐，粗的很粗，细的很细，这时尽管平均直径符合要求，但也不能认为这批零件是合格的. 可见研究随机变量取值对于其数学期望的偏离程度是十分必要的. 为此我们来介绍随机变量的另一重要的数字特征——方差.

我们已经知道，对于一组给定的数值 $x_1,x_2,\cdots,x_n$，如果已经算出其加权平均数 $\bar{x}$，那么这组值对其平均数 $\bar{x}$ 的平均偏离程度可用

$$\sum_{i=1}^{n}(x_i-\bar{x})^2f_i$$

表示，其中 f_i 是 x_i 出现的频率，$(x_i-\bar{x})^2$ 为 x_i 与 $\bar{x}$ 的偏差的平方. 同样，为了反映随机变量取值的平均偏离程度，我们也可以把上面的方法应用于随机变量.

定义　设 X 是随机变量，若 $E[X-E(X)]^2$ 存在，称 $E[X-E(X)]^2$ 为 X 的**方差**，记作 $D(X)$，即

$$D(X)=E[X-E(X)]^2.$$

方差的算术根 $\sqrt{D(X)}$ 称为 X 的**标准差**.

当 X 是离散型随机变量,其概率分布为

$$P\{X=x_k\}=p_k, \quad k=1,2,\cdots$$

时,我们有

$$D(X)=\sum_k [x_k-E(X)]^2 p_k.$$

当 X 是连续型随机变量,其概率密度为 $p(x)$,我们有

$$D(X)=\int_{-\infty}^{+\infty} [x-E(X)]^2 p(x)\,\mathrm{d}x.$$

由方差的定义和数学期望的性质,有

$$\begin{aligned}D(X)&=E(X-E(X))^2\\&=E[X^2-2XE(X)+(E(X))^2]\\&=E(X^2)-2E(X)\cdot E(X)+(E(X))^2\\&=E(X^2)-(E(X))^2.\end{aligned}$$

于是我们得到了随机变量 X 的方差的计算公式

$$D(X)=E(X^2)-(E(X))^2.$$

这就是说,要计算随机变量 X 的方差,只要利用表示性定理算出 $E(X^2)$ 和 $E(X)$ 即可.

例 1 设随机变量 X 的分布律为

X	0	1	2	3
$P(X=x_i)$	0.3	0.1	0.2	0.4

求 $D(X)$.

解 $E(X)=0\times0.3+1\times0.1+2\times0.2+3\times0.4=1.7$,

$E(X^2)=0^2\times0.3+1^2\times0.1+2^2\times0.2+3^2\times0.4=4.5$.

由公式 $D(X)=E(X^2)-(E(X))^2$,有

$$D(X)=4.5-1.7^2=1.61.$$

根据方差的定义,显然有 $D(X)\geqslant0$,我们称方差的算术平方根 $\sqrt{D(X)}$ 为随机变量 X 的**标准差**(或**均方差**). 这样,随机变量的标准差、数学期望与随机变量本身有相同的计量单位.

几种常见分布的方差:

(1) 设 X 服从两点分布,其分布律为

X	1	0
p_i	p	q

已知 $E(X)=p$. 根据表示性定理,可以求出

$$E(X^2)=1^2\times p+0^2\times q=p,$$

所以

$$D(X)=E(X^2)-(E(X))^2=p-p^2=p(1-p)=pq.$$

(2) 设 X 服从二项分布,其分布律为

$$P\{X=k\}=\mathrm{C}_n^k p^k(1-p)^{n-k}$$
$$(k=0,1,2,\cdots,n;0<p<1).$$

已知 $E(X)=np$. 根据表示性定理,可以求出

$$\begin{aligned}E(X^2)&=E[X(X-1)+X]=E[X(X-1)]+E(X)\\&=\sum_{k=0}^{n}k(k-1)\mathrm{C}_n^k p^k(1-p)^{n-k}+np\\&=n(n-1)p^2\cdot\\&\quad\sum_{k=2}^{n}\frac{(n-2)(n-3)\cdots[(n-2)-(k-3)]}{(k-2)!}\cdot\\&\quad p^{k-2}(1-p)^{(n-2)-(k-2)}+np\\&=n(n-1)p^2[p+(1-p)]^{n-2}+np\\&=n(n-1)p^2+np.\end{aligned}$$

所以

$$\begin{aligned}D(X)&=E(X^2)-(E(X))^2\\&=n(n-1)p^2+np-(np)^2\\&=np(1-p).\end{aligned}$$

(3) 设 X 服从均匀分布,其分布密度函数为

$$p(x)=\begin{cases}\dfrac{1}{b-a}, & a\leqslant x\leqslant b,\\0, & x<a\text{ 或 }x>b.\end{cases}$$

可知 $E(X)=\frac{1}{2}(a+b)$,并且

$$E(X^2)=\int_a^b x^2\frac{1}{b-a}\mathrm{d}x=\frac{a^2+ab+b^2}{3},$$

所以

$$\begin{aligned}D(X)&=E(X^2)-(E(X))^2\\&=\frac{a^2+ab+b^2}{3}-\left(\frac{a+b}{2}\right)^2\\&=\frac{1}{12}(b-a)^2.\end{aligned}$$

(4) 设 X 服从指数分布,其分布密度函数为

$$p(x)=\begin{cases}\lambda\mathrm{e}^{-\lambda x}, & x\geqslant0,\\ 0, & x<0\end{cases}\quad(\lambda>0),$$

可知 $E(X)=\frac{1}{\lambda}$,并且

$$E(X^2)=\lambda\int_0^{+\infty}x^2\mathrm{e}^{-\lambda x}\mathrm{d}x.$$

令 $t=\lambda x$,上式变成

$$E(X^2)=\frac{1}{\lambda^2}\int_0^{+\infty}t^2\mathrm{e}^{-t}\mathrm{d}t=\frac{2}{\lambda^2}.$$

所以

$$\begin{aligned}D(X)&=E(X^2)-(E(X))^2\\&=\frac{2}{\lambda^2}-\left(\frac{1}{\lambda}\right)^2=\frac{1}{\lambda^2}.\end{aligned}$$

(5) 设 X 服从正态分布,其分布密度函数为

$$p(x)=\frac{1}{\sqrt{2\pi}\sigma}\mathrm{e}^{-\frac{(x-\mu)^2}{2\sigma^2}}\quad(-\infty<x<+\infty).$$

这里我们根据方差定义直接计算

$$D(X)=\int_{-\infty}^{+\infty}(x-\mu)^2\frac{1}{\sqrt{2\pi}\sigma}\mathrm{e}^{-\frac{(x-\mu)^2}{2\sigma^2}}\mathrm{d}x.$$

令 $t=\frac{x-\mu}{\sigma}$,上式变成

$$D(X)=\int_{-\infty}^{+\infty}\frac{\sigma^2}{\sqrt{2\pi}}t^2\mathrm{e}^{-\frac{t^2}{2}}\mathrm{d}t$$

$$=\frac{\sigma^2}{\sqrt{2\pi}}\left(-t\mathrm{e}^{-\frac{t^2}{2}}\Big|_{-\infty}^{+\infty}+\int_{-\infty}^{+\infty}\mathrm{e}^{-\frac{t^2}{2}}\mathrm{d}t\right)$$

$$=\sigma^2\int_{-\infty}^{+\infty}\frac{1}{\sqrt{2\pi}}\mathrm{e}^{-\frac{t^2}{2}}\mathrm{d}t=\sigma^2.$$

这表明正态分布的参数 σ^2 是该随机变量的方差.

利用方差的定义、表示性定理和数学期望的性质,不难推证方差有以下几个性质:

设 X 为一随机变量,c,b 为常数,则

1° $D(c)=0$;

2° $D(cX)=c^2D(X)$;

3° $D(X+b)=D(X)$;

4° $D(cX+b)=c^2D(X)$.

下面看几个利用数学期望或方差分析问题的例子.

例 2 射击比赛,每人射击 4 次(每次一发),规定全部不中得 0 分,只中一发得 15 分,中两发得 30 分,中三发得 60 分,四发全中得 100 分. 若某射手每次射击命中率为 0.6,问他期望能得多少分?

解 设 X 表示他射击的命中次数,则 X 服从参数 $n=4,p=0.6$ 的二项分布,故

$$P\{X=k\}=\mathrm{C}_4^k0.6^k(1-0.6)^{4-k}\quad(k=0,1,2,3,4).$$

又根据得分规定,可计算出 X 与得分 Y 的概率分布表如下:

X	0	1	2	3	4
Y	0	15	30	60	100
$p(x_i)$	0.025 6	0.153 6	0.345 6	0.345 6	0.129 6

从而该射手的期望得分为

$$
\begin{aligned}
E(Y)&=15\times0.153\,6+30\times0.345\,6\\
&\quad+60\times0.345\,6+100\times0.129\,6\\
&=46.368(\text{分}).
\end{aligned}
$$

例 3 设某种型号的电子管寿命 X(单位:h)服从指数分布,已知其平均寿命为 $E(X)=1\,000$ h. 求:

(1) X 的分布密度与分布函数;

(2) $P\{1\,000<X<1\,200\}$;

(3) 若某仪器中同时使用三个该型号的电子管,则至少有一个寿命超过 1 000 h 的概率是多少?

解 由条件知 $X\sim E(\lambda)$,且 $E(X)=\dfrac{1}{\lambda}=1\,000$,因此

$$\lambda=\frac{1}{1\,000}.$$

(1) 设 X 的分布密度与分布函数分别为 $p(x)$ 与 $F(x)$,则

$$p(x)=\begin{cases}\dfrac{1}{1\,000}\mathrm{e}^{-\frac{x}{1\,000}}, & x\geqslant 0,\\ 0, & x<0;\end{cases}$$

$$F(x)=\begin{cases}0, & x<0,\\ 1-\mathrm{e}^{-\frac{x}{1\,000}}, & x\geqslant 0.\end{cases}$$

(2)
$$
\begin{aligned}
&P\{1\,000<X<1\,200\}\\
&=F(1\,200)-F(1\,000)\\
&=(1-\mathrm{e}^{-1.2})-(1-\mathrm{e}^{-1})=\mathrm{e}^{-1}-\mathrm{e}^{-1.2}\approx0.066\,7.
\end{aligned}
$$

(3) 一个电子管寿命不超过 1 000 h 的概率为

$$P\{X\leqslant1\,000\}=F(1\,000)=1-\mathrm{e}^{-1}\approx0.632\,1,$$

故三个电子管寿命都不超过 1 000 h 的概率为

$$(P\{X\leqslant1\,000\})^3=0.632\,1^3\approx0.252\,6,$$

从而至少有一个电子管寿命超过 1 000 h 的概率为

$$1-0.252\,6=0.747\,4.$$

例 4 膨胀仪是测量金属膨胀系数的一种精密仪器,测量结果通过感光设备在照相底片上显示出来. 现在同一台膨胀仪上,用

两种底片多次测量某种合金的膨胀系数,结果列成下表:

玻璃底片测量结果

测量结果 X	13.4	13.5	13.6	13.7	13.8
概率 $P\{X=x_i\}$	0.05	0.15	0.60	0.15	0.05

软片测量结果

测量结果 Y	13.3	13.4	13.5	13.6	13.7	13.8	13.9
概率 $P\{Y=y_i\}$	0.05	0.05	0.15	0.50	0.15	0.05	0.05

试问哪一种底片的效果好?

解 比较 X 与 Y 的方差,看哪一种方法测量的结果更集中,测量结果比较集中的表明效果好.

为了求 X 与 Y 的方差,先求它们的期望:

$$E(X)=13.4\times0.05+13.5\times0.15+13.6\times0.60+13.7\times0.15+13.8\times0.05=13.6,$$

$$E(Y)=13.3\times0.05+13.4\times0.05+13.5\times0.15+13.6\times0.50+13.7\times0.15+13.8\times0.05+13.9\times0.05=13.6,$$

且

$$E(X^2)=13.4^2\times0.05+13.5^2\times0.15+13.6^2\times0.60+13.7^2\times0.15+13.8^2\times0.05=184.967,$$

$$E(Y^2)=13.3^2\times0.05+13.4^2\times0.05+13.5^2\times0.15+13.6^2\times0.50+13.7^2\times0.15+13.8^2\times0.05+13.9^2\times0.05=184.976,$$

从而

$$D(X)=E(X^2)-[E(X)]^2$$
$$=184.967-13.6^2=0.007,$$
$$D(Y)=E(Y^2)-[E(Y)]^2$$
$$=184.976-13.6^2=0.016.$$

由于 $D(X)<D(Y)$，故用玻璃底片效果较好.

习题 6.2

本章自测题

1. 设随机变量 X 的概率分布为

$$P\{X=k\}=\frac{1}{10}\quad(k=2,4,6,\cdots,18,20),$$

求 $E(X)$ 及 $D(X)$.

2. 袋中有 5 个乒乓球，编号为 1,2,3,4,5，从中任取 3 个，以 X 表示取出的 3 个球中的最大编号，求 $E(X)$ 及 $D(X)$.

3. 设随机变量 X 的分布密度函数为

$$p(x)=\begin{cases}2(1-x), & 0\leqslant x\leqslant 1,\\ 0, & x<0 \text{ 或 } x>1,\end{cases}$$

求 $E(X)$ 及 $D(X)$.

4. 设随机变量 X 的分布密度函数为

$$p(x)=\frac{1}{2}e^{-|x|}\quad(-\infty<x<+\infty),$$

求 $E(X)$ 及 $D(X)$.

5. 设随机变量 X 的概率分布为

X	-2	-1	0	1	2
p_i	$\frac{1}{5}$	$\frac{1}{6}$	$\frac{1}{5}$	$\frac{1}{15}$	$\frac{11}{30}$

求 $E(X)$，$D(X)$ 及 $E(X+3X^2)$.

6. 设随机变量 $X\sim N(\mu,\sigma^2)$，求 $E(|X-\mu|)$.

7. 设随机变量 X 的分布密度函数为

$$p(x)=\begin{cases} e^{-x}, & x\geqslant 0, \\ 0, & x<0, \end{cases}$$

求 $Y=e^{-2X}$的数学期望.

8. 对圆的直径作近似测量,其值均匀分布在区间$[a,b]$上,求圆的面积的数学期望.

9. 两台生产同一种零件的车床,一天中生产的次品数的概率分布分别是

甲车床生产的次品数	0	1	2	3
p	0.4	0.3	0.2	0.1

乙车床生产的次品数	0	1	2	3
p	0.3	0.5	0.2	0

如果两台车床的产量相同,问哪台车床好?

第七部分　一元统计分析初步

数理统计的基本问题之一就是根据样本所提供的信息，来把握总体或总体的某些特征，即根据样本对总体进行统计推断. 当总体的分布的类型已知，未知的只是它的一个或多个参数时，相应的统计推断称为参数统计推断，否则称为非参数统计推断.

参数统计推断中有两类主要问题：参数估计问题和参数假设检验问题.

第一章　参数估计

参数估计有点估计和区间估计之分. 点估计有很多种方法，本章只介绍最简单的一种方法——矩法；对于区间估计问题我们只是在正态总体中进行讨论.

§1　点　估　计

1.1　总体与样本

在上篇中，已经给出了总体与样本的描述性定义. 这里我们进一步讨论一下这两个概念.

假设我们要检验数量很大的一批显像管的质量，其主要质量指标是显像管的使用寿命. 用 Ω 表示这批显像管寿命的全体所构成的集合，则其中的每一个显像管的寿命称为一个**个体**. 不同的个体一般来说是不同的. 因此,这批显像管的使用寿命不是一个确定的量. 从中任取一只显像管进行寿命试验,在试验结束前是无法确定其实际寿命的. 可见,显像管的使用寿命是一个随机变量,我们将其记为 X. X 的概率分布反映了 Ω 中具有一定寿命的显像管所占的比例. 例如,若以 h 为单位,则概率 $P\{X\leqslant 2\,000\}$ 就是 Ω 中寿命不超过 2 000 h 的显像管所占的比例. 由于我们关心的正是其寿命的分布,因此索性用 X 作为这批显像管的代表,称 X 为一个**总体**. 在 X 中抽取 n 个个体 $X_1,X_2,\cdots,X_n$(为所抽取的 n 只显像管的使用寿命)称为总体 X 的一个容量为 n 的**样本**(或**子样**),其中每一个 X_i 称为一个**样品**.

回到我们开始的问题,为了推断这批数量很大的显像管的使用寿命的分布,通常采用的方法是从中随机地抽取一部分个体进行寿命试验. 若假设每个个体被抽到的机会相同,又若抽取的个数 n 与总数相比微不足道,即可以认为在抽取过程中各种寿命的显像管比例不变. 另一方面,各个显像管的使用寿命显然是互不影响的. 因此 n 个显像管的使用寿命 $X_1,X_2,\cdots,X_n$ 是 n 个取值相互独立且与总体 X 同分布的随机变量,此时,称这样的 $X_1,X_2,\cdots,X_n$ 为一个容量为 n 的简单随机样本. 在寿命试验结束后,每个 X_i 的值即被确定,记作 x_i. 称 $x_1,x_2,\cdots,x_n$ 为样本 $X_1,X_2,\cdots,X_n$ 的一个实现值或观测值. 在不会引起混乱的情况下,有时也用 $x_1,x_2,\cdots,x_n$ 表示样本中的 n 个随机变量. 这样,在理解它们时就带有双重的意义. 通过完全随机抽样的方式得到的样本称为**简单随机样本**. 下面提到的样本均指简单随机样本.

1.2 矩估计法

用样本矩去估计总体相应的矩,用样本矩的函数去估计总体矩的同一函数的方法就是**矩估计法**.

在介绍这种方法以前,先介绍总体矩与样本矩的概念.

定义 称 $\alpha_k(X)\xlongequal{\text{def}}E(X^k)$ 为随机变量 X 的 k **阶原点矩**;称

$\mu_k(X) \xlongequal{\text{def}} E[X-E(X)]^k$ 为 X 的 k **阶中心矩**（k 为正整数）.

显然，X 的期望 $E(X)$ 为 X 的一阶原点矩；X 的方差 $D(X)=E[X-E(X)]^2$ 为 X 的二阶中心矩.

定义 设 $X_1,X_2,\cdots,X_n$ 为取自总体 X 的一个样本，则称 $\alpha_k \xlongequal{\text{def}} \frac{1}{n}\sum_{i=1}^{n}X_i^k$ 为**样本 k 阶原点矩**，称 $m_k \xlongequal{\text{def}} \frac{1}{n}\sum_{i=1}^{n}(X_i-\overline{X})^k$ 为**样本 k 阶中心矩**，其中 k 为正整数. 显然，样本均值 $\overline{X}=\frac{1}{n}\sum_{i=1}^{n}X_i$ 为样本一阶原点矩.

矩估计法的计算步骤：

设总体 $X\sim p(x;\theta_1,\theta_2)$，$X_1,X_2,\cdots,X_n$ 为取自 X 的样本.（即设总体有两个未知参数 θ_1 与 θ_2 且总体为连续型随机变量，例如 $X\sim N(\mu,\sigma^2)$，X 的分布密度为 $p(x)=\frac{1}{\sqrt{2\pi}\sigma}\mathrm{e}^{-\frac{(x-\mu)^2}{2\sigma^2}}$，也可记为 $p(x;\mu,\sigma^2)$. 对于离散型总体的情况或多个未知参数的情况，也有类似步骤.）

（1）计算 $v_1=E(X)=g_1(\theta_1,\theta_2)$；$v_2=E(X^2)=g_2(\theta_1,\theta_2)$；

（2）由（1）的结果解出

$$\begin{cases}\theta_1=f_1(v_1,v_2),\\ \theta_2=f_2(v_1,v_2);\end{cases}$$

（3）对于样本 $X_1,X_2,\cdots,X_n$，用样本原点矩 α_1,α_2 分别作为 v_1,v_2 的估计值，记为 $\hat{v}_1$ 与 $\hat{v}_2$，即

$$\hat{v}_1=\alpha_1=\frac{1}{n}\sum_{i=1}^{n}X_i,\quad \hat{v}_2=\alpha_2=\frac{1}{n}\sum_{i=1}^{n}X_i^2;$$

（4）将 $\hat{v}_1$ 与 $\hat{v}_2$ 代入（2）的结果中，即得 θ_1 与 θ_2 的估计量（仍为随机变量）：

$$\hat{\theta}_1=f_1(\hat{v}_1,\hat{v}_2),\quad \hat{\theta}_2=f_2(\hat{v}_1,\hat{v}_2).$$

对于一组确定的样本观测值 $x_1,x_2,\cdots,x_n$，由上式即可求出参数 θ_1

与 θ_2 的一个具体的矩估计值.

上述由样本估计总体 $X \sim p(x;\theta_1,\theta_2)$ 的参数 θ_1,θ_2 的方法称为**点估计**.

例 1 设总体 $X \sim N(\mu,\sigma^2)$, $X_1,X_2,\cdots,X_n$ 为 X 的一个样本. 求 μ 与 σ^2 的矩估计量.

解 由于 $X \sim N(\mu,\sigma^2)$, 即参数 $\theta_1=\mu,\theta_2=\sigma^2$.

(1) $v_1=E(X)=\mu, v_2=E(X^2)=D(X)+[E(X)]^2=\sigma^2+\mu^2$; 因此

(2) $\begin{cases}\mu=v_1,\\ \sigma^2=-\mu^2+v_2=-v_1^2+v_2,\end{cases}$

(3) 令 $\hat{v}_1=\dfrac{1}{n}\sum\limits_{i=1}^{n}X_i=\overline{X}, \hat{v}_2=\dfrac{1}{n}\sum\limits_{i=1}^{n}X_i^2$, 代入上式, 得

(4) $\begin{cases}\hat{\mu}=\hat{v}_1=\overline{X},\\ \hat{\sigma}^2=-\hat{v}_1^2+\hat{v}_2=\dfrac{1}{n}\sum\limits_{i=1}^{n}X_i^2-\overline{X}^2,\end{cases}$

利用

$$\begin{aligned}\frac{1}{n}\sum_{i=1}^{n}(X_i-\overline{X})^2&=\frac{1}{n}\sum_{i=1}^{n}(X_i^2-2\overline{X}X_i+\overline{X}^2)\\&=\frac{1}{n}\left(\sum_{i=1}^{n}X_i^2-2\overline{X}\sum_{i=1}^{n}X_i+n\overline{X}^2\right)\\&=\frac{1}{n}\sum_{i=1}^{n}X_i^2-2\overline{X}^2+\overline{X}^2=\frac{1}{n}\sum_{i=1}^{n}X_i^2-\overline{X}^2,\end{aligned}$$

即

$$\begin{cases}\hat{\mu}=\overline{X}=\dfrac{1}{n}\sum\limits_{i=1}^{n}X_i,\\ \hat{\sigma}^2=\dfrac{1}{n}\sum\limits_{i=1}^{n}(X_i-\overline{X})^2\end{cases}$$

为 μ 与 σ^2 的矩估计量, 分别为一阶样本原点矩与二阶样本中心矩.

例 2 设某种电子元件的寿命服从指数分布. 现获得一组寿命数据为(单位:h):

$$16,30,50,68,100,130,140,190,210,$$

$$270,280,340,410,450,520,620,800,1\ 100.$$

求平均寿命的矩估计值.

解 设 X 表示这种电子元件的寿命,由条件知 X 的分布密度为

$$p(x)=\begin{cases}\lambda e^{-\lambda x}, & x\geqslant 0,\\ 0, & x<0\end{cases}\quad(\lambda>0),$$

又 $E(X)=\dfrac{1}{\lambda}$,故平均寿命的矩估计值即 $E(\hat{X})$ 为 λ 的矩估计值 $\hat{\lambda}$ 的倒数.

又由条件知,已有样本容量 $n=18$ 的样本观测值,从而由矩估计的步骤有

$$v_1=E(X)=\frac{1}{\lambda},$$

从而 $\lambda=\dfrac{1}{v_1}$.

令 $v_1=\dfrac{1}{18}\sum\limits_{i=1}^{18}X_i$,代入上式得

$$\hat{\lambda}=\frac{1}{v_1}=\frac{18}{\sum\limits_{i=1}^{18}X_i}.$$

由已知观测数据得

$$\sum_{i=1}^{18}x_i=16+\cdots+1\ 100=5\ 724,$$

故 $\hat{\lambda}=\dfrac{18}{5\ 724}=\dfrac{1}{318}$. 从而平均寿命的矩估计值为 318 h.

1.3 估计量的优良性

我们知道,估计量是样本的函数,因此它也是一个随机变量.由于样本值的不同,因而所求得的估计值也不尽相同. 我们要确定同一个总体的不同估计量的好坏,不能只是根据某一次试验的样本值来衡量,而要看它在多次独立的重复试验中,在某种意义上能

否与被估计参数的真值最接近.下面我们介绍评价估计量优良性的两个标准.

1. 无偏性

在例 1 中,当我们把未知参数 μ 的估计量 $\hat{\mu}$ 取作 $\overline{X}$ 时,由于 $\overline{X}$ 是样本函数,因此,$\hat{\mu}$ 是一个随机变量.但未知参数 μ 并不是随机变量,而是一个确定的常量.可见,我们是在用随机变量 $\hat{\mu}$ 去估计常量 μ.由于 $\hat{\mu}$ 取值带有随机性,即有时会比 μ 大,有时会比 μ 小.为了得到比较理想的估计值 $\hat{\mu}$,我们自然希望 $\hat{\mu}$ 能以 μ 为中心,即希望 $\hat{\mu}$ 的数学期望等于未知参数的真值 μ,这就是所谓估计量的无偏性.为此,我们有下面的定义:

定义 设 $\hat{\theta}=\hat{\theta}(X_1,X_2,\cdots,X_n)$ 为未知参数 θ 的估计量.若 $E(\hat{\theta})=\theta$,则称 $\hat{\theta}$ 为 θ 的**无偏估计量**.

例 3 设总体 X 的均值 $E(X)$ 存在,则其样本均值 $\overline{X}$ 是 $E(X)$ 的一个无偏估计量,即 $E(\overline{X})=E(X)$.

证明 由于样本中每一个 X_i 都与总体 X 具有相同的分布,因此有

$$E(X_i)=E(X) \quad (i=1,2,\cdots,n).$$

于是

$$\begin{aligned}E(\overline{X})&=E\left(\frac{1}{n}\sum_{i=1}^{n}X_i\right)=\frac{1}{n}\sum_{i=1}^{n}E(X_i)\\&=\frac{1}{n}\sum_{i=1}^{n}E(X)\\&=\frac{1}{n}nE(X)=E(X).\end{aligned}$$

如果我们记 $\overline{X}_k=\frac{1}{k}\sum_{i=1}^{k}X_i(k=1,2,\cdots,n)$,则 $\overline{X}_1=X_1,\overline{X}_2=\frac{1}{2}(X_1+X_2)$ 等都是 $E(X)$ 的无偏估计量.

例 4 设总体 X 的期望 μ 与方差 σ^2 均存在. 证明:对于取自总体 X 的样本 $X_1, X_2, \cdots, X_n$,样本方差 $S^2=\frac{1}{n-1}\sum_{i=1}^{n}(X_i-\overline{X})^2$ 为总体方差 σ^2 的无偏估计.

证明 即证明 $E(S^2)=\sigma^2$. 利用期望的性质,由于

$$E(S^2)=E\left[\frac{1}{n-1}\sum_{i=1}^{n}(X_i-\overline{X})^2\right]$$

$$=\frac{1}{n-1}E\left(\sum_{i=1}^{n}X_i^2-n\overline{X}^2\right)$$

$$=\frac{1}{n-1}\left[\sum_{i=1}^{n}E(X_i^2)-nE(\overline{X}^2)\right],$$

其中

$$\sum_{i=1}^{n}E(X_i^2)=\sum_{i=1}^{n}[D(X_i)+(E(X_i))^2]$$

$$=\sum_{i=1}^{n}(\sigma^2+\mu^2)=n(\sigma^2+\mu^2), \tag{1}$$

$$E(\overline{X}^2)=D(\overline{X})+[E(\overline{X})]^2,$$

而

$$E(\overline{X})=E\left(\frac{1}{n}\sum_{i=1}^{n}X_i\right)=\frac{1}{n}\sum_{i=1}^{n}E(X_i)=\frac{1}{n}\sum_{i=1}^{n}\mu=\mu,$$

$$D(\overline{X})=D\left(\frac{1}{n}\sum_{i=1}^{n}X_i\right)=\frac{1}{n^2}\sum_{i=1}^{n}D(X_i)=\frac{1}{n^2}(n\sigma^2)=\frac{\sigma^2}{n},$$

故

$$E(\overline{X}^2)=\frac{\sigma^2}{n}+\mu^2, \tag{2}$$

将(1),(2)式代入 $E(S^2)$ 中,得

$$E(S^2)=\frac{1}{n-1}\left[n\sigma^2+n\mu^2-n\left(\frac{\sigma^2}{n}+\mu^2\right)\right]$$

$$=\frac{1}{n-1}(n\sigma^2-\sigma^2)=\sigma^2.$$

由此可见,样本方差 S^2 确为总体方差 σ^2 的一个无偏估计.

2. 有效性

上面我们给出了评价估计量优良性的一个标准,即"无偏性". 这里介绍另一个常用的标准,这就是"有效性". 在用 $\hat{\theta}$ 估计 θ 时,我们希望 $\hat{\theta}$ 与 θ 要尽可能地接近,亦即 $E(\hat{\theta}-\theta)^2$(称为 $\hat{\theta}$ 对 θ 的均方误差)要尽量地小. 从方差公式

$$\begin{aligned} E(\hat{\theta}-\theta)^2 &= D(\hat{\theta}-\theta)+[E(\hat{\theta}-\theta)]^2 \\ &= D(\hat{\theta})+[E(\hat{\theta})-\theta]^2 \end{aligned}$$

可以看出,当 $\hat{\theta}$ 是 θ 的无偏估计,即 $E(\hat{\theta})=\theta$ 时,上式右端第二项为 0,因而 $\hat{\theta}$ 的均方误差 $E(\hat{\theta}-\theta)^2$ 就是方差 $D(\hat{\theta})$. 这就是说,当 $\hat{\theta}$ 是 θ 的无偏估计时,方差越小越好,即较小者较为有效. 在一般情况下,我们有

定义 设 $\hat{\theta}_1=\hat{\theta}_1(X_1,X_2,\cdots,X_n)$ 和 $\hat{\theta}_2=\hat{\theta}_2(X_1,X_2,\cdots,X_n)$ 是未知参数 θ 的两个无偏估计量. 若 $D(\hat{\theta}_1)<D(\hat{\theta}_2)$,则称 $\hat{\theta}_1$ 比 $\hat{\theta}_2$ 有效.

在上面的讨论中,我们知道 $\overline{X}_k$ 都是 $E(X)$ 的无偏估计量. 由于

$$D(\overline{X}_1)=D(X),$$

而

$$\begin{aligned} D(\overline{X}_2) &= D\left(\frac{X_1+X_2}{2}\right) \\ &= \frac{1}{4}(D(X_1)+D(X_2)) \\ &= \frac{1}{4}(D(X)+D(X)) \\ &= \frac{1}{2}D(X), \end{aligned}$$

可见用 $\overline{X}_2$ 估计 $E(X)$ 比用 $\overline{X}_1$ 有效,这和我们日常生活中的感觉是一致的.

§2 区间估计

如果 $\hat{\theta}=\hat{\theta}(X_1,X_2,\cdots,X_n)$ 是未知参数 θ 的一个点估计,那么一旦获得样本的观测值,估计值就能给人们一个明确的数量概念,这是很有用的.但是点估计只是参数 θ 的一种近似值.估计值本身既没有反映出这种近似的精确度,又没有给出误差的范围.为了弥补这些不足,人们提出了另一种估计方法——区间估计.区间估计要求根据样本给出未知参数的一个范围,并保证真参数以指定的较大的概率属于这个范围.

2.1 置信区间与置信度

设总体 X 含有一个待估的未知参数 θ.如果我们从样本 X_1, $X_2,\cdots,X_n$ 出发,找出两个统计量 $\theta_1=\theta_1(X_1,X_2,\cdots,X_n)$ 与 $\theta_2=\theta_2(X_1,X_2,\cdots,X_n)$ $(\theta_1<\theta_2)$,使得区间 $[\theta_1,\theta_2]$ 以 $1-\alpha(0<\alpha<1)$ 的概率包含这个待估参数 θ,即

$$P\{\theta_1\leqslant\theta\leqslant\theta_2\}=1-\alpha,$$

那么称区间 $[\theta_1,\theta_2]$ 为 θ 的**置信区间**,$1-\alpha$ 为该区间的**置信度**(或**置信水平**).因为样本是随机抽取的,每次取得的样本值 $x_1,x_2,\cdots,x_n$ 是不同的,由此确定的区间 $[\theta_1,\theta_2]$ 也不相同,所以区间 $[\theta_1,\theta_2]$ 也是一个随机区间.每个这样的区间或者包含 θ 的真值,或者不包含 θ 的真值.置信度 $1-\alpha$ 给出区间 $[\theta_1,\theta_2]$ 包含真值 θ 的可靠程度,而 α 表示区间 $[\theta_1,\theta_2]$ 不包含真值 θ 的可能性大小.例如,若 $\alpha=5\%$,即置信度为 $1-\alpha=95\%$,这时重复抽样 100 次,则在得到 100 个区间中包含 θ 真值的有 95 个左右,不包含 θ 真值的仅有 5 个左右.通常在工业生产和科学研究中都采取 95% 的置信度,有时也取 99% 或 90% 的置信度.一般来说,在样本容量一定的情况下,置信度给得不同,置信区间的长短就不同,置信度越高,置信区间就越长.换句话说,希望置信区间的可靠性越大,那么估计的

范围就越大,反之亦然.

2.2 样本分布

在求置信区间及下一章讨论假设检验中,要用到下面几个常见的统计量,这里我们分别给予简单的介绍.

1. 设 $X_1,X_2,\cdots,X_n$ 为取自正态总体 $X\sim N(\mu,\sigma^2)$ 的样本,则有

(1) $\overline{X}=\dfrac{1}{n}\sum\limits_{i=1}^{n}X_i\sim N\left(\mu,\dfrac{\sigma^2}{n}\right)$;

(2) $U=\dfrac{(\overline{X}-\mu)\sqrt{n}}{\sigma}\sim N(0,1)$.

2. 设 $X_1,X_2,\cdots,X_n$ 为取自正态总体 $X\sim N(\mu,\sigma^2)$ 的样本,$\overline{X}$ 与 S 分别为样本均值和样本标准差,令

$$T=\frac{(\overline{X}-\mu)\sqrt{n}}{S},$$

则随机变量 T 服从 $n-1$ 个自由度的 t 分布,记为 $T\sim t(n-1)$.

服从 t 分布的随机变量的分布密度函数 $t(x)$ 的图形与标准正态分布的密度函数图形极为相似,见图 7.1.1.

附表 2 给出了 t 分布的右侧临界值 λ. 即对给定的置信度 $1-\alpha$,若 $T\sim t(n)$,由附表 2 可求出 λ,使

$$P\{|T|>\lambda\}=\alpha.$$

α 表示的区域如图 7.1.2 的阴影部分所示. 与上式等价的是

$$P\{-\lambda\leqslant T\leqslant\lambda\}=1-\alpha.$$

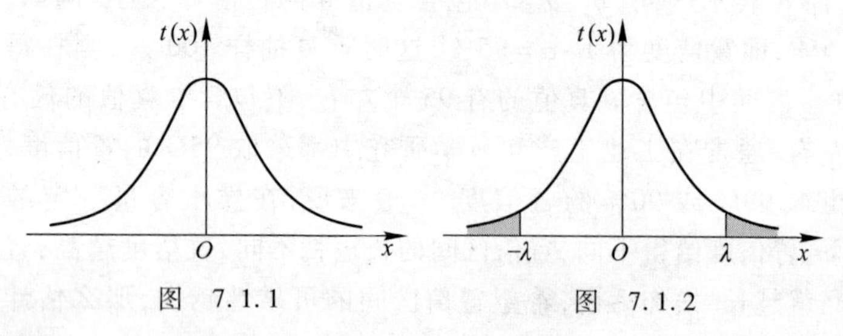

图 7.1.1　　图 7.1.2

下面通过几个例子来熟悉一下附表 2 的使用方法.

例 1 设随机变量 $T \sim t(8)$,对给定的 α,求 λ 使满足下列各式:

(1) $P\{|T|>\lambda\}=\alpha,\quad \alpha=0.05$;

(2) $P\{-\lambda\leqslant T\leqslant\lambda\}=1-\alpha,\quad \alpha=0.01$;

(3) $P\{T>\lambda\}=\alpha,\quad \alpha=0.05$.

解 (1) 由于 $P\{|T|>\lambda\}=\alpha$ 已为标准形式,又 $n=8,\alpha=0.05$,故只需找到 $n=8$ 所在的行与 $\alpha=0.05$ 所在的列,它们交叉点上的数 2.306 即为所求,因此 $\lambda=2.306$.

(2) 由于

$$P\{-\lambda\leqslant T\leqslant\lambda\}=P\{|T|\leqslant\lambda\}=1-P\{|T|>\lambda\}$$
$$=1-\alpha,$$

即

$$P\{-\lambda\leqslant T\leqslant\lambda\}=1-\alpha\Leftrightarrow P\{|T|>\lambda\}=\alpha.$$

又 $n=8,\alpha=0.01$,故 $\lambda=3.355$. 即

$$P\{-3.355\leqslant T\leqslant 3.355\}=0.99.$$

(3) 由于 $P\{T>\lambda\}=\alpha$,可见 $\lambda>0$,又由 t 分布密度函数的对称性,此式等价于 $P\{|T|>\lambda\}=2\alpha$. 由 $n=8,\alpha=0.05$,即求 λ 使 $P\{|T|>\lambda\}=2\times0.05=0.1$,从而 $\lambda=1.860$,即 $P\{|T|>1.860\}=0.1$,从而有 $P\{T>1.860\}=0.05$.

3. 设 $X_1,X_2,\cdots,X_n$ 为取自正态总体 $X\sim N(\mu,\sigma^2)$ 的样本,S^2 为样本方差,令

$$W=\frac{(n-1)S^2}{\sigma^2},$$

则 W 服从 $n-1$ 个自由度的 χ^2 分布. 服从 χ^2 分布的随机变量的分布密度函数 $k(x)$ 图形如图 7.1.3 所示. 附表 3 给出了 χ^2 分布右侧临界值. 即若已知 W 服从 n 个自由度的 χ^2 分布,

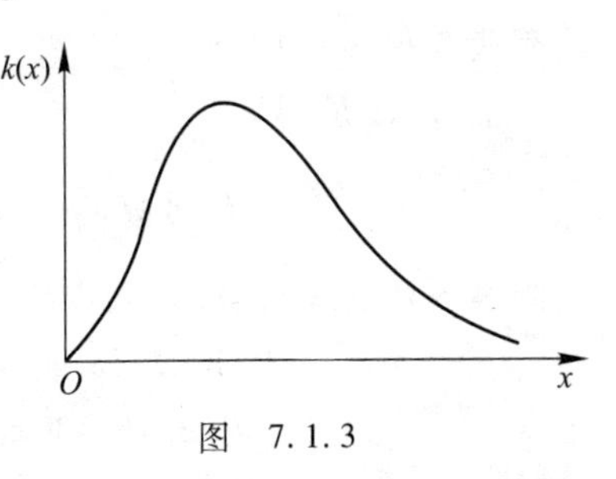

图 7.1.3

对置信度 $1-\alpha$,可求出 λ,使 $P\{W>\lambda\}=\alpha$. 如图 7.1.4 的阴影部分所示. 因此,对于 $1-\alpha$,要求 $\lambda_1,\lambda_2(0<\lambda_1<\lambda_2)$ 使 $P\{\lambda_1\leqslant W\leqslant\lambda_2\}=1-\alpha$(如图 7.1.5 所示),或等价地 $P\{W<\lambda_1$,或 $W>\lambda_2\}=\alpha$,显然,满足上述要求的 λ_1 与 λ_2 有无穷多组. 为确定起见,规定 λ_1 与 λ_2 满足 $P\{W<\lambda_1\}=P\{W>\lambda_2\}=\dfrac{\alpha}{2}$. 这时 λ_2 可以直接由附表 3 得到. 再由 $P\{W<\lambda_1\}=1-P\{W\geqslant\lambda_1\}$,有 $1-P\{W\geqslant\lambda_1\}=\dfrac{\alpha}{2}$,从而 $P\{W\geqslant\lambda_1\}=1-\dfrac{\alpha}{2}$. 这样可求出 λ_1.

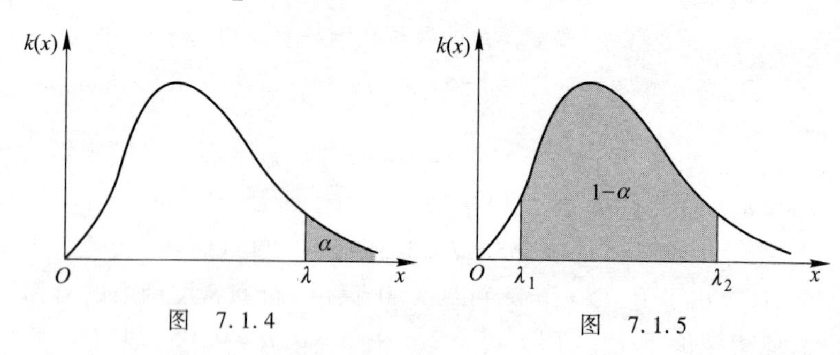

图 7.1.4 图 7.1.5

例 2 设随机变量 W 服从自由度 $n=8$ 的 χ^2 分布. 对于置信度 $1-\alpha=0.95$,求 λ_1,λ_2 使 $P\{\lambda_1\leqslant W\leqslant\lambda_2\}=1-\alpha$.

解 由于 $P\{\lambda_1\leqslant W\leqslant\lambda_2\}=1-\alpha$ 等价于 $P\{W<\lambda_1$ 或 $W>\lambda_2\}=\alpha$,又 $\alpha=0.05,n=8$,故求 λ_2,使

$$P\{W>\lambda_2\}=\frac{\alpha}{2}=0.025,$$

由附表 3 得 $\lambda_2=17.5$;

而 λ_1 满足

$$P\{W\geqslant\lambda_1\}=1-\frac{\alpha}{2}=0.975,$$

由附表 3 得 $\lambda_1=2.18$. 从而有

$$P\{W<2.18 \text{ 或 } W>17.5\}=0.05,$$

也即

$$P\{2.18\leqslant W\leqslant 17.5\}=0.95.$$

2.3 期望的区间估计

设 $X_1, X_2, \cdots, X_n$ 为取自正态总体 $X \sim N(\mu, \sigma^2)$ 的样本，置信度为 $1-\alpha$. 下面分别介绍当总体方差 σ^2 已知与未知的条件下，求期望 μ 的置信区间的方法.

1. σ^2 已知，求 μ 的置信区间

对给定的置信度 $1-\alpha$，取统计量

$$U=\frac{(\overline{X}-\mu)\sqrt{n}}{\sigma} \sim N(0,1),$$

求 λ，使 $P\{|U| \leqslant \lambda\}=1-\alpha$. 即

$$\begin{aligned}P\{-\lambda \leqslant U \leqslant \lambda\} &= \Phi(\lambda)-\Phi(-\lambda) \\ &= 2\Phi(\lambda)-1=1-\alpha,\end{aligned}$$

故 $\Phi(\lambda)=1-\frac{\alpha}{2}$，$\lambda$ 可由附表 1 求出. 从而

$$\begin{aligned}&P\left\{-\lambda \leqslant \frac{(\overline{X}-\mu)\sqrt{n}}{\sigma} \leqslant \lambda\right\} \\ &= P\left\{\overline{X}-\frac{\sigma}{\sqrt{n}}\lambda \leqslant \mu \leqslant \overline{X}+\frac{\sigma}{\sqrt{n}}\lambda\right\} \\ &= 1-\alpha.\end{aligned}$$

因此 μ 的 $1-\alpha$ 置信区间为

$$\left[\overline{X}-\frac{\sigma}{\sqrt{n}}\lambda, \overline{X}+\frac{\sigma}{\sqrt{n}}\lambda\right].$$

对于一组给定的样本观测值 $x_1, x_2, \cdots, x_n$，可计算出 $\bar{x}=\frac{1}{n}\sum_{i=1}^{n} x_i$，并由此得到 μ 的一个具体的 $1-\alpha$ 置信区间 $\left[\bar{x}-\frac{\sigma}{\sqrt{n}}\lambda, \bar{x}+\frac{\sigma}{\sqrt{n}}\lambda\right]$.

例 3 已知幼儿的身高在正常情况下服从正态分布. 现从某一幼儿园 5 岁至 6 岁的幼儿中随机地抽查了 9 人，其身高(单位：cm)分别为 115，120，131，115，109，115，115，105，110. 假设 5 至 6

岁幼儿身高总体的标准差 $\sigma=7$,在置信度为 95% 的条件下,试求出总体均值 μ 的置信区间.

解 已知 $\sigma=7, n=9, \alpha=0.05$,并根据给出的数据可求出

$$\bar{x}=\frac{1}{9}(115+120+\cdots+110)=115.$$

对于 $\alpha=0.05$,由附表 1,求 λ 使 $\Phi(\lambda)=1-\frac{\alpha}{2}=0.975$,故 $\lambda=1.96$.

从而 μ 的 95% 置信区间为

$$\left[115-\frac{7}{\sqrt{9}}\times1.96, 115+\frac{7}{\sqrt{9}}\times1.96\right],$$

即 $[110.43, 119.57]$.

2. σ^2 未知,求 μ 的置信区间

对给定的置信度 $1-\alpha$,取统计量

$$T=\frac{(\bar{X}-\mu)\sqrt{n}}{S}\sim t(n-1),$$

其中 S 为样本标准差.

求 λ,使 $P\{|T|\leqslant\lambda\}=1-\alpha$,也即 $P\{|T|>\lambda\}=\alpha$. 由附表 2 求出 λ 的值,从而

$$\begin{aligned}&P\left\{-\lambda\leqslant\frac{(\bar{X}-\mu)\sqrt{n}}{S}\leqslant\lambda\right\}\\=&P\left\{\bar{X}-\frac{S}{\sqrt{n}}\lambda\leqslant\mu\leqslant\bar{X}+\frac{S}{\sqrt{n}}\lambda\right\}\\=&1-\alpha.\end{aligned}$$

因此 μ 的 $1-\alpha$ 置信区间为

$$\left[\bar{X}-\frac{S}{\sqrt{n}}\lambda, \bar{X}+\frac{S}{\sqrt{n}}\lambda\right].$$

例 4 用某种仪器间接测量温度,重复测量 7 次,测得温度(单位:℃)分别为 112.0, 113.4, 111.2, 114.5, 112.0, 112.9, 113.6. 设温度 $X\sim N(\mu,\sigma^2)$,在置信度为 95% 的条件下,试求出温

度的真值所在的范围.

解 设 μ 为温度的真值,X 为测量值,在仪器没有系统偏差情况下,即 $E(X)=\mu$ 时,重复测量 7 次,得到 X 的 7 个样本值.问题就是在未知方差(即仪器的精度)的情况下,找出 μ 的置信区间.

已知 $n=7,\alpha=0.05$,由样本观测值可求出

$$\bar{x}=\frac{1}{7}(112.0+113.4+\cdots+113.6)=112.8,$$

$$S=\sqrt{\frac{1}{7-1}\sum_{i=1}^{7}(x_i-\bar{x})^2}$$

$$=\sqrt{\frac{1}{6}[(112-112.8)^2+(113.4-112.8)^2+\cdots+(113.6-112.8)^2]}$$

$$=\sqrt{1.29}\approx 1.136,$$

对于 $P\{|T|>\lambda\}=0.05, T\sim t(7-1)=t(6)$,由附表 2 得 $\lambda=2.447$,从而 μ 的 95% 置信区间为

$$\left[112.8-\frac{1.136}{\sqrt{7}}\times 2.447, 112.8+\frac{1.136}{\sqrt{7}}\times 2.447\right],$$

即[111.75,113.85].

2.4 方差的区间估计

这里仅介绍总体期望未知的条件下,求方差的置信区间的方法.

对于给定的置信度 $1-\alpha$,取

$$W=\frac{(n-1)S^2}{\sigma^2}\sim\chi^2(n-1),$$

求 $\lambda_1,\lambda_2(0<\lambda_1<\lambda_2)$ 使 $P\{\lambda_1\leqslant W\leqslant\lambda_2\}=1-\alpha$. 其中 λ_2 满足 $P\{W>\lambda_2\}=\frac{\alpha}{2}$,$\lambda_1$ 满足 $P\{W\geqslant\lambda_1\}=1-\frac{\alpha}{2}$. 由附表 3 可以分别求出 λ_2 与 λ_1 的值. 从而有

$$P\left\{\lambda_1 \leqslant \frac{(n-1)S^2}{\sigma^2} \leqslant \lambda_2\right\} = P\left\{\frac{(n-1)S^2}{\lambda_2} \leqslant \sigma^2 \leqslant \frac{(n-1)S^2}{\lambda_1}\right\}$$

$$= 1-\alpha.$$

故 σ^2 的 $1-\alpha$ 置信区间为

$$\left[\frac{(n-1)S^2}{\lambda_2}, \frac{(n-1)S^2}{\lambda_1}\right].$$

例 5 设某自动车床加工的零件其长度 $X \sim N(\mu, \sigma^2)$，今抽查 16 个零件，测得长度（单位：mm）如下：

12.15， 12.12， 12.01， 12.08，
12.09， 12.16， 12.03， 12.01，
12.06， 12.13， 12.07， 12.11，
12.08， 12.01， 12.03， 12.06.

在置信度为 95% 的条件下，试求出总体方差 σ^2 的置信区间.

解 已知 $n=16, \alpha=0.05$，由样本观测值可分别求出 $\bar{x}$ 与 S^2. 其中

$$\bar{x} = \frac{1}{16}(12.15+12.12+\cdots+12.06) = 12.075,$$

$$S^2 = \frac{1}{15}[(12.15-12.075)^2+(12.12-12.075)^2+\cdots+(12.06-12.075)^2] = 0.00244.$$

求 λ_2 使 $P\{W>\lambda_2\} = \frac{\alpha}{2} = 0.025$，$W \sim \chi^2(15)$，由附表 3 得 $\lambda_2 = 27.5$；求 λ_1，使 $P\{W \geqslant \lambda_1\} = 1-\frac{\alpha}{2} = 0.975$，则 $\lambda_1 = 6.26$. 因此，σ^2 的 95% 置信区间为

$$\left[\frac{15\times 0.00244}{27.5}, \frac{15\times 0.00244}{6.26}\right],$$

即 $[0.0013, 0.0058]$.

习题 7.1

1. 设 $X_1,X_2,\cdots,X_n$ 是来自总体

$$X \sim p(x)=\begin{cases}\frac{1}{\theta}, & 0\leqslant x\leqslant \theta,\\ 0, & x<0 \text{ 或 } x>\theta\end{cases} \quad (\theta>0)$$

的样本,求 θ 的矩估计量.

2. 设 $X_1,X_2,\cdots,X_n$ 是来自服从几何分布的总体 $X\sim g(p)$ 的样本,求 p 的矩估计量.

3. 设 $X_1,X_2,\cdots,X_n$ 是总体 X 的一个样本. 试证:

(1) $\hat{\mu}_1=\frac{1}{5}X_1+\frac{3}{10}X_2+\frac{1}{2}X_3$,

(2) $\hat{\mu}_2=\frac{1}{3}X_1+\frac{1}{4}X_2+\frac{5}{12}X_3$,

(3) $\hat{\mu}_3=\frac{1}{3}X_1+\frac{3}{4}X_2-\frac{1}{12}X_3$

都是总体均值 μ 的无偏估计,并比较哪一个最有效.

4. 设 $X_1,X_2,\cdots,X_n$ 是来自正态总体 $X\sim N(\mu,\sigma^2)$ 的一个样本,适当选择常数 C 使 $C\sum\limits_{i=1}^{n-1}(X_{i+1}-X_i)^2$ 为 σ^2 的无偏估计.

5. 对§2 的例 3,分别在置信度为 0.99 和 0.90 的条件下,求出总体均值的置信区间.

6. 对§2 的例 4,分别在置信度为 0.99 和 0.90 的条件下,求出总体均值的置信区间.

7. 为了估计灯泡使用时数的期望 μ 和方差 σ^2,共测试了 10 个灯泡,求得 $\bar{x}=1\ 500$ h,$S=20$ h. 如果灯泡的使用时数 $X\sim N(\mu,\sigma^2)$,分别求 μ 与 σ 的置信区间(置信度为 95%).

第二章 假设检验

上一章讨论了对总体的参数进行估计的方法. 在统计推断中还有另一类重要问题,这就是假设检验问题. 下面我们简单介绍参数的假设检验问题.

§1 基本概念

1.1 假设检验的基本思想

我们先来看两个例子.

例 1 某厂有某种产品 200 件准备出厂,按国家规定的检验标准,次品率不超过 1% 才能出厂. 现从这 200 件中随机地任取 5 件,经检验发现其中含有次品. 问:能否允许这 200 件产品出厂?

若设这批产品的次品率为 p,故问题也就是根据抽样的结果,来判定 $p\leqslant 0.01$ 是否成立.

从直观上看,如果 $p\leqslant 0.01$,意味着这 200 件产品中最多才有两件次品. 在这种情况下,任取 5 件产品中一般不应有次品. 因此,结论是这 200 件产品不能出厂.

例 2 已知滚珠直径服从正态分布. 现随机地从一批滚珠中抽取 6 个,测得它们的平均直径为 $\bar{x}=14.94$ mm. 问能否认为这批滚珠的平均直径为 15.25 mm?

设滚珠直径为 X,且 $X\sim N(\mu,\sigma^2)$,则问题就是根据抽样的结果,判定 $\mu=15.25$ 是否成立.

在这两个例子中,分别需要我们根据抽样的结果来判断"看法""$p\leqslant 0.01$"或"$\mu=15.25$"是否正确. 在这里我们称这类"看法"

为“假设”. 从而对“看法”的鉴定问题就称之为“假设检验”.

下面通过对例 1 的进一步分析,说明假设检验的基本思想. 其分析问题的思路类似于反证法,或称之为带有概率性质的反证法. 即如果 $p \leqslant 0.01$ 成立,看看会推出什么结果,再从概率的角度考察与抽样的结果是否一致. 如果不一致,则拒绝这个假设(即 $p \leqslant 0.01$),否则不能拒绝或接受这个假设.

如果 $p \leqslant 0.01$ 成立,则 200 件产品中最多有两件次品. 在此情况下,我们来计算一下任取 5 件中{有次品}的概率. 由于 $P\{$有次品$\} = 1 - P\{$无次品$\}$,而

$$
P\{\text{无次品}\} = \begin{cases} \dfrac{C_{198}^5}{C_{200}^5} = 0.950\,5, & \text{当 200 件产品中有 2 件次品时,} \\ \dfrac{C_{199}^5}{C_{200}^5} = 0.975, & \text{当 200 件产品中有 1 件次品时,} \\ 1, & \text{当 200 件产品中没有次品时.} \end{cases}
$$

可见,当 $p \leqslant 0.01$ 时,$P\{$无次品$\} \geqslant 0.950\,5 \approx 0.95$,从而

$$
P\{\text{有次品}\} \leqslant 1 - 0.950\,5 \approx 0.05.
$$

计算结果表明,在 $p \leqslant 0.01$ 的情况下,任取 5 件产品中含有次品的概率不超过 5%. 即平均在 100 次这样的试验(抽样)中,最多有 5 次出现有次品的情况. 因此在一次试验中一般不会出现这种情况. 但事实上,这种情况却在一次抽样中发生了. 这种“不合理”情况发生的根源显然在于 $p \leqslant 0.01$. 因此我们认为假设“$p \leqslant 0.01$”是不能接受的,从而作出这批产品不能出厂的结论.

在上面的讨论中,对于 $P\{$有次品$\} \leqslant 0.05$,我们说{有次品}是一个“小概率”事件. 那么“小概率”的标准是什么呢? 通常,将概率不超过 0.05 的事件称为小概率事件. (有时也将概率不超过 0.01或 0.1 的事件作为小概率事件.) 一般将小概率的标准记为 α,这里 $\alpha = 0.05$.

1.2 两类错误

在例 1 中，当我们拒绝这个假设($p \leqslant 0.01$)时，并不能保证我们的结论 100% 正确. 就是说我们也存在"犯错误"的可能性. 这是由于:一方面抽样具有随机性;另一方面，小概率事件不是不可能事件. 但是我们犯这类错误(即这批产品的次品率确实不超过 0.01，但我们根据抽样出现次品的情况，认为它们不能出厂)的可能性很小，即不超过 0.05. 这类错误称之为第一类错误，即"以真为假"的错误. $\alpha(=0.05)$ 就是犯第一类错误的概率. 从这个意义上，我们说假设检验分析问题的方法是带有概率性质的反证法. α 也称为检验标准或检验水平.

当然，我们总是希望 α 小些. 但还有问题的另一方面，或称为"以假为真". 这类错误称为第二类错误. 对例 1 的情况来说，如果我们抽取的 5 件产品中没有发现次品，即没有出现与假设 $p \leqslant 0.01$ 不一致的情况. 这时，如果接受这个假设，从而允许这批产品出厂，当这批产品的次品率实际上大于 0.01 时，就使我们犯了"以假为真"的错误. 犯第二类错误的概率通常用 β 表示.

自然，我们在希望 α 小的同时，β 也尽可能小. 可惜的是，对一定的样本容量 n 来说，一般情况下，α 小时 β 就大，β 小时 α 就大，不能同时做到 α 与 β 都非常小. 在进行假设检验时，通常解决这个问题的方法是:先确定 α 的值(一般取 $\alpha=0.05$ 或 0.01)，然后通过增加样本容量的方式来减小 β.

待检验的假设一般记为 H_0，故例 1 中检验假设 $H_0: p \leqslant 0.01$;例 2 中检验假设 $H_0: \mu=15.25$. H_0 也称为零假设.

为了检验一个假设 H_0 是否成立，我们就先假定 H_0 是成立的. 如果根据这个假定导致了一个不合理的事件发生，那就表明原来的假定 H_0 是不正确的，我们**拒绝接受** H_0;如果由此没有导出不合理的现象，则不能拒绝接受 H_0，这时我们称 H_0 是**相容**的.

§2 期望的假设检验

设 $X_1,X_2,\cdots,X_n$ 为总体 $X\sim N(\mu,\sigma^2)$ 的一个样本,在检验水平 α 下,讨论关于总体期望 μ 的假设检验.

下面分两种情况讨论:

1. 已知方差 σ^2,检验假设 $H_0:\mu=\mu_0$(μ_0 为已知数)

例 1 已知滚珠直径服从正态分布. 现随机地从一批滚珠中抽取 6 个,测得其直径(单位:mm)为 14.70,15.21,14.90,14.91,15.32,15.32. 假设滚珠直径总体分布的方差为 0.05,问这一批滚珠的平均直径是否为 15.25 mm?($\alpha=0.05$)

解 设滚珠的直径为 X,则 $X\sim N(\mu,\sigma^2)$,且由条件知 $\sigma^2=0.05$,在 $\alpha=0.05$ 的情况下检验假设 $H_0:\mu=\mu_0=15.25$.

下面我们稍微详细地讨论一下检验的方法.

如果 H_0 成立,即总体的期望 $\mu=\mu_0=15.25$. 这时由抽样得到的样本均值 $\overline{X}$ 与 μ 也不应相差太大. 于是我们构造一个小概率事件,对给定的 $\alpha=0.05$,求 $x(>0)$ 使

$$P\{|\overline{X}-\mu_0|>x\}=\alpha,$$

即给"不应相差太大"定一个范围. 但 $\overline{X}-\mu_0$ 的分布未知. 而

$$P\{|\overline{X}-\mu_0|>x\}=P\left\{\left|\frac{(\overline{X}-\mu_0)\sqrt{n}}{\sigma}\right|>\frac{x\sqrt{n}}{\sigma}\right\},$$

其中,$U=\dfrac{(\overline{X}-\mu_0)\sqrt{n}}{\sigma}\sim N(0,1)$,再令 $\lambda=\dfrac{x\sqrt{n}}{\sigma}$,从而问题化为,对 $\alpha=0.05$,求 $\lambda(>0)$ 使 $P\{|U|>\lambda\}=0.05$. 这样,利用附表 1 就可以求出 λ 的值:由于

$$\begin{aligned}P\{|U|>\lambda\}&=1-P\{|U|\leqslant\lambda\}=1-\Phi(\lambda)+\Phi(-\lambda)\\&=2(1-\Phi(\lambda))=\alpha=0.05,\end{aligned}$$

故 $\Phi(\lambda)=1-\dfrac{\alpha}{2}=1-\dfrac{0.05}{2}=0.975$,因此 $\lambda=1.96$,即

$$P\left\{\left|\frac{(\overline{X}-\mu_0)\sqrt{n}}{\sigma}\right|>1.96\right\}=0.05,$$

或

$$P\left\{\overline{X}<\mu_0-\frac{\sigma}{\sqrt{n}}\times 1.96 \text{ 或 } \overline{X}>\mu_0+\frac{\sigma}{\sqrt{n}}\times 1.96\right\}=0.05.$$

将 $\mu_0=15.25$, $\sigma^2=0.05$, $n=6$ 代入上式即得

$$P\{\overline{X}<15.07 \text{ 或 } \overline{X}>15.43\}=0.05.$$

令 $R=\{\overline{X}<15.07 \text{ 或 } \overline{X}>15.43\}$，称之为拒绝域. 由样本数据计算得

$$\bar{x}=\frac{1}{6}(14.70+15.21+14.90+14.91+15.32+15.32)$$

$$=15.06\in R.$$

说明小概率事件在这次抽样中发生了，因此必须拒绝假设 H_0，即不能认为 $\mu=\mu_0=15.25$ mm.

利用这个例子，我们就可以给出假设检验的一般步骤：

(1) 提出待检验假设 $H_0:\mu=\mu_0$；

(2) 对于给定的检验水平 α，求 λ，使 $P\{|U|>\lambda\}=\alpha$，其中

$$U=\frac{(\overline{X}-\mu_0)\sqrt{n}}{\sigma}\sim N(0,1),$$

则 λ 满足 $\Phi(\lambda)=1-\frac{\alpha}{2}$，由附表 1 求出 λ 的值；

(3) 得拒绝域 $R=\left\{\overline{X}<\mu_0-\frac{\sigma}{\sqrt{n}}\lambda \text{ 或 } \overline{X}>\mu_0+\frac{\sigma}{\sqrt{n}}\lambda\right\}$，其中 μ_0, σ, n 均为已知；

(4) 由样本观测值计算样本均值 $\bar{x}$，若 $\bar{x}\in R$，则拒绝 H_0；否则不能拒绝 H_0 或接受 H_0.

2. 未知方差 σ^2，检验假设 $H_0:\mu=\mu_0$（μ_0 为已知数）

下面我们直接给出在这种情况下假设检验的一般步骤：

(1) 提出待检验假设 $H_0:\mu=\mu_0$；

(2) 对给定的检验水平 α，求 λ 使 $P\{|T|>\lambda\}=\alpha$，其中

$$T=\frac{(\overline{X}-\mu_0)\sqrt{n}}{S}\sim t(n-1),$$

由附表 2 求出 λ 的值；

（3）得到拒绝域 $R=\left\{\overline{X}<\mu_0-\frac{S}{\sqrt{n}}\lambda \text{ 或 } \overline{X}>\mu_0+\frac{S}{\sqrt{n}}\lambda\right\}$；

（4）计算出观测值的样本均值 $\overline{x}$，若 $\overline{x}\in R$，则拒绝假设 $H_0:\mu=\mu_0$；否则不能拒绝假设 H_0 或接受 H_0.

例 2 用某仪器间接测量温度，重复 5 次，所得数据为 1 250 ℃，1 265 ℃，1 245 ℃，1 260 ℃，1 275 ℃. 而用别的更精确的方法测得的温度为 1 277 ℃（可看作温度的真值）. 若测量值 $X\sim N(\mu,\sigma^2)$. 试问用此仪器间接测量温度有无系统的偏差？（$\alpha=0.05$）

解 由条件可知，本题是在总体方差 σ^2 未知（即仪器的测量精度未知）的情况下，检验假设 $H_0:\mu=\mu_0=1\,277$ ℃.

对于 $\alpha=0.05$，求 λ 使 $P\{|T|>\lambda\}=0.05$，其中

$$T=\frac{(\overline{X}-\mu_0)\sqrt{n}}{S}\sim t(4),$$

由附表 2 得 $\lambda=2.776$.

又由样本观测值得

$$\overline{x}=\frac{1}{5}(1\,250+1\,265+1\,245+1\,260+1\,275)=1\,259,$$

$$S=\sqrt{\frac{1}{4}[(1\,250-1\,259)^2+(1\,265-1\,259)^2+\cdots+(1\,275-1\,259)^2]}$$
$$=11.94.$$

从而得拒绝域

$$R=\left\{\overline{X}<1\,277-\frac{11.94}{\sqrt{5}}\times 2.776 \text{ 或 } \overline{X}>1\,277+\frac{11.94}{\sqrt{5}}\times 2.776\right\},$$

即

$$R=\{\overline{X}<1\,262.177 \text{ 或 } \overline{X}>1\,291.823\}.$$

而 $\bar{x}=1\ 259\in R$,故应拒绝假设,说明该仪器间接测量温度存在系统偏差.

上面介绍的对于期望的假设检验,其拒绝域确定了样本均值左、右两个临界值点,故称之为双侧检验.在一些实际问题中,我们还常常遇到要检验总体期望是否小于(或大于)某个常数的情况,即所谓单侧检验问题.下面通过一个例子,介绍一下这种情况的检验方法.

例 3 某工厂采用一种新方法处理废水.对处理后的水测量所含某种有毒物质的质量浓度 X,且已知 $X\sim N(\mu,\sigma^2)$.测量 10 个水样,得到以下数据:$\bar{x}=17.10$ mg/L,$S^2=2.90^2$;而以前用老方法处理废水后,该种有毒物质平均质量浓度为 19 mg/L.问:新方法是否比老方法好?($\alpha=0.05$)

解 如果新方法比老方法好,即应有 $\mu<\mu_0=19$.故检验假设 $H_0:\mu<\mu_0=19$.若 H_0 成立,又 σ^2 未知,故由 $\mu<\mu_0$,有

$$\bar{X}-\mu>\bar{X}-\mu_0,$$

从而

$$T=\frac{(\bar{X}-\mu)\sqrt{n}}{S}>\frac{(\bar{X}-\mu_0)\sqrt{n}}{S}.$$

于是对任意实数 λ,

$$P\{T>\lambda\}\geqslant P\left\{\frac{(\bar{X}-\mu_0)\sqrt{n}}{S}>\lambda\right\}.$$

但$\dfrac{(\bar{X}-\mu_0)\sqrt{n}}{S}$的分布未知,而

$$T=\frac{(\bar{X}-\mu)\sqrt{n}}{S}\sim t(9).$$

对于给定的 $\alpha=0.05, n=10$,求 λ,使

$$P\left\{\frac{(\bar{X}-\mu_0)\sqrt{n}}{S}>\lambda\right\}\leqslant P\{T>\lambda\}=\alpha=0.05.$$

由于 $P\{T>\lambda\}=0.05$ 等价于 $P\{|T|>\lambda\}=2\alpha=0.1$,故由附表 2

得 $\lambda=1.833$. 从而

$$P\left\{\frac{(\overline{X}-19)\sqrt{10}}{2.90}>1.833\right\}\leqslant 0.05,$$

即 $P\left\{\overline{X}>19+\frac{2.90}{\sqrt{10}}\times 1.833\right\}\leqslant 0.05$,故拒绝域为 $R=\{\overline{X}>20.68\}$. 而由抽样得到的 $\bar{x}=17.10\notin R$,因此不能拒绝假设,应认为新方法是比老方法好.

这个例子给出的是总体方差未知的情况. 总体方差已知的情况可以类似地处理,只是选取的统计量有所不同. 此外,还可以得到待检验假设为 $\mu\geqslant\mu_0$ 的情况,这里就不详细介绍了.

§3 方差的假设检验

这里我们介绍关于方差假设检验的两种情况,即

1. 未知期望 μ,检验假设 $H_0:\sigma^2=\sigma_0^2$(σ_0^2 为已知数);

2. 未知期望 μ,检验假设 $H_0:\sigma^2\leqslant\sigma_0^2$($\sigma_0^2$ 为已知数).

为简单起见,下面直接给出两种情况的检验步骤:

1. 未知期望 μ,检验假设 $H_0:\sigma^2=\sigma_0^2$

(1) 提出待检验假设 $H_0:\sigma^2=\sigma_0^2$;

(2) 对于给定的检验水平 α,求 $\lambda_1,\lambda_2(0<\lambda_1<\lambda_2)$ 使

$$P\{W<\lambda_1 \text{ 或 } W>\lambda_2\}=\alpha,$$

其中 $W=\frac{(n-1)S^2}{\sigma_0^2}\sim\chi^2(n-1)$,$\lambda_1,\lambda_2$ 分别满足

$$P\{W>\lambda_2\}=\frac{\alpha}{2},\quad P\{W\geqslant\lambda_1\}=1-\frac{\alpha}{2},$$

由附表 3 即可求出 λ_1,λ_2 的值;

(3) 得拒绝域 $R=\{W<\lambda_1 \text{ 或 } W>\lambda_2\}$;

(4) 由样本观测值计算出 S^2 的值及 $W=\frac{(n-1)S^2}{\sigma_0^2}$的值,如果

$W \in R$,则拒绝假设;否则不能拒绝假设.

例 1 某炼铁厂的铁水含碳量为 $X \sim N(\mu, 0.108^2)$. 现对操作工艺作了某些改进,然后抽测了 5 炉铁水,测得 $S^2 = 0.228^2$. 由此是否可以认为新工艺炼出的铁水含碳量的方差 $\sigma^2 = 0.108^2$?($\alpha = 0.05$)

解 待检验假设为 $H_0: \sigma^2 = \sigma_0^2 = 0.108^2$,且 μ 未知.

对给定的检验水平 $\alpha = 0.05$,求 λ_1, λ_2 使

$$P\{W<\lambda_1 \text{ 或 } W>\lambda_2\} = 0.05,$$

其中 $W = \dfrac{4S^2}{\sigma_0^2} \sim \chi^2(4)$, λ_1, λ_2 分别满足 $P\{W>\lambda_2\} = \dfrac{\alpha}{2} = 0.025$, $P\{W \geqslant \lambda_1\} = 1 - \dfrac{\alpha}{2} = 0.975$,由附表 3 得 $\lambda_2 = 11.1$, $\lambda_1 = 0.484$,又 $S^2 = 0.228^2$,故拒绝域为

$$R = \{W<0.484 \text{ 或 } W>11.1\}.$$

$$W = \frac{4 \times 0.228^2}{0.108^2} = 17.827 \in R,$$

因此应拒绝假设,即新工艺生产不够稳定.

2. 未知期望 μ,检验假设 $H_0: \sigma^2 \leqslant \sigma_0^2$

这种假设检验,在实际问题中更为常见,因此较 1 更为重要.

(1) 提出待检验假设 $H_0: \sigma^2 \leqslant \sigma_0^2$;

(2) 若 $\sigma^2 \leqslant \sigma_0^2$,则有 $\dfrac{1}{\sigma_0^2} \leqslant \dfrac{1}{\sigma^2}$,从而

$$w = \frac{(n-1)S^2}{\sigma_0^2} \leqslant \frac{(n-1)S^2}{\sigma^2} = W.$$

故对任意实数 λ,

$$P\{w>\lambda\} \leqslant P\{W>\lambda\}.$$

又由于 w 的分布未知,而 $W \sim \chi^2(n-1)$,故对给定的检验水平 α,求 $\lambda(>0)$ 使

$$P\left\{w = \frac{(n-1)S^2}{\sigma_0^2} > \lambda\right\} \leqslant P\{W>\lambda\} = \alpha;$$

（3）得拒绝域 $R=\{w>\lambda\}$；

（4）由样本观测值计算 $w=\dfrac{(n-1)S^2}{\sigma_0^2}$，若 $w\in R$，则拒绝假设；否则不能拒绝假设.

例 2 用包装机包装食盐. 若每袋盐净重 $X\sim N(\mu,\sigma^2)$（μ,σ^2 均未知）. 若质量标准规定每袋标准重量为 500 g，标准差不能超过 10 g. 某日开工后，为检查包装机工作是否正常，从当日产品中任取 9 袋测得净重（单位：g）分别为 497，507，510，475，484，488，524，491，515. 问这天包装机工作是否正常？

解 显然，应从两方面检查包装机的工作是否正常：第一个方面，每袋盐的平均净重是否为 500 g；第二个方面，各袋的净重是否相差不大. 由此可见，要分别检验两个假设：

$$H_0:\mu=\mu_0=500;\quad H_0':\sigma^2\leqslant\sigma_0^2=10^2.$$

对于 $H_0:\mu=\mu_0=500$，由于 σ^2 未知，故对于 $\alpha=0.05$，$n=9$，求 λ_1 使 $P\{|T|>\lambda_1\}=0.05$，其中 $T=\dfrac{(\overline{X}-\mu_0)\sqrt{n}}{S}\sim t(8)$.

由附表 2 得 $\lambda_1=2.306$. 又由样本观测值计算

$$\bar{x}=\frac{1}{9}(497+507+\cdots+515)=499,$$

由此有 $S^2=16.03^2$，得拒绝域

$$R_1=\left\{\overline{X}<500-\frac{16.03}{3}\times2.306\text{ 或 }\overline{X}>500+\frac{16.03}{3}\times2.306\right\},$$

即

$$R_1=\{\overline{X}<487.68\text{ 或 }\overline{X}>512.32\}.$$

而样本均值 $\bar{x}=499\notin R_1$. 因此不能拒绝 H_0，即应认为每袋盐的平均净重符合要求.

再检验假设 $H_0':\sigma^2\leqslant\sigma_0^2=10^2$.

对于 $\alpha=0.05$，求 λ_2 使

$$P\left\{w=\frac{(n-1)S^2}{\sigma_0^2}>\lambda_2\right\}\leqslant P\{W>\lambda_2\}=0.05,$$

其中 $W=\dfrac{(n-1)S^2}{\sigma^2}\sim\chi^2(8)$. 由附表 3 得 $\lambda_2=15.5$. 故拒绝域为 $R_2=\{w>15.5\}$.

由上面的结果有 $w=\dfrac{8\times16.03^2}{10^2}=20.56\in R_2$,因此应拒绝 H_0',即抽样表明各袋间的净重差别较大,包装机工作不够稳定.

本章自测题

习题 7.2

1. 由经验知道某种零件质量 $X\sim N(\mu,\sigma^2)$,$\mu=15$,$\sigma^2=0.05$. 技术革新后,抽了 6 个样品,测得其质量(单位:g)为

14.7, 15.1, 14.8, 15.0, 15.2, 14.6.

已知方差不变,问平均质量是否为 15 g? ($\alpha=0.05$)

2. 问第 1 题中零件的平均质量是否小于或等于 15 g? ($\alpha=0.01$)

3. 根据长期资料的分析,知道某种钢筋的强度服从正态分布. 今随机抽取 6 根钢筋进行强度试验,测得强度(单位:MPa)为

48.5, 49, 53.5, 49.5, 56.0, 52.5.

问:能否认为该种钢筋的平均强度为 52.0 MPa?

4. 某车间生产铜丝,生产一向比较稳定,今从产品中随机抽出 10 根检查折断力,得数据如下(单位:N):

578, 572, 570, 568, 572, 570, 570, 572, 596, 584.

问:是否可相信该车间生产的铜丝其折断力的方差为 64?

5. 已知罐头番茄汁中 Vc(维生素 C)的含量服从正态分布. 按照规定 Vc 的平均含量不得少于 21 mg. 现从一批罐头中取了 17 罐,算得 Vc 含量的平均值 $\bar{x}=23$,$S^2=3.98^2$,问该批罐头 Vc 的含量是否合格?

部分习题答案

上篇 基 础 篇

第一部分 初等微积分

习题 1.1

1. (1) 不相同,因为它们的定义域不相同;

(2) 不相同,因为它们的定义域不相同;

(3) 相同;

(4) 不相同,因为它们的定义域不相同.

2. (1) $(-\infty,0)\cup(0,2)\cup(2,+\infty)$; (2) $(-\infty,-2)\cup(2,+\infty)$;

(3) $[-1,1)$; (4) $[1,5]$;

(5) $[5,+\infty)$;

(6) $\left\{x \mid x\neq n\pi+\dfrac{\pi}{4}\text{且 } x\in\mathbf{R},(n=0,\pm1,\pm2,\cdots)\right\}$.

3. $f(0)=2$, $f(1)=0$, $f(-2)=12$,

$f(-x)=x^2+3x+2$, $f\left(\dfrac{1}{x}\right)=\dfrac{1}{x^2}-\dfrac{3}{x}+2$.

4. $f(t^2)=t^6+1$, $[f(t)]^2=(t^3+1)^2$,

$f(x+1)=(x+1)^3+1$, $f(x)+1=x^3+2$.

5. (1) 偶函数; (2) 奇函数;

(3) 非奇非偶函数; (4) 非奇非偶函数;

(5) 偶函数; (6) 奇函数.

6. (1) 单调递减; (2) 单调递增;

(3) 单调递减; (4) 单调递增.

7. (1) 周期函数, $T=\frac{2}{\lambda}\pi$;　　(2) 不是周期函数;

(3) 不是周期函数;　　(4) 周期函数, $T=2\pi$.

8. $f[f(x)]=x^4$,　　$g[g(x)]=2^{2^x}$,

$f[g(x)]=2^{2x}$,　　$g[f(x)]=2^{x^2}$.

9. $f[f(x)]=1-\frac{1}{x}$,　　$f\{f[f(x)]\}=x$.

10. (1) $y=\frac{1}{a}(x-b)$;　　(2) $y=\sqrt{x^3-4}$;

(3) $y=\frac{1}{3}\arcsin\frac{x}{2}(0<x<2)$;　　(4) $y=10^x-4$.

11. 设其表面积为 S,底半径为 r,则 $S=\pi r^2+\frac{2V}{r}\quad(r>0)$.

12. $y=5x+80(1\leqslant x\leqslant 14)$.

习题 1.2

1. (1) 不存在;　　(2) 1;

(3) 1;　　(4) 不存在.

2. (1) 1;　　(2) 不存在;

(3) 不存在;　　(4) 不存在.

3. 不能.

4. 不存在(提示:利用极限运算性质说明).

5. (1) $\frac{4}{3}$;　(2) 0;　(3) 3;　(4) 2;

(5) $\frac{1}{4}$;　(6) 0;　(7) $\frac{1}{5}$;　(8) $\frac{1}{2}$;

(9) $\frac{1}{2\sqrt{x}}$;　(10) $\frac{1}{2}$;　(11) $\frac{4}{3}$;　(12) n;

(13) -1;　(14) 0;　(15) 0;　(16) 4;

(17) $\frac{1}{4}$;　(18) $\frac{\sqrt{2}}{2}$;　(19) e^4;　(20) $\frac{1}{e}$;

(21) e;　(22) ∞;　(23) 0;　(24) $+\infty$;

(25) $\cos a$;　(26) 0;　(27) 2;　(28) 1;

(29) $\frac{4}{3}$;　(30) $\frac{1}{2}$.

6. (1) $(-\infty,-1),(-1,+\infty)$;　　(2) $[1,+\infty)$;

(3) $(-\infty,+\infty)$;

(4) $(-\infty,-3),(3,+\infty)$;

(5) $(-\infty,0),(0,+\infty)$;

(6) $(-\infty,1),(1,+\infty)$;

(7) $(-\infty,0),(0,+\infty)$;

(8) $(-\infty,1),(1,2),(2,+\infty)$.

7. (1) $\cos(-1)=\cos 1$;

(2) $\sqrt{\frac{1}{3}}$.

习题 1.3

1. (1) $2x+1$;

(2) $-\sin(x+3)$.

2. $f'(x_0)$.

3. (1) $-\frac{2}{(x-1)^2}$;

(2) $30x^2+4x-15$;

(3) $(1+x)e^x$;

(4) $\sec x\cdot\tan x$;

(5) $-\frac{4x}{(x^2-1)^2}$;

(6) $20(x^2-2x+1)^9(x-1)$;

(7) $3\cos x-\sin 2x$;

(8) $\frac{(x^2+1)\sec^2 x-2x\tan x}{(x^2+1)^2}$;

(9) $4\cos 4x$;

(10) $6\cdot 10^{6x}\ln 10$;

(11) $\frac{1}{2}(x^2+4x+1)e^{\frac{x}{2}}$;

(12) $\frac{1}{\sqrt{-(x^2+3x+2)}}$;

(13) $\cot x$;

(14) $\frac{3\ln^2 x}{x}$;

(15) $\frac{x}{(2+x^2)\sqrt{1+x^2}}$;

(16) $-\frac{1}{|x|\sqrt{x^2-1}}$;

(17) $\frac{1}{\sqrt{x^2+a^2}}$;

(18) $\frac{1-\ln x}{x^2}\cdot x^{\frac{1}{x}}$;

(19) $(\sin x)^{\cos x}[\cos x\cdot\cot x-\sin x\cdot\ln\sin x]$;

(20) $\frac{2x+3}{2\sqrt{x(x+3)}}$.

4. $y=2(x+1)$ 或 $y=2(x-1)$.

5. (1) $\frac{6x(2x^3-1)}{(x^3+1)^3}$;

(2) $2\sin x\cdot\sec^3 x$;

(3) $2e^{x^2}(3x+2x^3)$;

(4) $2\cos(x^2+1)-4x^2\sin(x^2+1)$;

(5) $-2e^x\sin x$;

(6) $\frac{-2x}{(1+x^2)^2}$;

(7) $-\csc^2 x$;

(8) $\frac{1}{x}$.

6. $\dfrac{4}{e}$.

7. 300 000.

10. $\dfrac{1-(n+1)x^n+nx^{n+1}}{(1-x)^2}$.

11. $\Delta y=19, dy=12$; $\Delta y=1.261, dy=1.2$; $\Delta y=0.120\,601, dy=0.12$.

12. (1) $-x^{-3}dx$; (2) $-0.5x^{-\frac{1}{2}}(1+x^{-1})dx$;

(3) $\sin 2x dx$; (4) $(1-x\ln 4)4^{-x}dx$;

(5) $(1+x)e^x dx$; (6) $x^{-n-1}(1-n\ln x)dx$;

(7) $5x^{5x}(\ln x+1)dx$; (8) $(\sin x\ln x+x\cos x\ln x+\sin x)dx$.

习题 1.4

2. $y=\dfrac{5}{2}x^2-\dfrac{37}{2}$.

3. (1) $\dfrac{1}{5}x^5+C$; (2) $\dfrac{2}{5}x^{\frac{5}{2}}+C$;

(3) $\ln|x|+\dfrac{4^x}{\ln 4}+C$; (4) $\dfrac{1}{2}x^2-\sqrt{2}x+C$;

(5) $\tan x-x+C$; (6) $2x+\arctan x+C$;

(7) $\sin x-\cos x+C$; (8) $\tan x+\sin x+C$;

(9) $\dfrac{3^x e^x}{1+\ln 3}+C$; (10) $2x+\dfrac{5\left(\dfrac{2}{3}\right)^x}{\ln 2-\ln 3}+C$.

4. (1) $\dfrac{1}{33}(3x-2)^{11}+C$; (2) $\dfrac{2}{9}(2+3x)^{\frac{3}{2}}+C$;

(3) $\dfrac{2}{1-2x}+C$; (4) $\dfrac{1}{3}\ln|3x+5|+C$;

(5) $\dfrac{1}{3}(x^2+3)^{\frac{3}{2}}+C$; (6) $-\dfrac{1}{3}\cos 3x+C$;

(7) $\dfrac{1}{5}\arcsin 5x+C$; (8) $\dfrac{1}{3}\arctan 3x+C$;

(9) $\dfrac{1}{2}\ln(x^2+1)+C$; (10) $\ln(x^2-3x+8)+C$;

(11) $\dfrac{1}{2}x-\dfrac{1}{4}\sin 2x+C$; (12) $-\dfrac{1}{3}\ln|2-3e^x|+C$;

(13) $\dfrac{1}{6}(e^x+2)^6+C$; (14) $\dfrac{\sqrt{2}}{2}\arctan\dfrac{x+1}{\sqrt{2}}+C$;

(15) $\frac{1}{8}\ln\left|\frac{x-4}{x+4}\right|+C$;　(16) $\frac{10^{2x}}{2\ln 10}+C$;

(17) $\ln|\ln x|+C$;　(18) $\frac{2}{3}\sqrt{\ln^3 x}+C$;

(19) $2\sqrt{\tan x}+C$;　(20) $-\frac{1}{\arcsin x}+C$;

(21) $\frac{1}{4}\sin 2x-\frac{1}{16}\sin 8x+C$;　(22) $\sin x-\frac{1}{3}\sin^3 x+C$;

(23) $\frac{1}{3}\tan^3 x+\tan x+C$;　(24) $\frac{1}{3}\tan^3 x-\tan x+x+C$.

5. (1) $\int_0^1 x^2\mathrm{d}x \geqslant \int_0^1 x^3\mathrm{d}x$;　(2) $\int_1^2 x^2\mathrm{d}x \leqslant \int_1^2 x^3\mathrm{d}x$;

(3) $\int_1^2 \ln x\mathrm{d}x \geqslant \int_1^2 \ln^2 x\mathrm{d}x$.

6. 24.5.　**7**. $\frac{\sqrt{2}}{2}$.　**8**. $-\sqrt{1+x^2}\,\mathrm{d}x$.　**9**. $\frac{2x}{1+x^2}$.

10. $\frac{2x}{\sqrt{1-x^4}}-\frac{1}{\sqrt{1-x^2}}$.

11. (1) 20;　(2) $4\frac{2}{3}$;

(3) -2;　(4) $-\frac{1}{12}\ln 5$;

(5) $\mathrm{e}-1$;　(6) $3\ln 2-1$.

12. $\frac{1}{3}+\mathrm{e}^{-1}-\mathrm{e}^{-\frac{3}{2}}$,　$-\frac{1}{3}$.

第二部分　线性代数简介

习题 2.1

1. (1) $\begin{bmatrix} 6 & 5 & 4 & 3 \\ 5 & 1 & -1 & 6 \\ 2 & -2 & 9 & 5 \end{bmatrix}$;　(2) $\begin{bmatrix} 4 & 1 & 0 & -1 \\ 3 & 0 & 0 & 6 \\ 3 & -2 & 3 & 2 \end{bmatrix}$.

2. $\begin{bmatrix} 2 & 3 & -2 & 2 \\ 2 & -2 & 1 & -1 \\ \frac{1}{2} & -1 & -\frac{7}{2} & -1 \end{bmatrix}$.

3. (1) $\begin{bmatrix}3&3\\7&5\end{bmatrix}$; (2) $\begin{bmatrix}12&26\\-27&2\\23&4\end{bmatrix}$; (3) (-5);

(4) $\begin{bmatrix}-4&12&8&20\\0&0&0&0\\-7&21&14&35\\3&-9&-6&-15\end{bmatrix}$; (5) $\begin{bmatrix}6&8&1\\6&13&8\\-3&-2&5\end{bmatrix}$;

(6) $(a_{11}x_1^2+a_{22}x_2^2+a_{33}x_3^2+a_{12}x_1x_2+a_{23}x_2x_3+a_{13}x_1x_3+$
$a_{21}x_2x_1+a_{32}x_3x_2+a_{31}x_3x_1)$.

4. $\boldsymbol{A}^{\mathrm{T}}=\begin{bmatrix}1&2&-1\\2&3&0\\-1&2&2\end{bmatrix}$, $\boldsymbol{B}^{\mathrm{T}}=\begin{bmatrix}0&2&-1\\1&-1&-1\\2&0&3\end{bmatrix}$,

$\boldsymbol{A}^{\mathrm{T}}+\boldsymbol{B}^{\mathrm{T}}=\begin{bmatrix}1&4&-2\\3&2&-1\\1&2&5\end{bmatrix}$, $\boldsymbol{A}^{\mathrm{T}}\boldsymbol{B}^{\mathrm{T}}=\begin{bmatrix}0&0&-6\\3&1&-5\\6&-4&5\end{bmatrix}$,

$\boldsymbol{B}^{\mathrm{T}}\boldsymbol{A}^{\mathrm{T}}=\begin{bmatrix}5&4&-2\\0&-3&-3\\-1&10&4\end{bmatrix}$, $(\boldsymbol{A}^{\mathrm{T}})^2=\begin{bmatrix}6&6&-3\\8&13&-2\\1&8&5\end{bmatrix}$.

5. (1) $\begin{bmatrix}a&b\\0&a\end{bmatrix}$; (2) $\begin{bmatrix}a&b&c\\0&a&b\\0&0&a\end{bmatrix}$.

6. 总价值为

$(0.2,0.35)\begin{bmatrix}2\,000&1\,000&800\\1\,200&1\,300&500\end{bmatrix}=(820,655,335)$,

总质量为

$(0.011,0.05)\begin{bmatrix}2\,000&1\,000&800\\1\,200&1\,300&500\end{bmatrix}=(82,76,33.8)$,

总体积为

$(0.12,0.5)\begin{bmatrix}2\,000&1\,000&800\\1\,200&1\,300&500\end{bmatrix}=(840,770,346)$.

习题 2.2

1. (1) -18; (2) 0.

2. $M_{11}=3, M_{12}=12, M_{13}=12, M_{14}=21$,

$M_{13}=12, M_{23}=10, M_{33}=-16, M_{43}=6$;

$A_{11}=3, A_{12}=-12, A_{13}=12, A_{14}=-21$,

$A_{13}=12, A_{23}=-10, A_{33}=-16, A_{43}=-6$.

3. $D=0\cdot A_{31}+2\cdot A_{32}+0\cdot A_{33}+0\cdot A_{34}$

$$=2(-1)^{3+2}\begin{vmatrix}6 & 8 & 0\\ 5 & 3 & -2\\ 1 & 4 & -3\end{vmatrix}=-196.$$

4. (1) $ab(b-a)$; (2) $4abc$; (3) 48; (4) 160; (5) 4; (6) $(a^2-b^2)^2$.

5. (1) $D=63$; $x_1=1, x_2=2, x_3=3$;

(2) $D=-5abc$; $x_1=-a, x_2=b, x_3=c$;

(3) $D=10$; $x_1=0, x_2=2, x_3=0, x_4=0$.

6. (1) $D=-30\neq 0$,仅有零解;

(2) $D=0$,有非零解.

7. $\lambda=-1$ 或 4.

习题 2.3

1. $x_1=2, x_2=-1, x_3=1, x_4=-3$.

2. $\begin{cases}x_1=-\dfrac{1}{3}x_4,\\ x_2=-\dfrac{2}{3}x_4,\\ x_3=-\dfrac{1}{3}x_4,\end{cases}$ 其中 x_4 是自由未知量.

3. $x_1=0, x_2=0, x_3=0$.

4. 无解.

5. $\begin{cases}x_1=1-\dfrac{9}{7}x_3+\dfrac{1}{2}x_4,\\ x_2=-2+\dfrac{1}{7}x_3-\dfrac{1}{2}x_4.\end{cases}$

第三部分　概率统计初步

习题 3.1

1. （1）$\Omega=\{2,3,\cdots,12\}$；

（2）$\Omega=\{3,4,\cdots,10\}$；

（3）$\Omega=\{10,11,\cdots\}$；

（4）设 x,y,z 分别表示第一段、第二段、第三段的长度.

$\Omega=\{(x,y,z)\mid x>0,y>0,z>0,x+y+z=1\}$.

2. （1）$A\bar{B}\bar{C}$；　（2）$AB\bar{C}$；　（3）ABC；　（4）$A+B+C$；

（5）$AB+BC+CA$；　（6）$A\bar{B}\bar{C}+\bar{A}B\bar{C}+\bar{A}\bar{B}C$；

（7）$AB\bar{C}+A\bar{B}C+\bar{A}BC$；　（8）$\overline{AB+BC+CA}$；

（9）$\overline{ABC}$；　（10）$\bar{A}\bar{B}\bar{C}$.

3. $P(A+B+C)=P(A)+P(B)+P(C)-P(AC)-P(AB)-P(BC)+P(ABC)$.

4. $\dfrac{5}{8}$.　**5.** $\dfrac{99}{392}$.　**6.** $\dfrac{132}{169}$.　**7.** $\dfrac{1}{10}$.　**8.** $\dfrac{3}{5}$.　**9.** $\dfrac{4}{5}$.

10. 0.965 3.　**11.** 0.124.　**12.** 0.008 3.　**13.** 0.959 04.

14. 0.96，0.039，0.000 6，$C_4^3\times0.01^3\times0.99\approx0$，$C_4^4\times0.01^4\approx0$.

15. 0.104.

习题 3.2

1. $P\{0.5<X<1.5\}=0.2417$.

2. （1）$P\{X<-1.24\}=0.1075$；　（2）$P\{|X|<1\}=0.6826$.

3. $P\{1.35<X<1.45\}=0.6826$.

4. $k=3$.

5. $P\{45<X<62\}=0.5764$.

6. $P\{|X|<3\}=0.7612$.

7. $P\{X>10\}=0.5$，$P\{7\leqslant X\leqslant15\}=0.927$.

8. 0.045 6.

习题 3.3

1. （1）$\bar{x}=67.4$，$S^2=35.16$；（2）$\bar{x}=99.93$，$S^2=1.43$.

2. （1）$\bar{x}=14$；（2）$S^2=0.49$.

3. 依照作直方图的六个步骤,制作直方图.

4. 把 10 个数据,由小到大排列为

$$-4<0<2=2<2.5=2.5=2.5<3<3.2<4,$$

其经验分布函数为

$$F_{10}(x)=\begin{cases}0, & x<-4,\\ 1/10, & -4\leqslant x<0,\\ 2/10, & 0\leqslant x<2,\\ 4/10, & 2\leqslant x<2.5,\\ 7/10, & 2.5\leqslant x<3,\\ 8/10, & 3\leqslant x<3.2,\\ 9/10, & 3.2\leqslant x<4,\\ 1, & x\geqslant 4.\end{cases}$$

下篇　提　高　篇

第四部分　一元微积分

习题 4.1

1. （1）$y'_x=\dfrac{y-x^2}{y^2-x}$；　　（2）$y'_x=\dfrac{\sin(x-y)+y\cos x}{\sin(x-y)-\sin x}$.

2. $y'_x=-\dfrac{1}{\sqrt{1-x^2}}$.

3. （1）$y'_x=x^{\frac{1}{x}-2}(1-\ln x)$；

（2）$y'_x=(\sin x)^{\cos x}(\cos x\cdot\cot x-\sin x\ln\sin x)$.

4. 有 4 个实根,它们分别位于区间$(-2,-1)$,$(-1,0)$,$(0,1)$和$(1,3)$内.

5. $1^3-0^3=3x_0^2(1-0)$，　$x_0=\sqrt{3}/3$.

8. (1) $\frac{1}{n}$；　(2) $\frac{\ln 2}{\ln 3}$；　(3) 1；　(4) $-\infty$；　(5) 0；　(6) 1/3；　(7) 1；
(8) $\ln a$；　(9) 1/2；　(10) 0.

9. (1) 在$(-\infty,-2)$和$(1,+\infty)$内单调递增，在$(-2,1)$内单调递减；
(2) 在$(-\infty,0)$内单调递增，在$(0,+\infty)$内单调递减；
(3) 在$(-\infty,+\infty)$内单调递增；
(4) 在$(-1,0)$内单调递减，在$(0,+\infty)$内单调递增.

10. (1) 极大值$f(0)=0$，极小值$f(1)=-1$；
(2) 极小值$f(e^{-1/2})=-\frac{1}{2e}$；
(3) 没有极值；
(4) 极小值$f\left(-\frac{\ln 2}{2}\right)=2\sqrt{2}$.

11. (1) 最大值$f(1)=2$，最小值$f(-1)=-12$；
(2) 最大值$f(-1)=e$，最小值$f(0)=0$.

12. $(1,2),(1,-2)$.

13. 底半径$R=\sqrt[3]{\frac{150}{\pi}}$，高$h=2\sqrt[3]{\frac{150}{\pi}}$.

14. 250 个.

15. 25 t，3 125 元.

习题 4.2

1. (1) $\frac{x}{\sqrt{1-x^2}}+C$；　(2) $\frac{1}{3}\arcsin\frac{3}{2}x+C$；
(3) $\sqrt{x^2+1}+\frac{1}{\sqrt{x^2+1}}+C$；　(4) $\ln\left|\frac{\sqrt{1+x^2}}{x}-\frac{1}{x}\right|+C$.

2. (1) $\frac{1}{4}\sin 2x-\frac{1}{2}x\cos 2x+C$；　(2) $-(x+1)e^{-x}+C$；
(3) $x\arccos x-\sqrt{1-x^2}+C$；　(4) $x\arctan x-\frac{1}{2}\ln(1+x^2)+C$；
(5) $\frac{1}{2}(x^2\arctan x-x+\arctan x)+C$；
(6) $x\ln^2 x-2x(\ln x-1)+C$.

3. (1) $\frac{7}{72}$；　(2) $\frac{3}{2}$；　(3) $\frac{1}{5}(e-1)^5$；　(4) $\ln\frac{2e}{1+e}$；　(5) $\frac{\pi}{2}$；

(6) $\ln\frac{3}{2}$; (7) $\frac{3}{16}\pi$; (8) $\frac{a^4}{16}\pi$; (9) $\frac{1}{4}(\pi-2)$;

(10) $\frac{1}{4}(1+e^2)$; (11) $\frac{1}{2}(1-\ln 2)$; (12) $\pi(\pi^2-6)$; (13) 1;

(14) $\frac{1}{2}(e^{\frac{\pi}{2}}-1)$; (15) $2\left(1-\frac{1}{e}\right)$; (16) $e-\sqrt{e}$.

8. $\frac{1}{3}$. **9**. $\frac{1}{2}\left(1-\frac{1}{e}\right)$. **10**. $\frac{1}{2}\pi^2$.

11. $\frac{3}{10}\pi$. **12**. $e(e-1)$.

13. (1) π; (2) 1; (3) $2+\frac{\pi}{2}$; (4) 1.

第五部分 线性代数

习题 5.1

1. (1) -18; (2) 0; (3) $-(a+b+c)(a^2+b^2+c^2-ab-ac-bc)$.

2. $D=2(-1)^{3+2}\begin{vmatrix}6 & 8 & 0\\ 5 & 3 & -2\\ 1 & 4 & -3\end{vmatrix}=-196$.

3. (1) $ab(b-a)$; (2) $4abc$; (3) 48; (4) 160; (5) 4;

(6) $(-1)^n(n+1)\prod_{i=1}^{n}a_i$; (7) $(-1)^{n-1}b^{n-1}\left(\sum_{i=1}^{n}a_i-b\right)$;

(8) a_1-b_1(若 $n=1$),$(a_2-a_1)(b_2-b_1)$(若 $n=2$),0(若 $n\geqslant 3$).

习题 5.2

1. (1) $A^*=\begin{bmatrix}2 & -1\\ 0 & 3\end{bmatrix}$, $\det A=6$, $AA^*=A^*A=6I$;

(2) $A^*=\begin{bmatrix}5 & 9 & -1\\ -2 & -3 & 0\\ 0 & 2 & -1\end{bmatrix}$, $\det A=1$, $AA^*=A^*A=I$.

2. (1) 可逆,逆矩阵为$\begin{bmatrix}-11 & 7\\ 8 & -5\end{bmatrix}$;

（2）可逆，逆矩阵为$\begin{bmatrix} -\frac{2}{3} & -\frac{1}{3} & \frac{1}{3} \\ -\frac{19}{18} & -\frac{5}{18} & \frac{1}{9} \\ \frac{4}{9} & \frac{2}{9} & \frac{1}{9} \end{bmatrix}$.

3. （1）$\boldsymbol{X}=\begin{bmatrix} -17 & -28 \\ -4 & -6 \end{bmatrix}$；（2）$\boldsymbol{X}=\begin{bmatrix} 2 & 9 & -5 \\ -2 & -8 & 6 \\ -4 & -14 & 9 \end{bmatrix}$.

4. （1）$\begin{bmatrix} a & 0 & ac & 0 \\ 0 & a & 0 & ac \\ 1 & 0 & c+bd & 0 \\ 0 & 1 & 0 & c+bd \end{bmatrix}$；（2）$\begin{bmatrix} 12 & -15 & 21 & 0 & 0 \\ -3 & 6 & 18 & 0 & 0 \\ -9 & 3 & 24 & 0 & 0 \\ 0 & 0 & 0 & -5 & 15 \\ 0 & 0 & 0 & 45 & 20 \end{bmatrix}$.

5. （1）$\begin{bmatrix} -3 & 2 & 0 & 0 \\ -5 & 3 & 0 & 0 \\ 0 & 0 & -1 & 4 \\ 0 & 0 & 1 & -3 \end{bmatrix}$；（2）$\begin{bmatrix} 0 & 0 & 1 & -1 & 1 \\ 0 & 0 & 0 & 1 & -1 \\ 0 & 0 & 0 & 0 & 1 \\ -3 & 2 & 0 & 0 & 0 \\ 2 & -1 & 0 & 0 & 0 \end{bmatrix}$.

6. （1）$\begin{bmatrix} 1 & 1 & 3 \\ 2 & 3 & 7 \\ 3 & 4 & 9 \end{bmatrix}$；（2）$\begin{bmatrix} -\frac{7}{11} & \frac{8}{11} & \frac{3}{11} \\ \frac{1}{11} & \frac{2}{11} & -\frac{2}{11} \\ \frac{19}{11} & -\frac{17}{11} & -\frac{5}{11} \end{bmatrix}$；

（3）$\begin{bmatrix} -\frac{2}{3} & \frac{1}{3} & \frac{1}{6} & -\frac{1}{6} \\ -\frac{2}{3} & -\frac{5}{3} & \frac{7}{6} & -\frac{1}{6} \\ \frac{4}{3} & \frac{1}{3} & -\frac{1}{3} & \frac{1}{3} \\ -\frac{1}{3} & \frac{2}{3} & -\frac{1}{6} & \frac{1}{6} \end{bmatrix}$；

(4) $\begin{bmatrix} \frac{1}{4} & \frac{1}{4} & \frac{1}{4} & \frac{1}{4} \\ \frac{1}{4} & \frac{1}{4} & -\frac{1}{4} & -\frac{1}{4} \\ \frac{1}{4} & -\frac{1}{4} & \frac{1}{4} & -\frac{1}{4} \\ \frac{1}{4} & -\frac{1}{4} & -\frac{1}{4} & \frac{1}{4} \end{bmatrix}$.

7. (1) 1； (2) 2； (3) 3.

习题 5.3

1. 无解.

2. 当 $a=0,b=2$ 时有解，一般解为

$\begin{cases} x_1=-2+x_3+x_4+5x_5, \\ x_2=3-2x_3-2x_4-6x_5, \end{cases}$ 其中 x_3,x_4,x_5 为自由未知量.

3. (1) $a=-1$ 且 $b\neq 3$ 时无解，$a\neq -1$ 时有唯一解，$a=-1$ 且 $b=3$ 时有无穷多解；

(2) 全部解为 $\begin{cases} x_1=2-c, \\ x_2=-1+c, \\ x_3=c \end{cases}$ （c 为任意常数）.

4. (1) $\begin{cases} x_1=0, \\ x_2=0, \\ x_3=0; \end{cases}$ (2) $\begin{cases} x_1=c, \\ x_2=c, \\ x_3=0, \\ x_4=-c \end{cases}$ （c 为任意常数）；

(3) $\begin{cases} x_1=3c_1-c_2+2c_3+c_4, \\ x_2=c_1, \\ x_3=c_2, \\ x_4=c_3, \\ x_5=c_4 \end{cases}$ （c_1,c_2,c_3,c_4 为任意常数）；

(4) $\begin{cases} x_1=1-\frac{9}{7}c_1+\frac{1}{2}c_2, \\ x_2=-2+\frac{1}{7}c_1-\frac{1}{2}c_2, \\ x_3=c_1, \\ x_4=c_2 \end{cases}$ （c_1,c_2 为任意常数）；

(5) $\begin{cases} x_1 = 3+\dfrac{5}{3}c, \\ x_2 = 1-\dfrac{2}{3}c, \\ x_3 = -2-\dfrac{1}{3}c, \\ x_4 = c \end{cases}$ （c 为任意常数）.

第六部分　初等概率论

习题 6.1

1. $P\{X=k\}=\dfrac{C_2^k C_{13}^{3-k}}{C_{15}^3}(k=0,1,2)$, $P\{1\leqslant X<2\}=P\{X=1\}=\dfrac{12}{35}$.

2. $P\{X=k\}=C_{10}^k 0.7^k 0.3^{10-k}(k=0,1,2,\cdots,10)$.

3. $P\{X=k\}=p(1-p)^{k-1}(k=1,2,3,\cdots)$.

4. $P\{X=k\}=\dfrac{C_5^k C_{10}^{4-k}}{C_{15}^4}(k=0,1,2,3,4)$.

5. (1) $C=2$; (2) 0.4; (3) 0.25.

6. $P\{X\leqslant 5\}=1$, $P\{0\leqslant X\leqslant 2.5\}=0.5$.

7. 0.889 1.

8. (1) $e^{-\frac{1}{3}}\approx 0.716\,5$; (2) $3e^{-\frac{2}{3}}-2e^{-1}\approx 0.804\,5$.

习题 6.2

1. $E(X)=11$, $D(X)=33$.

2. $E(X)=\dfrac{9}{2}$, $D(X)=\dfrac{9}{20}$.

3. $E(X)=\dfrac{1}{3}$, $D(X)=\dfrac{1}{18}$.

4. $E(X)=0$, $D(X)=2$.

5. $E(X)=\dfrac{7}{30}$, $D(X)=\dfrac{2\,201}{900}$, $E(X+3X^2)=\dfrac{348}{45}$.

6. $E(|X-\mu|)=\sqrt{\frac{2}{\pi}}\sigma$.

7. $E(Y)=\frac{1}{3}$.

8. $E(Y)=\frac{\pi}{12}(a^2+ab+b^2)$.

9. 乙好.

第七部分　一元统计分析初步

习题 7.1

1. $\hat{\theta}=2\overline{X}$.

2. $\hat{p}=\frac{1}{\overline{X}}$.

3. $\hat{\mu}_2$ 最有效.

4. $C=\frac{1}{2(n-1)}$.

5. [108.98,121.02]，　[111.15,118.85].

6. [111.21,114.39]，　[112.37,113.63].

7. [1 485.7,1 514.3]，　[13.8,36.5].

习题 7.2

1. 不能拒绝(相容).
2. 不能拒绝(相容).
3. 不能拒绝(相容).
4. 不能拒绝(相容).
5. $H_0:\mu<\mu_0=21$，拒绝假设.

附表1　正态分布数值表

$$\Phi(x)=\int_{-\infty}^{x}\frac{1}{\sqrt{2\pi}}e^{-t^2/2}dt\quad (x\geqslant 0)$$

x	0.00	0.01	0.02	0.03	0.04	0.05	0.06	0.07	0.08	0.09
0.0	0.5000	0.5040	0.5080	0.5120	0.5160	0.5199	0.5239	0.5279	0.5319	0.5359
0.1	0.5398	0.5438	0.5478	0.5517	0.5557	0.5596	0.5636	0.5675	0.5714	0.5753
0.2	0.5793	0.5832	0.5871	0.5910	0.5948	0.5987	0.6026	0.6064	0.6103	0.6141
0.3	0.6179	0.6217	0.6255	0.6293	0.6331	0.6368	0.6406	0.6443	0.6480	0.6517
0.4	0.6554	0.6591	0.6628	0.6664	0.6700	0.6736	0.6772	0.6808	0.6844	0.6879
0.5	0.6915	0.6950	0.6985	0.7019	0.7054	0.7088	0.7123	0.7157	0.7190	0.7224
0.6	0.7257	0.7291	0.7324	0.7357	0.7389	0.7422	0.7454	0.7486	0.7517	0.7549
0.7	0.7580	0.7611	0.7642	0.7673	0.7704	0.7734	0.7764	0.7794	0.7823	0.7852
0.8	0.7881	0.7910	0.7939	0.7967	0.7995	0.8023	0.8051	0.8078	0.8106	0.8133
0.9	0.8159	0.8186	0.8212	0.8238	0.8264	0.8289	0.8315	0.8340	0.8365	0.8389
1.0	0.8413	0.8438	0.8461	0.8485	0.8508	0.8531	0.8554	0.8577	0.8599	0.8621
1.1	0.8643	0.8665	0.8686	0.8708	0.8729	0.8749	0.8770	0.8790	0.8810	0.8830
1.2	0.8849	0.8869	0.8888	0.8907	0.8925	0.8944	0.8962	0.8980	0.8997	0.9015
1.3	0.9032	0.9049	0.9066	0.9082	0.9099	0.9115	0.9131	0.9147	0.9162	0.9177
1.4	0.9192	0.9207	0.9222	0.9236	0.9251	0.9265	0.9278	0.9292	0.9306	0.9319
1.5	0.9332	0.9345	0.9357	0.9370	0.9382	0.9394	0.9406	0.9418	0.9429	0.9441
1.6	0.9452	0.9463	0.9474	0.9484	0.9495	0.9505	0.9515	0.9525	0.9535	0.9545
1.7	0.9554	0.9564	0.9573	0.9582	0.9591	0.9599	0.9608	0.9616	0.9625	0.9633
1.8	0.9641	0.9649	0.9656	0.9664	0.9671	0.9678	0.9686	0.9693	0.9699	0.9706
1.9	0.9713	0.9719	0.9726	0.9732	0.9738	0.9744	0.9750	0.9756	0.9761	0.9767
2.0	0.9772	0.9778	0.9783	0.9788	0.9793	0.9798	0.9803	0.9808	0.9812	0.9817
2.1	0.9821	0.9826	0.9830	0.9834	0.9838	0.9842	0.9846	0.9850	0.9854	0.9857
2.2	0.9861	0.9864	0.9868	0.9871	0.9875	0.9878	0.9881	0.9884	0.9887	0.9890

续表

x	0.00	0.01	0.02	0.03	0.04	0.05	0.06	0.07	0.08	0.09
2.3	0.9893	0.9896	0.9898	0.9901	0.9904	0.9906	0.9909	0.9911	0.9913	0.9916
2.4	0.9918	0.9920	0.9922	0.9925	0.9927	0.9929	0.9931	0.9932	0.9934	0.9936
2.5	0.9938	0.9940	0.9941	0.9943	0.9945	0.9946	0.9948	0.9949	0.9951	0.9952
2.6	0.9953	0.9955	0.9956	0.9957	0.9959	0.9960	0.9961	0.9962	0.9963	0.9964
2.7	0.9965	0.9966	0.9967	0.9968	0.9969	0.9970	0.9971	0.9972	0.9973	0.9974
2.8	0.9974	0.9975	0.9976	0.9977	0.9977	0.9978	0.9979	0.9979	0.9980	0.9981
2.9	0.9981	0.9982	0.9982	0.9983	0.9984	0.9984	0.9985	0.9985	0.9986	0.9986
3.0	0.9987	0.9987	0.9987	0.9988	0.9988	0.9989	0.9989	0.9989	0.9990	0.9990
3.1	0.9990	0.9991	0.9991	0.9991	0.9992	0.9992	0.9992	0.9992	0.9993	0.9993
3.2	0.9993	0.9993	0.9994	0.9994	0.9994	0.9994	0.9994	0.9995	0.9995	0.9995
3.3	0.9995	0.9995	0.9995	0.9996	0.9996	0.9996	0.9996	0.9996	0.9996	0.9997
3.4	0.9997	0.9997	0.9997	0.9997	0.9997	0.9997	0.9997	0.9997	0.9997	0.9998

附表2 t 分布临界值表

λ		α			λ		α		
		0.10	0.05	0.01			0.10	0.05	0.01
n	1	6.314	12.706	63.657	n	18	1.734	2.101	2.878
	2	2.920	4.303	9.925		19	1.729	2.093	2.861
	3	2.353	3.182	5.841		20	1.725	2.086	2.845
	4	2.132	2.776	4.604		21	1.721	2.080	2.831
	5	2.015	2.571	4.032		22	1.717	2.074	2.819
	6	1.943	2.447	3.707		23	1.714	2.069	2.807
	7	1.895	2.365	3.499		24	1.711	2.064	2.797
	8	1.860	2.306	3.355		25	1.708	2.060	2.787
	9	1.833	2.262	3.250		26	1.706	2.056	2.779
	10	1.812	2.228	3.169		27	1.703	2.052	2.771
	11	1.796	2.201	3.106		28	1.701	2.048	2.763
	12	1.782	2.179	3.055		29	1.699	2.045	2.756
	13	1.771	2.160	3.012		30	1.697	2.042	2.750
	14	1.761	2.145	2.977		40	1.684	2.021	2.704
	15	1.753	2.131	2.947		60	1.671	2.000	2.660
	16	1.746	2.120	2.921		120	1.658	1.980	2.617
	17	1.740	2.110	2.898		∞	1.645	1.960	2.576

［注］ n:自由度,λ:临界值,$P\{|t|>\lambda\}=\alpha$.

附表3 χ^2 分布临界值表

	λ	α			
		0.975	0.05	0.025	0.01
n	1	0.000 98	3.84	5.02	6.63
	2	0.050 6	5.99	7.38	9.21
	3	0.216	7.81	9.35	11.3
	4	0.484	9.49	11.1	13.3
	5	0.831	11.07	12.8	15.1
	6	1.24	12.6	14.4	16.8
	7	1.69	14.1	16.0	18.5
	8	2.18	15.5	17.5	20.1
	9	2.70	16.9	19.0	21.7
	10	3.25	18.3	20.5	23.2
	11	3.82	19.7	21.9	24.7
	12	4.40	21.0	23.3	26.2
	13	5.01	22.4	24.7	27.7
	14	5.63	23.7	26.1	29.1
	15	6.26	25.0	27.5	30.6
	16	6.91	26.3	28.8	32.0
	17	7.56	27.6	30.2	33.4
	18	8.23	28.9	31.5	34.8
	19	8.91	30.1	32.9	36.2
	20	9.59	31.4	34.2	37.6

续表

	λ	α			
		0.975	0.05	0.025	0.01
n	21	10.3	32.7	35.5	38.9
	22	11.0	33.9	36.8	40.3
	23	11.7	35.2	38.1	41.6
	24	12.4	36.4	39.4	43.0
	25	13.1	37.7	40.6	44.3
	26	13.8	38.9	41.9	45.6
	27	14.6	40.1	43.2	47.0
	28	15.3	41.3	44.5	48.3
	29	16.0	42.6	45.7	49.6
	30	16.8	43.8	47.0	50.9

[注] n:自由度,λ:临界值,$P\{\chi^2>\lambda\}=\alpha$.